碳中和管理概论

主　编◎谭显春

副主编◎顾佰和　刘炳胜　汪　涛

科 学 出 版 社

北　京

内 容 简 介

本书从实现碳中和的基本逻辑入手，概述了气候变化的科学认知与应对进程，阐释了碳中和的基本概念与内涵，介绍了碳中和管理的理论、方法与实施路径，最后总结提出了碳中和领域的政策设计与实践应用。本书注重基本理论和实际应用相结合，紧密围绕碳中和管理基本问题展开，是指导各界人士对碳中和理论、方法和实践形成系统性认识的基础教材。

本书主要作为高等学校碳中和管理相关专业及经管和公共管理类相关专业的教材，也可作为从事碳中和管理决策、规划、咨询等专业人员的业务参考书。

图书在版编目（CIP）数据

碳中和管理概论 / 谭显春主编. -- 北京 ：科学出版社，2024. 8.
ISBN 978-7-03-079394-2

Ⅰ. X511

中国国家版本馆 CIP 数据核字第 2024GJ9105 号

责任编辑：陈会迎 / 责任校对：王晓茜

责任印制：张　伟 / 封面设计：有道设计

科学出版社 出版
北京东黄城根北街 16 号
邮政编码：100717
http://www.sciencep.com
北京市金木堂数码科技有限公司印刷
科学出版社发行　各地新华书店经销
*
2024 年 8 月第　一　版　开本：787×1092　1/16
2024 年 8 月第一次印刷　印张：16 3/4
字数：397 000

定价：78.00 元

（如有印装质量问题，我社负责调换）

《碳中和管理概论》
编　写　组

主　编　谭显春

副主编　顾佰和　刘炳胜　汪　涛

前　言

党的二十大报告指出："我们要坚持教育优先发展、科技自立自强、人才引领驱动，加快建设教育强国、科技强国、人才强国，坚持为党育人、为国育才，全面提高人才自主培养质量，着力造就拔尖创新人才，聚天下英才而用之。"[①]教材是教学内容的主要载体，是教学的重要依据、培养人才的重要保障。在优秀教材的编写道路上，我们一直在努力。

气候变化是当前及未来全球面临的重要挑战。正是因为人类活动导致大量温室气体排放，引发了全球气候变化并造成广泛影响，所以需要全球各国共同采取行动来推进低碳转型，以实现高质量可持续发展。随着应对气候变化的紧迫性持续提升，各国相继提出碳中和目标，我国也提出健全绿色低碳发展机制，积极稳妥推进碳达峰碳中和。

推进"双碳"工作是以习近平同志为核心的党中央统筹国内国际两个大局做出的重大决策，既是我国对国际社会的庄严承诺，也是满足人民群众日益增长的优美生态环境需要、实现中华民族伟大复兴、推动构建人类命运共同体的迫切要求。在此背景下，如何研究与制定以实现碳中和为核心的政策，成为管理科学领域亟须解决的关键问题。

为响应教育部《加强碳达峰碳中和高等教育人才培养体系建设工作方案》，加大碳达峰碳中和领域课程、教材等教学资源建设力度，编者结合多年来从事绿色低碳发展领域研究、咨询与教学的经验和体会，将科研成果转化为教学内容，力图讲述碳中和的"前世今生"，阐述碳中和管理的基础方法与实践路径，反映政策体系的最新进展。通过对本书的学习，学生可以了解碳中和的基本概念，使用量化分析方法解决碳中和领域的基础问题，具备碳排放核算和预测、减排政策设计与分析等方面的能力；同时提高政治站位，用习近平生态文明思想武装头脑、指导实践、推动工作，成为生态文明建设和美丽中国建设的支撑力量。此外，本书内容不只适合作为本科生与研究生的教材，也可供气候政策领域的政府部门、咨询机构、企业等工作人员学习参考。

碳中和管理作为一门由公共管理学、能源经济学、资源环境经济学、环境科学等相互融合和渗透而形成的交叉学科，具有理论面宽、实践性强、政策性要求高的特点。它是为实现国家碳达峰碳中和战略落地实施的科学化而产生的，以社会经济系统中的国家、区域、行业和企业等为对象，研究如何统筹经济增长、资源约束与气候变化，提供从理论方法到实践应用的系统性方案，以推进低碳转型与实现碳中和目标。据此，本书内容分为三个部分。第一部分包括第 1 章与第 2 章，主要讲述了气候变化的科学认知与应对进程、碳中和的基本概念与内涵。第二部分介绍碳中和管理的理论、方法与实施路径。

---

①引自 2022 年 10 月 26 日《人民日报》第 1 版的文章：《高举中国特色社会主义伟大旗帜　为全面建设社会主义现代化国家而团结奋斗》。

其中，第 3 章阐述碳排放核算、预测与政策分析的基本原理及方法体系；第 4、5 章分别从供给侧和需求侧论述碳中和的实施路径；第 6 章围绕碳汇与适应气候变化等行动开展讨论。第三部分介绍碳中和领域的政策设计与实践应用，包括第 7 章的治理体系、第 8 章的制度与政策、第 9 章的规划实践。全书由中国科学院谭显春研究员担任主编，中国科学院顾佰和副研究员、河北工业大学刘炳胜教授与重庆大学汪涛教授担任副主编，上海交通大学朱开伟助理研究员，中国科学院曾桉助理研究员、科研助理刘子津和杨婉及研究生于东晖、孔令斯、王琛、闫洪硕、李佳馨、杨思敏、陈卓、盛煜辉、程永龙参与了资料收集与文字整理工作。

在编写过程中，本书参考了一些同行专家出版的教材与专著，在此谨对各位作者表示感谢。由于编写时间和编写水平有限，难免存在不足之处，编撰团队在此恳请各位专家、教师、学生以及科研人员等批评指正。

目　　录

第 1 章　气候变化与碳中和……1
1.1　气候变化的科学认知……1
1.2　气候变化的影响与风险……4
1.3　全球绿色低碳转型大趋势……6
1.4　本领域的研究对象与范围……9
第 2 章　碳中和概述……11
2.1　碳中和概念与内涵……11
2.2　碳中和与经济社会发展……13
2.3　碳中和热点前沿与关键科学问题……17
第 3 章　碳中和管理方法概述……24
3.1　碳排放核算方法……24
3.2　碳排放预测方法应用……41
3.3　碳减排政策量化分析方法……55
第 4 章　碳中和实施路径：供给侧低碳转型……76
4.1　经济结构转型……77
4.2　能源结构转型……89
4.3　资源效率增效……112
4.4　技术创新……124
第 5 章　碳中和实施路径：需求侧低碳转型……149
5.1　低碳交通……149
5.2　低碳建筑……166
第 6 章　适应气候变化与碳汇……178
6.1　适应气候变化……178
6.2　碳汇……184
6.3　基于自然的解决方案……193
6.4　减缓与适应的协同……199
第 7 章　碳中和治理体系……201
7.1　气候治理的基本概念和理论基础……201
7.2　全球气候治理体系的演进……203
7.3　中国的碳中和治理行动和方案……212
7.4　碳中和愿景下的国际气候合作……216

第 8 章 碳中和制度与政策……218
8.1 国际碳减排政策实践……218
8.2 中国迈向碳达峰碳中和的政策与行动……228
8.3 中国碳达峰碳中和政策前沿……232
第 9 章 碳中和规划实践……241
9.1 国际低碳发展规划实践……241
9.2 国内低碳发展规划实践……245
9.3 碳中和规划方法与步骤……248
参考文献……256

第1章　气候变化与碳中和

气候变化已成为全球关注的焦点议题之一，其对人类生活、经济和生态系统造成的影响日益显著。在科学界的共同努力下，联合国政府间气候变化专门委员会（Intergovernmental Panel on Climate Change，IPCC）第六次评估报告（AR6）为我们呈现了对气候系统变化、气候变化原因以及未来趋势的最新认知，进一步加深了我们对气候变化问题的理解。该报告不仅对过去气候变化及其与人类活动的关系进行了全面评估，还提供了对未来气候系统变化的预估，为各国制定应对气候变化的策略和措施提供了科学依据。

随着气候变化对全球生态系统、社会和经济造成的深刻影响日益显现，国际社会逐步认识到气候变化问题的严重性和紧迫性。极端天气气候事件频发，海平面上升导致的沿海地区威胁，以及生态系统功能受损等问题，已经引起了广泛关注。同时，气候变化也加剧了全球的社会与经济不平等现象，给贫困地区和弱势群体带来了更严重的影响。为了应对这一系列的影响和风险，国际社会正在积极采取减缓气候变化的措施，并加强社会适应能力，以建设更为稳健和可持续的未来。

在此背景下，全球绿色低碳转型的大趋势逐渐形成。《联合国气候变化框架公约》和《巴黎协定》的推进为国际社会合作提供了重要平台，越来越多的国家和地区加入到减排温室气体、推动可持续发展的行列中。中国作为全球最大的温室气体排放国之一，提出了碳达峰碳中和的重大战略决策，为全球绿色低碳转型贡献了中国智慧和力量。这一转型不仅是为了应对气候变化带来的挑战，也是为了促进经济的可持续发展和社会的全面进步。

因此，本章将从多个维度全面探讨气候变化与碳中和的关系。通过深入了解气候变化的科学认知、剖析其带来的影响与风险、审视全球绿色低碳转型的大趋势，以及总结本领域的研究对象与范围，我们将为读者提供更为全面、深入的认识，以应对气候变化所带来的挑战，共同建设一个更加美好的未来。

1.1　气候变化的科学认知

1.1.1　气候系统变化现状

AR6中无论是气候系统观测数据、数据集分析结果还是古气候信息都取得了较大的进展。例如，在几套知名的全球地表温度（global surface temperature，GST）数据集中，对一些历史时期温度缺测的插补技术的改进和历史数据量的增加使全球地表温度趋势的估计相比 AR5 时偏高了约 0.1℃。我国新研制的一条全球地表温度观测序列也在 AR6 中首次得到了引用。

AR6 指出，相对于 1850—1900 年，2001—2020 年这 20 年平均的全球地表温度升高了 0.99℃，而 2011—2020 年 10 年平均的全球地表温度已经上升了约 1.09℃。1850 年以来，最近 40 年的每个 10 年的全球地表温度都相继比此前的任何一个 10 年要暖。

AR6 认为，AR5 评估中，由于历史数据存在偏差，对 1998—2012 年的增暖趋势存在一定的低估，这一时期海洋吸收的热量并没有减少。AR6 认为这一时期人类活动对气候系统的影响信号被内部变率和自然强迫抵消了一部分，新一代气候模式已经能够较好地反映这一时期的全球地表温度变化。图 1-1 中观测的全球地表温度序列也反映出，20 世纪 70 年代以来，地球气候处于快速增暖期，升温趋势十分明显，2016—2020 年是 1850 年以来最暖的 5 年。

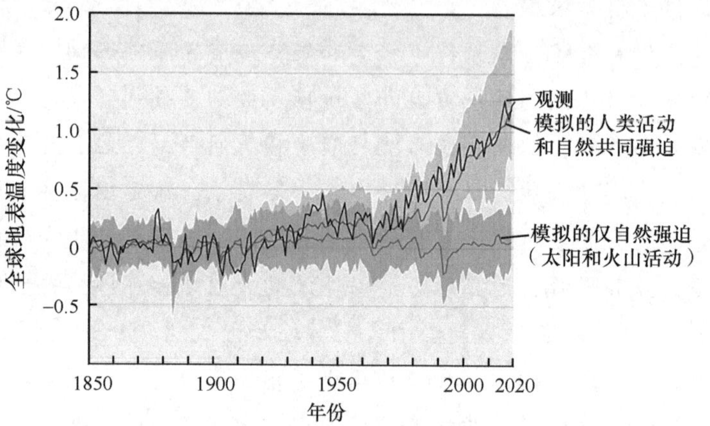

图 1-1　全球地表温度变化、模拟的人类活动和自然共同强迫以及仅有自然强迫引起的变化比重

值得关注的是，AR6 还尽量与古气候信息相结合，为当代气候变化提供更长尺度的背景。AR6 指出在 50 年时间尺度上，20 世纪 70 年代以来的全球变暖在近 2000 年历史上比任何时期都要快。

从海洋和冰冻圈的变化来看，2011—2020 年全球平均海洋表面温度（sea surface temperature，SST）相较 1850—1900 年升高了 0.88℃；过去一个世纪全球海洋的增暖在末次间冰期结束以来（约 1.1 万年）最快；2011—2020 年平均北极海冰面积达到 1850 年以来最小，夏季北极海冰的面积至少是过去 1000 年里最小的；20 世纪 50 年代以来全球几乎同步的冰川退缩至少在过去 2000 年未曾发生。全球平均海平面上升速率持续增大，1901—1971 年海平面平均上升速率为 1.3[0.6, 2.1][①]毫米/年，1971—2006 年增加至 1.9[0.8, 2.9]毫米/年，在 2006—2018 年进一步增加至 3.7[3.2, 4.2]毫米/年（高信度）。充分一致的证据表明，1900 年以来的全球平均海平面上升在近 3000 年的历史上比任何一个世纪的都要快。

①此处表示 95%置信区间。

生物圈变化的评估虽然受制于遥感观测数据的时间长度和数据均一性问题，但研究表明，20 世纪 70 年代以来的陆地生态系统的变化与全球变暖相一致。气候区向极地移动，20 世纪 50 年代以来北半球热带外地区生长季的长度平均延长了 2 天。从 AR6 来看，生物圈变化的有关评估结论的丰富程度和信度仍需进一步提高。

1.1.2　气候系统变化归因

相比 AR5，AR6 反映出更多气候系统分量的变化，包括区域气候和极端事件的变化，可归因于人类活动的影响。

1. 大气圈

AR6 关于温度变化的归因评估结果指出，相较于 1850—1900 年，人类活动造成的 2010—2019 年全球平均地表温升的可能范围为 0.8—1.3℃，最佳估计值为 1.07℃；其中均匀混合的温室气体很可能贡献了 1.0—2.0℃的升温，其他人类活动（以产生气溶胶为主）可能导致了 0—0.8℃的降温。此外，均匀混合的温室气体增加很可能是对流层自 1979 年以来变暖的主要驱动因素，而人类活动造成的平流层臭氧消耗极有可能是 1979 年至 20 世纪 90 年代中期平流层下部温度降低的驱动因素。

自 20 世纪中叶以来观测到的全球陆地平均降水的增多及其在 1980 年后增速加快很可能是人类活动造成的。从 20 世纪 50 年代到 80 年代，全球陆地区域季风降水的减少可部分归因于这个时期北半球人为排放的气溶胶增加，而此后季风降水的增加是温室气体浓度上升和年代际至多年代际的内部变率共同作用的结果（中等信度）。20 世纪以来，在南亚、东亚和西非，温室气体排放增暖导致的季风降水增加被人为气溶胶排放降温导致的季风降水减少所抵消（高信度）。温室气体的影响越来越大，以及人为气溶胶排放减少对欧洲和北美的降温效应减弱是西非季风降水自 20 世纪 80 年代以来增加的部分原因（中等信度）。

2. 海洋和冰冻圈

几乎可以肯定的是，全球海洋上层（0—700 米）自 20 世纪 70 年代以来已经变暖，并且人类活动极有可能是主要驱动因素。人为造成的二氧化碳排放也几乎可以肯定是当前全球海洋表层酸化的主要驱动因素。自 20 世纪中叶以来，有中等信度表明人类活动致使许多上层海洋区域的含氧量下降。人类活动极有可能对观测到的近海表盐度变化的模态做出了贡献。

1901—2018 年，全球平均海平面上升了 0.20[0.15, 0.25]米，至少自 1971 年以来，人类活动影响很可能是海平面上升速率加快的主要驱动因素。另外，人类活动很可能是 20 世纪 90 年代以来全球冰川退缩以及 2010—2019 年相比 1979—1988 年北极海冰面积减少（9 月约 40%，3 月约 10%）的主要驱动力；人类活动的影响很可能造成了自 1950 年以来北半球春季积雪减少；21 世纪以来，人类活动很可能导致了格陵兰冰盖表面融化；然而，仅有有限的证据、中等的一致性表明人类活动对南极冰盖质量损失有影响。

3. 极端天气气候事件

AR6 指出，人类活动造成的气候变化已经影响到全球每个区域的很多天气和极端气候事件。自 AR5 以来，可用于将观测到的热浪、强降水、干旱和热带气旋等极端天气气候事件归因于人类活动影响的证据均已增强。

20 世纪 50 年代以来，人类活动是全球大部分陆地区域热浪频率和强度增加、寒潮频率和强度减弱的主要驱动因子（高信度）；2013 年到 2023 年间观测到的一些极端高温事件在没有人类活动对气候系统的影响下是极不可能发生的；海洋热浪的发生频率在 20 世纪 80 年代后几乎增长了一倍，至少自 2006 年以来人类活动很可能对其中绝大部分都有贡献。

20 世纪 50 年代以来，人类活动引起的气候变化有可能是大部分陆地区域（观测资料足以进行趋势分析）极端降水频率和强度增加的主要驱动因子。由于气候变暖造成陆地蒸散增加，人类活动引起的气候变化对一些区域的农业和生态干旱产生了影响（中等信度）。

在过去的 40 年里，相当于 3—5 级飓风强度的热带气旋发生的比例可能有所增加，而北太平洋西部热带气旋达到峰值强度的纬度向北有所移动。这些变化不能单独用内部变率进行解释，意味着人类活动也有一定的影响（中等信度）。针对热带气旋的事件归因研究，结合物理过程分析，表明人为气候变化增强了热带气旋带来的强降水（高信度）。此外，人类活动有可能还增加了 20 世纪 50 年代以来复合型极端事件的发生概率，包括全球尺度的高温–干旱复合事件的增加（高信度）、部分地区火险天气的增加（中等信度）、部分沿海地区复合型洪涝事件的增加。

1.2 气候变化的影响与风险

1.2.1 气候变化的影响

根据世界气象组织（World Meteorological Organization，WMO）的数据，1970—2021 年，极端天气气候和与水有关的事件造成了近 1.2 万起灾害、4.3 万亿美元的经济损失，死亡人数超过 200 万人，其中 90%发生在发展中国家。随着各国越来越多地受到灾害的不利影响，加强对此类灾害的抵御能力变得越来越重要。2022 年与洪水相关的经济损失超过了过去 20 年（2002—2021 年）的平均水平；与干旱相关的经济损失达 76 亿美元，比 2002—2021 年的平均水平高出近 200%。

热带气旋是造成人员死亡和经济损失的主要原因。1970—2021 年，有 2050 起由热带气旋引起的灾害，其中 38%发生在亚洲，造成的死亡人数达 780 210 人，并且带来了 1.6 万亿美元的经济损失。2022 年，大多数地区的热带气旋个数接近或低于常年平均水平。南印度洋的热带气旋比较活跃，其在 2022 年 4 月造成了南非东部夸祖鲁–纳塔尔省的极端洪水，4 月 11 日至 12 日共 24 小时的降水量高达 311 毫米，造成 400 多人死亡，4 万人流离失所。

与洪水有关的灾害最为普遍。1970—2021 年，共发生 5312 起与洪水有关的灾害，占所有灾害数量的近 45%。其中，亚洲发生的与洪水有关的灾害最多，数量占全球与洪水有关的灾害数量的 31%，造成的死亡人数达 332 748 人，同时，亚洲由洪水造成的经济损失也最多，达 1.3 万亿美元。2022 年巴基斯坦在季风季节经历了严重的洪水，受灾面积达 75 000 平方公里，约占巴基斯坦面积的 9%；有 1700 多人死亡，200 多万所住宅受损或被毁，3300 多万人受到不同程度的影响，经济损失约为 300 亿美元。

气候变化加剧了极端野火风险。更高的气温、多变的降水模式、干燥的空气、变化的风与闪电，均加剧了野火风险。2015 年，美国西部被烧毁的森林面积相比 1984 年增加了 1 倍。2022 年，法国西南部受到野火的严重影响，过火面积超过 6.2 万公顷，美国野火季节的总过火面积略高于常年平均水平，新墨西哥州发生了有记录以来最大的火灾。此外，极端野火排放的温室气体加剧了气候变化，进一步增加了野火事件的发生频率、规模与严重程度，在气候变化和极端野火之间形成了正反馈。

气候变化加剧了非洲之角的干旱严重程度。2023 年，非洲之角遭遇了 1983 年以来最严重的干旱，索马里、埃塞俄比亚和肯尼亚受灾尤为严重。到 2022 年，索马里、埃塞俄比亚和肯尼亚已经连续五个降雨季节少雨，其农业和粮食安全受到严重影响。在索马里，干旱对牧业和农业造成了灾难性影响，进而导致了饥荒，近 120 万人成为境内流离失所者。在埃塞俄比亚，51.2 万人因干旱而在国内流离失所。

气候变化造成粮食不安全。截至 2021 年，全球有 23 亿人面临粮食不安全问题，其中 9.24 亿人面临严重的粮食不安全问题。据估计，2021 年有 7.679 亿人面临营养不良，占全球人口的 9.8%，其中有一半在亚洲，1/3 在非洲。2022 年，印度和巴基斯坦季风季节前发生的热浪造成了农作物产量下降。再加上俄乌冲突后，印度禁止小麦出口和限制大米出口，威胁国际粮食市场供应链的稳定，给粮食短缺的国家带来了高风险。

气候变化深刻影响了生态系统和环境。例如，有研究重点评估了青藏高原周围独特的高海拔地区，这是北极和南极之外最大的冰雪储藏地，结果发现全球气候变暖正在导致温带地区面积扩大。气候变化也在影响自然界生态系统的物候变化，如树木开花或鸟类迁徙的时间等。

气候变化给人体健康带来不利影响。与气候有关的疾病给人的健康和福祉带来的威胁正在增加，大量研究表明，气候变化影响了病媒传播，还会显著增加气候敏感性疾病对健康的影响。例如，预测显示，在平均地表温度升高 2.8℃的情况下，到 2050 年，全球 50%的人口将接触疟疾病媒。因此，构建综合的气候有关疾病监测和早期预警响应系统可以预测气候疾病风险，采取积极、及时和有效的适应措施可以减少甚至避免气候变化给人类健康和福祉所带来的风险。

1.2.2　气候变化的风险

随着全球气候变暖的加速，气候风险正在增加，实施强有力的减缓和适应措施是帮助脆弱国家和社区应对气候变化影响的关键。非洲之角的多年干旱、南亚前所未有的洪水、北半球多个地区的酷暑和破纪录的干旱等都表明全球气候风险在不断增加。

预计到 21 世纪中期，气候系统的变暖趋势仍将持续。未来 20 年，全球气温将相比 1850 年至 1900 年之间的平均水平上升或超过 1.5℃（若无特殊说明，后文所出现的 1.5℃或 2℃均指全球未来气温与 1850 年至 1900 年之间的平均水平相比的上升程度）。如果未来几十年，全球范围内能大幅减排二氧化碳和其他温室气体，温升将在21世纪内控制在2℃之内。只有在采取强有力的减排措施并且2050年前后实现二氧化碳净零排放的情景下，温升才有可能低于1.6℃，且在21世纪末降低到1.5℃以下。过去和未来温室气体排放造成的气候系统变化，特别是海洋、冰盖和全球海平面的变化，在百年甚至千年内都是不可逆的。

即使在低排放情景下，全球在21世纪末也将面临严重的气候风险，极端天气气候事件并发的概率也将增加。高温热浪、干旱并发，以风暴潮、海洋巨浪和潮汐洪水为主要特征的极端海平面事件，叠加强降水造成的复合型洪涝事件将增多。到2100年，全球一半以上的沿海地区每年都将发生极端海平面事件，同时，叠加极端降水，洪水的发生也将更为频繁。全球有33亿—36亿人生活在气候变化高脆弱环境中，未来多种气候变化风险将进一步增加，跨行业、跨区域的复合型气候变化风险将增多且更加难以管理。当前，除自然气候变化外，越来越多的损失和损害将与人类活动排放引起的极端天气气候事件增多有关。

如果温室气体排放量没有迅速下降，特别是若温升超过1.5℃，那么气候恢复力发展所受限制将会加大，若温升超过 2℃，有些地区的气候恢复力发展将无法实现。因此，未来适应气候变化行动重点应包括以下几方面。

第一，提高应急管理和减少灾害风险的能力。加快构建气候变化风险早期预警体系，开展气候变化综合影响评估，提升重点行业领域对极端事件的适应韧性，建立高温与人体健康预警平台，加大适应气候变化的科技资金支持力度，完善多部门、跨领域的适应气候变化合作机制，进而提升自然和社会系统适应气候变化的能力。同时，建立适应气候变化措施的实时效果监测评价体系。

第二，因地制宜制定面向长期发展目标的前瞻性适应规划，加强气候变化相关人才培养和关键问题科学研究。

第三，保护人民的健康与福祉。强化部门间的合作，将人民的健康和福祉作为气候变化、低碳转型等领域重要战略规划制定的考量因素。做好突发公共卫生事件的应急准备。

第四，推进适应和减缓的协同效应研究与实践。能源转型过程中需要开展适应和减缓协同效应研究与实践，从而实现经济、能源、环境、气候的可持续发展。

1.3 全球绿色低碳转型大趋势

1.3.1 全球碳排放增长现状

2023年初，国际能源署发布了《2022年二氧化碳排放》（*CO_2 Emissions in 2022*）报告。该报告表明，2022年全球与能源有关的碳排放量增长了0.9%，即增长3.21亿吨，创下超368亿吨的新高；碳排放量的增长明显低于全球经济增长（32%）。值得注意的是，2021年的碳排放量快速反弹至2020年前的水平，但由于清洁能源的使用，2022年的碳排放量增长远低于2021年的异常增长（超过6%）。同时，该报告也指出尽管出现了干旱和热浪等极端天气气候事件，以及大量的核电站停运导致碳排放量上升，但清洁能源技术的应用，避免了 5.5 亿吨二氧化碳的排放。

从具体的排放源来看，全球能源危机刺激了亚洲从使用天然气转向使用煤炭，同时欧洲的煤炭使用量也出现小幅增长，因此，2022 年煤炭的碳排放量增长了 1.6%。虽然煤炭的碳排放量的增幅仅为 2021 年增幅的 1/4 左右，但仍远远高于过去 10 年（2011 年到 2021 年）的平均增幅。俄乌冲突后，天然气供应继续收紧，加上欧洲企业和民众减少使用天然气，天然气的碳排放量同比下降 1.6%。石油的碳排放量增长甚至超过煤炭，同比增长 2.5%，但仍低于 2022 年前的水平。航空业对新增碳排放量的“贡献”最大，石油新增的碳排放量约一半来自航空业。

从主要国家或国家集团的碳排放情况来看，由于可再生能源的部署和欧洲冬季早期偏暖，欧盟 2022 年的碳排放量相比 2021 年下降了 2.5%，煤炭的使用量并不像前期预期的那么高。与此同时，由于应对极端温度建筑物能耗增加，美国 2022 年的碳排放量相比 2021 年增长了 0.8%。但中国 2022 年的碳排放量与 2021 年大致持平。由于经济和能源需求的快速增长，2022 年亚洲新兴市场国家和发展中经济体的碳排放量增长了 4.2%。近年来，随着气候变化加剧，推动能源转型和绿色低碳发展已成为世界各国的共识，国际社会将使用可再生能源作为推动能源转型和绿色低碳发展的主要途径和措施。全球可再生能源发电规模不断扩大，新增可再生能源发电装机容量在新增电力中的占比从 2016 年的 60%（约 163 吉瓦）增长至 2021 年的 80%以上（约 306.3 吉瓦）。

1.3.2　影响转型步伐的关键因素

1. 国际经济技术竞争空前激烈

气候变化问题影响着世界经济和国际秩序。气候变化带来了前所未有的多重危机，气候治理正在与更广泛的经济、技术和国际规则深度融合。从国际层面看，当今世界百年未有之大变局加速演进，国际政治环境错综复杂，世界经济陷入低迷期，全球产业链、供应链面临重塑。同时，新一轮科技革命和产业变革正在迅速推进，学科交叉融合不断发展，科学研究范式发生深刻变革，科学技术和经济社会发展加速渗透融合，科技创新的广度、深度、速度、精度均显著提高，因此科技理应成为人类应对气候变化的有力抓手，然而气候变化议题却被当前国际政治环境所裹挟。

第一，美欧等国家和地区借“保障国家安全”的名义，在国际层面构建“去风险化”的“绿色议程”。从全球范围来看，中国的低碳产业较美欧发展速度快。以美国为例，为防止低碳产业重蹈其他制造业的覆辙，美国将这一领域作为“脱钩”和“去风险化”的重点，分别组建美欧、美印、美日、美韩、美日印澳战略清洁能源伙伴关系，启动绿色航运网络和清洁氢合作伙伴关系，并在美国本土及北美、韩国、东南亚等国家和地区倡导所谓的“在岸外包”“近岸外包”“友岸外包”。在具体产业上，美国提高关税壁垒，如美国把对中国新能源汽车和零部件征收的关税提高到 27.5%。2022 年，美国还通过了《通胀削减法案》，利用行政手段推动电动汽车、关键矿物、发电设施的本土化。

第二，在《联合国气候变化框架公约》（简称《公约》）外制造“小院高墙”。例如，通过 G7（Group of Seven，七国集团）成立的气候俱乐部等机制，将减少碳排放、环境保护等条款纳入贸易谈判进程，以市场准入等方式迫使新兴经济体设置更高的减排目标。设定行业减排目标，利用行业协会强推航海、航空减排，同时推动国际减排框架覆盖领域从能源、钢铁等高碳领域向农业等更广泛领域拓展。

第三，部分美国政客试图削弱或终止中国的发展中国家地位。2023 年 6 月 8 日，美国参议院外交关系委员会一致表决通过了一项所谓的“终止中国发展中国家地位法”，要求国务卿动用所有手段，把中国从发展中国家行列排挤出去，提升为发达国家。同时，美国等国家也在多个场合就此议题试探性发难。

第四，中国与美国等西方国家在绿色低碳领域的国际竞争仍将长期持续。2023 年 11 月，中美两国发表《关于加强合作应对气候危机的阳光之乡声明》，中美元首在旧金山会晤，使得中美关系有回暖的迹象，但推进中美气候合作，关键要看落实。

2. 绿色“一带一路”建设助力共建国家绿色低碳转型

2023 年 10 月 17—18 日，第三届“一带一路”国际合作高峰论坛在北京举行。2023 年是中国“一带一路”倡议提出十周年。十年来，中国积极同共建国家携手打造绿色“一带一路”，不断完善绿色顶层制度设计，拓展深化绿色务实合作，稳步推进绿色“一带一路”建设，助力共建国家绿色低碳转型。《上合组织成员国环保合作构想》和《上合组织绿色之带纲要》为中国与中亚国家乃至中东国家的绿色合作提供了政策指导。2016 年，中国与东盟签订了《中国–东盟环境合作战略（2016—2020 年）》，进一步推进高层政策对话，共同分享生态环境保护与绿色发展的理念和实践。2018 年，中国–中东欧国家环保合作部长级会议通过了《关于中国–中东欧国家环境保护合作的框架文件》，并启动了环境保护合作机制，为中国–中东欧国家生态环境保护合作提供广阔的平台。2019 年，“一带一路”绿色发展国际联盟正式启动，到 2023 年已吸引了来自 43 个国家的 150 余个中外合作伙伴。

随着绿色顶层制度设计不断完善、绿色务实合作持续拓展深化，绿色“一带一路”的理念更加深入人心，为推进共建国家乃至全球环境治理与合作注入了新活力。根据《新时代的中国绿色发展》白皮书，截至 2023 年 10 月，中国已与 31 个共建国家共同发起“一带一路”绿色发展伙伴关系倡议，与 32 个共建国家共同建立“一带一路”能源合作伙伴关系。绿色“一带一路”的建设项目覆盖基础设施、能源和教育等多个重点领域，积极服务共建国家的绿色发展事业。在绿色基础设施领域，中国投资了一大批绿色环保基础设施项目。蒙内铁路、雅万高铁和中老铁路等重大项目广泛融入了来自中国的绿色技术、绿色智慧和绿色理念。在绿色能源领域，2014 年至 2020 年，中国在“一带一路”建设项目中可再生能源投资占比提升了近 40%，帮助共建国家建设了一批清洁能源重点工程。2021 年 9 月 21 日，中国在第七十六届联合国大会一般性辩论上宣布，中国将大力支持发展中国家能源绿色低碳发展，不再新建境外煤电项目。截至 2023 年 2 月，中国已为 120 多个共建“一带一路”国家培训绿色人才约 3000 人次。

“一带一路”共建国家当前面临的环境和气候挑战较多，对绿色金融的需求更为急迫。据非洲开发银行的估算，非洲电力部门若要实现 2025 年能源发展目标，年均投资缺口为 350 亿—500 亿美元。未来的绿色金融合作仍将是绿色“一带一路”发展的重要动力。在各国的努力和合作下，共建国家的能源结构绿色化转型已取得重大进展，且转型趋势仍在加快。截至 2023 年 5 月，“一带一路”共建国家的能源投资中，绿色能源投资已超过传统能源投资。尽管“一带一路”共建国家的可再生能源潜力巨大，但是现阶段其对传统化石能源依赖仍比较严重，能源转型压力仍然较大；由于资金不足、装备制造技术薄弱、专业技术人才欠缺等，其总体发展仍有较大上升空间。未来，“一带一路”共建国家要实现绿色发展，仍需深化绿色清洁能源合作，推动能源国际合作低碳转型。

3. 俄乌冲突对能源转型的影响长期化

已持续两年多的俄乌冲突仍没有停止的迹象，其对全球地缘政治和世界能源格局的影响是深远的。地缘政治的激烈冲突令全球的不安全感进一步加强。这场冲突使得地缘政治充斥在所有的全球性议题中，包容性的全球化遭遇冲击。俄乌冲突导致的经济损失同样惨重，新兴市场国家和发展中国家首当其冲，世界多个经济体的通胀率和企业申请破产数量创下新高。欧洲经济也遭受了重创。但与此同时，俄乌冲突也改变了欧洲能源结构并加速了欧洲的绿色发展。在短期的能源需求得到满足后，欧盟开始大幅推进对清洁能源、清洁交通、核电和生物燃料电力领域的去碳化投资。2023 年 9 月 12 日，欧洲议会正式通过决议，将 2030 年欧盟各国的可再生能源消费占能源消费总量的目标从 32%（2018 年 12 月生效的目标）提升为 42.5%。能源智库 Ember 的一项调研显示，2022 年风能和太阳能发电量占欧盟电力消费的 22%，创历史新高，并首次超过天然气发电量的占比（20%），而煤炭发电量则占到了 16%。除了审批通过最新的可再生能源使用目标，欧洲议会此次通过的法案还提出要加快风力发电、光伏发电等可再生能源发电项目的审批流程。在交通运输领域，法案要求使用更多的先进生物燃料以及对氢等非生物来源的可再生燃料进行更严格的配额，到 2030 年，可再生能源燃料的使用使温室气体排放量减少 14.5%。

1.4　本领域的研究对象与范围

1.4.1　研究对象

碳中和管理是一门由公共管理学、能源经济学、资源环境经济学、环境科学等相互融合和渗透而形成的交叉学科。碳中和管理本质上是研究如何统筹经济增长、资源约束与气候变化，提供从理论方法到实践应用的系统性方案，以实现碳中和目标。社会经济系统的方方面面都扮演着应对气候变化的角色，因此可以说，碳中和管理的对象就是社会经济系统。从空间上来说，碳中和管理可以面向全球、国家和更小的区域；从时间上来说，碳中和管理并不只是聚焦实现碳中和的长期规划，也可以就某一时间段内的低碳转型进行更加深入的研究；从主体上来说，碳中和的实现需要政府、行业、园区、企业以及居民的共同参与。此外，根据碳中和的实现路径，又可以把研究对象分为能源供应端、能源需求端和固碳端。以这三端为对象，能够覆盖不同的空间、时间与主体。由于各类研究对象具有不同特点，其研究过程与研究方法也不完全相同。

1.4.2 研究范围

碳中和管理的研究范围包括以下几个方面。

1. 碳中和概述

明确碳中和的基本概念与内涵，厘清碳中和与经济社会发展的关联关系，识别碳中和领域的热点前沿与关键科学问题。这是碳中和管理的理论基础，为开展进一步的研究提供支撑。

2. 碳中和管理方法概述

讲述碳中和管理领域的方法体系，覆盖区域、企业与产品等不同对象，贯穿“历史排放核算—基准排放预测—政策量化分析”全流程，构建历史与未来的政策因果链，为制定具体实施路径提供基本的方法支撑。

3. 碳中和实施路径：供给侧与需求侧

从供给侧和需求侧两部分，分别提供实现碳中和的重要路径。其中，供给侧以经济结构、能源结构、资源效率与科技创新为主要对象，讲述四种路径在碳中和进程中发挥的重要作用、影响机理与政策实践等；需求侧以交通与建筑部门为主要对象，分析其碳排放现状、影响因素以及碳中和路径。

4. 适应气候变化与碳汇

阐述减缓与适应的并重关系，了解气候适应的基本概念与实施路径。聚焦减缓与适应的交叉，依次介绍碳汇的概念、分类、影响因素和提升路径，基于自然的解决方案，以及减缓与适应的协同效应。

5. 碳中和治理体系

介绍气候治理的基本概念和理论基础，回顾全球气候治理的缘起、基本要素、国际条约体系及演变进程，并阐述我国深度参与气候治理的历史行动及重要成果，明确碳中和背景下气候治理的重点内容。

6. 碳中和制度与政策

鉴于碳中和管理的实用性，在理论学习的基础上，进一步了解全球主要国家和地区提出的减排战略以及各领域的重点行动，学习我国碳达峰碳中和政策进展，明确碳中和的前沿政策机制以及与其他重要领域的协同关系。

7. 碳中和规划实践

在聚焦相关制度与政策的同时，展示国内外典型城市和地区碳中和规划的实践和相关案例，总结碳中和规划的实践经验，并结合本书前面章节介绍的理论方法和低碳转型路径与政策，进一步展示碳中和规划的具体方法和步骤。

第 2 章　碳中和概述

在全球气候治理步入碳中和时代的大背景下，碳中和概念的日益凸显引发了广泛的关注与讨论。随着我国提出碳达峰碳中和目标，碳中和成了我国经济社会发展的重要议题。然而，对于碳中和的认知仍存在着诸多问题，包括概念定义不清、路径选择不明确等方面的困惑。因此，本章旨在从不同角度深入探讨碳中和的概念、内涵及其与经济社会发展的关系，以及碳中和领域的热点前沿与关键科学问题。

首先，我们从基本概念出发，介绍碳中和的定义、内涵及其实现路径，以帮助读者深入理解碳中和的基本含义与要义。其次，我们将分析碳中和与经济社会发展之间的紧密联系，探讨实现"双碳"目标对我国经济社会发展的重要意义，以及在转型升级中碳中和所具备的潜在机遇与挑战。最后，我们将对碳中和领域的热点问题进行梳理，包括政策管理、技术创新、产业转型等方面的关键科学问题，以期为相关研究人员提供参考和启发。

通过本章的学习，读者将更加全面地了解碳中和的概念与内涵，认识到碳中和与经济社会发展之间的深刻关联，以及认识到碳中和领域所面临的重大挑战与机遇。这将有助于促进我国碳中和目标的实现，并推动经济社会向更加绿色、可持续的方向发展。

2.1　碳中和概念与内涵

2.1.1　碳中和的提出背景

本书在第 1 章已经指出人类活动影响全球和区域气候，以及气候变化对全球生态系统、社会和经济产生了深刻影响。尽管全球已经采取了各种措施来减缓温室气体排放，但是依然无法抵消经济发展带来的排放增量。

根据 AR6，全球累计碳排放逼近 1.5℃和 2℃碳预算，且主要部门的温室气体净排放量持续增加。在 1850—2019 年，全球人类活动累计二氧化碳净排放量为 24 000（±2400）亿吨，其中一多半（58%）是 1990 年前排放的。在全球温升 1.5℃的情景下，在 1850—2109 年累计二氧化碳净排放量已经达到碳预算（50%概率，29 000 亿吨）的 4/5，在 2℃情景（67%概率，35 500 亿吨）下也占有 2/3 的比重。在 2010—2019 年，全球主要部门温室气体排放量继续上升。相比 2000—2009 年，新的十年间（2010—2019 年）能源部门的排放量增速有所放缓，交通和工业部门的排放量增长最快。在 2019 年，能源部门依旧是全球温室气体排放主要贡献部门，占比 34%，其次则是工业，占比 24%，农业、林业和其他土地利用部门占比 22%。这意味着需要采取更有力的措施来减少温室气体排放以应对气候变化。

在 2015 年联合国气候变化大会上通过的《巴黎协定》，提出目标“把全球平均气温升幅控制在工业化前水平以上低于 2℃之内，并努力将气温升幅限制在工业化前水平以上 1.5℃之内”。随着国际社会对气候变化问题的认知程度逐渐提高，各国陆续开始提出碳中和目标。在 2019 年联合国气候行动峰会上，联合国秘书长古特雷斯发表声明称包括 65 个国家和欧盟、10 个地区、102 座城市、93 家企业与 12 位投资人在内的“2050 集团”全数承诺在 2050 年前实现碳中和，拉开了全球迈向碳中和的序幕。

截至 2024 年 2 月，已有 151 个国家和 159 个地区做出净零承诺，覆盖全球 88%的二氧化碳排放量、92%的 GDP 和 89%的人口。碳中和，本质上是一场经济社会的全面系统变革，很可能是工业革命以来最有意义的变革，全球产业链面临重塑，新一轮技术创新涌现，是一条新赛道上的竞争。任何一个国家、地区和企业要实现碳中和都面临极大的挑战，必然要经历复杂的制度、技术、市场和社会变革。

2022 年 10 月，在中国共产党第二十次全国代表大会上的报告指出“协同推进降碳、减污、扩绿、增长，推进生态优先、节约集约、绿色低碳发展”和“积极稳妥推进碳达峰碳中和”①。随着碳达峰碳中和“1+N”政策体系的持续构建和完善，“双碳”工作进入到实操阶段，被纳入经济社会发展和生态文明建设整体布局。

2.1.2 碳中和的定义

中和（neutrality）或净零排放（net-zero emissions），是指进入大气的温室气体排放和吸收的汇之间达到平衡。由于目前人为温室气体排放的绝大部分是二氧化碳，因此在各国提出的中和或净零排放目标中也常用碳代指温室气体。各国提出的与中和相关的目标表述主要包括四类：气候中和、碳中和、净零碳排放和净零排放。

IPCC 的《全球升温 1.5℃特别报告》对以上概念进行了明确定义，解释了这四类目标的差别。首先，气候中和是基于气候变化影响的视角，而净零排放聚焦人为活动造成的排放情况。这两个目标也不完全等价，因为零影响与零排放并不等同。在不产生排放的情况下，人为活动同样能够对气候变化造成影响，比如在推进城市化进程中可能会改变或破坏周边植被，这可能导致地表反照率发生变化进而间接影响气候变化。其次，气候中和并不是必须要求温室气体净零排放。对于 CH_4（甲烷）等短寿命温室气体而言，有研究表明稳定的短寿命温室气体排放并不会产生新的气候影响，因此气候中和只要求短寿命温室气体排放达到稳定而不必要求其达到零排放。

① 引自 2022 年 10 月 26 日《人民日报》第 1 版的文章：《高举中国特色社会主义伟大旗帜 为全面建设社会主义现代化国家而团结奋斗》。

2.1.3　碳中和的实现路径

根据中国科学院院士丁仲礼的观点，碳中和就是要想办法减少源排放，增加汇吸收，把原本将会滞留在大气中的二氧化碳减下来或吸收掉，从而实现净零排放以控制温升目标。实现这个目标，需要在发电端、消费端和固碳端共同发力。

在发电端，通过构建新型电力系统来降低电力生产供应过程中的碳排放量。在经济社会持续发展的前提下，电力需求将呈现长期上升趋势，特别是以降碳为导向的能源消费电气化，将进一步推动我国电力装机容量的增长。同时，我国拥有十分丰富的风、光等可再生资源，且过去在可再生能源方面已经开展了系列政策部署与产业布局，在集中式和分布式两方面都已经奠定了坚实基础。为此，面向碳中和目标逐步构建新型电力系统，应当关注“以风、光为主力电源，以核电、水电和综合互补等为稳定电源，以火电作为应急或调节电源”，并且以能量储存、转化及调节等技术来克服风、光等可再生能源的波动性缺陷。此外，考虑到区域差异，还需要统筹考虑电力需求、电源分布与基础设施，加强分布式能源的消纳能力。

在消费端，需要推进电力和氢能替代传统能源，以及进行工艺改进，实现能源消耗的低碳化或非碳化。例如，在交通领域，可以在轨道交通和道路车辆中使用电力替代传统燃油，针对船舶、卡车和航空等交通工具可部分采用氢能替代措施。在建筑领域，城市以全面电气化为主，辅以电动热泵等技术；而农村则可采用屋顶光伏、电动热泵、天然气、生物沼气等组合。在工业领域，虽然目前钢铁、有色金属、化工和建材等行业尚未完全实现电力和氢能替代化石能源，但未来需要进行技术创新和行业协调来推动这一进程。需要注意的是，一些行业如水泥生产和基础化学品生产，由于原料使用的石灰石和化石能源，因此难以完全避免二氧化碳的排放。

在固碳端，我们可以采取以下措施来应对发电和消费两端不可避免的二氧化碳排放：修复和保护退化的生态系统，增加植物生长量，尤其是通过提高森林的光合作用来将更多的碳固定在植物和土壤中，这是最关键的固碳过程；捕集和富集低浓度二氧化碳，然后通过化学、生物、矿化或地质利用转化为化学品、燃料、材料和资源；将捕集到的二氧化碳封存在地层中；生物质燃料利用和秸秆还田等。此外，我们还应该完成非生态碳固存技术的深入研究和储备，适时推动这些技术的应用，以实现为发电端和消费端碳排放的“兜底”。

2.2　碳中和与经济社会发展

2.2.1　碳中和对我国经济社会发展的影响

首先，碳中和仅对部分低效、高耗能的领域与行业加以限制。生态环境部印发的《关于统筹和加强应对气候变化与生态环境保护相关工作的指导意见》提出，鼓励能源、工业、交通、建筑等重点领域制定达峰专项方案，推动钢铁、建材、有色、化工、石化、电力、煤炭等重点行业提出明确的达峰目标并制定达峰行动方案。能源结构调整是“减碳”的重要抓手之一，碳中和背景之下，传统高耗能、高排放行业中的落后产能将面临巨大的成本压力而被迫出清。未来优化行业结构、提高市场集中度的趋势将对生产过程规范、环保设备齐全的先进产能更加利好。而对现代服务业、高新技术产业以及先进制造业等新兴产业而言，碳中和所引导的产业转型无疑将为其带来巨大的发展机遇。

其次，碳中和对经济的负面影响仅限于短期，长期而言，低碳转型有利于经济可持续发展。短期来看，为响应碳中和政策号召，企业需加大环保设施及工艺设备投资，升级产能，这将导致企业利润下滑；此外，考虑到能源与产业结构的调整均不可一蹴而就，减少碳排放势必意味着牺牲短期内的部分经济活动。长期来看，预计碳中和的提出将推动我国从资源依赖型、投资驱动型的发展模式转向绿色经济的发展模式。在前一种模式之下，经济发展严重受到人口、资源以及环境的制约，存在不可持续的问题。绿色、低碳的能源结构则将避免我国陷入“中等收入陷阱”，促进经济高质量、可持续发展。

最后，在国际上，英国、美国等诸多国家也为我们提供了碳中和与经济发展协同共赢的例子。英国于 2008 年批准一项议案，决定在 2050 年前将温室气体排放量减少 80%，成为世界上第一个以立法框架确定减排目标的国家。1990 年，英国化石燃料发电量约占总发电量的 80%，随可再生能源快速发展，2019 年其可再生能源发电量占比首次超越化石燃料，高达 48.5%。自 1990 年以来，英国在碳减排 35%的同时，实现了经济增长 159%的巨大成就。美国在减少化石燃料消耗的同时也加大了清洁能源投资力度，可再生能源消费占比提高。此外，美国政府格外重视科技创新，高额的研发投入加快了生产自动化的进程，第三产业占比迅速提高，促进其经济增长与碳排放“脱钩”。

2.2.2 碳中和对提升我国就业数量与质量的作用

碳中和本身就是一个潜力巨大的产业，碳中和产业兴起将极大地提升就业数量与就业质量，而就业增长与经济增长则相辅相成。据国际可再生能源机构（International Renewable Energy Agency，IRENA）的预测，若以气温上升控制在 2℃以内为准，至 2030 年，碳中和将为中国带来约 0.3%的就业率提升。碳中和目标下的低碳发展将提供更多的就业岗位，最直接的就业岗位增长体现在可再生能源领域，相比传统的煤炭生产领域的工作岗位，可再生能源领域的工作岗位往往更加清洁，对从业人员更加友好。2022 年，中国可再生能源行业已经创造了 500 多万个工作岗位，占全球总数的 41%；到 2050 年，这一数字可能上升到 1000 万个。2022 年全球可再生能源行业（包括太阳能、风能、水电、生物能、太阳能供暖和制冷、热泵、地热能等）已创造就业岗位 1370 万个，其中中国占 500 多万个，占全球总数的 41%。到 2030 年，这一数字可能会上升到全球 2400 万个，到 2050 年达到 2900 万个，其中中国大约将达到 1000 万个工作岗位——远高于目前煤炭行业的就业人数。此外，电动车电池行业、保温性能高且节能的高质量建筑行业和其他许多行业也将创造大量就业机会。

“一带一路”低碳转型将带来大量绿色就业机会，2020—2050 年，可再生能源、储能、电动汽车以及能效提升等领域绿色就业机会将增长近 4 倍，远超化石能源相关行业的岗位损失（图 2-1）。低碳转型将显著改善“一带一路”共建国家的空气质量，降低由空气污染诱发的过早死亡人数。2020—2050 年，$PM_{2.5}$和臭氧浓度将分别降低 36%和 22%，每 10 万人过早死亡率将下降 32%。“一带一路”化石能源的退出将带来公正转型问题，除化石燃料行业的就业损失外，还包括燃煤电厂提前退役带来的资产搁浅风险（主要集中在中国和印度尼西亚）。低碳转型背景下各国将加快发展国内可再生能源，多数“一带一路”国家的能源安全得到改善，而部分化石能源出口国（印度尼西亚、中东国家、俄罗斯）由能源出口导致收入减少，将寻求经济转型。“一带一路”共建国家的粮食、土地、水系统之间高度关联，粮食需求增长与特定减排策略，特别是基于土地利用的碳移除之间存在一定矛盾。“一带一路”低碳转型需要大量资金，仅能源部门就需要每年 1.1 万亿美元的投资，以加速可再生能源部署、提高能效以及强化基础设施。

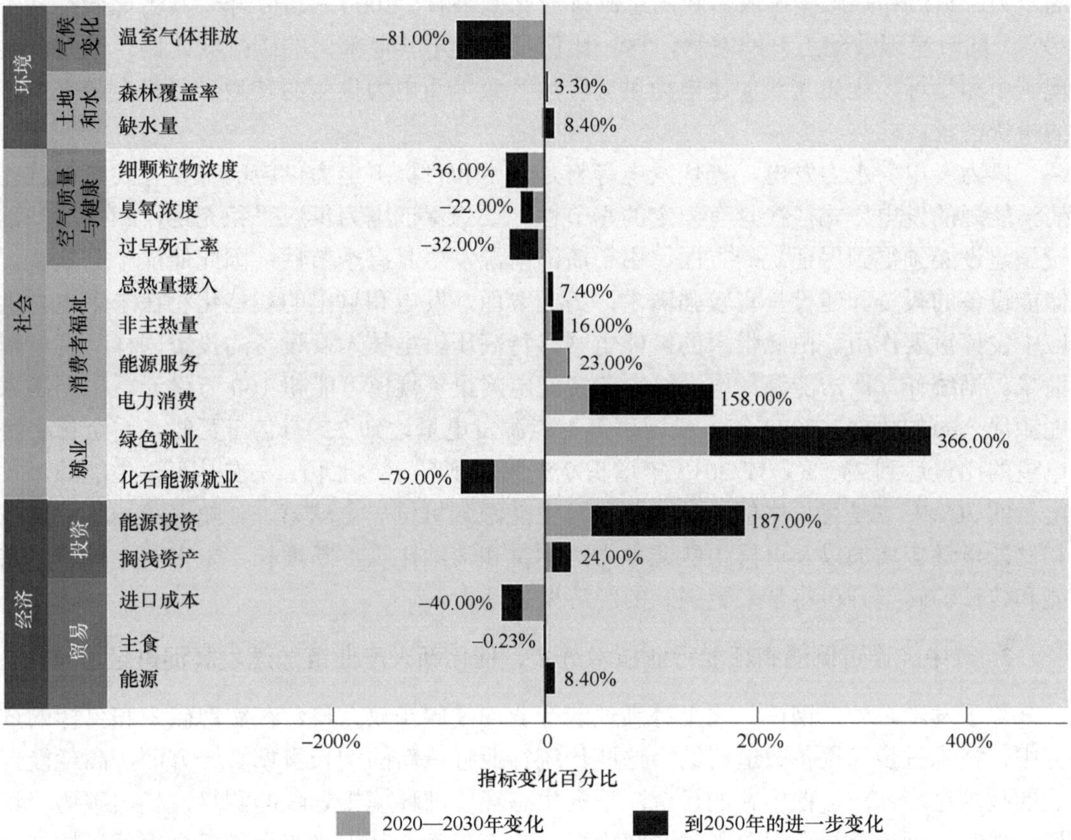

图 2-1　1.5℃目标下“一带一路”国家在 2020—2050 年 17 个环境、社会和经济指标变化

另一个由碳中和带来的就业增量领域主要是碳排放权交易市场。碳排放权交易市场建设是实现碳中和目标的重要途径。当前，碳交易已在全球范围内得到了广泛的运用。碳排放权交易市场能够将碳排放所带来的社会成本内部化，倒逼企业加大对环保技术的投入，提高能效，降低碳排放。2013 年起，我国陆续在深圳、上海、北京等 8 省市开展碳排放权交易试点。2020 年 12 月 31 日，生态环境部发布《碳排放权交易管理办法（试行）》，全国碳排放权交易机构负责组织开展全国碳排放权集中统一交易，全国碳排放权交易市场于 2021 年启动上线交易。全国碳排放权交易市场的正式建立将进一步带来与之

相关的大量就业岗位和人才需求，例如，碳排放权交易员、碳交易数据分析师、碳排放额度评估师、碳资产管理人以及碳排放权交易所工作人员等就业岗位将进一步提升我国的就业数量。

2.2.3 碳中和对激发我国经济新增长点的作用

1. 碳中和通过加速电力供应、储能和传输转型升级促进经济增长

从分部门角度来看，生产和供应的电力、蒸汽和热水部门碳排放量最多，且显著高于其他部门，这意味着要实现碳中和，就需要加速电力供应的转型升级。从生产和供应的电力、蒸汽和热水碳排放占我国总碳排放比例来看，2000—2017 年，其占比始终高于 39%，同时呈现波动上升的态势，这一比例显著高于其他部门的碳排放比例。因此，实现碳中和目标，优先需要加速电力供应转型升级，而电力供应的转型升级将会带来全新的投资需求。

风力发电、水力发电、光伏发电等将是碳中和目标下电力供应的主要方式，但这些清洁能源的发电方式往往具有一定的季节性，要想保证电力供应平稳充足，相关的基础设施建设必须得到保证。一方面，由于清洁能源发电具有季节性，因此储能十分重要，储能设备的投资和建设具有较强需求；另一方面，发电和输电的智能化将在未来电力供应中发挥重要作用，由此带来的智能电网、特高压输电技术及设备的投资同样具有广阔前景。据统计，清洁能源、电网传输和智能电网投资规模可能超 100 万亿元。根据国家能源局公布的数据，2020 年，我国可再生能源发电量达到 2.2 万亿千瓦时，占全社会用电量的比重达到 29.5%，较 2012 年增长 9.5 个百分点；装机 40%左右是可再生能源，发电量的 30%左右是可再生能源，全部可再生能源装机位居全球第一。随着清洁能源发电和储能量逐年增加以及可再生能源电力消纳量和消纳比重不断增长，未来电力供应、储能和传输的转型升级将带来更强劲的经济增长动力。

2. 碳中和通过倒逼高耗能行业技术进步、催化新兴产业链加速发展促进经济增长

除了发电之外，钢铁、化工等高耗能行业均是碳排放大户，在实现碳中和目标的过程中，技术进步和设备改造将助力这些传统行业打造新的增长引擎。一方面，高耗能行业的技术进步需求会催生新的投资，根据生态环境部环境规划院的测算，我国碳达峰目标实现时，预计全社会将向零碳产业投资 8.5 万亿元，其中将有大量资金用于科技创新研发。另一方面，从经济理论角度出发，技术进步本身就是提高产出水平的重要因素，根据生态环境部规划院的测算，上述 8.5 万亿元的投资将创造 10.9 万亿元 GDP。如果说高耗能行业技术进步是在原有产出基础上的改革，那么新能源、新材料等新兴产业及其产业链上下游的加速发展则是经济增长的显著增量。在碳中和目标下，新能源、新材料等新兴产业将迎来快速发展时期，例如，电动汽车、生物燃料、氢能一体化等行业都将被积极布局，相关投资规模也将大幅增长。

3. 碳中和推动经济社会综合性高质量发展

首先，碳中和带来的能源结构转型在实现节能的同时将极大减少温室气体排放和空气污染，从而优化人类生存环境。一方面，现阶段我国的能源结构还是以原煤为主，碳中和目标将在更严格地控制煤炭等化石能源消费的同时大力推动可再生能源（如太阳能、风能、生物质能）的发展，提高非化石能源在能源消费中的占比。近年来，我国化石能源占比逐渐下降，非化石能源占比快速提升，2020 年我国非化石能源占比约为 16.4%，根据国家能源局设定的目标 2030 年将达到 25%。另一方面，根据国家应对气候变化战略研究和国际合作中心统计的数据，我国 2005 年以来的节能减排行动，到 2020 年累计的节能规模相当于 22.1 亿吨标准煤，累计减少二氧化碳排放约 1192 万吨、减少氮氧化物排放约 1130 万吨，到 2030 年将减少 80%的大气污染。

其次，实现碳中和目标，发展清洁能源，还能够降低我国对国外化石能源的依赖，确保我国能源安全。现阶段我国能源结构仍以化石能源为主体，工业生产需要消耗大量石油，但是我国石油生产量却远远不足以弥补消费，因此我国石油进口量与日俱增，一度成为全球最大石油进口国。大规模的石油进口将导致我国经济发展对石油输出国有一定的依赖，这在一定程度上会产生能源安全风险，在实现碳中和目标的过程中发展清洁能源，降低对石油输出国的依赖程度，能够确保我国的能源安全，提升生产自主性。

2.3　碳中和热点前沿与关键科学问题

2.3.1　碳中和热点前沿

自全球开始进入迈向碳中和时代，国内外学者对该领域进行了系统性的文献梳理和评述。通过对这些成果的总结，发现在碳中和领域的研究存在的主要特征如下。

从全球发展态势来看，2005—2020 年，全球气候治理体系领域的相关文献发文量持续增长，特别是 2015 年《巴黎协定》通过后增速较之前明显加快，全球气候治理体系成为国内外学者关注的焦点之一。从我国气候治理体系发展态势来看，2005—2020 年发文量占全球的比例增速高于国际，特别是 2015 年后发文量快速增加，体现出我国是全球气候治理机制的关键参与者；从聚焦领域来看，我国气候治理体系聚焦四方面：气候变化目标与路径、政策制度协同、基础能力以及国际合作。

在时间维度上，关于碳中和研究的文章最早发表于 1995 年，探索了用于替代化石燃料的生物质能源在全生命周期内是否为碳中性；而关于碳达峰研究的文章最早发表于 2000 年，基于 1994 年 IPCC 报告 IS92 情景，采用全球环境综合评估模型（integrated model to assess the global environment）预测全球碳排放将于 2040 年达到峰值 12.8 吉吨，预计至 2100 年温升仅为 1.4℃。在空间维度上，在“双碳”目标提出前，我国主要关注碳达峰相关研究，包括能源密集型部门、低碳试点城市，以及京津冀、珠三角等不同城市群；而国际层面普遍关注碳中和研究，包括全球和区域两部分，在区域层面以欧洲为主要对象。

2.3.2 碳中和关键科学问题

在明确碳中和领域的热点前沿后，有必要对其关键科学问题进行归纳总结。与过去相比，碳中和目标下气候政策研究的新任务和新挑战主要体现在三个方面：第一，碳中和目标要求的减排力度前所未有，可能导致跨系统、多维度的风险非线性增加。尽管这一过程伴随着显著的减排效益和气候变化风险改善，但不同减排路径间风险和效益差异的可预见性较低，且时空分布格局不清，亟须对风险和效益及其时空分布进行科学预判，指导减排路径设计。第二，碳中和背景下，气候行动不再局限于少数行业、地区和供给侧，而是需要全行业、全地区、供给侧和需求侧的共同参与。当前对行业、地区和供给侧的转型决策机制的研究相对较多，亟须开展对需求侧多主体响应机制和行为干预措施的研究，从而保证碳中和目标的顺利实现。第三，碳中和目标确定后，趋利避害地优化设计碳中和目标施工图就成为迫切需要回答的政策问题，亟须结合上述多维风险、效益及其时空分布以及多主体的行为决策机制开展多目标优化，确保经济系统的高质量可持续发展、实现不同系统间的相互协调和产业链间的相互匹配、增强不同主体间的公平。为应对上述新任务和新挑战，碳中和目标下气候政策研究亟须回答以下三个科学问题：①不同减排技术路径的多维风险和效益总量及时空分布格局如何？②面向深度减排需求的多主体行为响应机制会发生怎样的变化？③如何结合风险和效益以及行为响应机制给出优化的碳中和转型路径建议？

1. 不同减排技术路径的多维风险和效益总量及时空分布格局

面向碳中和目标的低碳转型，将对社会经济系统和自然系统产生深远的影响。一方面，低碳、零碳和负碳技术的大规模部署可能带来潜在的跨系统风险。例如，高比例可再生能源可能引发化石能源资产搁浅和供电稳定性等问题；部分资源依赖型低碳技术高速发展可能引发新的全球资源竞争问题等。另一方面，零碳转型过程中的产业升级、技术进步以及环境健康影响，有望带来经济系统的非线性变化，从而使碳减排由短期内经济发展的增量成本转变为中长期促进经济发展的新动能。此外，上述风险和效益往往兼具非线性和空间异质性等特征，不同技术路径带来的风险或（和）效益在时空叠加下还有可能产生新的风险和效益（又称级联效应）。因此，碳中和目标的实现力度之大、风险和效益作用机制之复杂、可预见性之低，都对生产侧的技术路径部署提出了更高的政策研究需求，亟须解决以下子问题：①碳中和技术的大规模部署在短期和长期可能产生哪些跨系统风险？规模多大？②新旧技术的更迭中可能通过何种机制产生多大规模的潜在影响？形成低碳转型正向促进效益的社会经济临界点在哪里？③不同技术路径风险和效益的时空分布特征是怎样的？叠加以后在什么情况下可能会触发级联效应，并带来哪些新的风险和效益？

1）碳中和技术大规模部署的跨系统风险

尽早实现碳中和技术的创新和大规模部署是实现净零排放目标的核心支撑，而技术路径的选择，很有可能在短期内引发自然系统和社会经济系统的跨系统风险。例如，许多低碳、零碳和负碳关键技术装备的生产需要使用关键金属和矿产资源。因此，这些技术的大规模部署会导致对关键金属和矿产资源的需求上升，并最终导致相关金属资源行业的竞争加剧。这种竞争将产生跨系统的影响——大幅增加其开采与利用过程中的环境影响，而对于大量进口这些资源的国家而言，则会面临更加激烈的金属资源竞争及更大的供应链安全风险。此外，碳中和目标的实现还将面临大量现有高碳基础设施的退出问题。大多数发展中国家现有的高碳基础设施尚存在较强的“碳锁定”效应，强制淘汰它们可能导致大规模的搁浅资产，使基础设施领域的变革传导至金融系统，带来银行坏账和金融风险。以占中国二氧化碳排放量超四成的煤电机组为例，其平均运营年限为 14.8 年，而 1000 兆瓦以上的大型机组平均运营年限仅为 6.5 年，提前关停煤电造成的累积资产搁浅规模可能高达万亿级别。因此，提前识别各类碳中和技术路径的短期与长期风险，包括金融和经济、能源安全、产业链、粮食安全、地缘政治和环境生态等各方面的风险，对于尽早制定和落实碳中和技术部署战略、避免锁定效应、走可持续碳中和发展路径至关重要。

2）碳中和技术的效益产生机制和正反馈临界点

碳中和转型的过程将产生显著的减排效益。在短期内，碳中和技术的应用能够减少化石能源消费相关的环境污染，进而改善公众健康；零碳能源的部署也能够降低化石能源进口国的对外能源依存度，加强能源安全。以中国为例，多份研究指出，中国实现深度碳减排或碳中和目标所产生的与空气污染相关的健康协同效益，在货币化之后能够覆盖减排成本。中长期来看，零碳转型有望推动产业和技术升级，提高国家竞争力，促进高质量发展。以英国可再生能源发电的技术发展为例，早期这类技术只有依靠大量的政府补贴获得价格优势，才度过了最艰难的初步扩散阶段，并由此坚定了投资者和社会的信心，逐步实现“政策信号—投资信心—价格优势”的正向反馈，最终其成本在无补贴情况下也具备了与现有煤电竞争的能力，形成了新的经济增长动力。类似的现象在中国电动汽车产业中也有所体现。这种正反馈机制的产生得益于政策信号、投资者行为和社会经济系统之间的动态相互作用，通过政策的早期“输血”，帮助新生技术越过技术扩散的临界点，自身产生“造血”能力，最终形成新的优势产业。这种“输血”和“造血”的临界点，取决于新旧技术的技术经济成本变化、市场环境、投融资渠道和政策工具等复杂因素。针对碳中和技术扩散的非线性特点，识别其效益的产生机制和社会经济的临界点，对于设计有效的政策工具，促进碳中和经济，有着重要的意义。

3）不同碳中和技术路线风险和效益的时空分布与相互作用

由于碳中和转型技术路线力度和节奏的不同，以及区域间产业结构、人口构成、自然条件和资源禀赋的差异，碳中和技术革新产生的风险和效益的分布也存在较大的时空和人群差异。如前文所述，清洁能源技术对化石能源的替代，可能导致与化石能源资产搁浅相关的金融风险和失业问题，同时也会创造与清洁能源产业相关的投资与就业机会。然而，碳中和转型的风险与收益经常存在一定的时空错配，即有些地区（或人群）受益、有些受损，或者短期风险超过收益，而长期收益超过风险，如果没有把握好降碳和产业更迭的力度与节奏，可能会影响社会安定；反之，也有可能成为盘活区域资源、平衡区域发展的机会。例如，在碳中和技术的区域部署上，如果能发挥乡村在碳汇和生态安全等方面的保障性作用，将减排与当地的减贫、就业、基建、教育等领域的实际发展需求相结合，往往能产生协同推进碳中和与城乡可持续发展的效果。此外，不同技术路径面临的往往不是单一的风险和效益，而是时空交叠下的多重复合风险和效益。以 2021 年初美国得克萨斯州暴雪导致的断水断电情况为例，高比例的可再生能源发电，虽然在一定程度上降低了对化石能源进口的依赖，但同时也降低了电网在极端天气气候下的稳定性，进而影响水、电、气、热和交通等多条城市生命线的稳定运行。这种多重因素相互作用的级联式风险往往难以预见，虽然概率较小但后果严重，在选择碳中和技术路径时需要加以重视，积极预防。

2. 面向深度减排需求的多主体行为响应机制

实现碳中和目标不仅需要技术的大规模部署，还依赖于需求侧人类行为和生活方式的转变。净零排放路径中，超过一半的减排量与人们的行为选择有关，其中 8%的减排量与行为改变和减少材料使用直接相关，55%的减排量与公众和消费者参与间接相关。这意味着，需求侧减排不但是供给侧减排的有力补充，也是驱动产业绿色低碳转型、实现节能降耗减排的重要引擎。然而，与供给侧减排相关的文献相比，需求侧减排的研究力度相对不足，相关研究在 2010 年以后才呈现显著增长。在深度减排需求下，需求侧行为响应机制面临的新任务和挑战主要表现在以下三个方面：①哪些规范、价值观、偏好和结构性因素决定了需求侧的温室气体排放，这些因素之间有何交互关系？②哪些措施可以深度减少需求侧的温室气体排放，采取这些措施的条件是什么？③需求侧减排如何兼顾公平福祉和其他的可持续发展目标？

1）需求侧减排行为的多元驱动因素及其交互作用

从行为的驱动机制来看，减排行为既与基础设施和技术选择等“硬”条件密切相关，也受到社会规范、文化价值观等“软”环境的影响。例如，延长产品的使用寿命不仅需要改进产品质量，还需要在社会层面倡导勤俭节约的文化风气；推行紧凑型住房可减少住宅能耗，但这不仅需要城市规划环节建设配套的基础设施，还需要在文化价值观层面倡导适度消费，转变越大越好的住房观念；使用人工培育的人造肉替代动物肉虽然能够在技术上实现口感与动物肉完全一样，也需要人们在心理上真正地接纳等。与基础设施和技术选择相比，传统气候政策研究对个人偏好、价值观和社会文化的关注相对较少，但其在向低碳经济过渡过程中发生的转变，可在全球层面提供十亿吨级的碳减排潜力，也可能成为引爆点触发社会经济系统的快速变革。“软”环境和“硬”条件的共同作用还可能产生非线性的叠加效应，改变人们对最佳技术或政策实践的认识。因此，需求侧的系统性变革需要两方面高度配合，“软硬兼施”、协调一致地推进减排工作。从研究的层面，则迫切需要探索需求侧减排行为的多元驱动因素及其交互作用，以便更好地支撑需求侧减排政策的制定。

2）需求侧减排的多主体响应机制和行为干预措施

需求侧减排措施涉及的范围较广且相对琐碎庞杂，覆盖饮食、住宅、出行等多个方面。尽管单一措施的减排贡献可能相对有限，但这些举措加总起来的人均减排量可达 9

吨。多措并举条件下的低能源需求情景不但可以减轻供给侧的减排压力，还可以降低总体的减排成本。根据国际能源署对低能源需求情景的设置，减少能源和资源使用的行为变化相比部署低碳电力和氢能，可在 2021—2050 年累计节省 4 万亿美元的减排成本。虽然减排效益可观，但推动和落实这些举措任重道远，需要多个社会角色的共同参与。例如，低碳出行的行为尽管由家庭或个人直接做出选择，但其同样受榜样和新的社会规范影响，需要城市空间规划者、出行服务提供者以及政策制定者提供适当的基础设施和技术选择支持。因此，为从需求侧发力推动碳中和目标的实现，亟须研究多个角色在减排中发挥的作用，提出促进角色间协调配合的机制建议；建立产品级的碳排放数据清单，在更高分辨率和更全生命周期系统边界上算清需求侧的“碳账”；研究依托大数据、物联网等技术将产品级碳排放清单与微观个体的消费行为和各行为主体的减排责任相匹配的技术装备，在此基础上研究制定针对性的管理策略以激励更有效的减排行为。

3）需求侧减排与公平福祉的联动关系和协同实现路径

需求侧减排是以人为主体，与人的发展息息相关。需求侧减排方案的设计需以不折损人们的幸福感和生活质量为前提，在兼顾公平福祉等可持续发展目标的同时，提升公众对气候政策接纳程度。事实上，近 80%的需求侧减排措施有利于改善民生福祉。相较于生物能源与碳捕集和储存（bio-energy with carbon capture and storage，BECCS）等负碳关键技术，需求侧解决方案带来的环境风险也更小。AR6 提出，应通过让所有人达到体面生活标准来实现公平、福祉和减排目标的协同，但推动该目标的具体落实还面临着多重瓶颈。在未来的研究中亟待解决的问题包括：如何建立可比的、同时体现共性需求和个体差异的量化指标来度量福祉和幸福感；如何突出幸福感和基本需求的社会属性，在特定的社会环境中动态改进对基本需求的认识；如何因地制宜地构建福祉驱动而非传统 GDP 增长驱动的可持续发展范式；等等。

3. 考虑多重影响的碳中和转型路径优化

正因为碳中和目标的实现会带来广泛而深刻的经济社会系统性变革，碳中和转型路径的选择不仅仅是一个技术经济问题，更是一个综合系统优化问题，需要充分考虑会对碳排放和碳中和进程产生影响的显著性因素，需要权衡碳中和技术的多维风险和效益，需要利用需求侧多重主体的响应机制，最终追求效率和公平的双重优化。传统的“就碳论碳”、单向评估有限减排路径综合影响的研究范式已难以满足上述需求。此外，碳中和转型施工图的研究还需要突破传统以行政区划为最小决策单元的能源经济模型的局限。为寻找优化的碳中和转型路径，需要至少回答下列关键问题：①社会经济发展和自然环境新局势（如人口、疫情、战争、国际关系、气候变化等）会对碳排放、碳中和进程和转型路线选择产生何种影响？②支撑碳中和关键技术部署需要何种格局的产业配套和社会经济联动关系？③通过哪些创新方法可以动态得到考虑多重政策目标的碳中和技术路线优选和高时空精度技术部署施工图？

1）社会经济发展和自然环境新局势对碳排放和碳中和进程产生的影响

碳中和目标的实现需要与社会经济和自然环境的缓慢变化趋势（如人口和经济结构

转型、意识形态变化、气候变化等）或短时间内的强烈冲击（如疫情、经济危机和战争等）紧密联系在一起。将这些社会经济发展和自然环境新局势考虑在内，可以以更宽阔的学科视野把握影响温室气体排放的诸多因素，修正对温室气体排放、减排成本和潜力的认识，最终抓住促进碳中和转型的契机，为提前部署趋利避害的转型路径方案提供支撑。由于正向影响、负向作用和反弹效应的共同存在，当前老龄化、数字革命、共享经济、新冠疫情、俄乌冲突和气候变化等局势最终会如何影响减排潜力并不明晰。有研究表明，发达国家老年人的碳足迹更高，因此其老龄化进程会加大需求侧减排的挑战，但这一结论是否适用于中国等发展中国家还需要进一步论证。短期内暴发的新冠疫情为重塑人类行为，形成新的社会经济范式带来了契机，但疫情之后人们的排放会呈现何种走势依然难以预判。数字变革虽然能够通过远程办公、自动驾驶等生活方式的转变显著减少碳排放，但在线的电子文化娱乐或 3D 打印（三维打印）材料等数字化技术也会带来碳排放增加，同时数据中心的高能耗或对服务需求增加的反弹效应可能会进一步强化这一负面影响。考虑到各国碳减排避免的气候变化损失后，各国最优碳中和进程会调整，但这种反馈机制受到气候变化不确定性、国家责任分担和合作策略等因素影响，气候变化如何纳入各国碳中和目标设计中仍需论证。为了厘清这些新局势对碳排放、碳中和进程和转型路线选择产生的影响，需要加大对相关数据的收集并开展供给和需求响应机制的研究，构建考虑新发展局势的温室气体排放和减排综合评估模型，以指导技术和政策投资决策。

2）支撑碳中和关键技术部署的产业配套需求和社会经济联动关系

关键碳中和技术的部署需要技术之间的配合、产业之间的配套与互补。以风能和太阳能的发展为例，这两项技术的部署规模在很大程度上受到储能设施发展的影响。储能能力越强，风光系统的稳定性越高。有研究显示，配备 12 小时长时储能系统可将发电系统的可靠性提升至 83%—94%。储能能力越强，光伏占比越高。无储能条件下，最优风电占比在 65%—85%，而配备 12 小时长时储能系统可将光伏发电占比提升至 70%左右。关键碳中和技术的部署还需要识别新的投入产出关联、新的产业结构和社会经济系统的联动。以氢能为例，氢能的大规模发展需要上游可再生能源大规模部署和下游终端用能部门高电气化的支撑。因此，为了使产业链跟上碳中和转型的步伐，亟须尽早研究碳中和关键技术部署所需要的配套产业，以及碳中和变革可能带来的更为广泛和深远的社会经济联动关系，以确保碳中和目标的顺利实现。

3）考虑多重政策目标的碳中和技术路线优选和高时空精度技术部署施工图

如何把跨系统的多维风险和效益考虑在内，实现碳中和技术路线的优选，是在确定碳中和技术路线图过程中的关键挑战。有研究综合考虑了多种碳中和路线的经济成本和健康协同效益，将后者融入碳中和路线的综合成本核算中并对其进行优化，从而给出了碳中和技术路线的优选方案。更进一步地，碳中和技术的落地需要高时空精度的施工图，传统以行政区划为最小模拟单元的能源经济系统模型已无法满足这一需求。以燃煤电厂的退役为例，普林斯顿大学以厂级电厂技术参数、网格级的碳封存潜力、冷却水资源、土地利用类型和管道运输能力等数据库为基础，综合了技术成本、环境风险和就业影响等因素，模拟美国厂级电力系统碳中和转型施工图，给出了面向 2050 年的中长期厂级退役和新增选址方案：2035 年以前，淘汰全部现存燃煤电厂，并实施东西海岸和中部部分地区的燃气电厂的大规模改造；2035—2050 年，在中西部地区新建大量高能效、低排放的燃气轮机发电厂，并在西南部和加利福尼亚州的碳储存盆地和传输管道附近新建具有碳捕集与利用技术的燃气电厂。实现上述多目标优化的高精度施工图模拟，需要开发新一代综合评估模型，在模型中考虑风险感知、技术扩散、气候投融资、消费者行为和政策影响与反馈等动态转型机制，并在必要时对接高精度的排放源和基础设施数据库，解决微观数据不确定性模拟与宏观综合评估模型的耦合问题，从而满足模型对高时空分辨率和多政策目标协同的模拟需求。

第 3 章　碳中和管理方法概述

党的二十大报告明确提出了积极稳妥推进碳达峰碳中和的重要任务①。在实际操作中，我们需要针对不同区域、企业、项目和产品的具体情况，积极探索可行的工作指南和实施方法。数据是决策的基础，因此碳中和的实现需要量化数据的支持。

碳排放核算揭示了人类活动对气候变化的影响，为科学制定国家政策、评估工作进展、履行国际承诺提供了必要的依据，因此在应对气候变化中具有重要的基础性作用。

碳排放预测一方面能够为政府科学合理制定减排目标和政策提供决策依据与参考，另一方面可以辅助企业制定绿色低碳转型生产和经营策略，并为减排效果评估提供技术支持。

碳减排政策的量化分析基于碳排放核算和预测数据，对不同政策方案进行成本效益分析、社会影响评估等，从而评估政策的实际效果。这种分析有助于优化政策设计，提高政策的可操作性和实施的成功率。

因此，本章将深入探讨碳排放核算、碳排放预测和碳减排政策量化分析这三个关键性小节，介绍相关的方法、步骤，帮助读者建立起对于碳中和管理方法的全面理解，提升相关应用能力。

3.1　碳排放核算方法

3.1.1　碳排放核算的概念和内涵

“碳”是某一类或多类温室气体的泛指或简称。国际上关于量化温室气体排放和吸收的词汇包括“estimation”、“calculation”、“measurement”、“accounting”和“monitoring”等。自碳达峰碳中和目标提出以来，国内官方文件中更多地使用“核算”一词。因此，本章中的“碳排放核算”指通过对人为活动导致的温室气体排放和吸收的相关参数进行计算或直接测量等方式，量化一种或几种温室气体排放和吸收量的过程。在不同政策框架和语境下，碳排放核算涵盖的温室气体种类可能有所不同。广义的碳排放核算包括对所有温室气体排放和吸收的量化，而狭义的碳排放核算则仅包括对二氧化碳排放的量化。

温室气体包括大气层中自然存在和人类活动产生的气态成分，其能够吸收和散发地

① 引自 2022 年 10 月 26 日《人民日报》第 1 版的文章：《高举中国特色社会主义伟大旗帜　为全面建设社会主义现代化国家而团结奋斗》。

球表面、大气层和云层所产生波长在红外光谱内的辐射（中华人民共和国国家质量监督检验检疫总局和中国国家标准化管理委员会，2015）。这些气体引起地球表面温度升高，类似于温室截留太阳辐射并加热温室内空气，形成温室效应。主要的温室气体包括水汽（H_2O）、二氧化碳（CO_2）、臭氧（O_3）、甲烷（CH_4）、氧化亚氮（N_2O）、氟化烃[CFCs（chlorofluorocarbons，氯氟烃）、HFCs（hydrofluorocarbons，氢氟烃）、HCFCs（hydrochlorofluorocarbons，含氢氯氟烃）]、氟碳化合物（fluorocarbon;perfluoro-carbons，PFCs）、六氟化硫（SF_6）以及三氟化氮（NF_3）等。不同类型温室气体产生的增温效应存在较大差异，为了评价它们对气候变化的相对影响，学术界采用了“全球增温潜势”（global warming potential，GWP）参数。该参数表示在一定时间框架内，某种温室气体的温室效应与相同质量二氧化碳的效应相当。百年尺度下，甲烷的 GWP 为 27.9，氧化亚氮为 273（表 3-1），相当于它们的增温能力分别是二氧化碳的 27.9 倍和 273 倍。

表 3-1　AR6 提出的常见温室气体大气寿命及 100 年尺度下的 GWP

温室气体	大气寿命/年	GWP（100 年）
CO_2	＜1000	1
CH_4	11.8	27.9
N_2O	109	273
HFCs	0.471—228	21.5—14 600
PFCs	2 600—50 000	7 380—12 400
SF_6	3 200	25 200
NF_3	740	17 400

注：部分数据来自 AR4 和 AR5

温室效应引起的全球气候变化是多尺度、全方位和多层次的，不同地区受到的影响各异。为了科学评估气候变化及其影响，IPCC 于 1988 年由世界气象组织和联合国环境规划署（United Nations Environment Programme，UNEP）联合建立。该委员会组织各国专家学者定期对气候变化及其影响、减缓和适应气候变化相关政策行动进行评估。IPCC 在 2021 年发布的第六次评估报告第一工作组报告《气候变化 2021：自然科学基础》中明确指出，自 1750 年以来，温室气体浓度的增加主要是由人类活动造成的。目前，人类活动带来的碳排放主要来自以下几个方面：第一，能源燃烧的排放，包括化石燃料的燃烧排放，生物质燃料燃烧活动的排放，煤矿、石油和天然气系统产生的溢散排放等，能源部门是最大排放源，能源部门中的排放主要集中在电力、工业、交通、建筑。第二，土地利用变化，包括森林砍伐和草地改种为农作物等活动。森林是地球上最重要的生态系统之一，能吸收大量的二氧化碳并将其储存。然而，人类活动导致了大量森林的消失，减少了二氧化碳的吸收，同时释放了已储存的二氧化碳。第三，工业过程，许多工业过程需要大量能源，并排放大量温室气体。例如，钢铁、水泥等制造过程都消耗大量能源，同时产生大量二氧化碳排放。全球范围来看，工业占据了相当大一部分的二氧化碳排放。第四，运输，包括汽车、飞机、火车等交通工具，它们需要大量燃料来驱动，燃烧时会产生大量二氧化碳等温室气体，近年来，随着全球经济和人民生活水平的提高，交通运输量大幅增加，也导致碳排放的增加。第五，城市固体废弃物和生活污水及工业废水处理等废弃物处理工作也会排放大量温室气体。

至少在过去的2000年中，全球地表温度自1970年以来的上升速度超过了任何其他50年期间。气候系统的许多变化与全球变暖密切相关，包括极端高温事件、海洋热浪、强降水的频率和强度增加，部分地区经历农业和生态干旱，热带气旋的强度增加，以及北极海冰、积雪和多年冻土的减少。截至2019年，全球地表平均温度较工业化前水平高出约1℃，预测未来20年内全球温度升高将达到或超过1.5℃（IPCC，2021）。因此，为有效应对气候变化，需要控制温室气体排放，特别是人为温室气体的排放，努力增加温室气体的吸收。其中，最基础的一项工作是量化温室气体排放和吸收量，为各项控制政策和措施提供数据依据。

3.1.2 碳排放核算的重要意义

温室气体排放引起的气候变化是全球性的挑战，任何一个国家的排放都对大气中温室气体浓度产生重要影响，因此，全球范围内的协同治理显得尤为紧迫。1992年，联合国大会通过《公约》，该公约旨在维持大气温室气体浓度在一个稳定的水平上，使人类活动不对气候系统构成威胁或干扰。1997年，《公约》第3次缔约方大会通过《京都议定书》，首次以国际法规的形式对温室气体排放进行限制。2015年，《公约》第21次缔约方大会通过《巴黎协定》，为2020年后全球应对气候变化行动制定了一致安排，标志着全球气候治理进入了“自下而上”、自主贡献承诺的新阶段。

与其他指标（如污染物排放量和能源消费量）的核算方式不同，碳排放核算不仅构成国内温室气体排放控制的基础，同时必须符合气候公约的国际履约要求，因而其结果受到国内外各界广泛关注。

在国际层面，《公约》和《巴黎协定》的根本目标是控制人为温室气体排放，有效应对已经产生的气候变化。由于气候变化的长期性和复杂性，减缓和适应气候变化涉及全球和地区层面的决策风险。因此，及时获取有效的温室气体排放信息对于政府和私营部门做出正确决策至关重要。《公约》规定各国应定期提交温室气体清单，报告其国内人为温室气体排放源和吸收汇的情况。《巴黎协定》更进一步建立了强化透明度框架，要求各方提供更为透明的排放和吸收核算信息。在“自下而上”和自我激励的气候制度下，透明度框架成为建立各国集体行动信心的关键要素，一些国家甚至认为提高透明度可以间接增强温室气体排放控制的力度，因为信息披露代表着面临更大的舆论压力。此外，国际社会一致认为通过报告温室气体减排量，展示各国应对气候变化的行动成果，有助于强化“支持—行动—支持”的正反馈关系，推动更广泛的气候资金支持。这也是在气候谈判中，透明度议题经常与资金议题相挂钩的原因。

对于国内而言，碳排放量对于各级政府和利益相关者都是不可或缺的基础信息，尤其在我国提出碳达峰碳中和政策目标之后，国家、地方、行业和企业都需要进行碳排放核算工作。在国家层面编制温室气体清单，即进行《公约》要求的全口径温室气体排放和吸收核算，有助于全面了解各重点部门和行业不同种类温室气体排放源和吸收汇的现状、年际变化趋势，并进行全方位的数据分析。这为对未来年份的温室气体排放和吸收进行更准确的预测提供了支持，同时也为政府有针对性地制定温室气体管控目标和政策行动提供了科学依据。例如，在国家和地区层面狭义的碳排放核算中，主要关注二氧化碳排放核算，这对我国制定碳强度降低目标提供了实际指导。为了实现国家目标，“十二五”时期，碳强度降低率成为我国规划纲要中的约束性指标，同时被分解到各省级人民政府，明确要求加强对各省（自治区、直辖市）碳强度降低目标完成情况的评估和考核工作。因此，碳排放核算结果对国家自主贡献报告的更新、国家和地方碳强度控制目标的进展评估、考核、形势分析等工作提供了重要保障。

除了区域层面的全经济范围碳排放核算外，企业、减排项目和产品层面的碳排放核算对于支持微观主体减排决策、引导私营部门投资和消费者低碳消费等方面具有重要意义。企业碳排放核算和报告是企业参与碳排放交易的必要步骤，高质量的碳排放数据是交易机制有效设计和健康运行的基础。此外，企业碳排放数据也是制定其他控制温室气体排放政策的基础，如碳税、碳排放影响评价、碳排放标准等。企业碳排放核算还是区域碳排放核算体系的重要组成部分，为国家和地方提供了重要的本地化特征参数等基础数据。因此，目前欧盟、美国、加拿大、澳大利亚、新西兰、韩国、日本等经济体均建立了强制性的企业层级碳排放报告制度。减排项目碳排放核算是对减排项目的温室气体减排效果进行核算，其主要服务于各类碳抵消机制，通过将量化的项目碳减排结果用于完成国家减排目标、企业碳市场履约以及抵消企业、活动或个人的碳排放等，来实现其对减缓气候变化的贡献。产品碳排放核算的需求日益迫切，随着公众对气候变化问题的关注程度不断提高，一些大型企业（如宝马公司和沃尔玛连锁超市等）纷纷要求其供应商提供产品或服务所蕴含的碳排放量。产品碳排放核算不仅可以为消费者提供自己购买产品或服务的碳足迹信息，使其能够迅速识别低碳产品，进行低碳消费，还有助于企业发现高碳排放的生产环节并相应进行调整和改进。同时，产品碳排放核算还可以推动整条产业链的低碳化发展，有助于产品在碳边境调节机制中取得先机，突破贸易壁垒。

总体而言，碳排放核算在全球气候治理体系中扮演着关键的角色。其透明度机制和数据提供为国际社会在应对气候变化方面打下了基础，同时在国家和企业层面为决策制定、政策实施和战略调整提供了科学依据。碳排放核算的不断发展和广泛应用将对全球气候治理产生深远且积极的影响。

3.1.3　碳排放核算方法原理

1. 碳排放核算的对象和内容

碳排放核算作为一个相对较新、不断发展的领域，涉及不同层级、不同主体的温室气体排放和吸收核算。当前国内外常见的碳排放核算对象主要分为区域级、企业（组织）级、产品级和项目级四个类别。这些类别在碳排放核算的过程中有着各自独特的核算范围和内容，反映了碳排放和吸收的多样性。

首先，区域级碳排放核算聚焦于特定行政边界内的温室气体排放和吸收量，分为国家级和次国家级行政区域，例如省、州、领地、地市和县等。这一层级的碳排放核算旨在全面了解特定区域在一定时间内的温室气体排放情况，为区域内的温室气体管理提供数据支持。

其次，企业（组织）级碳排放核算关注的是在一定时间内不同行业企业或社会组织、机构等的生产和经营活动中产生的温室气体排放和吸收。与区域级碳排放核算相比，企业（组织）级核算更侧重于微观主体的碳排放和吸收，通过监测和评估这些主体的碳足迹，实现对企业可持续发展的管理。

此外，碳排放权交易市场通常将配额管控的范围限定在设施排放，例如火电企业的发电机组排放、水泥企业的水泥熟料生产线排放等。这被视为企业（组织）级核算的一部分，但碳排放权交易市场对于设施排放数据的监测、报告和质量控制要求更为严格，以确保碳市场的有效运行。

再次，区域级和企业级碳排放核算通常以年度为单位进行报告。与之不同的是，产品级碳排放核算主要关注的是产品或服务的整个生命周期中蕴含的碳排放量。这包括从原材料获取、生产、使用、运输到废弃或回收利用等多个阶段产生的碳排放。产品级碳排放核算也被称为产品的碳足迹，它提供了一个更全面的视角，使消费者和生产者能够更好地理解产品对气候变化的影响。

最后，不同于上述三个类别，项目级碳排放核算主要关注温室气体减排项目的碳减排量，具体量化因开发新项目（如新建风电站、为硝酸生产线安装 N_2O 催化销毁装置等项目）而导致的温室气体排放量的变化情况。项目级碳排放核算不仅需要核算项目运行后本身的碳排放，还需要计算没有开展减排项目时的基准线情景下的碳排放和因项目导致的碳泄漏情况。通过比较项目的碳排放情况和基准线情景下的情况，最终确定减排项目的碳减排量。

除了上述四个类别的碳排放核算，还存在涉及投资业务的碳排放量或碳减排量核算。这类核算实质上是将企业、设施、项目的排放量按投资额度比例等分摊到不同投资主体，类似于对绿色金融投资覆盖的排放量或碳减排量的核算。这进一步拓展了碳排放核算的应用领域，使其在绿色金融等领域发挥更为广泛的作用。

就碳排放核算的内容而言，由于工业革命以来大气中温室气体浓度上升主要是人为活动造成的，因此目前的碳排放核算主要包括人为活动导致的温室气体排放和吸收，不包括自然过程（如火山爆发、太阳黑子活动等）带来的排放变化。人为活动导致的排放和吸收主要来自能源生产和消费领域、工业生产过程和产品使用领域、农业活动领域、土地利用变化和林业领域、废弃物处理领域等。在碳排放核算中，涉及的温室气体主要包括《京都议定书》规定的 CO_2、CH_4、N_2O、HFCs、PFCs 和 SF_6，以及《〈京都议定书〉多哈修正案》新增的 37 个种类的温室气体的排放和吸收。

根据《公约》的相关决议要求，目前发达国家在履约报告中必须报告 CO_2、CH_4 和 N_2O 等温室气体，而发展中国家则被鼓励报告其他几类温室气体。发达国家的报告还必须包括 HFCs、PFCs、SF_6、NF_3 等多种温室气体。在我国，除了《中华人民共和国气候变化初始国家信息通报》中核算和报告了 CO_2、CH_4 和 N_2O 等三种温室气体外，后续国家信息通报以及年度更新报告均核算和报告了 CO_2、CH_4、N_2O、HFCs、PFCs 和 SF_6 等多种温室气体。非二氧化碳温室气体在最终的结果表述中通常按照各自气体 100 年时间尺度下 GWP 转换为二氧化碳当量，根据《公约》的相关决议要求，发达国家和发展中国家在提交履约报告时采用不同的 GWP，这一情况可能会随着科学认知的不断更新而发生改变。

为了与国家履约报告保持一致，我国国内行业企业等运用的温室气体核算标准和指南规范通常也推荐采用特定的 GWP。这些 GWP 的选择往往基于不同国家的政策和国际协议，其中发达国家倾向于采用 AR4 中的 GWP，而发展中国家更倾向于采用 AR2 中的 GWP。

随着科学认知的不断发展和《巴黎协定》下的透明度议题谈判的进行，GWP 的数值以及推荐采用值也将不断更新。根据《巴黎协定》中“强化的透明度框架”下的新指南，自 2024 年起各缔约方应使用 AR5 中的 100 年时间尺度 GWP，或《巴黎协定》缔约方会议采纳的后续 IPCC 评估报告中的 100 年时间尺度 GWP 来报告温室气体的总排放量和吸收量，以二氧化碳当量表示。

综上所述，碳排放核算作为一项基础性工作，通过对温室气体排放和吸收的系统核算，为科学决策提供了必要的数据支持。碳排放核算在支持“双碳”战略、控制温室气体排放、积极应对气候变化等方面发挥着重要作用。同时，它也为国际谈判履约和应对国际低碳贸易壁垒提供了关键支持。随着碳排放核算领域的不断深化和发展，对于不同层级和主体的温室气体管理与减排行动将更加精准和有效。

2. 碳排放核算具体方法

1）排放因子法

根据 IPCC 提供的碳排放核算基本方法：

温室气体（GHG）排放=活动数据（AD）×排放因子（EF）

其中，AD 为导致温室气体排放的生产或消费活动的活动量，例如每种化石燃料的消耗量、石灰石原料的消耗量、净购入的电量、净购入的蒸汽量等；EF 是与活动水平数据对应的系数，包括单位热值含碳量或元素碳含量、氧化率等，用于表征单位生产或消费活动量的温室气体排放系数。EF 既可以采用 IPCC、美国国家环境保护局、欧洲环境署等提供的已知数据（即缺省值），也可以基于代表性的测量数据进行推算。我国已根据实际情况设定了国家参数，例如《工业其他行业企业温室气体排放核算方法与报告指南（试行）》的附录二提供了常见化石燃料特性参数的缺省值数据。

排放因子法按照排放因子的来源和精细程度的不同又可以划分为不同层级（tiers）。

层级 1：IPCC 缺省 EF。

层级 2：国别 EF。

层级 3：复杂方法（利用模型工具）。

层级 1 和层级 2 方法的区别在于层级 1 使用缺省排放因子，如 IPCC 提供的全球或区域平均排放因子，国家或省级温室气体清单提供的全国或省级平均排放因子等，而层级 2 方法使用的是特征排放因子，对于区域碳排放核算来说是本地区的平均排放因子，对于企业或设施来说是本企业或自身设施实际的排放因子，获取方式包括手工间歇监测或者其他相关参数实测计算得出等。

排放因子法适用于国家、省份、城市等较为宏观的核算层面，可用于对特定区域的整体情况进行宏观把控。然而，在实际工作中，由于地区能源品质差异、机组燃烧效率的差异等原因，各类能源消费统计及碳排放因子的测量容易出现较大偏差，这成为碳排放核算结果误差的主要来源。因此，在使用排放因子法时需要特别关注这些因素，以提高核算结果的准确性。

2）质量平衡法

质量平衡法是对流入和流出某一排放源的碳做质量平衡，流入和流出碳的差值被认为是该排放源排放的碳，计算公式为

$$\text{二氧化碳排放} = (\text{原料投入量}\times\text{原料含碳量}-\text{产品产出量}\times\text{产品含碳量}-\text{废物输出量}\times\text{废物含碳量})\times 44/12$$

其中，44/12 为碳（原子量为 12）转换成二氧化碳（分子量为 44）的转换系数（即二氧化碳分子量÷碳的原子量）。

采用基于具体设施和工艺流程的碳质量平衡法计算排放量，可以反映碳排放发生地的实际排放量。不仅能够区分各类设施之间的差异，还可以分辨单个和部分设备之间的区别。在社会经济发展迅速、排放设备更换频繁，自然排放源复杂的情况下，该方法更为简便。一般来说，对企业碳排放的主要核算方法为排放因子法，但在工业生产过程（如脱硫过程排放、化工生产企业过程排放等非化石燃料燃烧过程）中可视情况选择碳质量平衡法。

3）监测法

监测法则主要包括烟气排放连续监测系统（continuous emission monitoring system，CEMs）和大气浓度监测反演排放量法两种。CEMs 是基于对温室气体排放口或组件连接口的温室气体流量和浓度进行测量，通过监测设备自动计算得出碳排放量的一种方法。相对于计算法（排放因子法和质量平衡法）而言，CEMs 提供实时在线数据，因此具有较高的数据时效性。但如果考虑到设备购置和后续维护等方面的成本，CEMs 相较于计算法具有较高的经济成本。就准确性而言，现有研究普遍认为 CEMs 对温室气体浓度的监测准确性较高。然而，流量监测受燃烧工况、排放口监测位置和烟囱形状等因素的影响较大，不同研究结果之间存在较大的不确定性（李鹏等，2021）。此外，CEMs 仅适用于有组织排放中排放口集中、排放量较大的情况，而无法应用于面源排放（如水稻田）、线源排放（如天然气运输管线逸散排放）以及化工企业等存在多个小型排放源的无组织排放。

大气浓度监测反演排放量法基于大气中温室气体浓度的监测数据，结合大气化学传输模式和同化反演算法，用于计算碳排放和吸收量。该方法具有时效性强的优点，适用于区域尺度的排放和吸收核算。然而，该方法的不足之处也相对明显，受地表特征、天气状况、地表反射率等多重因素的影响，其不确定性较高。此外，该方法较难区分自然源和人为源，以及划分不同行业、不同来源的源和汇。

大气浓度监测反演排放量法目前仍处于科学研究和探索尝试的阶段。根据 IPCC 的指南，该方法被纳入作为一个可供参考的校核手段，用于验证其他核算方法所得结果。

截至目前，采用大气浓度监测反演排放量法进行校核的国家包括英国、瑞典和澳大利亚等。这些国家主要采用该校核手段对无自然源、仅有人为源的含氟气体进行核算（Department of Industry, Science, Energy and Recources，2021；IPCC，2019，2006）。

各种方法的优缺点及适用对象见表 3-2。

表 3-2　碳排放核算方法对比

方法		优缺点及适用对象
计算法	排放因子法	成本低、简便易行、结果准确，但时效性差。适用于区域和绝大多数企业、减排项目和产品碳排放核算
	质量平衡法	成本较低、结果准确，但时效性差，适用于工艺流程复杂、产品类型众多、难以通过排放因子法核算的石化或化工企业排放
监测法	CEMs	时效性强，但成本高、结果确定性有争议，对监测仪器的运行维护以及标准气体的标定等均有较高要求，且仅适用于排放口集中、排放不稳定或有销毁设施的有组织排放，如燃料成分不固定的化石燃料燃烧排放、井工煤矿的 CH_4 逃逸排放或者硝酸生产过程中的 N_2O 排放
	大气浓度监测反演排放量法	时效性强，但成本高、技术性强、结果不确定性大，适用于全球或大尺度区域，如地区、某个国家等，但目前无法低成本有效区别出自然源和人为源，排放量无法细分到具体行业企业等精度，当前处于科研而非业务运行阶段

此外，国际上通常采用“自下而上”方法进行碳排放核算，该方法通过传统的排放因子法、质量平衡法以及 GEMs 等手段计算基层排放源和吸收汇的排放和吸收量，随后逐级汇总以得出不同核算对象，尤其是在区域层面的碳排放核算结果。“自上而下”方法则是通过地面观测站、高精度走航监测、无人机搭载高精度监测设备以及卫星遥感等手段获取大气温室气体浓度数据，结合大气传输和同化反演模型，从而推算温室气体的排放和吸收结果。

目前，基于当前技术水平，国内外各个层级的碳排放核算主要采用“自下而上”方法进行核算。然而，部分温室气体，尤其是含氟气体，采用了“自上而下”数据用于校核“自下而上”核算结果以及用于异常排放的识别。例如，在 2018 年 2 月，通过甲烷卫星监测数据，美国俄亥俄州发现一口天然气井发生喷放 CH_4 等异常排放情况。

图 3-1 展示了“自上而下”方法和“自下而上”方法之间的关系。当前，“自上而下”方法是学术界研究的热点领域，美国、欧盟等地也在不断发射温室气体相关监测卫星，同时建立“天、空、地”一体化的温室气体监测体系。未来，若能够解决“自上而下”方法存在的核算结果不确定性高、难以划分具体源/汇以及数据颗粒度粗化等问题，该方法将充分发挥其数据时效性强、独立于核算方法的统计体系以及在排放监管、数据校核等方面的应用潜力。

3. 生产者责任和消费者责任

在碳排放核算实践中，涉及如何划分直接排放和吸收量，即排放责任的归属问题，尤其在区域碳排放核算领域引发了广泛讨论。两种主要的排放责任划分方法是生产者责任方法和消费者责任方法（马翠梅等，2013）。

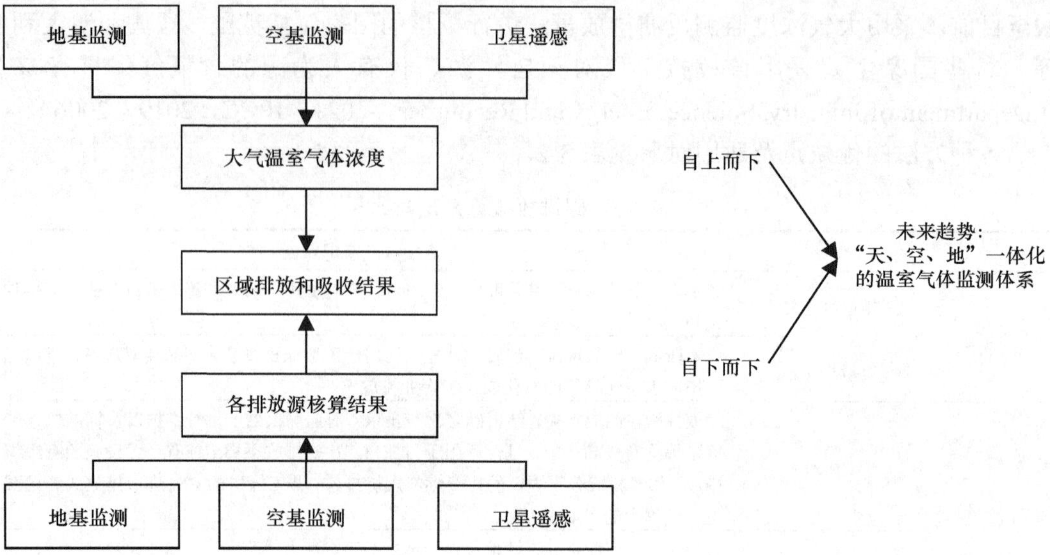

图 3-1　碳排放核算方法关系

1）生产者责任方法

生产者责任方法契合“污染者付费”原则，将温室气体排放计入发生地，独立于最终产品使用者。此方法按边界的不同分为国土边界和 GDP 边界两类。国土边界碳排放核算责任划分方法，如 IPCC 国家温室气体清单指南，计算国家领土及近海区域内的温室气体排放和吸收。但国土边界存在一些限制，如难以将国际交通排放分配给具体国家，不利于主权国家在全球减排中的参与。为解决这一问题，学者提出了按 GDP 边界划分碳排放归属地的方法（Peters and Hertwich，2008），将排放计入产生排放的机构所在区域。例如，一架由美国飞往中国的国际航班，其排放将计入美国，以更好地解决国土边界方法的弊端。

生产者责任方法的优点在于估算方法简单、易于理解和操作，基础数据获取方便，结果误差相对较小，关注核算对象的生产和消费活动，并易于与减排政策相衔接等。然而这种方法也存在一些问题，如将生产者责任方法应用于经济外向型国家，特别是像中国这样出口占重要地位的新兴经济体，可能使其背负过多的碳排放责任。在将生产者责任方法应用于省市级区域时，由于资源禀赋和区位优势等差异，各区域之间物质生产和消费分布不均衡。以北京市的电力需求为例，大部分电力需求依赖其他省份供给，使用生产者责任方法划分排放责任可能掩盖实际排放情况，对电力消费端的减排行动产生不利影响。但值得强调的是，生产者责任方法提供了碳排放核算的基础数据，其他方法只是在此基础上按不同原则将排放量重新分配给相关核算对象。

2）消费者责任方法

消费者责任方法基于“生产来自消费，消费是碳排放根源”的理念，通过估算消费的产品和服务的碳排放和吸收量来划分排放责任。此方法将核算对象消费的所有产品和服务在其生产和消费过程中的排放计入核算对象，无论实际排放地是否在消费地。在区域碳排放核算中，主要采用投入产出模型作为分析工具，该模型根据碳排放估算是否区分产品原产地技术水平，进一步分为多区域投入产出模型和单区域投入产出模型。前者更准确估算贸易对全球或多个地区的碳排放影响，但需要大量相关贸易国家的数据，数据获取相对困难；后者更适合评估贸易对单个地区碳排放的影响，数据相对容易获取，但由于其假定进口产品的碳排放水平与核算对象自身生产的同类产品相同，因此可能与实际排放存在较大误差，更适用于估算核算对象通过进口或外购产品避免的本地碳排放。

消费者责任方法的优点在于将产品生产过程的排放计入消费地，使核算对象在进口或购入产品时更加关注产品生产过程的碳排放行为，促进核算对象选择低碳产品，从需求端推动生产过程减排。此外，将国际交通排放纳入国家范围，有助于推动相应领域的减排行动，大幅降低出口导向型核算对象的碳排放压力。但消费者责任方法也存在一系列问题，如估算方法复杂，所需基础数据庞大且难以获取，导致估算结果误差大。在国内，由于区域间物质、人口流通频繁，缺乏类似国家海关的统计机构，因此使用消费者责任方法更难获取相关数据。此外，完全将生产过程排放计入消费地的责任划分方法可能造成生产地消极减排的后果。同时，核算对象只能对自身活动采取最有效的减排措施，而减少进口或购入产品隐含碳排放则需要双边或多边协商和合作，因此，使用消费者责任方法划分碳排放责任容易带来更大的不确定性和可能的政治交易。研究人员还提出了生产–消费者共同责任方法，即将排放按一定原则拆分到生产地和消费地。这种方法避免了排放责任完全由生产者或消费者承担，有助于激励各方共同努力减排。然而，共同责任方法的复杂性更大，所需数据更多，责任分担率选取存在争议，因此实际应用较少。

总体而言，生产者责任方法简单、清晰、易操作，但在区域碳排放核算中存在无法划分国际交通排放、使一些经济外向型国家背负过多碳排放责任等问题。消费者责任方法在一定程度上解决了这些问题，但面临数据获取难、计算复杂、结果误差较大等难题。目前《公约》要求各国按照生产者责任方法核算和报告国家温室气体清单，国家级以下地区碳排放核算也主要基于生产者责任方法，但由于电力调入调出数据基础较好，大部分地区会将电力调入调出的隐含排放，即电力传输消费侧带来的间接碳排放纳入核算。完全消费者责任方法主要用于学术研究，在政府官方发布和业务工作中较为罕见。

3.1.4　区域碳排放核算

1. 区域碳排放核算的主要参考标准

目前，中国国家级与区域级的温室气体核算与清单编制，主要依据《2006 IPCC 国家温室气体清单指南》和《IPCC 2006 国家温室气体清单指南 2019 修订版》。中国以《2006 IPCC 国家温室气体清单指南》为基础，编制并发布了《省级温室气体清单编制指南（试行）》，以确保不同省区市的研究结果具有可比性，并为统一指导各试点省级温室气体清单编制工作提供技术依据。《省级温室气体清单编制指南（试行）》中的核定范围按照 IPCC 核算方法进行分类，包括了能源活动、工业生产过程、农业、土地利用变化和林业以及废弃物处理五大类。能源活动涵盖了化石燃料燃烧活动产生的二氧化碳、甲烷和氧化亚氮排放，生物质燃料燃烧产生的甲烷和氧化亚氮排放，煤矿和矿后活动产生的甲烷逃逸排放以及石油和天然气系统产生的甲烷逃逸排放。工业生产过程包括了水泥生产、石灰生产、钢铁生产、电石生产、己二酸生产、硝酸生产、一氯二氟甲烷生产等工业过程。

以能源活动中的化石燃料燃烧为例，计算方法包括参考方法和部门方法。

参考方法是基于各种化石燃料的表观消费量，与各种燃料品种的单位发热量、含碳量，以及燃烧各种燃料的主要设备的平均氧化率，并扣除化石燃料非能源用途的固碳量等参数综合计算得到的。计算公式为

$$\text{二氧化碳排放量}=\sum_{\text{燃料}i}(\text{表观消费量}_i\times\text{转换因子}_i\times\text{单位热值燃料含碳量}_i-\text{固碳量}_i)\times\text{碳氧化率}_i\times\frac{44}{12}$$

部门方法则基于分部门、分燃料品种、分设备的燃料消费量等活动水平数据，以及相应的排放因子等参数，通过逐层累加综合计算得到总排放量。计算公式如下：

$$\text{温室气体排放量}=\sum\sum\sum\left(\mathrm{EF}_{i,j,k}\times\mathrm{Activity}_{i,j,k}\right)$$

其中，EF 为排放因子（单位：千克/万亿焦耳）；Activity 为燃料消费量（单位：万亿焦耳）；i 为燃料类型；j 为部门活动；k 为技术类型；燃料消费量用热值表示，需要通过将实物量数据乘以折算系数获得。

部门方法和参考方法的主要区别在于前者基于各行业不同燃料品种的实际燃烧情况分别计算各部门的 CO_2、CH_4 和 N_2O 排放量，后者基于可供本国消费燃料中所含的碳总量，再扣除燃料用于非能源用途而固定在产品中的碳，来匡算本国燃料燃烧的 CO_2 排放量。部门方法按照排放因子的来源和精细程度又进一步区分为层级 1 方法、层级 2 方法和层级 3 方法。其中，层级 1 方法和层级 2 方法均为计算方法，两者计算原理相同，都是根据燃料燃烧量（活动水平数据）乘以平均排放因子来计算排放量的。区别在于层级 1 方法用的是《2006 IPCC 国家温室气体清单指南》提供的缺省排放因子，层级 2 方法使用的是国别排放因子，层级 3 方法则使用详细的排放估算模型或对排放量进行连续监测，或者基于“自下而上”的单个设施级排放数据汇总得到国家排放量。部门方法中，燃料燃烧又分为固定源排放和移动源排放，其中固定源排放包括能源工业、制造业和建筑业、服务业、居民生活以及农林牧渔业中的电站锅炉、供热锅炉、高炉、焦炉、水泥窑、造气炉等设备燃烧各种固态、液态和气态燃料产生的碳排放。此外，薪柴、粪便、沼气等生物质燃料燃烧的 CO_2 排放一般来源于植物光合作用的碳吸收，由于吸收时未计算其碳汇量，因此燃烧排放量仅作为信息项报告而不计入清单总量。

2. 核算步骤

目前，对于区域碳排放核算，主要遵循以下 6 个核算步骤（图 3-2）。

图 3-2　区域碳排放核算的 6 个步骤

第一，核算边界的确定是整个核算过程的起点。在核算区域碳足迹时，需要先明确区域的地理边界和行政边界，以确保对边界内人们生产和生活活动造成的碳排放进行全面核算和报告。

第二，核算和报告的排放源的确认是核算的关键步骤之一。这包括对区域边界内的能源活动、工业生产过程、农业、土地利用变化和林业、废弃物处理等五个方面的排放源进行详细分析。在实际核算中，可能会根据数据收集的难易性，对于农业、林业、土地利用和废弃物处理等方面进行一定的取舍。

第三，确定计算方法是保证核算的科学性和准确性的关键步骤。核算可以基于部门方法或者参考方法进行。部门方法通过逐层累积计算，考虑分部门、分燃料品种、分设备的燃料消费量等活动水平数据，并结合相应的排放因子等参数，得到总的排放量。参考方法则基于各类化石燃料的表观消费量，以及各燃料品种的单位发热量、含碳量和燃烧各类燃料的平均燃烧氧化率等因素进行计算。

第四，数据的收集是核算工作的基础。这包括基于区域能源平衡表、分行业、分品种的能源消费量，以及区域统计年鉴、区域行业统计年鉴等，收集各种能源品种的表观开销量。同时，还需要收集分部门、分品种主要设备的燃料燃烧量以及主要工业产品产量等其他活动水平数据。为了更准确地核算，还需确定各部门、各品种主要设备相应的排放因子数据。

第五，核算各排放源的温室气体排放是整个过程中的重要环节。根据分部门、分燃料品种、分设备的活动水平与排放因子数据，估算每种主要能源活动设备的温室气体排放量，最终得到化石燃料燃烧的温室气体排放量。

第六，核算的结果需要进行报告。将各部门、各品种的温室气体排放量进行加和计算，形成全区域的温室气体排放报告。这一过程旨在提供全面的、准确的温室气体排放数据，为科学决策和环境管理提供有力的支持。

3.1.5 企业碳排放核算

企业碳排放核算是一项从点到面的探究，它在明确企业组织和运营边界的基础上，通过明确研究目标和范围，并进行多点位数据分析，汇总计算企业的总体碳排放量。此过程涉及如下三个关键范围的核算。

范围一：企业核算必选项，核算较为简单，主要包括化石燃料燃烧和生产过程的直接排放。

范围二：企业核算必选项，核算略微复杂（每年电力生产排放情况不同），主要考虑外购电力和热力在生产过程中的排放。

范围三：企业核算可选项，核算比较复杂。范围三涉及价值链上下游，包括范围二以外的所有间接排放，共分为 15 个类别。目前没有统一的核算标准，活动数据、排放因子以及与前两个范围的区分都存在难点（图 3-3）。

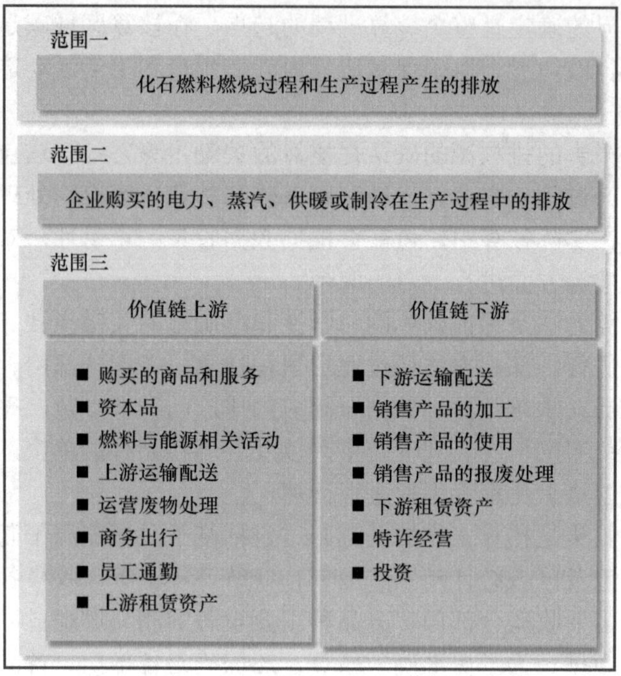

图 3-3　企业碳排放核算范围一、范围二、范围三包含的内容

企业碳足迹的研究方法主要是通过这些多方位数据分析，确保综合考虑企业在不同活动中的碳排放情况。这一研究方法不仅关注企业内部的直接排放，还将外购能源和整个价值链的间接排放纳入考量，从而实现对企业整体碳足迹的全面核算。这种方法有助于企业更全面地了解其碳排放情况，为采取相应的减排措施提供了科学依据。

1. 企业碳排放核算的主要参考标准

在当前企业和组织层面进行碳排放核算的国际标准主要包括 GHGP（Green House Gas Protocol，温室气体核算体系）、《温室气体 第一部分 组织层次上对温室气体排放和清除的量化和报告的规范及指南》（ISO 14064-1：2018）。国内标准则主要有国家发展和改革委员会于 2013～2015 年发布的 24 个行业企业温室气体排放核算方法与报告指南，以及一些省区市发布的地方标准。

1）GHGP 标准

GHGP 标准中关于企业碳足迹的标准主要包括《温室气体核算体系：企业核算与报告标准（2011）》（简称“企业标准”）和《温室气体核算体系：企业价值链（范围三）核算与报告标准（2011）》（简称“范围三标准”）。这两个标准之间存在一定的联系与互补。其中，“范围三标准”以“企业标准”为基础，强调了对“企业标准”中划分的核算范围中的范围三的温室气体进行规范和补充，以提升企业在核算和报告其价值链间接排放时的完整性和一致性。因此，这两个标准的适用对象是一致的。

2）ISO 14064-1：2018 标准

ISO 14064-1：2018 作为一个温室气体的量化、报告与验证的实用标准，适用于企业量化、报告和控制温室气体的排放及消除。该标准规定了面向组织层次上温室气体清单的设计、制定、管理和报告的原则与要求，主要内容包括确定温室气体排放边界、量化温室气体的排放与清除、温室气体清单的报告和质量管理、组织内部审核的要求以及对企业管理温室气体情况的具体措施等。

3）国家发展和改革委员会标准

国家发展和改革委员会办公厅在 2013 年 10 月印发了首批 10 个行业企业的温室气体排放核算方法与报告指南，2014 年 12 月印发了第二批 4 个行业企业的温室气体排放核算方法与报告指南，2015 年 7 月印发了第三批 10 个行业企业的温室气体排放核算方法与报告指南。这些指南涵盖了多个行业领域，包括发电企业、电网企业、钢铁生产企业、化工生产企业、电解铝生产企业、镁冶炼企业等。温室气体排放核算方法与报告指南在编制过程中，借鉴了全球范围内相关企业关于温室气体核算的研究成果和报告经验，参考了《2006 IPCC 国家温室气体清单指南》以及《省级温室气体清单编制指南（试行）》。

2. 核算步骤

1）边界确定

在进行企业碳排放核算时，首要步骤是明确企业的组织边界和运行边界，以及核算和报告这些边界内所有生产设施产生的温室气体排放。生产设施范围包括直接生产系统、辅助生产系统，以及为直接生产提供服务的附属生产系统。

2）明确排放范围与排放源

确定核算的排放源，识别输入输出边界的碳源。需要关注的排放源和碳源主要包括：燃料燃烧排放源、工业生产过程排放源、购入的电力和热力消费引起的排放源，以及输入和输出边界的化石燃料、含碳的原材料、含碳的产品或废弃物碳源。

3）选择量化方法

进行数据收集和因子选择。收集的数据应包括各碳源的活动水平数据。这些活动水平数据可从企业的采购记录、统计表或台账中获取，但不包括工业生产过程中产生的副产品或回收部分的二氧化碳等碳源；选择并获取排放因子数据。如果条件允许，可以委托有资质的专业机构进行检测，或者根据国家发展和改革委员会公布的指南中的附件表获取排放因子数据。

4）开展碳排放核算

根据各排放源的计算公式，计算相应的排放量。国家发展和改革委员会公布的指南中已经列出各排放源的计算公式，通过将收集的活动水平数据和获取的排放因子数据代入相应公式，即可计算各个排放源的排放量。将活动数据和排放因子相乘，并加总到公司层面。然后，根据国际公认的标准将不同温室气体的排放数据转化为统一的指标——二氧化碳当量。最终，对各个排放源的计算结果进行汇总，得到企业的总排放量。企业的总排放量等于燃料燃烧产生的二氧化碳排放量加上工业生产过程中产生的二氧化碳当量排放，再加上企业采购的电力和热力等的消耗引起的二氧化碳排放量，最后减去企业回收与外购产生的二氧化碳排放量。

5）创建碳盘查清单报告及核查

内部核查：由公司内部组织碳盘查的核查工作，对数据收集、计算方法、计算过程以及报告文档等进行核查。

外部核查：由第三方机构进行核查。市场上许多企业进行外部核查主要是由于国外客户的要求，需要第三方出具碳排放的核查报告。

通过图 3-4 所示步骤，企业可以全面了解其碳足迹，为未来减排提供科学依据。

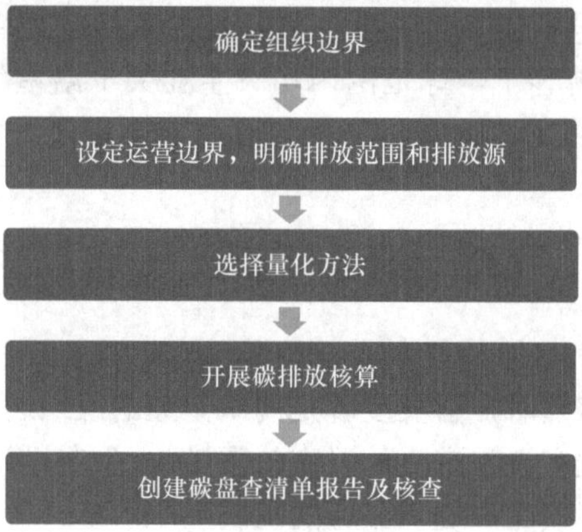

图 3-4　企业碳排放核算步骤

3.1.6　产品碳足迹

1. 产品碳足迹的定义

产品碳足迹的研究是一项全面的、从点到线的科学考察，聚焦于某一特定产品的完整生命周期过程，包括原料开采、运输、生产、使用、废弃再生等环节。此研究旨在实现对产品碳排放的全方位核算，覆盖全过程链，即“摇篮到坟墓”或涉及全过程链的部分环节，例如“摇篮到门”或“门到门”。通过从范围一、范围二和范围三的角度进行碳排放核算，我们能够深入了解产品生命周期碳足迹。

2. 碳足迹核算方法学

1）生命周期评价方法

生命周期评价方法作为一种“自下而上”的碳足迹核算工具，起源于 20 世纪 60 年代，是一项重要的环境管理工具。其应用旨在通过分析产品和服务的整个生命周期，从原材料开采、生产加工、储运、使用到废弃物处理等环节，全面追踪所有的输入和输出数据，揭示各个阶段的碳排放情况。

生命周期评价方法的碳足迹评价分为四个关键步骤：目标与范围定义、数据清单收集、生命周期碳足迹核算和结果解释。

（1）为评价对象建立过程流程图并明确定义评价对象碳足迹的核算边界。这一步骤旨在确保评价对象的生命周期得以清晰界定，使得后续评估更加准确。

（2）进行两类数据的收集。一类是包括评价对象生命周期内所有物质和活动的清单数据，另一类是排放因子，即单位物质或能量所排放的二氧化碳等价物。原始数据和次级数据都可作为这两类数据的来源，但原始数据更受青睐。

（3）进行碳足迹核算。通过建立质量平衡方程，确保物质的输入、累积和输出达到平衡。根据质量平衡方程，对产品生命周期各阶段的碳排放进行核算。评价对象的碳足迹即为所有物质或活动的碳排放总和，而单个产品或活动的碳排放则遵循活动数据乘以排放因子的公式。

（4）对碳排放核算结果进行深入分析和原因解释。这一步骤旨在更好地理解碳足迹核算结果，找出主要影响因素，并为企业或组织未来的减排决策提供数据支持。

生命周期评价方法的优势在于其详细、准确的计算过程。基于生命周期评价的碳足迹核算同时考虑了系统在整个生命周期内的直接和间接碳排放，因此具有较高的精度，尤其在研究微系统方面表现出明显的优势。该方法适用于单独过程、单个产品、相对较小的产品组或服务的碳足迹核算。

然而，生命周期评价方法也存在一些局限性。由于复杂的系统边界和生命周期范围的确定工作，其结果可能受到截断误差的影响。另外，当无法获取原始数据时，使用次级数据可能导致计算结果的误差，难以深度分析原材料获取环节以及产品供应链中非重要环节的碳排放。综合来看，生命周期评价方法作为一种全面细致的碳足迹核算手段，在应用时需权衡其优势和限制，以获得更为准确和有实际指导意义的结果。

2）投入产出分析法

投入产出分析法是一种源于经济学领域的分析方法，最早由美国经济学家瓦西里·里昂惕夫提出，以投入产出表为基础，通过平衡方程反映生产活动中各要素之间的关系。在碳足迹核算领域，这一方法以其“自上而下”的特性，通过对各经济部门的投入与产出依存关系的估算，实现了对国家、区域或部门层面的二氧化碳排放的量化评估。

投入产出分析法对碳足迹核算的具体应用可以概括为四个主要步骤：投入产出表的选取与处理、碳足迹模型构建、碳足迹核算和结果分析。这种方法的运用需要选择合适尺度和时间的投入产出表，并进行预处理，包括部门聚集等，以减少因部门间技术和规模差异产生的误差。模型的构建核心包括二氧化碳排放强度系数矩阵、里昂惕夫逆矩阵和最终需求矩阵等。其中，二氧化碳排放强度系数矩阵可通过统计年鉴等数据计算获得，而里昂惕夫逆矩阵和最终需求矩阵通常由投入产出表生成。

投入产出分析法的优势在于其简单易懂的数学表达，具有原理明确、中间过程清晰、结构完整性强的特点。相比其他方法，它能够综合反映经济系统内各部门直接和间接的碳排放关系，避免了部门间复杂生产关系带来的重复或遗漏计算问题。这使得投入产出分析法成为中宏观层面碳足迹核算的主要方法，尤其适用于政府、工业部门以及大规模企业等的碳足迹评估。

然而，投入产出分析法并非完美无缺，其应用也存在一些局限性。首先，该方法仅对行业数据进行核算，难以获取某一具体产品的碳足迹信息，因此不适用于单一产品的碳足迹核算。其次，由于只考虑总量，假定价格、产出及不同部门的碳排放同质性，因此该方法忽略了多种类分类核算下的排放差异，无法实现对过程或产品等微观系统的评估。

与投入产出分析法相比，生命周期评价方法更适用于微观系统和单一体系，其能够提供更精确的结果。生命周期评价方法通过“自下而上”的方式，深入研究产品或服务的整个生命周期，包括原料采集、生产、使用和废弃等环节，为单一产品提供详尽的碳排放信息。然而，这种方法的局限性在于其复杂的系统边界和生命周期范围的确定，导致可能存在一定的截断误差，特别是在获取原始数据方面。

综合而言，投入产出分析法和生命周期评价方法各有优劣，适用于不同的研究层面和目标。投入产出分析法在中宏观和复杂体系的碳足迹核算方面具有较强的系统性和计算简便性，尤其适用于政府和大规模企业层面的评估。而生命周期评价方法更适用于微观系统和单一产品的研究，提供更为精确的结果。综合采用这两种方法，可为碳足迹核算提供全面、准确的数据基础，支持各类决策者在制定碳减排目标和可持续发展战略时做出科学决策。

3. 产品层面碳足迹核算标准及其应用

当前，关于产品层面的碳足迹核算标准涵盖了多个国际标准，其中包括《商品和服务在生命周期内的温室气体排放评价规范》(PAS 2050：2008，简称“PAS 2050 规范”)、GHGP 的产品标准、《温室气体与产品碳足迹量化要求与指南》(ISO 14067：2018，简称“ISO 14067”)，以及欧盟的产品环境足迹（Product Environmental Footprint，PEF）指南。这些标准旨在为企业和组织提供统一的方法，以评估产品或服务在整个生命周期内的温室气体排放，为社会的温室气体管理需求提供依据。

我们先来看“PAS 2050 规范”，这是全球首个产品全生命周期评价的碳足迹核算标准，由英国标准协会于 2008 年发布。“PAS 2050 规范”是一项公开的、具有指导性质的公开标准规范，遵循英国标准协会规定的程序，其主要目的是提供一种用于评估各种商品和服务在生命周期内温室气体排放的统一方法。该标准规范适用于评估企业的产品在整个生命周期内的温室气体排放量，覆盖的气体种类与 IPCC 温室气体清单一致。“PAS 2050 规范”的对象不是企业本身，而是产品或产品服务在整个生命周期内的温室气体排放量。因此，使用“PAS 2050 规范”的对象可以是生产产品或服务的机构，或者是使用商品和服务的消费者。不仅在英国，其他国家的知名企业也广泛采用了该规范，其中在世界同类型碳足迹标签评价标准中，选择使用“PAS 2050 规范”的占了 1/3，其成为使用最广泛的碳足迹标准之一。

GHGP 的产品标准《温室气体核算体系：产品寿命周期核算和报告标准（2011）》则是针对企业的单个产品制定的温室气体排放标准。这一标准的应用对象包括所有经济部门的企业和组织，它帮助企业了解其主要产品设计、制造、销售、购买的温室气体情况，或者协助企业构建温室气体清单。GHGP 为企业提供了一个总体框架，使其在知情的情况下能够选择减少设计、制造、销售、购买或使用的产品（商品或服务）的温室气体排放。通过该标准，企业能够识别所选产品生命周期内的减排机会，为实现温室气体减排目标提供科学支持。

“ISO 14067”为产品碳足迹的量化与交流提供了详细的原则、要求以及指南。它涉及的核算对象主要包括产品或服务在全生命周期内的温室气体排放量以及温室气体清除量，产品的种类可以包括服务类、软件类、硬件类、加工材料或原材料。该标准为政府或组织提供了基于全生命周期评价的清晰、一致的量化和交流产品碳排放情况的方法。“ISO 14067”在一定程度上是以“PAS 2050 规范”为基础编制的，规范的实施为企业温室气体减排、倡导居民低碳生活、改善环境等都带来了积极的作用。

PEF 是欧盟基于生命周期评价的综合性资源环境指标。PEF 要求在产品生命周期的各环节中，综合考虑与产品相关的物质流、能量流和排放流的环境影响。这使得 PEF 成为一种综合性、全方位的产品环境影响评价体系。PEF 包括 14 类评价指标，不仅有传统指标（如气候变化、水资源消耗等），还纳入了臭氧消耗、生态毒性、颗粒物、富营养化、人体健康等因素，为决策提供了更为全面的依据。该体系涵盖了产品的整个供应链对环境的影响。首批 PEF 产品标准已于 2018 年发布，欧盟计划将 PEF 逐步纳入欧盟的循环经济政策、产品环境标识等各种环境政策中，使其成为统一的绿色产品评价方法。其中，产品碳足迹作为 PEF 的重要内容之一，为欧洲地区的企业提供了更为全面的产品环境影响评估工具。

综上所述，当前针对产品层面的碳足迹核算标准包括“PAS 2050 规范”、GHGP、“ISO 14067”和 PEF。这些标准覆盖了全球不同地区和组织的需求，提供了多样化的方法和途径，帮助企业和组织更全面、系统地评估和管理产品在生命周期内的温室气体排放。这些标准的制定和推广为推动碳减排、促进可持续发展以及提高消费者对产品环境性能的关注提供了有力的支持。在未来，这些标准的进一步完善和国际间的协同将为全球应对气候变化和构建绿色经济提供更为有效的工具和指导。

3.2　碳排放预测方法应用

3.2.1　碳排放预测的目的和必要性

1. 为政府科学合理制定减排目标和政策提供决策依据和参考

从全球层面来看，气候变化问题正变得越来越突出，在全球范围内引发了广泛的担忧。1988 年 11 月，世界气象组织和联合国环境规划署联合成立 IPCC，开展对气候变化的科学评估活动，并提出适应和减缓战略。IPCC 综合性科学评估报告每 6 年至 7 年发布一次。2022 年联合国政府间气候变化专门委员会第六次评估报告（AR6）的研究指出，预计未来 20 年（2040 年前后）温升 1.5℃，要实现在 21 世纪末将全球温升控制在工业化前水平 1.5℃之内的目标，未来 10 年全球需大幅减少 CO_2 排放。面对日益严峻的全球气候变化和环境挑战，减少碳排放已成为全球的关键优先事项。而对碳排放进行预估是指导全球减排行动的重要前提。

1）支撑全球减排目标设定和减排路径设计

IPCC通过情景分析来设计未来全球减排方案。AR6指出，将温升限制在1.5℃（2.7℉）左右需要全球温室气体排放最迟在2025年前达到峰值，在2030年前减少43%，在21世纪50年代初实现全球二氧化碳净零排放；而要将温升限制在2℃（3.6℉）左右仍需要全球温室气体排放最迟在2025年前达峰，并在2030年前减少1/4，大约是21世纪70年代初实现净零排放。

排放情景本身，或是基于排放情景的减排目标分析成果均可作为气候政策以及国际气候合作的依据，为从减排责任分配到各国自主设计减排目标和方案提供科学依据。而IPCC发布的全球减排目标和减排路径设计与综合评估报告，为各国政府制定相关的应对气候变化政策与行动、各国谈判提供了权威的科学依据，是国际气候治理的重要科学支撑，对气候变化谈判进程发挥着重要影响。

2）支撑各国国家自主贡献目标设定

2015年12月，缔约方通过《巴黎协定》，并明确了21世纪末将全球温升控制在工业化前水平以上2℃之内的目标，并将1.5℃温控目标确立为应对气候变化的长期努力方向。《巴黎协定》规定各缔约方每五年提交一次"国家自主贡献"（nationally determined contribution，NDC），由各国根据自身减排能力自主制定减排目标。因此，通过对碳排放量的预测，能够协助各国提出适合本国的NDC目标。根据对我国经济社会活动和相关碳排放的预测，中国政府已经提出了碳减排目标的中长期发展计划。2021年10月28日，我国首次更新NDC目标，提交了《中国落实国家自主贡献成效和新目标新举措》和《中国本世纪中叶长期温室气体低排放发展战略》。

3）支撑地方、行业减排目标和路径设计

各国为了实现制定的自主贡献目标，需要通过对区域碳排放数据的分析，厘清碳排放的影响因素，并基于总量目标的控制，建立国家碳排放控制机制，通过预测不同情景下的碳排放量，明确碳排放峰值和达峰时间，确定减排目标和路径设计。而通过总体减排目标分配得到的区域减排目标，可以进一步转化为区域排放路径，对行业和技术进行更为详细的减排方案设计。这有利于推动地方和重点行业有序开展碳达峰行动，制订碳达峰行动方案、重点项目和配套措施，并将其纳入地方和行业发展规划，形成促进行动的政策合力和良治体系。

2. 为企业制定绿色低碳转型生产和经营策略，并开展减排效果评估提供技术支撑

1）制定绿色低碳转型的生产和经营策略

碳排放预测可通过制定绿色低碳转型的生产和经营策略协助企业实现可持续经营和履行社会责任。在国家政策导向下，企业也需要制订合理有效的"双碳"行动方案。企业在制定低碳转型发展策略过程中，碳排放预测可以提供决策基础，企业通过综合考量自身的减排潜力、减排成本和市场条件，寻求符合企业实际的减排技术和方案。通过准确预测碳排放，企业可以评估其环境影响，采取措施减少排放并制定可持续发展战略。这有助于提高企业形象，使其满足法规要求，并适应日益增长的环保压力。此外，碳排放预测也可以降低能源成本、提高效率，并在市场中获得竞争优势。

2）为企业参与碳交易市场提供支撑

碳排放权交易是一种运用市场手段限制温室气体排放的政策工具，越来越多的国家和地区开始采纳这种方法，旨在通过交易碳排放配额来促进温室气体排放的减少。企业和国家被分配一定数量的碳排放许可证，如果能在规定期限内降低排放量，剩余的许可证可以在市场上出售给需要额外排放权的单位。这种市场机制鼓励采取减排措施，同时为那些难以降低排放的实体提供了灵活性。而碳排放预测有助于根据当地政府给予企业的碳排放权配额数量，合理确定企业在预算年度的碳减排量，以成本有效的方式参与碳市场。企业需根据自身碳配额排放 CO_2，若配额超出碳排放量，则可以根据调节生产情况、技术创新等减少碳排放，或者购买其他控排企业的多余配额抵消；反之，若企业碳排放配额有盈余，则可将剩余配额放入市场交易。

3.2.2　碳排放影响因素及其分析方法

1. 碳排放影响因素

要想对未来碳排放量进行预估，模拟碳排放的未来轨迹，就必须了解影响碳排放的因素。而影响未来碳排放的因素有很多（图 3-5），主要从环境、经济和社会三个方面来考虑。环境因素主要包括资源储备和气候条件等，其往往涉及自然系统对人类活动影响的反馈作用，比如风能和太阳能供给量的变化以及极端天气气候的出现，因此具有一定程度的不确定性。经济因素包括人口变化、经济结构、经济增速、技术水平等，这些因素的未来发展受到许多系统内外条件的制约，在预测时存在很强的不确定性。社会因子包括行为习惯、文化、制度等，这些因子的量化十分困难，但其变化对未来排放量的影响十分重要。本节主要对经济、能源、技术、行为和生活方式、气候政策等因素进行介绍。

1）经济发展水平

AR6 显示经济和人口增长仍是全球化石燃料燃烧二氧化碳排放增长的最重要驱动因素。2010—2019 年人均 GDP 对年碳排放量增加的贡献为 2.3%，且这 10 年里，人均 GDP（或收入）的增长一直超过能源效率的增长。并且自 2010 年以来，发展中国家仍然是全球二氧化碳排放增长的主要加速器，主要由消费和生产增加推动。

2）人口规模

人口是影响碳排放的重要因素之一，同时它通过对生产和消费等因素的间接作用而对碳排放发挥着复杂多样的影响。2010—2019 年人口增长对年碳排放量增加的贡献为 1.2%。人口总量的增长会引起消费规模的增长，从而对能源产生越来越多的需求。在以煤炭为主的高碳能源结构和电力系统下，人们消费需求越多，会导致能源消费产生的二氧化碳排放量越多。

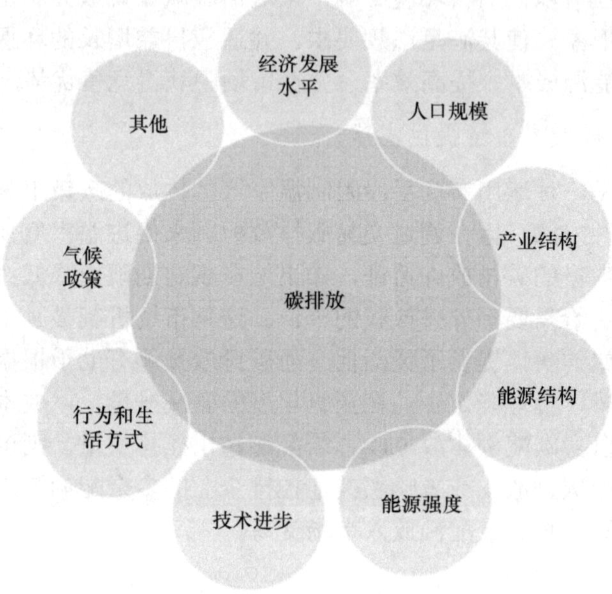

图 3-5 碳排放影响因素

3）产业结构

中国产业结构和消费模式的改善是减缓碳排放增长的主要因素。在产业结构与碳排放关系的研究成果中，普遍认为第二产业份额对碳排放产生正向影响，而服务业的影响强度呈降低趋势。在三大产业中，第二产业碳排放量相对较高，而服务业等第三产业的碳排放量相对较低。对高收入水平的经济体来说，技术、知识密集型产业等的产业占比较大；而发展中国家以污染较高的传统重工业为主，正在完成其低碳转型升级，并转向以第三产业为主的产业结构。

4）能源结构

能源结构指的是一个地区或国家所使用的能源的类型和比例，通常包括化石燃料（如煤、石油、天然气）、可再生能源（如太阳能、风能、水能、生物能）以及核能等。不同的能源结构会对碳排放产生不同的影响。如果一个地区主要依赖燃煤、石油和天然气等高碳含量的化石燃料，其碳排放就会相对较高，因为这些燃料在燃烧过程中释放大量二氧化碳。使用可再生能源可以降低碳排放，因为可再生能源的利用过程中产生的碳排放较低。通过改变能源结构，向更清洁、低碳的方向转变，可以显著减少碳排放。2010—2019 年，能源碳强度的下降对全球二氧化碳排放增长起到了一定的抑制作用，贡献率为–0.3%/年。

5）能源强度

能源强度降低是过往抑制全球化石燃料燃烧二氧化碳增长的最主要贡献因素。2010—2019 年，能源强度下降对年排放增长的贡献为–2%。能源强度是指在生产和使用能源的过程中，产生的经济价值与能源消耗之间的关系。能源强度高表示在生产或提供一定服务的同时消耗了大量的能源，而能源强度低表示相同的经济价值可以通过更少的能源来实现。更高的能源效率通常意味着更少的能源浪费，减缓了对化石燃料的需求，从而降低了二氧化碳的排放。

6）技术进步

自 AR5 以来，多种低碳技术在成本、性能和推广应用方面进展显著，推动了能源转型的快速发展。太阳能、风能和电池等模块化技术的部署规模与成本降低幅度远超预期，光伏和陆上风能的发电成本已经基本与化石燃料持平。作为对比，核能和 CCS（carbon capture and storage，碳捕集与封存）等技术的推广应用不及预期。此外，强有力的创新投资激励对于加速低碳技术变革至关重要。要强化对发展中国家的投融资、制度和能力建设方面的支持，以确保其能有效参与全球低碳技术相关的知识、技能、经验、设备和技术流动。

7）行为和生活方式

贫富差距导致个人排放存在巨大差异。全球最富有的 10%的人贡献了全球 36%—45%的温室气体排放。而收入排名后 50%的家庭仅占 13%—15%。在各国内部，收入前 1%的人的人均碳排放是收入后 10%的人的 175 倍。由于收入、生活方式、地理、基础设施、政治和经济状况的不同，家庭碳足迹在国家间和国家内部均存在差异。例如，美国家庭碳足迹主要来自私人交通、电力和肉类，而中国主要来自住房、食品、私人交通和通信；国家内部的差异则主要体现在城乡之间。

8）气候政策

各国政府出台一系列政策应对气候变化。其中，既包括以减缓为目的的总量控制、征收碳税和建立碳排放交易市场等政策，也包括以适应为目的的各项政策措施。碳定价政策起到了减排的作用，碳价格较高国家的碳密集程度往往较低。一些部门和行业政策有助于碳减排，包括可再生能源政策、清洁交通与公共交通的税收和补贴政策、造林政策等。此外，超越末端治理的污染物控制政策和立法也具有气候协同效益，尤其是那些在政策设计过程中考虑与温室气体协同互补的政策。

2. 碳排放影响因素分析方法

1）IPAT 模型

伴随工业文明发展，环境问题日益凸显，以马尔萨斯人口论为代表的学者认为“人口的极限增长是导致资源匮乏的关键因素”，这是人们关注环境问题“因何而生”的开端。学术界正式讨论始于著名的“康芒纳–埃利希”之争：美国生物学家和生态学家巴里·康芒纳（Barry Commoner）提出“技术决定论”，认为工业技术是导致环境质量恶化的最主要原因。与此同时，美国的人口学教授保罗·埃利希（Paul Ehrlich）与能源学家约翰·霍尔登（John Holdren）提出“人口增长论”认为“如果人口太多，即使是最明智的管理技术也无法避免对环境造成压力”，强调人口增长是环境变化与环境问题最重要的驱动力。IPAT 模型由埃利希和霍尔登于 1970 年提出，反映人口对环境压力的影响。该模型将环境影响和人口规模、人均财富以及与环境相关的技术水平联系起来，建立四者之间的恒等式。

$$I = P \times A \times T$$

其中，I 即环境影响（environmental impact），根据关注问题的不同，可以设置不同的指标，如二氧化碳排放量，大气污染水平等。P 即人口数量（people/population），在其他条件不变的情况下，人口越多，对环境的影响越大。A 即富裕程度（affluence），表示每个人的平均消费量。随着每个人消费的增加，其对环境的总体影响也会增加。衡量消费的常用指标是人均 GDP。T 即技术水平（technology），技术进步可以提高自然资源的利用效率，开拓自然资源的使用空间，降低自然生态环境压力，减轻对自然环境的依赖程度，因此有利于更好地保护环境。通常用单位经济产出的资源消耗量或污染物排放量等表示。

2）Kaya 等式

Kaya 等式是 1993 年由日本能源经济学家茅阳一（Yoichi Kaya）提出的，同时也为 IPAT 模型的一个应用。但该等式与 IPAT 模型的分析框架不同，其将经济、政策和人口等因素与人类活动产生的二氧化碳排放联系起来，总排放量等于人口（P）、人均 GDP、单位 GDP 能源强度（E/GDP）和单位能源消耗碳排放量（CO_2/E）的乘积，其中 E 为能源消费量。后两个因素也常常被合并为碳排放强度指标，即单位 GDP 的碳排放量，也就是 IPAT 模型中的 T。该式具体表述为

$$CO_2 = P \times \frac{GDP}{P} \times \frac{E}{GDP} \times \frac{CO_2}{E}$$

Kaya 等式反映了一国能源结构与经济结构对排放量的影响，能够发掘导致碳排放变化的深层次因素。同时，Kaya 等式又具有较好的延伸性，使用过程中可根据实际情况对各因素进行进一步分解，因此 Kaya 等式在碳排放分解问题中的应用也较为广泛。

IPAT 模型和 Kaya 等式也存在其局限性。IPAT 模型和 Kaya 等式用简洁的形式解释了环境问题产生的复杂社会动力机制，因素直观可量化，但同时也有较多的局限性：一是假设各因素的改变是同等比例地传给环境，不同变量对环境影响的权重差异在模型中很难体现，从模型中也无法识别出影响环境的最主要因素；二是模型无法进行假设检验；三是通过人口规模的测量，不能反映人口结构、迁移、分布与密度对环境影响的差异性；四是技术变量作为剩余项，为不断拓展可能对环境产生影响的重要因素提供空间，但其因内涵模糊很难进行操作化测量。

3）因素分解法

研究二氧化碳排放驱动因素主要有两种方法：一种是结构分解分析（structural decomposition analysis，SDA）法，另一种是指数分解分析（index decomposition analysis，IDA）法。

A. 结构分解分析法

结构分解分析法基于投入产出分析法，并以消耗系数矩阵为基础，可对各影响因素如产业部门最终需求、国际贸易等进行较为细致的分析，特别适合于研究碳排放增长的分行业或部门影响因素。投入产出分析法作为“自上而下”方法的模型，具有简单明了、数据要求低的特点，但这种特性也决定了投入产出模型缺失对技术细节的关注，最细致的观察也只能停留在行业层面。

B. 指数分解分析法

指数分解分析法通常利用能源恒等式将碳排放量表示为几个因素指数的乘积，并根据不同权重确定方法对各因素进行分解，以确定各个指数的增量份额。该方法的最大优点在于通过对子行业的分解，能够追溯因变量指数能源效率或能源相关的环境变化的原因，找出间接影响总指数的深层次因素，从而为制定切实可靠的政策措施提供依据。而且计算过程清晰、计算方法简便，适于进行时间序列分析及跨国比较。

指数分解分析法包括拉氏指数分解法（Laspeyres 指数分解法）和迪氏指数分解法（Divisia 指数分解法）。拉氏指数分解法于 1864 年由德国数学家 E. 拉斯贝尔（E. Laspeyres）提出，20 世纪 70 年代末至 80 年代初该思想逐步被运用于能源分解领域。其通过固定其他要素于基年的值，观察某要素在某段时间内波动对待考察总量产生的影响，可以计算该要素带来的冲击程度。拉氏指数分解法在分解过程中难以忽略残差项，如果存在较大的残差将会影响分析结果。一些学者逐步发展提出一些相关的修正方法。其中，使用较为普遍的方法主要有三种：Shapley 分解法、Sun 分解法、修正的 Fisher 指数分解法。

迪氏指数分解法是 1924 年由法国数学家迪维萨（Divisia）所提出的，随着方法的不断发展，洪明华（ANG Beng Wah）教授在 2001 年提出了更加完善的对数平均权重法，即对数平均迪氏指数（logarithmic mean Divisia index，LMDI）法。对数平均迪氏指数法由迪氏指数分解法改进而来，是迪氏指数分解法的对数形式，因易于建模，在消除残差的同时还能满足因素可逆等优势而在能源消费和二氧化碳排放影响因素分析领域有着广泛的应用。LMDI 法将分解得到的影响因素看作连续的可微时间函数，并能够完全分解余项，不会产生无法解释的余项。LMDI 等式可由 Kaya 等式推导而来。Kaya 等式两边取对数并对时间求导，再对两边取定积分，将对数平均权重代入其中，可得到 LMDI 分解形式：

$$C_t - C_0 = \Delta C = \Delta P + \Delta G + \Delta \mathrm{EI} + \Delta \mathrm{CI}$$

其中，C 为碳排放量；P 为人口数，$\Delta P = \dfrac{C_t - C_0}{\ln C_t - \ln C_0} \cdot \ln \dfrac{P_t}{P_0}$；$G$ 为人均 GDP，$\Delta G = \dfrac{C_t - C_0}{\ln C_t - \ln C_0} \cdot \ln \dfrac{G_t}{G_0}$；EI 为能源消费强度，即单位 GDP 的能源消费量，$\Delta \mathrm{EI} = \dfrac{C_t - C_0}{\ln C_t - \ln C_0} \cdot \ln \dfrac{\mathrm{EI}_t}{\mathrm{EI}_0}$；CI 为单位能源消费的碳排放量，体现能源结构对碳排放的影响，$\Delta \mathrm{CI} = \dfrac{C_t - C_0}{\ln C_t - \ln C_0} \cdot \ln \dfrac{\mathrm{CI}_t}{\mathrm{CI}_0}$。

其推导过程如下：

$$
\begin{aligned}
C_t - C_0 &= \Delta C \\
&= \Delta P + \Delta G + \Delta \mathrm{EI} + \Delta \mathrm{CI} \\
&= \frac{C_t - C_0}{\ln C_t - \ln C_0} \cdot \left(\ln \frac{P_t}{P_0} + \ln \frac{G_t}{G_0} + \ln \frac{\mathrm{EI}_t}{\mathrm{EI}_0} + \ln \frac{\mathrm{CI}_t}{\mathrm{CI}_0} \right) \\
&= \frac{C_t - C_0}{\ln C_t - \ln C_0} \cdot \ln \left(\frac{P_t}{P_0} \cdot \frac{G_t}{G_0} \cdot \frac{\mathrm{EI}_t}{\mathrm{EI}_0} \cdot \frac{\mathrm{CI}_t}{\mathrm{CI}_0} \right) \\
&= \frac{C_t - C_0}{\ln C_t - \ln C_0} \cdot (\ln C_t - \ln C_0) \\
&= C_t - C_0
\end{aligned}
$$

结构分解分析法与指数分解分析法最大的区别在于结构分解分析法基于投入产出表，对数据要求高；而指数分解分析法则只需使用部门加总数据，数据要求灵活，应用范围更广。

3.2.3 碳排放预测方法概述

在明确了碳排放影响因素的基础上，选取合适的模型和收集相关数据进行碳排放预测。目前，已经有多种工具模型被应用于预测碳排放，由于模型中的变量数量越多，历史数据的获取难度及未来数据的情景设定难度越大，因此模型预测的系统误差会相对降低，为了平衡数据的可获取性和模型的预测能力，在预测碳排放的过程中，通常会选取简化的计量经济模型。它是从温室气体排放与人类经济活动指标的统计回归关系出发，来预测排放量，如环境库兹涅茨曲线（environmental Kuznets curve），灰色模型，人口、富裕和技术的随机回归影响（stochastic impacts by regression on population, affluence, and technology，STIRPAT）模型和 LMDI 方法等。除了采用计量模型外，还可以采用更加复杂和结构化的模型来预测碳排放。这些模型各有侧重，有的偏重工程技术视角，如长期能源替代规划系统（long-range energy alternatives planning system，LEAP）模型，有的偏重宏观经济视角，如可计算一般均衡模型，有的两者兼而有之，如气候与经济动态综合模型（dynamic integrated model of climate and the economy，DICE）。此外，随着人工智能、大数据等技术的发展，越来越多的基于机器学习的方法也被应用到碳排放预测中。本书对常见的碳排放预测模型进行了梳理和分类，见表 3-3。

表 3-3 常见的碳排放预测模型

模型分类	代表模型
计量模型	（1）基于 Kaya 等式的因素分解模型：STIRPAT 模型。 （2）回归模型：Logistic、主成分回归模型、多元非线性回归模型、多元线性回归模型等。回归模型在使用过程中常与 STIRPAT、LMDI 等因素分解模型相结合。 （3）灰色系统理论：GM(1,1)
宏观经济模型、能源技术模型、仿真模型、综合评估模型	（1）宏观经济模型：可计算一般均衡（computable general equilibrium，CGE）模型、投入产出模型。 （2）能源技术模型：LEAP 模型、市场分配（market allocation，MARKAL）模型、TIMES（the integrated MARKAL-EFOM system，MARKAL-EFOM 系统综合）模型。 （3）仿真模型：系统动力学模型。 （4）综合评估模型（integrated assessment model，IAM）：DICE、区域气候–经济综合评估模型（regional integrated model of climate and the economy，RICE）、全球变化分析模型（global change assessment model，GCAM）、替代能源供给系统和环境影响模型（model for energy supply system alternatives and their general environmental impact，MESSAGE）、温室效应综合评估模型（integrated model to assess the greenhouse effect，IMAGE）、亚太综合模型（Asia-Pacific integrated model，AIM）等

续表

模型分类	代表模型
机器学习模型	（1）BP（back propagation，反向传播）神经网络。 （2）支持向量机。 （3）极限学习机

本书主要选取几个典型模型，包括计量模型（STIRPAT 模型）、能源技术模型（LEAP 模型）、仿真模型（系统动力学模型）进行介绍。

1. 计量模型：IPAT 的扩展——STIRPAT 模型

由于 IPAT 模型中的影响因素与环境之间只存在同比例的变化，无法客观地反映驱动因素对碳排放的影响，尤金·罗莎（Eugene A. Rosa）和托马斯·迪茨（Thomas Dietz）等在 IPAT 模型的基础上提出了 STIRPAT 模型，通过对人口、财富和技术条件的统计回归，进行碳排放影响的随机估计。

$$I = aP^b \times A^c \times T^d e$$

其中，I 为环境影响；a 为常量；P 为人口规模，考察样本年末人口总数特征；A 为财富，反映财富水平的变化；T 为技术；b、c、d 分别为 P、A、T 的弹性系数；e 为随机误差。STIRPAT 模型将多种因素的作用转换成非线性的随机模型，克服了 IPAT 模型局限性，可以对各种非线性效应进行分解，提供更精确的分析结果。由于 STIRPAT 模型是非线性的，为了消除模型异方差性，通常对模型等式两边取对数，将其化为线性方程：

$$\ln I = a + b\ln P + c\ln A + d\ln T + e$$

STIRPAT 模型允许在公式中加入其他相关变量，相比于传统的 IPAT 模型更加灵活。基于图 3-6 的环境库兹涅茨曲线所揭示的人均 GDP 与环境恶化水平之间的关系，可以在 STIRPAT 模型中加入人均 GDP 的二次项这一变量。

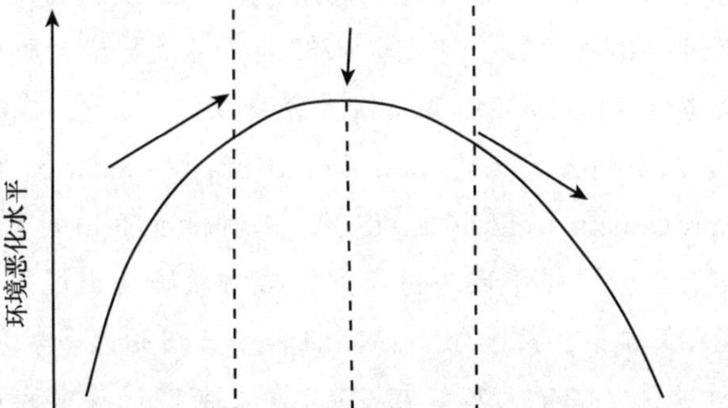

图 3-6　环境库兹涅茨曲线

库兹涅茨曲线，又称倒“U”形曲线（inverted U curve）、库兹涅茨倒“U”形曲线假说，是美国经济学家西蒙·史密斯·库兹涅茨于 1955 年提出的收入分配状况随经济发展过程而变化的曲线，是发展经济学中重要的概念。美国经济学家格罗斯曼（Grossman）

和克鲁格（Krueger）将该假说应用到了环境领域，提出了环境库兹涅茨曲线，即当一个国家经济发展水平较低的时候，环境污染的程度较轻，但是随着人均收入的增加，环境污染由低趋高，环境恶化程度随经济的增长而加剧；当经济发展达到一定水平后，也就是说，到达某个临界点或称拐点以后，随着人均收入的进一步增加，环境污染又由高趋低，其环境污染的程度逐渐减缓，环境质量逐渐得到改善。由此，如果考虑人均 GDP 与碳排放量之间的关系，STIRPAT 模型的变式可为

$$\ln I = a + b\ln P + c\ln A + d\left(\ln A\right)^2 + e\ln T + f$$

除此之外，还可以将能源结构、研发投入、城镇化率、产业结构、人口结构、能源价格和对外开放水平等因素纳入模型的考虑。

案例 3-1　　STIRPAT 模型的应用

Sun 等（2022）应用尤金·罗莎和托马斯·迪茨等在 1994 年提出的改进的非线性随机回归 STIRPAT 模型来探索和分析中国各省的碳排放驱动因素。其通过整合其他因素进一步扩展了 STIRPAT 模型：

$$\ln I_k = \ln a_1 + a_2\ln \mathrm{TP}_k + a_3\ln \mathrm{UR}_k + a_4\ln \mathrm{RG}_k + a_5\ln \mathrm{EI}_k + a_6\ln \mathrm{ES}_k + a_7\ln \mathrm{IS}_k + \ln e$$

其中，考虑了人口（TP）、城市化（UR）、人均国内生产总值（RG）、能源强度（EI）、能源结构（ES）和产业结构（IS）等因素对碳排放的影响，并发现以上因素是大多数省份碳排放的主要驱动因素。其中，人均国内生产总值为最重要的驱动因素，对各省的碳排放有持续的影响。人均国内生产总值的增加会加快所有省份的碳排放。相比之下，人口对碳排放的影响因省份而异。能源强度、能源结构和产业结构的弹性系数在所有省份都是正向的。然而，这些驱动因素到了一个顶峰后便逐渐减少，体现其对碳排放有抑制作用。城市化对不同省份产生了相反的影响，即随着收入水平的提高，城市化对碳排放的影响可能会从促进碳排放转变为抑制碳排放。

通过将回归的省级 STIRPAT 模型与情景分析相结合，在基准情景（business as usual，BAU）、持续改善情景（continuous improvement scenario，CIS）、加速改善情景（accelerated improvement scenario，AIS）这三种情景下预测了未来的碳排放。如图 3-7 所示，峰值时间和减排率因省份而异，碳排放峰值出现得越早，碳中和就能越早实现。根据 BAU 方案，第一组、第二组和第三组的大多数省份可以在 2023—2030 年实现碳排放峰值，但不太可能在 2060 年之前实现碳中和目标。根据 CIS 方案，所有省份都可以在 2021—2030 年达到碳排放峰值，但只有八个省区市可以在 2060 年之前实现碳中和。在 AIS 方案下，所有省份都可以在 2021—2030 年达到碳排放峰值，预计大约一半的省份将在 2060 年实现碳中和。

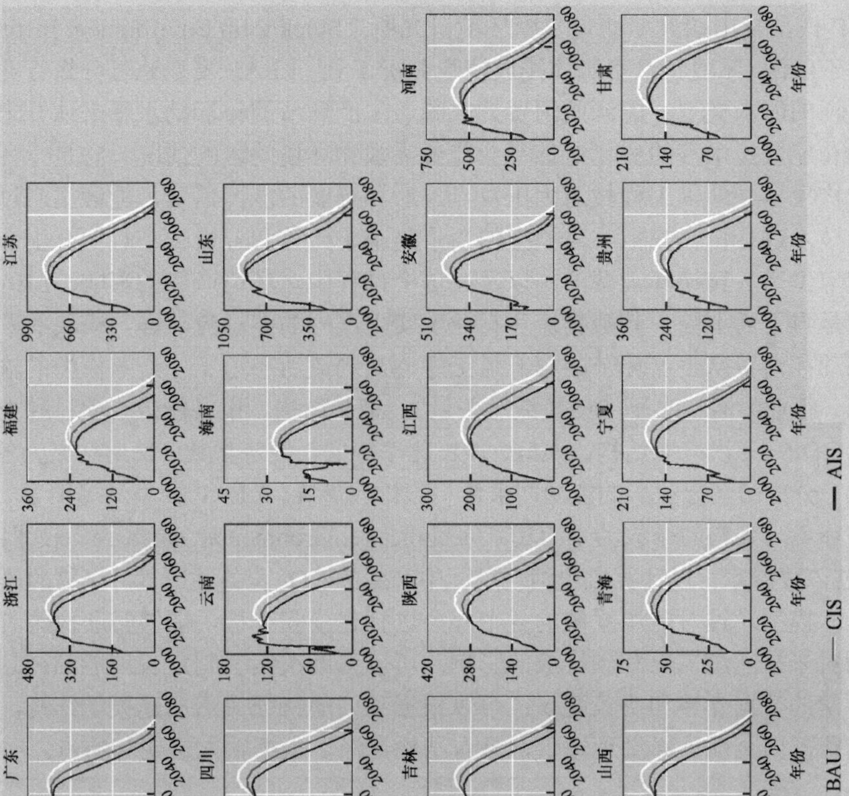

图 3-7　不同情景下四组省一级的碳排放量

四个组代表经济发展和碳强度不同的地区（台湾、西藏、香港、澳门不在讨论范围）

2. 能源技术模型：LEAP 模型

LEAP 模型是由瑞典斯德哥尔摩环境研究所（Stockholm Environment Institute，SEI）开发的用于能源–环境和温室气体排放情景分析工具。LEAP 模型通过分析行业中每个生产环节消耗的能源类型、能源的消费方式和该生产环节的年活动水平来估计未来经济发展、政策和能效技术等的变化对该行业能源需求和环境的影响情况。它是一种自下而上的集成结构模型，即以工程技术为出发点，对各行业的能源消费、能源生产过程中所使用的终端技术进行仿真模拟，其模拟的情景是基于计算和分析一个行业全生命周期内的能源是如何生产、转换和消费的，以及在这个过程中对环境产生的影响。LEAP 模型的数据结构是自下而上的，其数据流和行业现实生产中的能源流一样，模块的顺序反映了能源的流动和消费从生产环节的第一道工序逐次到最后一道工序。该模型的输入参数包括分部门（行业）活动水平（产量或服务量）、工艺结构、设备能效、燃料种类等微观参数，以及 GDP、三次产业结构、人口、城市化率等宏观经济参数；输出结果为各种政策或技术组合下分部门（行业）的能源需求量、碳排放量等。LEAP 模型还提供了一个包含各种燃料的环境污染物的排放因子 TED（technical-environmental database，技术–环境数据库），通过该数据库可以计算燃料消耗过程中产生的 CO_2 和各种空气污染物的排放量。

LEAP 模型通过对能源系统的各个部分进行建模和分析，能够帮助决策者了解不同能源选项对未来能源需求和碳排放的影响；可以帮助决策者制定长期能源规划和政策，并提供科学的数据支持和决策建议；可以根据部门的特征灵活构建模型结构，实现对能源终端消费部门全面、详细地评价，具有结构灵活、数据输入透明等特点。

案例 3-2　LEAP 模型的应用——《基于 LEAP 模型的城市交通低碳发展路径研究——以广州市为例》

黄莹等（2019）构建 LEAP 广州交通模型，以 2016 年为基础年，2050 年为目标年，采用情景分析的方法，分析未来广州市交通领域的节能减排潜力，探讨其低碳发展的路径。将广州市交通领域的数据按分层的树形结构进行组织（表 3-4），并依据不同交通发展情景下各交通运输类型的活动水平、能源效率和能源结构等进行情景模拟。

表 3-4　LEAP 广州交通模型结构

部门	终端使用	活动水平	能源效率	能源结构
市内客运	公交车	车辆数、行驶里程	百公里综合能耗	LPG、LNG、电力
	地铁	客运周转量	单位客运周转量	电力
	出租车	车辆数、行驶里程	百公里综合能耗	LPG、汽油、电力
	私人小汽车	车辆数、行驶里程	百公里综合能耗	汽油、电力
	摩托车	车辆数、行驶里程	百公里综合能耗	汽油
市际客运	公路	客运周转量	单位客运周转量综合能耗	汽油、柴油、天然气、氢能
	铁路	客运周转量	单位客运周转量综合能耗	柴油、电力
	航空	客运周转量	单位客运周转量综合能耗	航煤、生物航煤
	水路	客运周转量	单位客运周转量综合能耗	柴油、生物柴油
货运交通	公路	货运周转量	单位货运周转量	汽油、柴油、天然气、氢能

续表

部门	终端使用	活动水平	能源效率	能源结构
货运交通	铁路	货运周转量	单位货运周转量	柴油、电力
	航空	货运周转量	单位货运周转量	航煤、生物航煤
	水路	货运周转量	单位货运周转量	燃料油、生物燃油

注：LPG 为液化石油气（liquefied petroleum gas），LNG 为液化天然气（liquefied natural gas）

在 LEAP 模型基础上，设置了“政策情景”、“低碳情景”和“绿色低碳情景”，分析不同发展情景下交通领域未来的能源需求和碳排放。模型模拟结果显示（图 3-8），政策情景下，未来广州市交通领域的能源消费需求仍将继续增长，但增幅逐年减小，到 2040 年左右将达到能源消费需求的平台期；在低碳情景下，随着政策措施的加强，全市交通领域的能源消费需求预计在 2030 年左右达峰；在绿色低碳情景下，其能源消费需求的达峰时间有望提前到 2025 年左右。

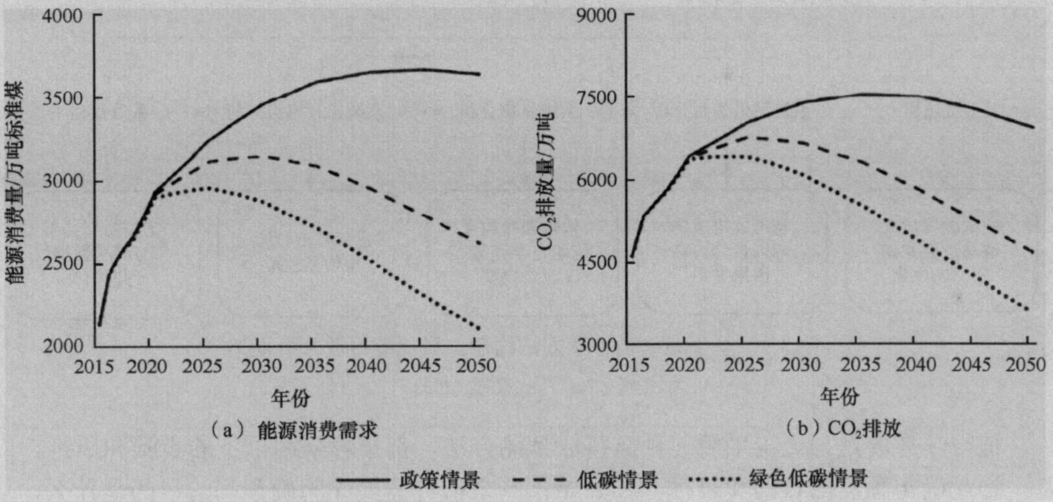

图 3-8　广州市交通领域到 2050 年的能源消费需求和 CO_2 排放趋势

3. 仿真模型：系统动力学模型

系统动力学模型（system dynamics model）是一种研究复杂系统行为变化的方法，它通过反馈控制理论和系统思维原理来理解和模拟复杂系统的时间变化行为。在环境工程、生态学和可持续性领域，系统动力学模型可以用来模拟和预测各种环境因素（如碳排放、能源消耗等）的变化趋势，以及评估不同的环保政策和措施的效果。系统动力学模型具有以下特点。

一是反馈控制理论和系统思维。系统动力学模型基于反馈控制理论和系统思维原理，可以帮助理解复杂系统的行为变化，并进行预测。其最大的优势是能够避免低维度以及单一预测的片面性，适合处理较复杂系统的非线性和长期性问题。

二是应用广泛。系统动力学模型广泛应用于工业系统、能源系统、社会系统、生态系统、气候系统和经济系统等领域的模拟和预测。

三是模型构建。系统动力学模型通常包括若干个子系统，每个子系统都由一系列关键因素组成，这些因素通过一定的因果关系连接在一起，形成模型的框架结构。

四是情景分析。系统动力学模型可以进行情景分析，模拟不同条件下的系统行为，并提供政策决策的参考。

五是软件支持。有许多软件（如 VHDL-AMS、MATLAB/Simulink 等）可以支持系统动力学模型的建立和模拟。

杰伊·莱特·福雷斯特（Jay Wright Forrester）方法论层面对系统动力学的实践应用问题进行过阐述，并总结出系统动力学应用的五个步骤，有学者以构建二氧化碳排放分析框架为例进行演示，具体如图 3-9 所示。一是明确所要研究与理清问题的系统边界，并识别对该问题有影响的各个变量；二是梳理影响因素之间的因果关系；三是构建揭示各个变量之间关系的反馈环系统动力学存量、流量模型；四是要对上述模型进行数理逻辑化以捕捉系统内的相互作用，借助计算机软件进行仿真模拟；五是将模型仿真结果与现实世界的行为及活动相比较，并据此进行优化。

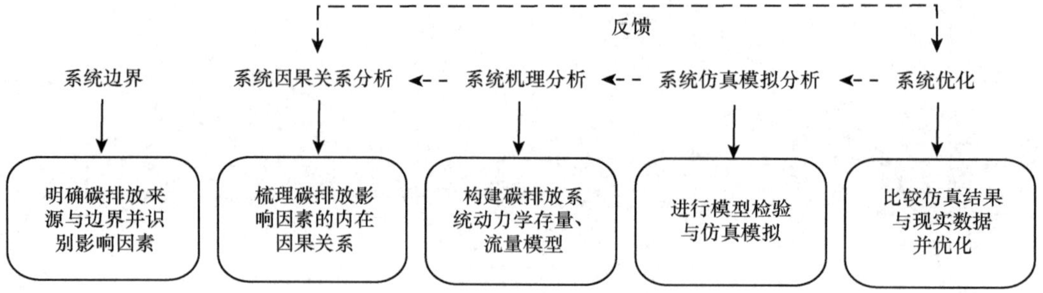

图 3-9 基于系统动力学方法构建二氧化碳排放分析框架

资料来源：王火根等（2022）

值得注意的是，无论采用何种碳排放预测方法，都推荐采用以下的步骤和原则。

一是确定预测的目的和目标。在开始预测之前，需要先明确预测的目的是什么，以及预测的结果将用于实现哪些目标。这有助于确定预测的范围和重点。

二是确定预测对象。确定需要对什么对象进行预测，这是指确定需要进行预测的具体事物或变量。例如，是预测全球的碳排放量还是某个国家或行业的碳排放量。

三是决定预测的时间范围。预测可以是短期、中期或长期的。根据预测对象和目的，确定预测的时间跨度是很重要的，因为不同的时间范围可能需要不同的方法和数据。

四是选择合适的预测模型。根据所要预测的对象的特点和预测的性质选择一种合适的预测模型来进行下一步的预测。

五是收集必要的预测数据，确保准确可靠。预测模型的准确性取决于输入数据的质量。因此，收集相关的数据并确保其准确性和可靠性是至关重要的。

六是验证预测模型。在应用预测模型之前，需要对其进行验证，以确保其在预测目标上的准确性和可靠性。这可能涉及使用历史数据进行模型验证或进行交叉验证等方法。

七是关注预测结果的趋势准确性，而不是绝对精确性。在预测过程中，重要的是关注预测结果的趋势是否正确，而不是追求绝对精确性。即使预测结果可能不是完全准确的，只要趋势是正确的，预测仍然具有一定的参考价值。

因为在发现影响碳排放的因子后，要明确碳排放影响因子之间互相作用的机理十分困难，我们常常只能得出一些理论猜想或是影响大小的模糊取值范围。由于人类社会各个因子发展的不确定性、温室气体停留时间的不确定性、对大气中温室气体浓度的影响的不确定性、温室气体浓度与温升的对应关系不够精确、温升幅度对环境和人类系统的影响大小也难以准确量化等因素影响，未来发展路径有许多种可能，而非一条确定的直线，因此，对于未来碳排放量的预测，需要通过情景分析的方法进行测算，探索不同情景下的碳排放路径。碳排放预测的目的不在于准确预测，而在于向利益相关方展示，当采用不同的发展路径时，碳排放轨迹将如何发展。

3.3　碳减排政策量化分析方法

3.3.1　碳减排政策分类

1. 碳减排政策定义

碳减排政策是指那些旨在减少温室气体（尤其是二氧化碳）排放量的各种政府政策和措施。制定这些政策的目的是应对全球气候变化，通过限制或减少温室气体的排放来减缓地球温度上升的趋势。针对碳减排问题的经济学分析的一个重要目标是为选择合适的政策工具提供基础。

2. 碳减排政策分类——排放源角度

从碳排放源的视角出发，不同部门的减排政策会根据其特点和排放源的不同而有所区别。能源部门是全球温室气体排放的最大源头，能源部门中的排放主要集中在电力、工业、交通、建筑等部门（图 3-10）。在应对气候变化的过程中，针对这些部门的减排政

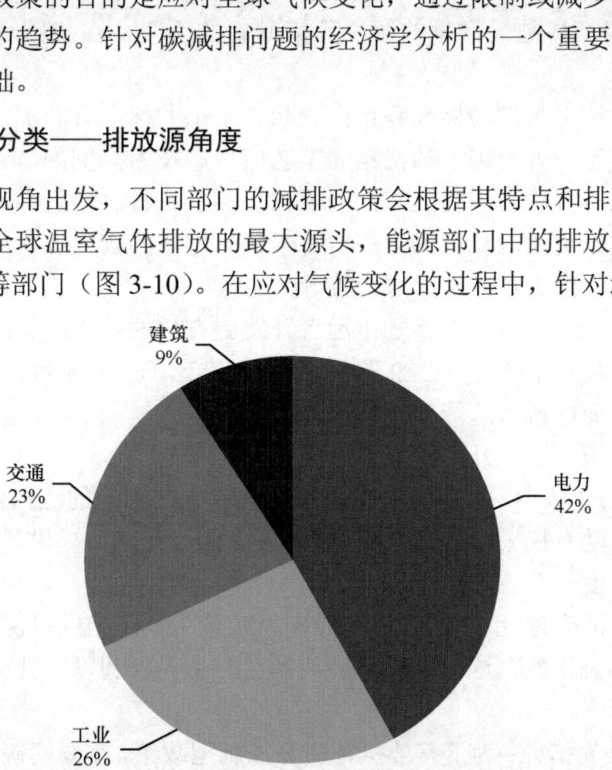

图 3-10　2022 年全球各部门二氧化碳排放占比

资料来源：国际能源署发布的《2022 年二氧化碳排放》报告

策和技术创新是关键。这包括推广可再生能源、提高能源效率、使用电动车辆、提高建筑标准以及优化工业过程。通过这些措施，可以显著减少能源部门的碳足迹，助力实现国际气候目标。

具体到电力部门、工业部门、交通部门和建筑部门，表 3-5 中是一些常见的减排政策和措施。

表 3-5 各部门典型碳减排政策和措施

部门	典型碳减排政策和措施
电力部门	可再生能源配额制、上网电价、上大压小、燃煤发电机组能源消耗限额、节能发电调度
工业部门	能效标准、能耗双控政策、“两高”（高能耗、高排放）项目审批、淘汰落后产能、数字化能源管控平台、低碳水泥、氢能炼钢、废钢废铝回收
交通部门	燃油经济性标准、淘汰黄标车、电动汽车补贴、车身轻量化设计、车辆限行政策、公交车专用道、BRT（bus rapid transit，快速公交）、地铁、燃油税、公转铁、公转水、远程办公
建筑部门	建筑节能标准、家用电器能效标准、被动式建筑、建筑通风设计、建筑围护结构改造、随手关灯行动、低温余热供暖、小型堆供热、热泵

3. 碳减排政策分类——政策工具角度

1）命令控制型政策

命令控制型政策工具是指国家行政部门通过相关的法律法规等，对生产者的生产工艺或产品使用进行管制，禁止或限制某些污染物的排放，最终影响排污者的行为。命令控制型的政策工具是最常见的解决环境问题的手段，在我国环境政策中的运用也最为广泛。

命令控制型政策工具常与标准联系在一起。常用的标准有两类：技术标准和性能标准。技术标准引导生产者使用一项特定的工艺或生产技术。例如，为了降低能耗，最新的“绿色建筑规范”要求建筑安装双侧玻璃以及隔热材料。性能标准要求排污者的污染物不超过一定量或一定比例。例如，规定每千瓦时电量的碳排放，或冰箱达到某一能源效率水平，汽车尾气污染物浓度标准，等等。

技术标准的一个缺点是不能激励排污者开发更有效的技术。原因在于排污者担心新的技术出现后，技术标准将变得更加严格。性能标准比单一技术标准有更大的选择范围，包括减少产量、改变燃料、选择替代技术等。

命令控制型政策有以下几个特点。

（1）明确的法律依据：命令控制型政策通常建立在明确的法律依据之上，以确保政府对特定行为或活动有权采取控制措施。这种法律依据为政策提供了法律合法性和支持，使其执行更具可信度。

（2）法律设计的合理性：理想的命令控制型政策工具应当经过深思熟虑的法律设计，以确保其合理性和公正性。这包括权衡公共利益、私人权利以及社会和经济影响，以达到合理的政策目标。

（3）严格的处罚措施：为了有效执行命令控制型政策，需要明确而有力的处罚措施。这些处罚措施可以包括警告、罚款、限制开展生产经营活动等，以确保对违规行为的制衡，并起到威慑作用。

（4）政府执行能力：命令控制型政策通常要求政府有足够的执行能力，能够监督、检查和确保政策的有效执行。这可能涉及执法机构的培训、资源投入以及监测和报告机制的建立。

2）基于市场的政策

基于市场的政策工具是命令控制型政策工具的主要替代手段，侧重于利用市场机制来引导经济主体采取环保行动，与命令控制型政策工具相比，基于市场的政策工具是与成本–效益关联的，基于市场的政策工具注重经济效率，通过与成本–效益相联系的方式来推动环保行为。例如，碳市场工具通过给排放较少的企业提供经济激励，使其在减少碳排放方面更具竞争力。基于市场的政策是刺激性的而非强制性的，通过设立市场机制，如税收、交易机制或补贴，政府激励企业和个人自发采取环保措施，而非通过法律规定进行强制性的限制。基于市场的政策是可以自主选择的，经济主体在基于市场的政策工具下有更大的自主选择权。企业和个人可以根据市场信号，自主决定采取何种环保措施，以适应市场的变化。在气候变化领域，常用的基于市场的政策工具包括碳税、碳排放交易机制和补贴机制。截至 2023 年 4 月，全球共有 73 个碳税或排放交易机制在运行，占全球近 1/4 的温室气体排放量（23%）。

A. 碳税

碳税源于庇古税（图 3-11），是针对碳排放征收的一种税。碳税是以减少碳排放为目的，对化石燃料按照其含碳量或二氧化碳排放量征收的一种税。

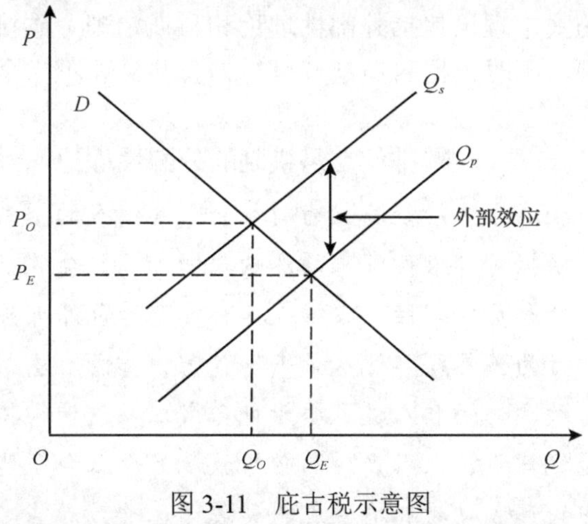

图 3-11　庇古税示意图

供给曲线 Q_p 由于外部效应被施加庇古税上移到 Q_s，新的均衡导致市场价格上升，产量减少

碳税有以下四个基本特征。

（1）税率：碳税的税率应该反映减排的边际成本，即减少一单位碳排放所需的成本。这有助于确保税收对于企业和个人来说是一种激励减排的经济手段。

（2）计税依据：碳税的计税依据通常是化石燃料中的碳含量或实际二氧化碳排放量。对于实际排放量的估算，常常使用标准化的估算方法，以便公平地对不同类型的排放源进行税收。

（3）纳税与减排的选择权：碳税为排放者提供了一种选择权，即在纳税和实施减排之间进行权衡。如果企业认为纳税成本低于实施减排的成本，他们可以选择纳税，而无须承担更高的减排成本。

（4）碳税收入的使用：政府可以灵活运用碳税收入，以达到不同的目标。一些常见的用途包括减少其他扭曲性的税收、列为专项支出用于环保项目、补偿受影响较大的企业或群体，以及作为一般财政收入来源。

碳税作为一种市场导向的环境政策工具，旨在通过经济激励推动减排行为，同时为政府提供资金用于环保和应对气候变化。这种税收机制在全球范围内逐渐得到认可，并被许多国家和地区采纳。

B. 碳排放交易机制

碳排放交易机制是通过建立碳排放权交易市场，将温室气体减排义务与国际交易行为联系起来的国际减排履约机制。在该机制下，温室气体排放权在排放总量目标约束下具有了经济学意义上的“稀缺性”，并以商品的形式在交易体系中进行买卖、流通和转让，交易方通过购买另一方一定数量的温室气体减排量以实现其自身减排目标。碳交易的基本原理非常直观，不同企业由于所处国家、行业不同或是在技术、管理方式上存在着差异，它们实现减排的成本是不同的。碳交易的目的就是鼓励减排成本低的企业超额减排，将其所获得的额外配额通过交易的方式出售给减排成本高的企业，从而帮助减排成本高的企业实现设定的减排目标，并有效降低实现目标的履约成本。通过排放权交易，可以确保在排放量不超过总量限制的情况下，以成本效益最优的方式实现减排目标。

碳排放交易机制的基本理论包括外部性理论和科斯定理。碳排放问题根据庇古的观点可视为负外部性问题，同时根据科斯定理可视为公共品和不完全产权问题。

案例 3-3　　碳排放交易机制的外部性理论

外部性是指某一经济主体的经济行为对社会上其他人的福利造成了影响，却并没有因此承担后果。根据外部性所带来的影响是增加了社会收益还是社会成本，可以将其划分为正外部性和负外部性。碳排放具有典型的负外部性效益。

排放主体的排放行为虽然给其他人带来了危害，却没有支付任何补偿，即碳排放的负外部性使得排放主体的私人成本小于社会成本。这使得排放主体自己选择的产量必然大于社会最优产量，从而产生的碳排放量大于社会所能承受的最大数量，这就加速了温室效应的形成，对环境造成严重破坏。

解决负外部性问题的关键是如何纠正负外部性，即如何让排放主体承担排放成本，从而使其私人成本与社会成本相等。科斯于 1960 年提出了产权对于排放者和受害者之间讨价还价以解决污染问题的重要性。科斯认为，如果市场是完全竞争的，产权是明晰的，交易费用为零或者很低，排放主体和受害者通过市场交易就可以解决负外部性问题。

科斯定理是不论产权的初始分配合理与否，只要产权界限是清晰的，而且是可以自由交换的，则此时市场机制就是充分有效的，可以通过当事人的谈判使资源得到最有效的配置。即为了保证资源的有效配置，必须明确产权界限，同时保证产权在法律上是可以转让的。科斯所指的法定权利其实就是所有权，它不仅包括人对物的所有权，也包括订立与实施契约权，要求对事故进行赔偿，等等。科斯定理指出当负外部性可以当作商品来交易的时候，市场总是能够找到最优的解决手段，即使它的初始配置不是最优的。例如，当工厂排放污水会影响周围居民的房价，将排污权界定为一种产权，当排污的产值大于房价下跌的价值，如果初始产权判定给工厂，最终结果是工厂排污；如果初始产权判定给居民，那么工厂会出钱向居民购买排放权，最终结果依然是工厂排污。

根据不同的分类标准，碳排放交易机制可以分为不同类型。根据交易标的的不同，碳市场可以分为基于配额和基于信用的市场。基于配额的碳市场，即以碳排放权配额作为交易标的物的交易市场。政府设定减排目标和配额总量，通过免费或者拍卖的方式向控排企业分配配额，企业在碳市场买卖调整余缺，从而通过市场机制实现低成本减排。在碳排放权交易体系下，配额总量一旦确定，无论企业采取何种减排方式，减排目标的达成都可以得到有力保障。而且碳市场对排放企业的竞争力和创造力不仅没有显著负向影响，反而在一定程度上能激发碳密集型产业的低碳技术创新能力。基于信用的交易，则采用“基准与信用”的机制，对应的交易标的是减排项目产生的温室气体减排量。它是一种事后授信的交易方式，只有在进行了相关减排活动并核实证明了其信用资格后，减排才真正具有价值，同时根据实际减排量发放相应数量的碳信用，主要包括清洁发展机制和联合履约机制两种。根据是否具有强制性，可以分为强制性和自愿性碳交易市场。基于配额和信用的碳市场均属于强制性碳市场，即“强制加入、强制减排”，自愿碳市场则多出于企业履行社会责任、加强品牌建设、扩大社会效益等一些非履约目的。自愿性碳市场可以弥补强制性碳市场纳入门槛过高、覆盖范围有限的缺陷，是强制性碳市场的有效补充。目前全球碳交易主要还是强制性碳市场，自愿性碳市场规模总体较小。

由科斯定理可知，碳排放权交易机制的配额初始分配会影响经济效率，因此科学的配额分配是碳排放权交易机制成功运作的先决条件。不同的配额分配方法有其特点和适用情况，主要的配额分配方法有三种：一是祖父法（grandfathering），即根据企业以往的碳排放量来分配配额。这种方法比较简单，易于实施，但可能会造成锁定效应，使得历史排放量大的企业获得更多配额，从而减弱减排激励。二是基准线法（benchmarking），即根据行业的技术水平和单位产品的能耗及碳排放量来分配配额。这种方法鼓励企业提高效率，减少排放，但实施起来相对复杂，需要详细的行业数据和标准。三是拍卖法（auctioning），即通过拍卖的方式分配配额。这种方法符合“污染者付费”的原则，能够有效激发企业的减排动力，同时政府可以通过拍卖收入来支持环境保护和气候变化适应措施。然而，拍卖可能会增加企业的成本，对经济产生一定的负面影响。前两种分配方法属于免费分配法，第三种分配方法属于有偿分配法。免费分配法是以无偿的方式给企业分配配额，违反了“污染者付费”的原则，这可能导致成本转嫁给社会，是碳市场的首创。随着时间的推移，很多碳市场正在逐步减少免费配额，增加拍卖配额的比例，以提高市场效率和环保效果。碳交易市场的设计和实施需要综合考虑经济效率、公平性、环境效果以及政治可行性等因素。

碳排放权具有金融产品特性，成功的碳排放权交易必须有发达的金融体系作支撑，否则碳市场将难以运行下去。碳金融是指在低碳经济发展环境下衍生出来的金融活动，包括以碳相关标的为基础的碳交易，以及为服务实体经济、为企业的低碳项目提供投融资等金融服务。CCER（China certified emission reduction，中国核证自愿减排量）是在中国国内建立的碳排放权交易体系（emission trading system，ETS）中的一种机制，用于支持自愿减排项目的开发和交易，图 3-12 是 CCER 的交易机制图。

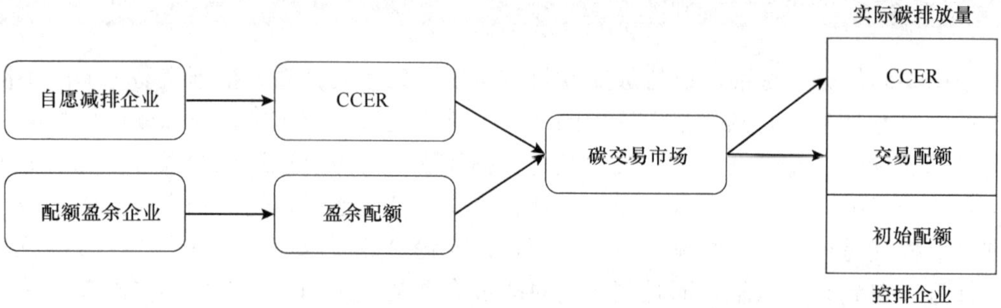

图 3-12　CCER 交易机制

C. 补贴机制

补贴是为实现特定的经济社会目标，由财政安排专项基金向企业或个人提供的一种资助。在对能源消费总量进行合理控制、促进二氧化碳减排时，财政对能源及其相关产品补贴的作用是不容忽视的。可采取不同的资金激励方式促进减排，从支持研发、减免投资税、低息贷款、退税和价格等方面入手。补贴有个显著的优点就是，相较于其他政策工具，补贴在政治上更容易实施。

补贴的对象不同，政策效果也不同，例如对可再生能源、节能技术投资与开发等项目的补贴，可以减少二氧化碳排放。目前，促进温室气体减排的最有效的激励机制之一是与可再生能源电力生产相关的价格支持。价格支持将明显增加可再生能源发电的吸引力或市场竞争力。

3）自愿性政策

自愿协议是自愿性政策工具的主要实施手段。节能减排自愿协议是指企业或工业部门为了社会责任或受政府相关激励措施的引导和约束，以签署协议的形式，自愿承诺在一定时期内实现一定的节能和减排目标，通常是在政府激励措施和社会责任感的双重作用下实施，自愿协议的主要特点如下。

（1）灵活性强：自愿协议能够根据不同企业和行业的具体情况来设定目标和措施，提供更大的灵活性。

（2）适用范围广：适用于各种规模的企业和不同的行业，可以针对特定的环境问题或整个行业的节能减排目标。

（3）降低成本：相比于硬性的环境规制，自愿协议能在一定程度上降低企业的合规成本，尤其是对于那些已经采取了环境友好措施的企业。

（4）与环境政策法规互为补充：自愿协议可以弥补环境政策和法规的不足，特别是在新的环境问题出现和新技术发展初期。

然而自愿协议也存在一些局限性和挑战，例如：违约惩罚措施不明确，自愿协议缺乏强制执行力，一旦企业未能达到协议中的目标，可能面临的惩罚措施不够明确或严格。同时也有监督和执行难度，监督企业是否遵守协议并实现目标通常比较困难，需要有效的监测和报告机制。

3.3.2　碳减排政策关键问题分析

1. 碳减排量

碳减排政策减排量分析通常涉及对碳排放的基线情况（没有实施政策会怎样）和实际情况（实施政策后的结果）比较。估计减排量可能涉及复杂的模型和假设，包括经济增长、能源价格和技术发展等因素。在政策分析中估计碳减排量的方法包括多种工具和资源，这些工具和资源可以帮助量化不同温室气体减排措施的效果。

美国国家环境保护局（U.S. Environmental Protection Agency，EPA）提供了丰富的信息和工具来帮助州、地方政府以及其他利益相关者量化温室气体减排措施的影响。例如，它们的“能源和环境行动指南”提供了减少与电力生成和使用相关的排放的最佳实践。此外，EPA 还有针对商业/住宅建筑、工业部门和废物及材料管理等领域的特定资源和工具，旨在帮助各级政府和组织制定与实施减排策略。

IPCC 提供了一套用于估算国家温室气体排放和吸收的国际认可方法论。这些方法论包括排放因子的制定，将特定源头的温室气体排放与引起排放的活动量联系起来。这些排放因子将基础数据转换为碳排放量，例如燃烧煤炭产生的二氧化碳排放量可以通过将煤炭消耗量乘以相应的排放因子来计算。评估政策影响时，利用排放因子考虑该政策如何改变基线情况下的活动数据，例如如果政策是推广可再生能源，那么需要估计这将如何减少传统化石燃料的使用，并据此调整排放估算。最后将政策实施后的估算排放量与基线排放量进行比较，差值即为政策所实现的减排量。

2. 碳减排成本

“减缓成本”可以在不同层次上进行衡量，如项目层面、技术层面、部门层面和宏观经济层面的成本。

1）项目成本

在项目层面上，分析的焦点是单个减排项目的成本。这些项目可以是安装新的排放减少技术、改进基础设施、实施需求侧管理措施、执行信息推广活动或制定技术标准。项目层面的成本分析通常是静态的，意味着它们不考虑这些措施对整体市场和价格的潜在影响。

2）技术成本

技术成本在气候变化减缓策略的选择中扮演着核心角色。首先，一些成熟技术，即便在缺少针对气候变化政策的市场条件下，也能展现出其成本竞争力。这些技术因其成熟度高和应用广泛，已经在市场上占据了一席之地。其次，即使在当前气候政策的推动下，某些技术的实施成本仍旧较高，但随着这些技术的广泛采纳和规模化生产，我们有理由期待成本将会逐步下降。

在详细评估了旨在减少能源消耗和二氧化碳排放的技术成本后，我们发现电力部门在此方面的成本尤为显著。考虑单一技术时，每种技术都呈现出独有的特征、作用以及所处的发展阶段。为了实现最优的技术组合，必须考虑到它们的这些差异，包括各自的功能、既定目标以及其他相关因素。例如，可再生能源技术（如风能和太阳能），尽管其初始投资成本可能较高，但运营成本较低且无排放；而核能则在安全性和废物处理上存在挑战，但具备稳定的发电能力和较低的长期运营成本，同时在减少碳排放方面具有显著优势。高效能的化石燃料技术，尽管能够即刻减少排放，但仍面临着温室气体排放的问题。碳捕获与封存技术则提供了一个减少现有化石燃料排放的潜在途径，尽管其技术复杂性和成本效益仍在评估中。另外，植树造林作为一种增加碳汇的方法，虽然在碳减排中具有潜力，但需要足够的土地资源和时间才能实现显著效果。

此外，除了考虑单项技术的成本之外，我们还需关注最终使用部门采取的节能行为及其相关的碳减排成本。不同行业和部门采用节能措施的成本差异可能很大，这包括但不限于建筑物的节能改造、工业过程的优化、交通行业的能效提升等。这些行为所构成的碳减排成本曲线反映了从低成本节能措施到高成本技术的整体经济效益。总体而言，多种技术的合理组合以及跨部门的综合节能措施将是实现成本效益最大化的关键。

3）部门成本

部门层面的分析更为复杂，它涉及局部均衡模型来研究特定行业或部门的政策影响。这可以包括对价格、税收、贸易和融资政策的分析，以及对大规模投资项目和需求侧管理规定的考量。

4）宏观经济成本

宏观经济层面的分析是最全面的分析，它考虑到了所有部门和市场政策的影响。在能源和气候战略中，对总体经济影响的考察也十分重要地影响着决策的制定。

一些碳减排的宏观经济成本可以通过 GDP 的损失来评估。能源，特别是电力，很难将其与和它相关的产品区分开来。因此，能源或发电的高成本通常会降低我们的福利和 GDP。碳减排的技术成本通常会低于降低生产活动水平的成本。由于碳减排成本大小不一，气候变化减缓也需要相应降低经济活动水平，而生产活动水平的降低将使 GDP 大幅降低，二氧化碳的减排成本越高，GDP 损失就越大。

宏观经济成本引起的不确定性程度比单个减排技术成本的更高。韦安特（Weyant）提到了成本的五个主要决定因素：对温室气体排放基本情况的预测、气候政策、生产者和消费者的替代可能性、技术变化的速率和过程，以及气候减缓收益的特征。虽然宏观经济成本的不确定性很大，但所估计的宏观经济成本或影响可以为气候政策提供有用的信息。

大多数研究表明边际减排成本的增加会导致 GDP 的损失，根据 AR4 中总结的 2030 年基于全球层面的评估尽管存在广泛的差异，但 50 美元/吨二氧化碳和 100 美元/吨二氧化碳的边际减排成本将分别导致约 0.5%～1%和 2%～3%的 GDP 损失，以绝对损失量来看，即使是全球 1%的 GDP 损失也会对经济产生非常严重的影响。

3. 碳减排协同效益

协同效益是在 AR3 中正式提出的，目前并无统一定义。IPCC 认为，协同效益是指因各种理由而实施相关政策的同时获得的收益。经济合作与发展组织（Organisation for Economic Co-operation and Development，OECD）认为，协同效益是指温室气体减排过程中对其他系统的影响，这种影响是可以用货币来度量的。我国生态环境部环境与经济政策研究中心认为可将协同效益分为两个方面：一方面是在控制温室气体排放的过程中减少了其他局域污染物排放；另一方面，在控制局域的污染物排放及生态建设过程中同时也可以减少或者吸收二氧化碳及其他温室气体排放，这一定义认为协同效益是一个相对的概念。

协同效益主要包括四类，分别是环境效益、健康效益、社会效益和安全效益。环境效益包括空气污染物和废水废气排放控制以及生态环境保持；健康效益包括公众健康效应的改善（如死亡率、发病率的降低）；社会效益包括就业率和社会福利的提高；安全效益包括能源安全和粮食安全等。对于协同效益的研究，主要采用定量分析模型工具，以具体政策进行评价分析，研究范畴从对大气污染方向，逐渐扩展至对健康、经济发展、就业和社会福利的影响。

协同效益的研究内容和研究方法都在不断改进，包括研究区域由原来单个城市或国家层面扩展到区域或全球层面；研究部门由工业部门扩展到居民生活部门；研究对象由常规污染物排放扩展到健康以及水的效益上；研究影响从原来的实物量的减排转变为对影响进行货币化的度量上。

4. 贴现率的选择

贴现是指把发生在未来（或不同时间）的费用和效益折算为现值。对发生在未来的费用和效益进行贴现的原因是：纯粹时间偏好（效益出现得越晚，主观价值越小）和资本的机会成本（资金随时间增值）导致时间是有成本的。如果选择较高的贴现率，那么在很远的将来即使是出现相当严重的后果，对我们来说影响也不大。低的贴现率意味着气候变化未来影响的成本高，我们现在采取行动的必要性大，行动的努力程度应当强。贴现率的选择，体现了我们对后代福利的关注程度，影响我们当前应采取行动的力度，贴现率的选择是个不易达成共识的问题。

对于贴现率的选取，在气候变化经济学领域一直存在有争议的两个派别，分别是伦理派和市场派。伦理派强调公平，主张很低的甚至为零的贴现率，这意味着未来的损失贴现到今天会非常大，因此，伦理派主张应该在当前立即开始减排。比较典型的代表是斯特恩在其报告里选择 1.4%的贴现率，得出应立即采取大幅度减排的结论。市场派强调效率，主张根据市场中消费者行为和资本的真实回报率来决定贴现率，实现社会资源最大化。市场派选择的贴现率相对较高，比较典型的代表是诺德豪斯（Nordhaus）采用 3%的贴现率，用相似的方法重新对斯特恩报告的模型进行了模拟，发现气候变化带来的损失远远低于斯特恩的结论。因此，市场派主张最优的减排路径应为渐进的，即起初实施缓慢温和的减排政策，随后在中长期加大减排力度，最后将温室气体浓度稳定在 650×10^{-6}—700×10^{-6} 二氧化碳当量水平上，这与斯特恩报告中设定的温室气体浓度的稳定目标 450×10^{-6}—550×10^{-6} 二氧化碳当量相去甚远，市场派减排措施更侧重于提倡征收碳税的手段，认为与总量管制等数量导向型的手段相比，运用价格导向机制，提高碳排放定价、建立透明可比的全球性碳价信号，将更有利于温室气体排放的社会成本内部化、激励低碳技术的研发。

3.3.3 政策量化分析

1. 碳减排政策分析步骤

进行碳减排政策分析是一个复杂但至关重要的过程，旨在制定有效的策略来减少温室气体排放并应对气候变化。下面是这个过程的详细步骤（图 3-13）。

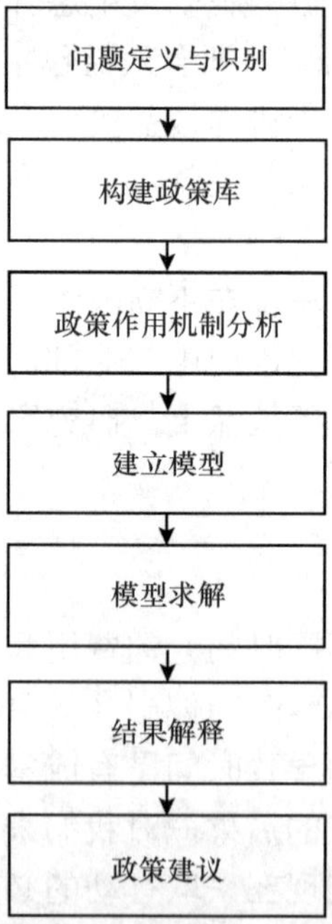

图 3-13 碳减排政策分析步骤

（1）定义需要解决的问题。首先明确要解决的碳减排问题，例如，减少温室气体排放、推动可再生能源发展、提高能源效率等问题。其次识别政策的主体（政府、国际组织等）和客体（行业、社会、企业等）。再次是确定政策的目标，如减少排放量、提高能源可持续性、促进经济增长等。最后分析政策的环境条件和制约因素，包括法律法规、经济情况、社会文化等因素对政策的影响。

（2）界定政策研究范围。根据目标和背景，确定研究的具体范围，这可能包括特定的行业、区域或温室气体类型。梳理和分析现有的相关政策，包括国际、国家和地方级别的政策。构建政策库有利于理解当前的政策框架和先前政策的效果。

（3）分析减排政策作用的传导机制。研究政策如何影响减排，包括直接和间接效应。例如，一个政策可能直接限制某些排放，或通过经济激励鼓励清洁技术的采用。

（4）提出模型假设，整理数据，选择合适的模型。根据研究问题和理解的传导机制，构建适当的分析模型。这可能包括经济模型、统计模型或计算模型。同时，收集必要的数据，如排放数据、经济指标等。

（5）模型求解。运用所选模型进行计算和分析，这可能涉及复杂的数学和统计技术，目的是预测政策的影响或评估不同政策选项。

（6）模型结果解释。解释模型的结果可能包括预测的排放减少量、经济影响、社会影响等。

（7）政策建议。基于分析结果，提出具体的政策建议。这应该考虑到效果预测、成本效益分析、可行性以及潜在的社会和经济影响。

整个过程需要多学科知识的结合，包括经济学、环境科学、政治学和数据分析等领域的专业知识。同时，与利益相关者的沟通以及利益相关者的参与也是成功制定和实施碳减排政策的关键。

2. 碳减排政策作用机制

在进行碳减排政策的量化建模之前，需要先分析政策机制，以明确政策如何影响减排过程。这意味着要理解减排政策是如何通过作用于一个或多个减排因素而改变基准情景中的碳排放量的。这种影响传导的机制是研究减排潜力的关键。在此过程中，要重点分析低碳技术和政策与关键减排因素之间的互动机制，并据此建立量化关系。

具体来说，直接联系的政策可能包括目标类政策（如设定可再生能源发电占比目标、电动车推广目标）和标准类政策（如提高轻型车燃油效率标准）。这些政策直接影响特定领域或行业的排放水平。另外，间接联系的政策，如补贴类政策（光伏电价补贴、电动车购置补贴）和税费政策（道路拥堵费、燃油税），则通过改变市场条件或经济激励来间接影响排放。

在量化碳减排政策时，还需考虑低碳技术和政策的减排成本，即相对于基准情景的增量成本。这包括引入某项低碳技术或政策所带来的额外成本（或收益）。在基准情景之下，每引入一种新的低碳技术或实施一项政策，都可能导致成本的变化。

以下以电动车推广目标、可再生能源发电占比目标和电动车购置补贴为例，通过图 3-14、图 3-15 和图 3-16 梳理碳减排政策作用机制。

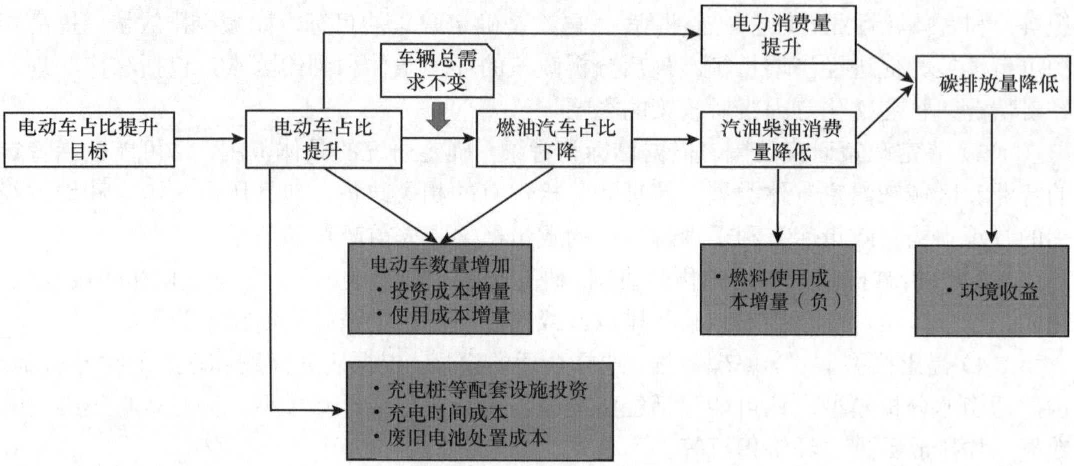

图 3-14 电动车推广目标

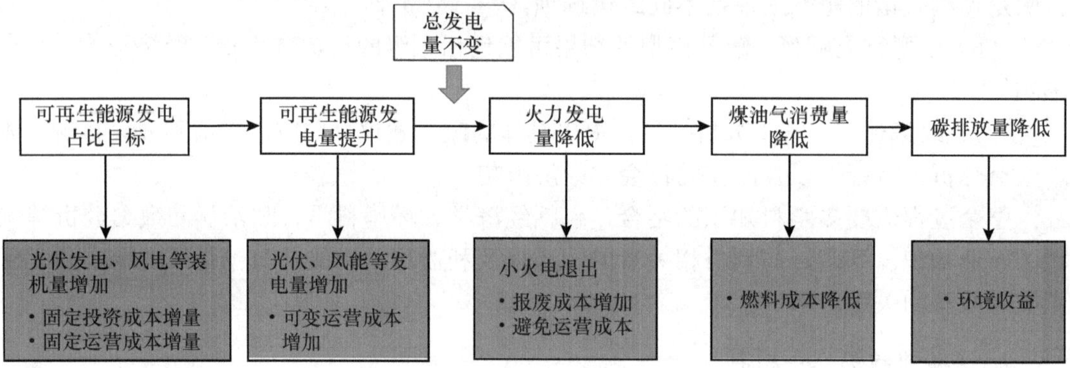

图 3-15 可再生能源发电占比目标

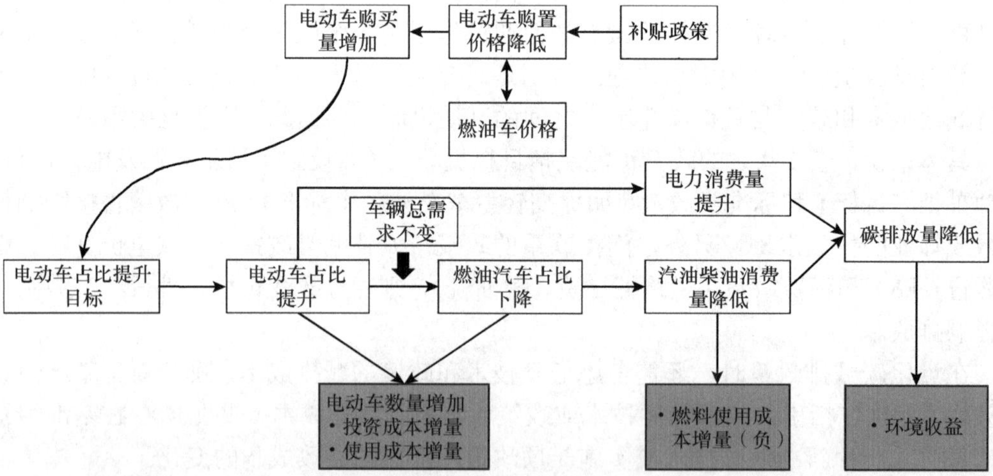

图 3-16 电动车购置补贴

3. 碳减排政策量化常用分析方法

碳减排政策量化常用的分析方法可以分为经济决策评估方法、能源–环境–经济系统建模方法和计量方法，表 3-6 总结了一些典型的方法和适用场景。

表 3-6　碳减排政策分析方法分类

方法分类	典型方法	适用场景
经济决策评估方法	成本–效益分析（cost-benefit analysis，CBA）、成本–效果分析（cost-effectiveness analysis，CEA）、边际减排成本曲线	政策分析中广为采用的传统决策分析方法
能源–环境–经济系统建模方法	自下而上模型：LEAP 模型、MARKAL 模型、TIMES 模型、MESSAGE。 自上而下模型：CGE 模型、投入产出模型、宏观经济（macroeconomics，MACRO）模型。 混合模型：RICE/DICE、GCAM、IMAGE、AIM、国际应用系统分析研究所（International Institute for Applied Systems Analysis）开发的综合模型等	自下而上模型：对各种工艺技术流程有较为详细的描述，能更多地体现政策实施中的技术变化历程和细节，但是没有将能源部门和其他经济部门有机地结合起来，无法反映部门之间的相互影响和反馈。 自上而下模型：较好地反映国民经济各部门之间的相互作用，但对能源技术的描述比较抽象，缺乏足够的技术细节，容易造成对政策实施成本的高估。 混合模型：自上而下和自下而上的耦合，但是目前两类模型的框架结构和参数对接还缺乏统一的方法论，因此构建过程中通常做简化处理，以某一类模型为侧重进行构建
计量方法	双重差分法、断点回归法、工具变量法等	通常适用于评估间接减排政策的效果，如电动车补贴政策的效果

4. 碳减排潜力分析

各种技术和政策的碳减排潜力都是基于基准情景计算得到的。各部门的低碳技术和政策通过作用于某一个或某几个减排因素，使得基准情景的二氧化碳排放量发生变化，这个变化量就是该项技术和政策的碳减排潜力。

$$\mathrm{CO}_{2i}^{t}=f\left(x_{i,1}^{t},x_{i,2}^{t},\cdots,x_{i,n}^{t}\right)$$

其中，CO_{2i}^{t} 为部门 i 在第 t 年的二氧化碳排放量；$x_{i,1}^{t},x_{i,2}^{t},\cdots,x_{i,n}^{t}$ 为影响第 i 个部门二氧化碳排放量的 n 个因素。记部门 i 在第 t 年实施的某一低碳技术或政策为 $\mathrm{LC}_{i,l}^{t}$，其对部门 i 的一个或多个因素带来的影响记为 $\Delta x_{i,l}^{t}=\left(\Delta x_{i,l,1}^{t},\Delta x_{i,l,2}^{t},\cdots,\Delta x_{i,l,n}^{t}\right)$，则在 $\mathrm{LC}_{i,l}^{t}$ 作用后部门 i 的二氧化碳排放量为

$$\mathrm{CO}_{2i,l}^{t}=f\left(x_{i,1}^{t}+\Delta x_{i,l,1}^{t},x_{i,2}^{t}+\Delta x_{i,l,2}^{t},\cdots,x_{i,n}^{t}+\Delta x_{i,l,n}^{t}\right)$$

部门 i 技术（政策）在第 t 年带来的碳减排潜力为

$$\Delta\mathrm{CO}_{2i,l}^{t}=\mathrm{CO}_{2i}^{t}-\mathrm{CO}_{2i,l}^{t}$$

一段时间内部门 i 技术（政策）的累计减排量为

$$\Delta\mathrm{CO}_{2i,l}=\sum_{t}\Delta\mathrm{CO}_{2i,l}^{t}$$

5. 碳减排成本分析

技术和政策的减排成本也是相对于基准情景的增量成本，即在基准情景基础上引入一项低碳技术或政策额外带来的成本（或收益）。成本包括初始投资成本、运营和维护成本，收益主要来自能源节约。

$$\Delta\mathrm{FC}_{i,l}=\Delta\mathrm{Cost}_{i,l}-\Delta\mathrm{Revenue}_{i,l}$$

$$\Delta \mathrm{Cost}_{i,l} = \sum_{t=1}^{n} \frac{\Delta \mathrm{Cost}_{i,l}^{t}}{(1+r)^{t}}$$

$$\Delta \mathrm{Revenue}_{i,l} = \sum_{t=1}^{n} \frac{\Delta \mathrm{Revenue}_{i,l}^{t}}{(1+r)^{t}}$$

$$\Delta \mathrm{Cost}_{i,l}^{t} = \mathrm{Cost}_{i,l,\text{投资}}^{t} + \mathrm{Cost}_{i,l,\text{运营维护}}^{t}$$

$$\Delta \mathrm{Revenue}_{i,l}^{t} = \sum_{j} \Delta E_{i,l,j}^{t} \cdot P_{j}^{t}$$

其中，$\Delta \mathrm{FC}_{i,l}$ 为部门 i 技术（政策）$\mathrm{LC}_{i,l}^{t}$ 在一段时间内的净成本；$\Delta \mathrm{Cost}_{i,l}$ 为部门 i 技术（政策）$\mathrm{LC}_{i,l}^{t}$ 在一段时间内的成本；$\Delta \mathrm{Revenue}_{i,l}$ 为部门 i 技术（政策）$\mathrm{LC}_{i,l}^{t}$ 在一段时间内的收益；$\mathrm{Cost}_{i,l,\text{投资}}^{t}$ 为第 t 年部门 i 技术（政策）$\mathrm{LC}_{i,l}^{t}$ 的初始投资成本；$\mathrm{Cost}_{i,l,\text{运营维护}}^{t}$ 为第 t 年部门 i 技术（政策）$\mathrm{LC}_{i,l}^{t}$ 的运营和维护成本；$\Delta E_{i,l,j}^{t}$ 为第 t 年部门 i 技术（政策）$\mathrm{LC}_{i,l}^{t}$ 节约的能源 j 的量；P_{j}^{t} 为第 t 年能源 j 的成本或价格；r 为贴现率。

6. 边际减排成本曲线

边际减排成本曲线（marginal abatement cost curve，MACC）是评估气候变化政策的重要工具，尤其在分析碳减排政策方面，图 3-17 为边际减排成本曲线示意图。MACC 展示了不同减排措施的成本和温室气体减排效益，帮助确定经济上最优的减排水平，并通过计算 MACC 积分来确定平均和总减排成本。MACC 的应用包括了各种行业和区域，为政策制定者提供了有关成本效益的重要信息，以便制定有效的气候政策和减排措施。

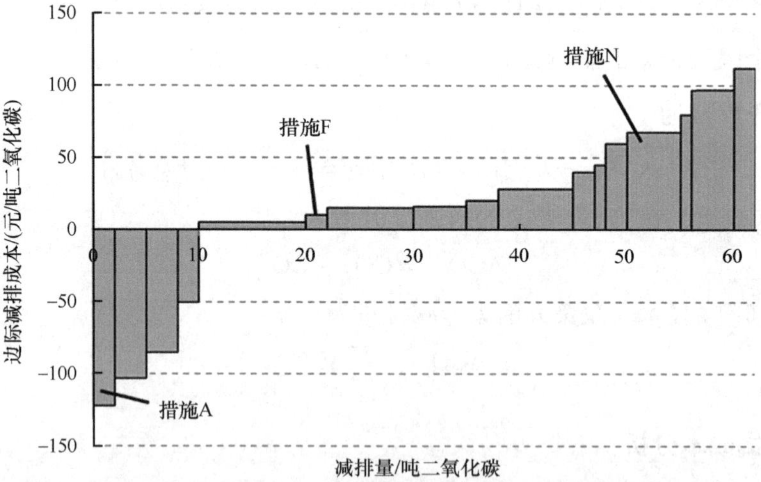

图 3-17 边际减排成本曲线图

资料来源：Kesicki 和 Strachan（2011）

7. 综合评估模型

综合评估模型（integrated assessment models，IAMs）的概念起源于 20 世纪 60 年代

关于全球环境问题的研究。IAMs 的目的是将经济系统和生态系统整合到一个统一的模型框架中，以评估气候政策的有效性。这些模型将物理气候模块整合到经济模型中，促进了跨学科研究，该研究能够评估气候变化政策的成本和收益。IAMs 对于气候政策的量化评估至关重要，为 IPCC 的评估报告、国际气候谈判以及国家减排目标的设定提供了重要的科学依据。最早的综合评估模型是耶鲁大学的诺德豪斯教授开发的 DICE，他因此获得了 2018 年的诺贝尔经济学奖。

图 3-18 展示了 IAMs 的四个主要组成部分：大气成分、气候与海平面、人类活动和生态系统。IAMs 为每个组成部分提供了特定的框架，并且不同的 IAMs 之间存在差异。IAMs 被视为复杂的构造，模拟自然环境系统与人类能源经济系统之间的多元互动。

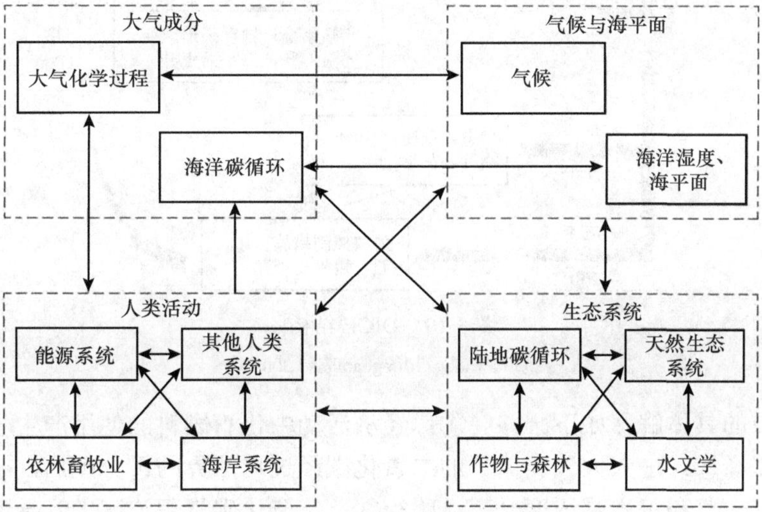

图 3-18　IAMs 关键要素

资料来源：Weyant 等（1996）

IAMs 已经发展成为更为全面的模型，常常涵盖多个部门、地区和气候变化情景。它们在为政策制定者提供碳的社会成本等估算方面发挥着关键作用，例如量化额外一吨二氧化碳排放的经济成本。IAMs 已经应用于各种情境，例如评估欧洲税收改革的经济和环境影响，用以决策适应和减缓政策之间的权衡，以及支持发展和实施低碳发展战略。它们还有助于研究新技术的部署，特别是在发展中国家，并可以分析气候稳定政策的经济影响。由于其复杂性和未来预测缺乏直接数据，IAMs 严重依赖于校准。它们综合了物理学、经济学和工程学等领域的研究成果，以构建损害函数并估算气候变化对经济成果的影响。尽管有所简化，IAMs 在气候变化政策分析中已被证明是不可或缺的，因为它们能够在长时间跨度上模拟复杂的相互作用。

1）DICE

诺德豪斯提出的 DICE 是气候变化经济学中运用最广泛的综合评估模型之一。DICE 以新古典主义经济增长理论的视角看待气候变化中的经济学问题，在这种理论中，经济体在资本、教育和技术等方面进行投资，通过减少当前的消费以增加未来的消费。DICE

拓展了这种方法，将气候系统作为自然资本纳入分析，认为温室气体是负的自然资本，而减排是一种增加自然资本数量的投资。若减排行动减少了产出，则经济体会减少当前的消费，但由于减排行动削弱了气候变化的经济损害，因此会增加在未来消费的可能性。

图 3-19 为 DICE 结构图。

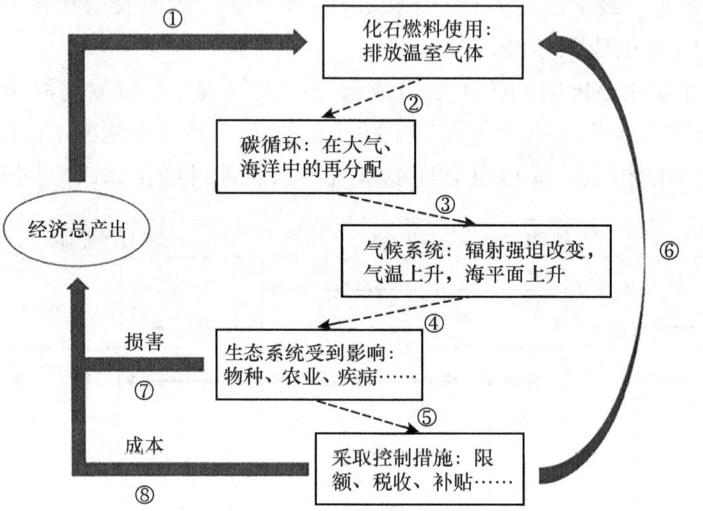

图 3-19　DICE 结构图

资料来源：Gillingham 等（2008）

各个环节的具体解释如下。路径①：经济活动中化石燃料的使用产生了二氧化碳等温室气体。路径②：进入大气碳循环的二氧化碳经过自然界的再分配后，余下部分在大气中积累，使大气和海洋碳浓度升高。路径③：二氧化碳累积浓度上升导致大气吸收地表长波辐射的能力增强，产生温室效应，从而使气温和海平面上升。路径④：全球温升威胁生态系统平衡，引发生物多样性减少、农业减产和人类健康受损等一系列问题。路径⑤：人们采取应对措施，减缓气候变化。路径⑥：控制措施减少了部分温室气体的排放。路径⑦：气候变化带来的损害。路径⑧：减排行动的成本反馈到经济系统，对经济总产出的增长产生负面影响。

诺德豪斯为了分析温室效应及其相关对策的收益与损失，做了两方面工作：一是建立气候变化的损失函数（damage function），把气温上升造成的农作物产量变动、海平面上升等现象所引起的经济损失在一般均衡模型中刻画出来；二是建立温室气体减排的成本函数（abatement cost function），将转换能源结构、替代燃料、植树造林等减排措施所需的资金投入纳入模型之中。评估减排政策时，观察政策带来的净收益，即政策带来的温室气体排放减少而避免的损失，减去为减排付出的成本。最优化的政策能够最大化这个净收益，由此还能推算最优减排量。

综上所述，DICE 将经济、碳循环、气候科学和影响等诸多环节整合到一个模型体系中，并刻画出其中的经济流循环过程，从而可以在假设情景下比较分析不同气候政策的成本–效益关系。以下是 DICE 的具体构成。

A. 目标函数

DICE 为了在一定的社会经济和自然地理条件下优化消费投资和减排之间的关系，将最大化所有时期内消费者效用的贴现值作为优化目标。目标函数表达式如下：

$$\max U=\frac{\sum_{t=1}^{T_{\max}} L(t)\left[c(t)^{1-\alpha}/(1-\alpha)\right]}{(1+\rho)^{t}}$$

其中，U 为全社会消费效用的现值；$L(t)$ 和 $c(t)$ 分别为 t 时刻的世界人口和人均消费水平；α 和 ρ 分别为消费的边际效用弹性和纯社会时间偏好率，二者共同决定了贴现率。模型建立的目的就是要在满足函数值最大化的前提下求得一系列变量的值，如减排成本、经济产出和消费水平等。目标函数是自定义的，可以根据不同的需要做出调整。

B. 经济模块

在全球经济模块中，以固定规模报酬的柯布–道格拉斯生产函数为基础，引入气候反馈系数后构成一个关于总产出的表达式：

$$Y(t)=\phi(t)A(t)K(t)^{\gamma}L(t)^{1-\gamma} \tag{3-1}$$

$$Y(t)=C(t)+I(t) \tag{3-2}$$

$$c(t)=C(t)/L(t) \tag{3-3}$$

$$K(t)=(1-\delta_K)K(t-1)+I(t-1) \tag{3-4}$$

其中，$Y(t)$ 为 t 时刻的世界经济总产出；$A(t)$、$K(t)$ 和 $L(t)$ 分别为 t 时刻的技术进步率、资本存量和劳动力；γ 为资本弹性系数；$\phi(t)$ 为气候反馈系数。式（3-2）表示将全球经济视作一个整体时，无须考虑不同国家和地区间的贸易，经济产出的流向只有两个，即消费 $C(t)$ 和投资 $I(t)$；式（3-3）表示人均消费；式（3-4）表示当期的资本存量来源于上一期的资本存量现值与投资量，其中 δ_K 表示资本的折旧率。

社会经济活动过程会导致二氧化碳的排放，而减排措施能够减少排放，二者相互作用形成了最终的工业碳排放：

$$E_{\text{Ind}}(t)=\sigma(t)\left[1-\mu(t)\right]A(t)K(t)^{\gamma}L(t)^{1-\gamma}$$

其中，$E_{\text{Ind}}(t)$ 为工业二氧化碳排放量；$\sigma(t)$ 和 $\mu(t)$ 分别为单位 GDP 的二氧化碳排放量（排放强度）和二氧化碳减排率；$A(t)K(t)^{\gamma}L(t)^{1-\gamma}$ 为不考虑气候影响的经济总产出（未加气候反馈系数）。另外假设排放强度 $\sigma(t)$ 仅随着经济和能源结构的变化而变化，与模型的其他变量无关。经济模块中的全要素生产率、世界人口和二氧化碳排放强度是外生变化，DICE 模块中它们的变化趋势设定如下：

$$\log\left[A(t+1)\right]=\log\left[A(t)\right]+g_A\exp(-d_A t)$$

$$\log\left[L(t+1)\right]=\log\left[L(t)\right]+g_L\exp(-d_L t)$$

$$\log\left[\sigma(t+1)\right]=\log\left[\sigma(t)\right]+g_\sigma\exp(-d_\sigma t)$$

其中，g 为变量的初始增长率；d 为变量增长率的下降速率。

C. 气候模块

排放到大气环境中的二氧化碳来自工业生产和土地利用中的排放量之和，其中土地利用中的碳排放是外生的，由 AR5 中其他模型的研究预估得到。

$$E(t)=E_{\text{Ind}}(t)+E_{\text{Land}}(t)$$

新版 DICE 的碳循环是根据现有碳循环模型和历史数据校准得到的三储层模型。假设有三个碳库，变量 $M_{\text{AT}}(t)$、$M_{\text{UP}}(t)$ 和 $M_{\text{LO}}(t)$ 分别表示大气中的碳、海洋浅层和生物圈中快速混合储层中的碳以及深海中的碳，碳在相邻储层之间沿两个方向流动。假设每一个储层在短期内混合良好，下述公式表示碳循环的三个等式：

$$M_{\text{AT}}(t)=E(t)+\varphi_{11}M_{\text{AT}}(t-1)+\varphi_{21}M_{\text{UP}}(t-1)$$

$$M_{\text{UP}}(t)=\varphi_{12}M_{\text{AT}}(t-1)+\varphi_{22}M_{\text{UP}}(t-1)+\varphi_{32}M_{\text{LO}}(t-1)$$

$$M_{\text{LO}}(t)=\varphi_{23}M_{\text{UP}}(t-1)+\varphi_{33}M_{\text{LO}}(t-1)$$

其中，φ_{ij}（i=1,2,3；j=1,2,3）为储层之间的流量参数。

气候模块关注的是温室气体累积量和气候变化的关系。DICE 抓住了温室气体浓度、辐射强迫和动态气候之间的基本关系：温室气体累积，辐射强迫增加，进而导致地球表面气候变暖以及海洋升温。这个过程的具体数量关系来自实证的测量和气候模型，如下述方程所示：

$$F(t)=\eta\left\{\log_2\left[M_{\text{AT}}(t)/M_{\text{AT}}(1750)\right]+F_{\text{EX}}(t)\right\}$$

其中，$F(t)$ 为自 1750 年以来人为源的温室气体总辐射强迫的变化；$\log_2\left[M_{\text{AT}}(t)/M_{\text{AT}}(1750)\right]$ 为来自 CO_2 的辐射强迫；$F_{\text{EX}}(t)$ 为外生的辐射强迫，来自其他温室气体和强迫因素。

$$T_{\text{AT}}(t)=T_{\text{AT}}(t-1)+\xi_1\left\{F(t)-\xi_2T_{\text{AT}}(t-1)-\xi_3\left[T_{\text{AT}}(t-1)-T_{\text{LO}}(t-1)\right]\right\}$$

$$T_{\text{LO}}(t)=T_{\text{LO}}(t-1)+\xi_4\left\{T_{\text{AT}}(t-1)-T_{\text{LO}}(t-1)\right\}$$

其中，$T_{\text{AT}}(t)$ 和 $T_{\text{LO}}(t)$ 分别为地表和深海的温升；ξ_1—ξ_4 为温升函数的系数。

DICE 中气候变化对社会经济系统的影响表现在以下两方面：一方面是气候变暖导致的经济损失，由以温升为自变量的环境损害函数 $\text{DA}(t)$ 刻画；另一方面是实施二氧化碳减排措施的经济成本，由以减排率为自变量的减排成本函数 $\text{TC}(t)$ 刻画。环境损害函数与减排成本函数联立得到产出函数中的气候反馈系数 $\phi(t)$，从而将经济模块和气候模块构成闭合回路。

$$\begin{cases}\text{DA}(t)=\delta_1T_{\text{AT}}(t)+\delta_2\left[T_{\text{AT}}(t)\right]^2\\ \text{TC}(t)=\theta_1(t)\mu(t)^{\theta_2}\end{cases}$$

$$\phi(t)=\frac{1-\mathrm{TC}(t)}{1+\mathrm{DA}(t)}$$

上述公式也体现了环境经济学中的最优控制原理。单位温室气体排放造成的环境损害随着排放量的增加而增大；同样地，减排单位温室气体所投入的成本也随减排率的提高而上升。理想状态下，当货币化后的边际环境损害与边际减排成本相等时对应的排放量是经济最优点。不管是放任排放而不实施任何减缓行动（DA 过大），还是执行过于激进的减排政策（TC 过大），都会给经济体带来不利影响，阻碍经济增长。DICE 将排放损害和减排成本同时纳入考虑范围，在给定的优化目标下平衡这两方面的影响。

D. 模型求解

经济模块中输入变量是当期的资本存量、全要素生产率、人口地表温升和减排率，输出的是当期经济产出、消费量和下一期资本存量。气候模块中输入变量包括了经济模块的当期产出、工业碳排放，以及外生变量碳排放强度，土地利用碳排放，其他温室气体辐射强迫，大气和海洋的碳浓度、温升水平，政策变量减排率，输出的是下一期碳浓度和温升。

对于模型中的外生变量，当期值经过预先设定好的演变路径可以更新得到下一期的值。经过这样一个完整的闭合回路，可以由所有变量在 t 时刻的值得到所有变量在 $t+1$ 时刻的值，而 $t+1$ 时刻的值又可以作为新一轮循环的初始值，DICE 在求解时不断重复这个过程，直到模型设定的最后一期循环结束为止。

2）GCAM

GCAM 是一个全球模型，它可以揭示五个系统之间的相互作用：能源系统、水、农业和土地利用、经济和气候（图 3-20）。

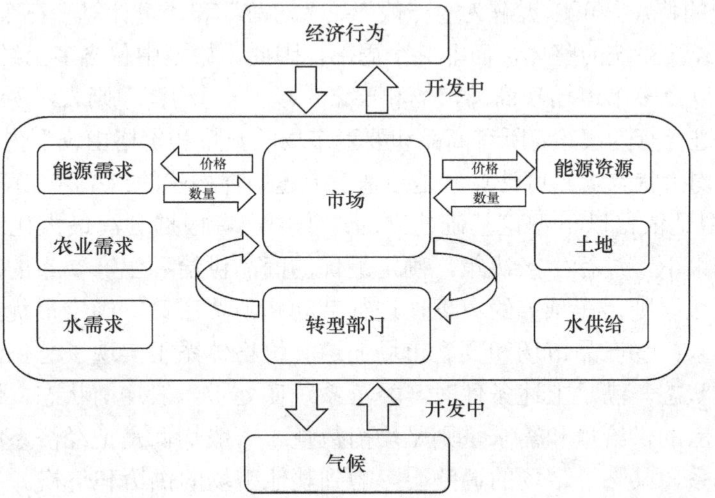

图 3-20　GCAM 结构图

将世界按照地缘政治划分为 32 个地区，各个地区通过经贸往来联系；每五年一个周期，从 2005 年可以一直分析到 2100 年；其中主体（消费者、生产者）行为均为最大化自身利益，通过不断迭代计算，调整价格至市场出清。各种技术、燃料等通过 GCAM 内置的 Logit 模型来分配市场份额，公式如下：

$$s_i = \frac{b_i i_{r_i}^p}{\sum_i b_i i_{r_i}^p}$$

GCAM 的运作核心是市场均衡原则。模型中的代表性参与者涉及各个部门（如区域电力、炼油、能源需求和土地利用），它们使用价格信息做出资源配置决策。这些参与者通过市场进行互动，市场处理实物商品如商品的交换，也处理可交易的许可证如碳信用。GCAM 的核心功能是找到一套市场出清的价格，使得在这些市场中供需平衡。图 3-20 中间大框中为内生变量，相应的数据或者推算公式基本上都已经写入了模型运行的脚本（基准情景），在附加相关假设（外生变量）后，GCAM 会递归地搜索与假设吻合的价格向量（包括碳价），以使得能源、土地和林业等产品供需均衡。

GCAM 的预测不只是静态的预测，该模型是动态递归的，意味着它可以基于上一步中做出的决策及其长期后果重新计算结果。例如，一个地区在化石燃料上大量投资，这将影响其未来的能源结构、排放量，以及如果以后实施气候政策，可能还会影响其经济健康。

GCAM 的场景建立在各种假设的基础上，包括社会经济学、技术特性、资源可用性和政策。模型假设包括人口增长、能源和农业技术成本与性能、能源和其他资源的可用性，以及实施的政策（如排放限制）。

模型的输出可以为能源需求、能量流动、技术部署和能源系统的价格、农业和森林产品的价格和供应、土地使用和变化，以及水的需求和供应提供信息。它还能提供温室气体和短寿命物种的排放数据，这对分析气候政策的有效性至关重要。

3）CGE 模型

CGE 模型的特点是可以拆解为“一般”、“均衡”和“可计算”三个层次。“一般”是指模型关注经济系统的整体，而非某个局部，因此，模型中包含多个经济主体（企业、家庭和政府）以及多个市场（商品市场和要素市场）。“均衡”则表示所有的经济主体按照最优化条件进行行为决策，所有商品和要素市场的数量和价格由模型内生决定且处于供给等于需求的均衡状态。“可计算”是指基于上述条件构建的模型存在可计算的数值解。

CGE 模型是依据以下理论基础建立的：①生产者根据利润最大化或成本最小化原则，在资源约束下，进行生产决策，确定最优的商品供给和生产要素的需求；②消费者根据效用最大化原则，在预算约束下，进行劳动和消费决策，确定最优的生产要素供给和对商品的需求；③产品市场和要素市场在这套价格体系下实现了总供给与总需求的相等，也即出清状态。满足上述条件时，经济系统便处于一般均衡状态，这套价格就是均衡价格，所对应的供给量和需求量则是均衡数量。一般均衡是把经济系统看成一个相互影响的市场体系，某一个市场的调整会影响到其他市场的供给和价格。

首先，假设存在 n 个生产部门，需要 m 种生产要素，且每个部门只生产一种商品，生产者追逐利润最大化目标，在生产技术的约束下，进行最优投入决策：

$$\max \pi_i = p_i Y_i - C\left(p_j, w_f, Y_i\right)$$

$$\text{s.t.} \quad Y_i = Y_i\left(X_{ji}, K_{fi}\right)$$

根据利润最大化的一阶条件，可以进一步推导出中间投入和生产要素的需求函数：

$$X_{ji} = X_{ji}\left(p_1,\cdots,p_n,w_1,\cdots,w_m,Y_i\right)$$

$$K_{fi} = K_{fi}\left(p_1,\cdots,p_n,w_1,\cdots,w_m,Y_i\right)$$

其中，$i,j\in\{1,2,\cdots,n\}$，$f\in\{1,2,\cdots,m\}$；π_i 为生产部门 i 的总利润；Y_i 为生产部门 i 的总产量；p_i 为生产部门 i 的产品价格；w_f 为生产要素 f 的价格；X_{ji} 为生产部门 i 所需的商品 j 的数量；K_{fi} 为生产部门 i 所需的生产要素 f 的数量。

其次，假设存在单一的消费者，在效用最大化的目标和收入水平的约束下，进行最优消费决策：

$$\max U = U\left(C_1,\cdots,C_n\right)$$

$$\text{s.t.}\ \ M = \sum\nolimits_i p_i C_i$$

根据效用最大化的一阶条件，可以进一步推导出商品消费的需求函数：

$$C_i = C_i\left(p_1,\cdots,p_n,M\right)$$

其中，U 为消费者的总效用；M 为消费者的总收入；C_i 为商品 i 的消费需求。

最后，整个经济体处于均衡状态，因此满足一系列的均衡条件，包括生产者的零利润条件、消费者收支平衡、商品市场出清、生产要素市场出清等。

生产者零利润条件：

$$p_i Y_i = \sum\nolimits_j p_j X_{ji} + \sum\nolimits_f w_f K_{fi}$$

消费者收支平衡：

$$M = \sum\nolimits_i \sum\nolimits_f w_f K_{fi}$$

商品市场出清：

$$Y_i = \sum\nolimits_j X_{ij} + C_i$$

生产要素市场出清：

$$K_f^S = \sum\nolimits_i K_{fi}$$

其中，K_f^S 为生产要素 f 的供给。

CGE 模型是分析政策如何在经济系统中传导的有力工具。CGE 模型能够模拟碳税等碳减排政策对经济产出、能源消费和温室气体排放的影响。通过这些模型，研究者可以评估不同政策方案的成本效益，考察税收措施对经济福利的潜在影响，以及探索可能的技术替代路径。CGE 模型强调市场之间的互动和反馈，允许对一系列环境政策进行综合评估，从而帮助政策制定者做出更明智的决策。例如，研究使用了 CGE 模型来分析不同假设下碳税对 GDP 和排放的影响，发现在全面就业和资本国际流动受限的情况下，降低排放的成本较低。另外，通过其他税种补偿碳税可以帮助逆转 GDP 和福利损失。同时，当替代技术在资本密集度上依赖世界其他地区时，其有效应用将会减少。此外，CGE 模型的应用还包括在综合评估模型中用碳税评估减排成本。

第4章　碳中和实施路径：供给侧低碳转型

实现碳达峰、碳中和是一场广泛而深刻的经济社会系统性变革。碳中和目标将为我国加快发展方式转变和经济结构调整提供战略导向，全面加速绿色创新，但这一目标的实现非常具有挑战性，其带来的深刻影响也将超越我们的想象。因此，我们需要深入了解并探讨碳中和的实施路径。本章将聚焦于供给侧低碳转型的四个关键要素，即经济结构转型、能源结构转型、资源效率增效和技术创新。

首先，我们将深入研究经济结构转型在碳中和实施路径中的核心作用。经济结构的大幅、深度调整是实现碳中和的必要条件。经济结构的调整对生产率提高和经济增长具有重要影响。结构的调整优化可以通过对生产资源的优化配置而产生积极作用，从而渐进地实现经济增长与碳排放的“脱钩”。经济结构转型不仅代表清洁能源和绿色技术的普及，这个过程还将培育新兴产业，为碳中和提供更广阔的发展空间。

其次，我们将阐述能源结构转型在碳中和过程中的重要作用。回顾截至目前全球已经或正在发生的三次典型的能源转型进程，并深度分析其中的共同点与根本动因；梳理全球能源转型的现状和研判未来发展趋势。在此基础上将视角聚焦到中国，分析中国能源转型的现状、挑战及潜在路径。

再次，我们将探讨资源效率增效在供给侧低碳转型中的关键意义。资源的有效利用不仅关系到经济发展的可持续性，也直接影响到碳排放的减少。通过挖掘资源效率的潜力，我们可以为实现碳中和目标提供更为切实可行的方案，推动社会迈向更为低碳和繁荣的未来。

最后，我们将关注技术创新对碳中和实施路径的推动作用。科技创新及其扩散流动是引发国际格局和全球秩序变迁的核心推动力。近年来，全球新一轮科技革命和产业变革蓬勃兴起，先进核能、新型储能、氢能等新兴能源技术以前所未有的速度加快迭代，各类新模式、新业态不断涌现，成为全球能源转型变革的核心驱动力，正在推动能源由资源、资本主导向技术创新主导转变。

本章旨在为读者提供一个全面的视角，帮助理解碳中和实施路径中供给侧转型的多维度挑战和可能的解决方案，为实现“双碳”目标提供参考。

4.1　经济结构转型

4.1.1　经济结构转型的路径

1. 经济结构与产业结构

经济结构具有多重含义，这里指组成国民经济的各种产业、各个地区、各种经济成分等要素之间的相互关系。经济结构反映的是一种宏观经济关系，包括所有制结构、产业结构、分配结构、消费结构、就业结构、技术结构和地区结构等。产业结构是经济结构中最重要的组成部分，直接影响社会产品结构状况，是实现社会总供给和总需求平衡的关键环节。

产业结构是指各个产业部门之间以及内部的构成和相互关系。产业结构一般是指第一产业（农业）、第二产业（制造业加上建筑等行业）和第三产业（服务业）之间以及它们内部的构成和比例关系，如图 4-1 所示。产业结构还包括三次产业结构（农业、工业、服务业之间的比例关系）、产业内部的行业结构（如高耗能行业占工业经济的比重）、产品结构（如钢铁行业长材与板材的比例关系，电力行业火电与水电的比例关系）、产业空间布局等，如图 4-2 所示。我们以三次产业结构、行业结构、产品结构的变化对碳排放的影响，分析相应产业结构与碳排放强度变化的历程，说明经济结构转型的路径。

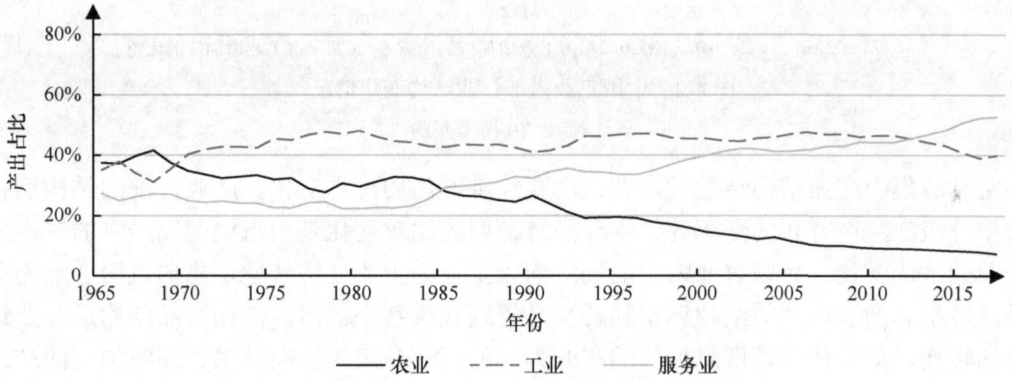

图 4-1　中国三次产业结构变化历程

2. 产业结构调整与碳排放

1）产业结构转型

许多经济学家提出，在一定的技术条件下，一个经济体通过专业化和社会分工会形成一定的产业结构，产业结构在一定意义上决定了经济增长。而经济增长、科技进步、资本效率及劳动效率的提升以及外部条件的变化，在一定程度上又将改变产业结构。一些经济学家将这个过程解释为：各产业技术进步速度不同，并且在技术要求和技术吸收能力上有巨大差异，因此各产业增长速度的较大差异，引起一国的产业结构发生变化。另外，在一国不同的发展阶段需要不同的主导产业来推动国家的发展，伴随经济社会的发展，主导产业的变化将改变该国生产和消费的方方面面。因此，一个经济体的发展过程中产业结构将经历多次转型。

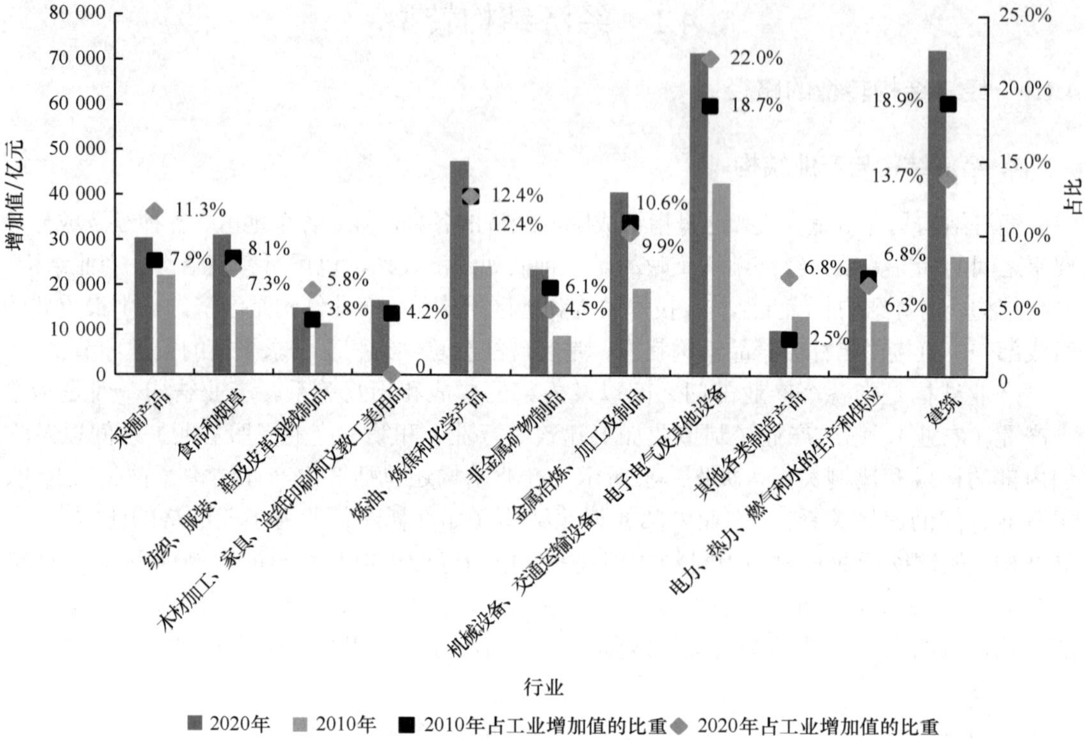

图 4-2　中国工业内部行业结构变化情况

资料来源：中国统计年鉴

常见的集中产业结构转型类型有：主要经济部门的比重变化、产业内部的结构调整和转型升级、生产方式的变革等。主要经济部门的比重变化是指组成国民经济的三次主要产业的占比变化，如以农业为主的经济向以工业为主的经济转型，再向以服务业为主的经济转型。产业内部的结构调整和转型升级则代表某个部门内部如产品结构、行业结构等的转变，如以传统、低附加值的产业为主的工业升级为以高技术、高附加值的产业为主的工业。生产方式的变革意味着经济部门的生产效率、投入组合等发生变化，如由工业化逐步向信息化和数字化转型。

2）产业结构调整

在工业化进程中，发达国家的产业结构变化具有相似规律：随着经济增长，农业占比不断下降，工业占比先上升后下降，服务业占比不断上升。产业结构经历了由农业转向非农业，由劳动密集型到资本密集型，再到知识密集型的过程。不同产业所需要的生产要素投入不同，生产活动产生的污染与排放规模也有巨大差异，如图 4-3 所示。不同行业的碳排放水平存在较大差异。

在农业占经济主体的时期，产业发展对能源的依赖程度较低，生产生活所产生的二氧化碳也非常有限。在工业化初期，能源生产性消费量开始呈现增长趋势，二氧化碳排放量也随之增加。在劳动力密集型工业占主导的发展时期，能源消费量较为有限且呈稳定的增长态势，二氧化碳排放量随之上升。资本密集型工业占主导后，能源消费量高速

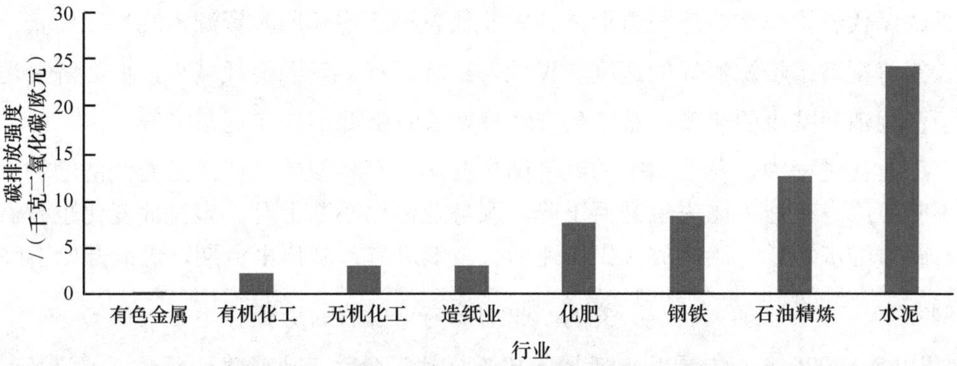

图 4-3　2020 年欧盟各工业行业的碳排放强度

资料来源：欧盟委员会联合研究中心

增长，碳排放量随之达到峰值平台期。在后工业化发展时期，以低能耗、高产出为特征的第三产业在国民经济中占据主导地位，此时的能源消费增长幅度不大或呈递减态势。

3. 经济增长与碳排放“脱钩”

脱钩（decoupling）理论是 OECD 提出的形容阻断经济增长与资源消耗或环境污染之间联系的基本理论，其将“脱钩”概念解释为打破环境危害与经济财富之间的联系。根据环境库兹涅茨曲线假说，经济增长一般带来环境压力和资源消耗的增加，但当采取一些有效的政策和新技术时，可能会以较低的环境压力和资源消耗换来同样甚至加快速度的经济增长，这个过程被称为脱钩。脱钩可以进一步划分为弱脱钩、强脱钩和衰退性脱钩。负脱钩可以划分为扩张性负脱钩、强负脱钩、弱负脱钩。

图 4-4 中，ΔGDP 表示经济增长的变化，ΔC 表示资源消耗或能源消耗的变化，% 则代表了相应的变化率。经济增长时，表现为 $\Delta GDP>0$。能源消耗增加时，表现为 $\Delta C>0$ 。

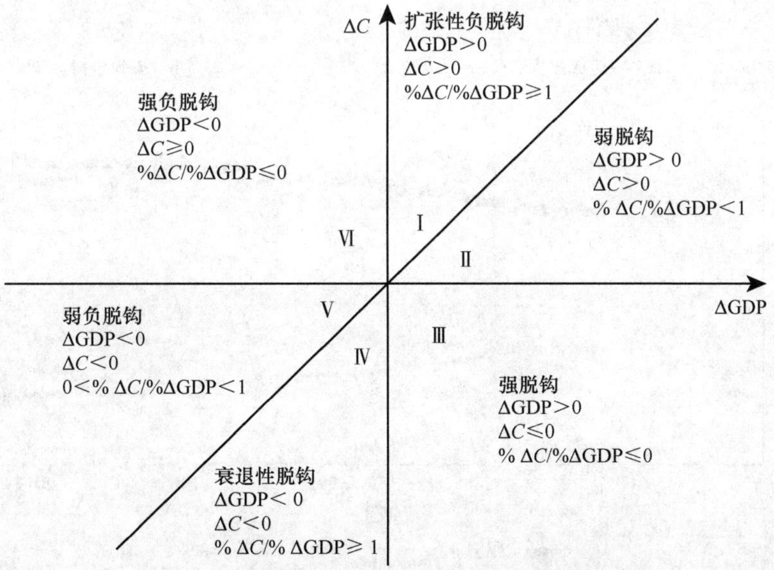

图 4-4　经济增长与能源碳排放脱钩分析模型

资料来源：Ruffing （2007）

Ⅱ、Ⅲ、Ⅳ代表了脱钩的三种情形，其中Ⅱ代表经济增长同时资源消耗也在增长，但经济增长的速度高于资源消耗的速度。Ⅳ代表经济下行，资源消耗减少，但经济衰退的速度慢于资源消耗减少的速度。Ⅲ则代表经济增长时资源消耗在逐渐降低。

在工业化进程中，发达国家的经济结构变化具有相似的规律：随着经济增长，农业占比不断下降，工业占比先上升后下降，服务业占比不断上升。碳排放变化也有着类似规律：随着经济增长，碳排放首先快速增长，然后进入峰值平台期，进而开始下降。

案例 4-1　　美国产业结构与碳排放的历程

1965—2020 年，美国基本实现了从工业时代向后工业时代的跨越，低消耗、低排放的服务业在经济活动中占据了主导地位，而高消耗、高排放的制造业占比持续下降；在制造业内部，美国集中发展汽车、航空航天、生物技术、电子信息等高附加值、低消耗的高端制造业。

如图 4-5 所示，农业占比从 3%下降到 0.8%，工业占比从 33.9%降低到 17.7%（其

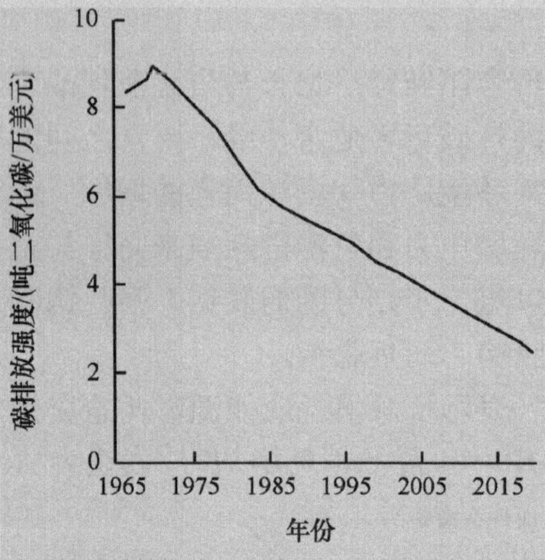

（a）碳排放强度

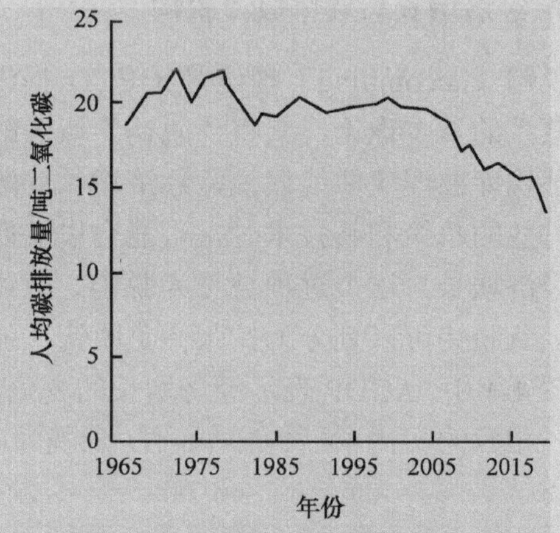

（b）人均碳排放量

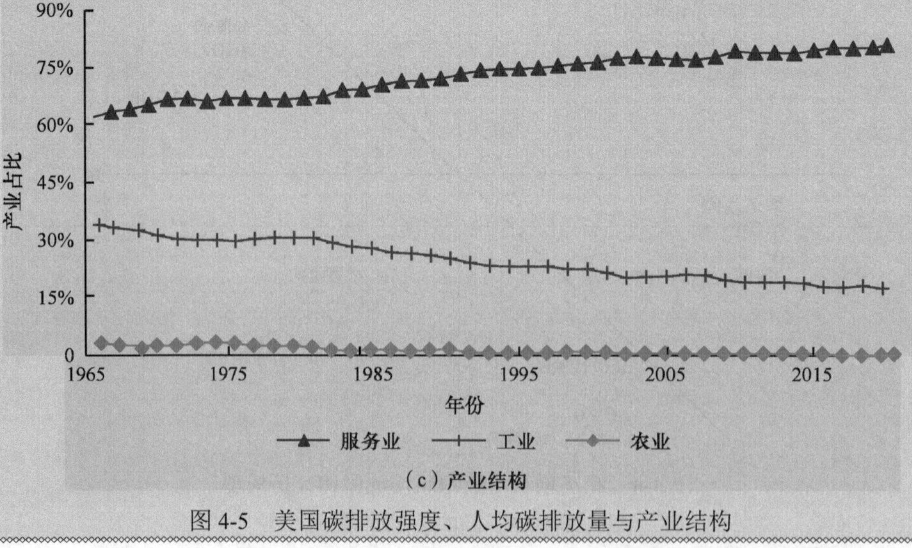

（c）产业结构

图 4-5　美国碳排放强度、人均碳排放量与产业结构

中制造业的对应占比从 25.8%下降到 10.9%），服务业占比从 63.2%提高到 81.6%。与此同时，碳排放强度从 8.4 吨二氧化碳/万美元下降到 2.5 吨二氧化碳/万美元，人均碳排放量从峰值的 22.4 吨二氧化碳下降到 13.5 吨二氧化碳，基本实现了产业结构的绿色转型。

4.1.2　传统产业低碳升级

1. 传统产业升级的必要性

传统产业主要指一些劳动密集型以及技术水平不高的资本密集型产业，以制造加工行业、重工业为主，如制鞋、制衣服、光学、机械等传统加工制造业，本书中的传统产业还包括钢铁、有色金属、化工、水泥等重工业行业。

传统产业过去造成了不可估量的生态环境恶化，包括大气污染、水资源污染、土壤污染、生态系统破坏等。全球超过一半的二氧化硫、氮氧化物和粉尘排放来自传统工业过程或其使用的化石燃料。化工等行业的废水和废物中含有大量有毒物质。在传统工业发展过程中，森林砍伐、实地填充和土地开垦等损害了生物多样性，影响了野生动植物的栖息地，破坏了生态平衡。传统工业相关的环境破坏已经对人类健康造成直接危害。

传统工业品的生产是碳排放的最大来源之一。工业能源消耗仍然以化石燃料为主，特别是煤炭。如图 4-6、图 4-7 所示，2022 年工业碳排放占全球碳排放总量的 27%，其中超过 70%的排放来自三大传统重工业产业：钢铁、水泥和化工。随着全球经济和人口的增长，对这些材料和商品的需求也会增加，因此改变传统产业碳排放的现状将变得越来越重要。

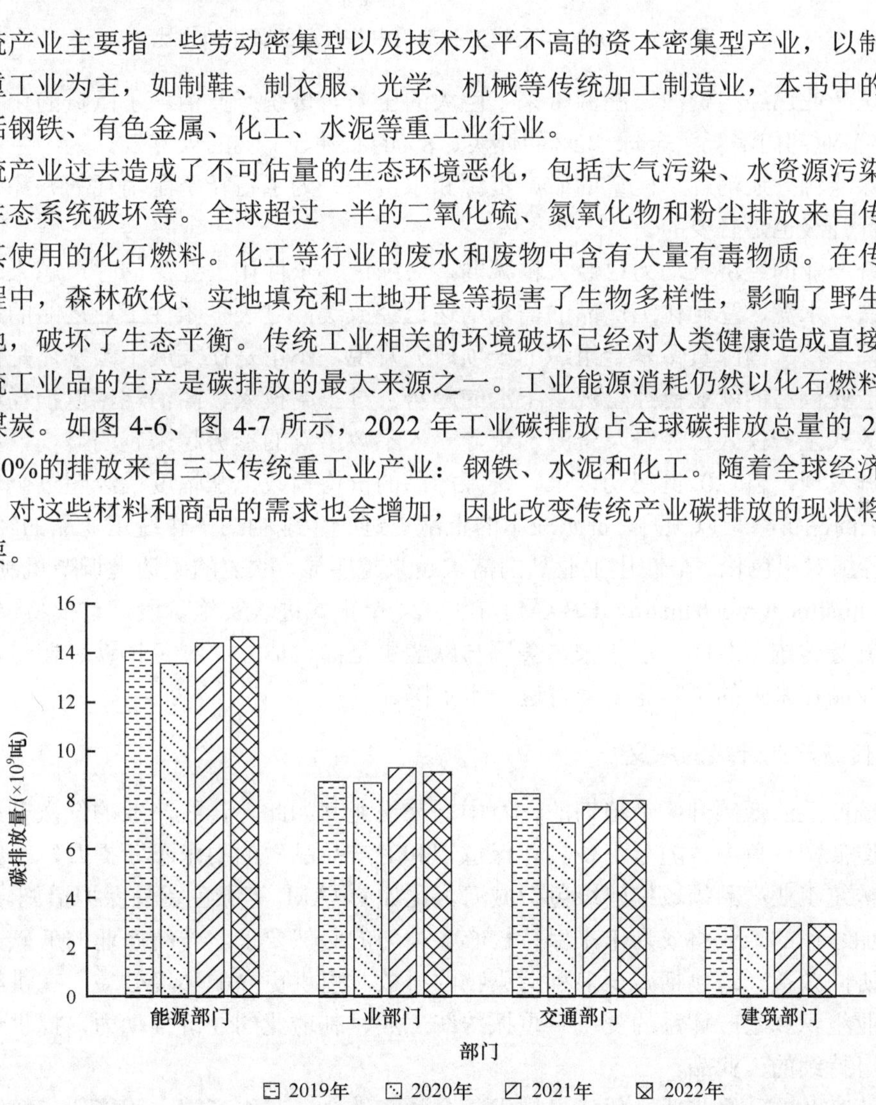

图 4-6　2019—2022 年全球分部门的碳排放

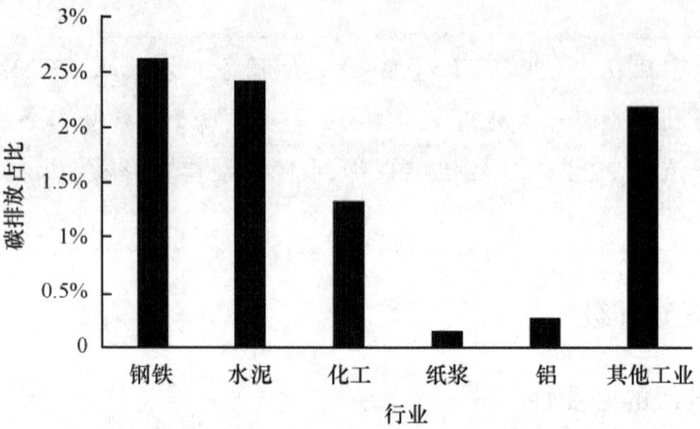

图 4-7　2022 年全球工业部门内各行业的碳排放占比

传统产业已经给资源、能源带来了巨大的压力。传统产业消耗了巨量的化石能源，2020 年工业部门消耗了全球 82%的煤炭、8%的石油、39%的天然气。为了生产这些工业品，除能源外还消耗了巨量的矿产资源和水资源。为了扭转资源消耗的态势，对传统产业进行升级也是必要的。

传统产业的经济推动力已经大幅减弱，对绿色、个性化工业品的呼声越来越高。全球对钢铁、水泥、基础化工产品的需求增速已经放缓，过去扩张性工业之路的经济效益已经大幅下滑。国际货币基金组织的一项研究发现，不论是在发展中国家还是在发达国家，制造业创造的就业已经呈现了下滑的趋势。过去高投入、高消耗，以损耗环境为代价的粗放式生产模式已经触及资源约束，“入不敷出”的形势越来越明显。世界银行的统计数据发现，自 20 世纪初以来，资源产品的价格指数上涨幅度已经超过全球经济产值，大宗商品价格难以预测，资源成本的上涨更进一步地制约了传统工业品的经济效益。此外，各国对绿色化、个性化工业品的需求越来越明显，欧盟的碳边境调节机制（carbon border adjustment mechanism，CBAM）在 2024 年正式进入实施阶段，首批将覆盖钢铁、有色金属等传统工业品。近年来，美国与欧盟更是商讨成立“绿色钢铁联盟”，高碳排放的工业品在未来的国际竞争力将进一步下降。

2. 传统产业升级的意义

传统产业的低碳升级是迫切的，对中国来说尤其如此。传统产业的低碳升级将为制造业塑造低碳竞争力。随着消费者环保意识和对产品品质的要求不断提升，一些国家也在围绕传统工业产品领域构建绿色护城河，比如 CBAM 等绿色贸易保护措施。

更加绿色的工业将成为未来保持核心竞争力的必然要求。传统产业的低碳升级会带来多重协同效益。这包括减少多种污染物的排放，提供更高的环境效益。在供给侧推动全球工业组织和生产体系的变革，重振传统工业、制造业的经济推动力，提供经济、环境双重可持续的工业品。

传统产业的升级与新一代信息技术革命紧密结合。在生产端，智能化、精细化的生产方式将极大节约能源及原材料的消耗，新一代信息技术如人工智能等的应用为传统工业生产方式的变革提供了可能。大规模生产定制化、个性化的高附加值工业品将进一步提升经济效率。

3. 传统产业升级的挑战

传统产业的低碳升级并不容易，首先从技术上来说，传统产业部门多数都属于难减排部门或依赖于相关部门的投入。除钢铁、铝材等可回收的材料外，化工产品、大部分轻工业品都采取的是“提取、使用、丢弃”的利用模式，因此需要重新设计其循环利用模式。许多生产工艺，如钢铁、电解铝、水泥生产，在当前的技术水平下已经接近其热力学效率的顶点，进一步提升能效的空间有限。举例来说，在生产钢铁等产品时，相关还原反应必须达到一定的温度，要求一定的热力供应。而且铁矿石的“还原”过程本身的二氧化碳排放难以绕过。与之类似，煅烧石灰生产水泥的二氧化碳排放也在传统水泥生产过程中难以避免。用于生产化肥和其他化学品的氨或氢原料来自甲烷蒸气的重整过程，产生的二氧化碳也难以消除。大部分有色金属和合金的成熟生产工艺也会排放大量的二氧化碳。

除了技术上的原因，在经济社会方面也面临多重挑战。采用低碳技术和清洁能源替代往往需要巨大的投资，会提升成本。某些低碳技术仍处于研发阶段，或在商业应用方面还不太成熟，比如利用氢直接还原铁矿石。现有基础设施和技术也具有局限性，一些工业部门的现有生产设施和技术可能并不适合直接转向低碳生产方式。此外，在一些情况下为了遵守碳减排标准，企业可能选择将生产转移到排放限制宽松的区域从而造成碳泄漏。而且一些地区的工业部门可能在实施低碳转型时失去竞争优势，同时某些传统产业的退出可能对现有的就业、经济秩序造成一定的冲击，带来高碳“锁定”的风险。还有一些低碳技术，如核能或碳捕集、利用与封存（carbon capture utilization and storage，CCUS）技术可能具有社会争议。某些新的低碳技术可能需要技术转移和专业知识的共享，与知识保护和技术壁垒发生矛盾。因此传统产业的低碳转型通常需要政府支持和政策引导，但政策的不确定性和频繁变化可能使企业难以制订长期的转型发展规划。

4. 传统产业升级的路径

传统产业低碳升级的基本路径是，对传统高耗能产业进行科学的规模控制，促进产业结构向高附加值、低消耗、低污染转型，同时鼓励低碳创新，并逐步进行低碳能源替代。

1）传统高耗能产业的规模控制

逐步淘汰落后、过剩的产能。对于低水平重复建设、产品科技含量偏低、资源利用率不高的产能进行淘汰。中国在 2011 年到 2013 年短短三年内生产了超过 6600 亿吨的水泥。各地为短期内提高地区生产总值，在中国高速进行基础设施建设的期间内兴建了很多低水平、高能耗的工业，这些产能经济效益不高，但碳排放极高，淘汰这些产能将有利于产业内部结构的优化。

合理控制新增产能，抑制不合理的需求。对传统高耗能产业进行科学的规模控制需要供给侧与需求侧的共同调整。据估计，仅我国每年拆除的短命建筑就将多消耗 4000 万—5000 万吨钢材、2.2 亿—2.6 亿吨的水泥。改变大拆大建的基础设施建设风格，将减少大量的高耗能、高污染产品需求。这一点在许多发展中国家也尤为重要，从而避免进行粗放式、低水平的工业化。

2）产业结构向高附加值、低消耗、低污染转型

逐步发展高端制造业。以精密仪器、交通设备等为代表的机械制造业和交通设备制造业在发达国家的工业增加值占比中超过 50%，这些制造业以较低的消耗创造出了更大的经济价值。例如，美国注重发展电子信息、航空航天、生物技术等产业，日本强调汽车制造、电子信息、新材料产业的发展，德国将机械、化工等产业视为重点，法国积极发展航空、核能等产业。

提质增效，实现高端、绿色化的传统工业品生产。基础工业品仍因全球的需求而继续存在。过去 20 年，由于全球人口和经济的增长，工业产值以惊人的速度增长。全球人口在 2000 年到 2020 年间增长了 30%，全球 GDP 总量增长超过 1 倍，同时钢铁、水泥、铝制品、化工产品的需求均增长超过 1 倍。未来随着新兴经济体的发展，对基础工业品的需求仍将存在，追求“增产不增能、增值不增产”尤为重要。

发展生产性服务业和服务型制造。生产性服务业在产业结构调整、产业升级过程中发挥着关键作用。随着发达国家进行产业转移，发展中国家的研发、物流、金融、商务等生产性服务业持续壮大，既降低了自身碳排放，又推动了自主产业的转型升级。围绕实体经济的服务业与传统产业融合发展，是传统产业结构调整的重要支撑；服务制造是制造业产品个性化发展趋势下价值增值的新模式，发展服务制造将推动传统产业逐渐向价值模型的“微笑曲线”两端延伸。

3）低碳创新

低碳创新将变革传统产业的生产方式，带来能效提升与资源效率提升。低碳创新将从根本上改变传统产业的生产方式，实现绿色化的同时为传统产业带来新发展动能，这些创新包括但不限于智能制造与工业物联网、节能减碳新技术、复合型工厂与社会化企业和能源精细化管理。大规模、批量化、流水线式的传统制造模式正在被智能化、数字化、网络化制造模式所取代。低碳创新带来的技术革新将从最终产品出发，从全系统角度“自上而下”考虑，推动单个生产环节、多个生产环节、整个供应链上下游间的能效提升。复合型工厂将传统产业与循环经济结合，推动工业企业嵌入区域与社区的发展，例如复合型钢铁厂同时生产钢铁、甲醇、城市燃气、热力等多种产品。最后，能源管理能力的提升是节能效果充分发挥的保障，是提升能效“性价比”最高的方式。

4）低碳能源替代

改变传统产业的用能结构，是传统产业低碳升级的重要部分。这包括传统产业的电气化。电气化是传统产业用能更加清洁、低碳并减少环境破坏的重要途径。推广电加热、自动化控制等电气化生产方式，是克服传统产业“难减排”技术因素的重要手段。进行化石燃料的低碳能源替代，可以降低传统产业对化石燃料的依赖。此外，利用可再生能源生产的绿色氢能是钢铁、化工等传统工业品生产工艺脱碳的可能路径，氢能与 CCUS 技术是对工业部门难以电气化过程的重要补充。

4.1.3　新兴绿色低碳产业发展

新兴绿色低碳产业的发展是绿色经济的增长，也是碳密集型产业的“去增长”。尽管新兴绿色低碳产业与经济增长之间存在许多辩论，各个经济学流派对新兴绿色低碳产业的作用持有不同的观点，但新兴绿色低碳产业已经在经济增长中发挥越来越重要的作用。在新冠疫情和俄乌冲突的背景下，新兴绿色低碳产业在多重危机中表现出了不俗的韧性，做到了跨经济周期的增长，如图 4-8 所示。

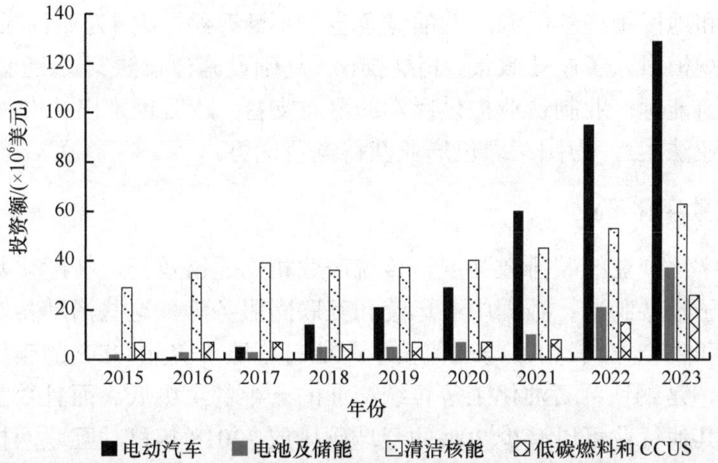

图 4-8　部分新兴绿色低碳产业发展数据

资料来源：国际能源署

新兴绿色低碳产业的发展使越来越多的学者、机构相信，绿色低碳转型不是全球经济的负担，而是带来更具包容性的繁荣的重要机会。电动汽车制造、可再生能源发电、清洁能源装备制造、可再生燃料和绿色金融等新兴绿色低碳产业的直接价值可能在 2050 年达到 10.3 万亿美元。世界上的主要经济体，如美国与欧盟，特别重视绿色产业的发展，近年来推出了诸如通胀削减法案、欧盟绿色新政等旨在推动新兴绿色低碳产业增长的措施。

1. 新能源产业

新冠疫情给全球经济造成了重大打击，然而在新冠疫情期间，全球可再生能源投资量增加了 1.5 倍，表现出了惊人的韧性。可再生能源的成本在过去的 20 年内显著下降，光伏、风电的平准化度电成本均已低过了所有化石能源电源，更加绿色、低碳的低成本能源已经成为现实。

新能源产业链，包括清洁能源设备的制造、电动汽车制造、可持续燃料的生产等，以及与新能源相关的服务业，在经济发展、创造就业、福利改善和贸易等方面已经表现出惊人的潜力。国际可再生能源机构估计每生产 1 单位的能源，光伏产业创造的就业是化石能源产业的 2 倍之多。2022 年全球从事新能源相关产业的总就业人数已经达到了 1370 万人，光伏从业者接近 500 万人，其中超过 56%位于中国，新能源产业的经济社会效益已经较为明显。

新能源产业的发展将深刻改变全球供应链格局，改变竞争赛道，带来全球价值链的重整。在过去的几十年里，价值链的全球化给许多新兴国家提供了发展的机会。过去，更低的劳动力成本和更具吸引力的投入成本，包括更为低廉的能源是许多跨国公司构筑其全球价值链的重要考量部分，在全球追求绿色化、低碳化的时代，新能源产业的发展成为吸引全球价值链的重要部分。此外，绿色产业的兴起也为全球价值链提供了重新分配的机会，中国已经成为全球最大的汽车出口国，2023 年全年汽车出口达到了 491 万辆，新能源汽车出口 120.3 万辆。围绕新能源汽车，中国汽车产业获得了在传统汽车领域难以达到的国际竞争力。电动汽车、新能源电池、太阳能电池已经成为我国出口的“新三样”。

全球各国和地区围绕新能源产业的竞争也在不断升级，美国为保持绿色产业竞争力，前所未有地大规模引入了产业政策，相继推出《基础设施建设法案》《通胀削减法案》等，为在本土振兴新能源产业制造业提供巨额的财政支持。欧盟也推出《欧洲绿色新政》，并提出《净零工业法案》，力图在绿色产业获得竞争优势。

2. 智能化数字化产业

智能化数字化产业的碳排放强度与传统产业相比通常较低。智能化数字化产业的核心活动包括电子设备制造、数据中心运营和互联网服务等，这些活动相对较少地依赖高碳排放的能源和生产方式。信息与通信技术产业每创造 1 美元 GDP 的碳排放量在几十克到 100 克之间，是钢铁、石油化工等传统产业的一半甚至更低。而且数字技术在未来十年内通过赋能其他行业可以减少 20%的全球碳排放。2018 年移动互联网技术使全球温室气体排放量减少了约 21.35 亿吨，几乎为移动互联网行业自身的碳足迹的 10 倍，而这些赋能减排主要通过智慧建筑、智慧能源、智慧生活方式与健康、智能交通与智慧城市、智慧农业、智慧制造等领域的应用而实现。

3. 绿色低碳服务业

服务业的碳排放相比制造业较低，从各国产业转型的趋势来看，服务业的发展是各国经济结构转型历史的共同趋势。绿色低碳服务业既指传统服务业的绿色化，也包括围绕低碳转型而兴起的一系列服务业。传统服务业，如旅游业、餐饮业向生态旅游、绿色餐饮转型，向数字化、信息化的转型都将降低服务业的碳排放。服务于绿色生产的新兴服务行业，包括但不限于能源管理、节能咨询、碳足迹管理、ESG[①]管理、绿色低碳认证管理、低碳金融、碳资产管理、碳指标管理。

4.1.4 经济结构转型过程中的风险与应对

经济结构的转型是全面、深刻且剧烈的，必须注重过程中的挑战与风险。主要经济部门比重变化、生产结构的深度调整、消费结构的改变，将影响国民经济的各个方面，恰当应对转型中可能预见的各种风险是经济结构低碳转型的必要条件。

经济结构转型中常见的风险有竞争力下降、金融风险、就业问题、协调风险、社会风险、碳泄漏风险、政策不确定性等。制造业比重下降可能带来的增长乏力、产业空心

① ESG 即 environmental, social and governance，环境、社会和公司治理。

化的问题将影响经济体的竞争力。高碳资产的搁浅、从传统行业到新兴产业的资本流动可能带来资本与金融市场的不稳定。传统产业的转型升级与新兴产业的发展通常具有区域、人群的不一致性，可能在短期内造成结构性失业。经济结构的低碳转型，给不同人群、不同地区带来的机会与压力是不均等的，缺乏包容性的转型将加剧不平等，给社会稳定带来不确定性。此外，在转型过程中各个经济体或是经济体内部对减排的标准、速度的不同要求，可能导致高碳排放产业实际转移到了政策宽松的地区继续存在，降低整体的转型效率。涉及经济社会的全方位系统性转型，通常需要连贯、长期的政策信号，这对政府的治理能力、政策连续性都提出了更高的要求。

应对经济结构转型中出现的问题需要综合考虑政府、企业和社会的多方合作，以确保转型过程是平稳和有益的。应对这些风险常见的措施与路径可能包括社会保障、创新激励与创业支持、社会对话与合作、国际竞争与合作以及稳定的政策信号。制定和强化社会保障政策，包括失业救济、社会援助和健康保险，在转型期间提供足够的社会支持。低碳创新是经济结构低碳转型的根本动力之一，提供研发资金、税收激励和市场准入便利化，以鼓励新兴产业的发展，创造新的机会。政府、企业和社会组织之间的广泛对话与合作是解决问题的关键，这可以促进信息共享与政策协调。清晰的转型目标、路线图，稳定的政策框架将给企业和投资者带来稳定的信号。良性的国际竞争可以创造更多的市场机会，提高转型的效率，并促进技术的进步与成本下降，而国际合作则是应对气候变化这种共同挑战的基本共同途径。

4.1.5　国别分析

1. 不同发展阶段国家的碳排放历程

全球工业化进程的"雁阵模式"使各个国家进入碳排放峰值平台期的时点不同。全球各个区域工业化的进程极不均衡，因为工业化在地理上沿特定路径传播而非全球同步进行。在一些发达经济体进入后工业化时代的同时，一些发展中经济体还处于农业社会向工业化社会的转型过程中。从历史上看，工业化的路径首先从英国开始，然后传播至法国、德国、俄国、美国、日本，之后是东南亚国家、韩国、中国、印度等，至今这一进程仍在进行中。与之对应，不同国家的碳排放达峰也沿着特定的路径依次实现，如图 4-9、图 4-10 所示。

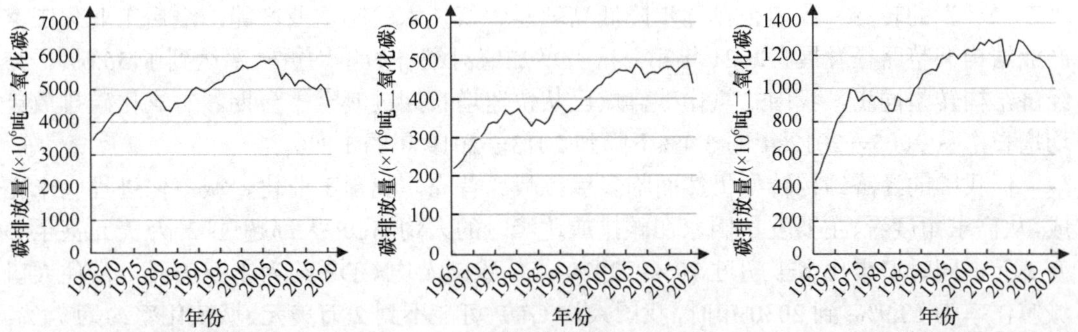

图 4-9　部分发达国家碳排放历史趋势

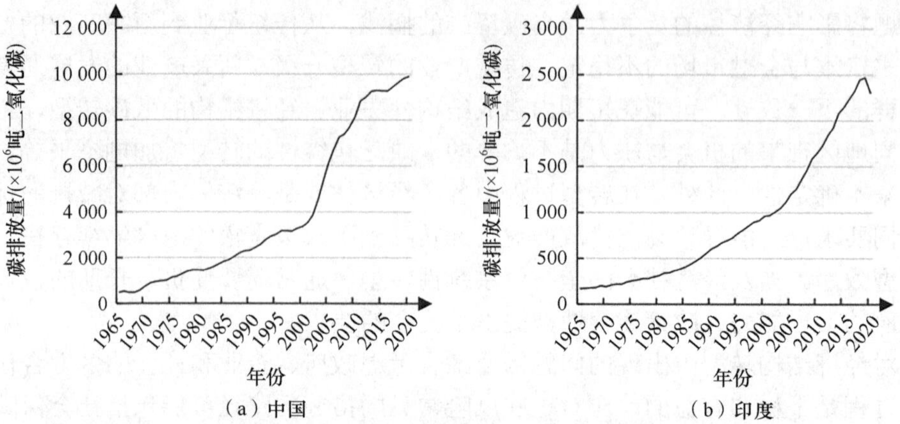

图 4-10　部分发展中国家碳排放历史趋势

发达国家经济结构的低碳转型有着共同的特点。在产业构成上，服务业占比持续上升，工业占比下降，推动碳排放强度下降。在产业内部的行业结构上，制造业内部高耗能行业比例维持在较小份额，高端制造业比例持续提高。在产品结构上，以低能耗、低排放产品替代高能耗、高排放产品。并在后工业化时期实施了一定的产业转移，在历史上遵循“发达国家—次发达国家—发展中国家”和“劳动密集型产业—资本密集型产业—技术密集型产业”两条路径。在发达国家主导的价值链全球化过程中，各国也注重发展电子信息产业等新兴产业，逐步完成从短链条、低技术密度、低附加值的制造业向全球化、长链条、高技术密度、高附加值的制造业转型。

2. 碳中和背景下我国的经济结构转型

2022 年，我国的 GDP 超过 18 万亿美元（世界第二位），碳排放总量约 121 亿吨。从经济增长和碳排放的关系看，我国碳排放还没有达峰，经济增长与碳排放尚未“脱钩”，未来数年碳排放总量仍将随着经济增长而进一步增加。长期以来，煤炭、石油、天然气等化石能源占我国一次能源消费的 85%；产业结构的重化工业特征显著，工业能源消费的碳排放占全国能源消费碳排放的 65%，钢铁、建材、石油化工、有色、电力等高耗能行业的能源消费占据了工业能源消费的 75%。

从 20 世纪 80 年代到现在，我国的产业结构经历了从“二一三”到“二三一”再到“三二一”的转变。我国正在逐步降低高耗能、低技术的制造业产能，沿后工业化国家产业结构调整路径发展，2021 年第三产业增加值对经济的年均贡献率达到了 55.6%。与经济结构转型同步，我国二氧化碳排放已从快速增长期过渡至平台期，二氧化碳排放年均增长率从 2005—2012 年的 5.4%下降到 2013—2019 年的 1.2%。

但我国的经济结构转型仍然面临多重挑战。首先，我国工业化、城镇化进程尚未完成。从需求角度看，主要发达国家在碳排放达峰时的人均 GDP 大都超过 2 万美元甚至 3 万美元，同时城市化水平超过 70%；2020 年，我国人均 GDP 约为 1 万美元，常住人口城镇化率为 63.9%；到 2030 年时，我国人均 GDP 可能不到 2 万美元，城镇化率约为 74%。从生产角度看，2008 年金融危机爆发以后，我国制造业占 GDP 的比重从 32.12%下降到

2020 年的 26.18%。过去发达国家快速“去工业化”已经显现弊端，要稳定制造业占比、筑牢实体经济根基、走制造强国之路，就要在确保制造业占比稳定、工业体系完整度不被破坏的情况下开拓新的工业化道路。其次，我国高耗能行业规模总量大、能源消耗占比高。我国高耗能行业占工业增加值的比重约为 30%，同时高耗能行业占工业能耗的比重约为 70%，工业内部产业结构的不平衡直接导致较高的碳排放强度。再次，区域发展不平衡现象较为突出。改革开放以来，我国逐步形成了资源和能源主要在中西部地区、市场主要在东部地区的发展格局，由此产生了较为突出的西部和东部地区、北方和南方之间的发展不平衡现象。最后，科技创新基础有待加强，我国现有大量的绿色低碳技术，主要源自发达国家的引进和借鉴，相比之下自主创新与应用的能力较为薄弱；支撑碳达峰、碳中和的绿色科技在基础研发、示范推广、标准体系等方面还存在系统性不足。

综上所述，在碳中和背景下我国的经济结构转型路径包括：加快产业升级步伐，推动传统产业低碳转型升级，积极发展基于低碳科技创新的新兴产业，充分发挥数字经济在产业结构调整中的潜力。同时统筹协调国内外产业转移，优化产业空间布局，对内留优、对外拓强，并在转型过程中坚决防止制造业“空心化”。

4.2　能源结构转型

4.2.1　能源转型的历史背景、概念及动因

1. 能源转型的历史背景

在过去 200 多年的时间里，经济的发展与技术的进步促使人类生产和消费能源的方式发生了极大的变化。为了不断追求更有效的能源投入，截至目前，人类社会已经或正在发生三次标志性的能源转型进程，不断推动着全球能源结构的改变。

1）第一次能源转型——煤炭时代的到来

在工业革命之前，人类社会主要依靠传统的生物质能来获取能源。例如，燃烧木材和粪便来烹饪、取暖，使用马车或牛车来运输货物等。但在 16—17 世纪，由于经济社会的发展，能源需求逐步增加，当时人类社会最主要的能源物质——木材日益短缺且价格飙升，逐步推动了人们去寻求另外一种更廉价、高效的新能源——煤炭，这也就标志着第一次能源转型的开始。

随着煤炭产量的增加，在规模经济下，其生产和使用成本不断下降。与此同时，工业革命中蒸汽机的发明，给人们带来了使用煤炭的新方式，大幅催生社会对于煤炭的需求，也构成了此次能源转型的根本动力。自此，煤炭在全球能源结构中的份额占比快速增加，由 1800 年的 1.7%增长至 1940 年的 50.7%，煤炭取代传统生物质成为全球的主要能源物质（表 4-1）。

表 4-1 1800—1940 年传统生物质与煤炭在全球能源结构中占比情况

年份	传统生物质在能源结构中的占比	煤炭在能源结构中的占比
1800	98.3%	1.7%
1820	97.6%	2.4%
1840	95.1%	4.9%
1860	86.8%	13.3%
1880	73.0%	26.7%
1900	50.4%	47.2%
1920	38.4%	54.4%
1940	31.6%	50.7%

资料来源：Visual Capitalist

2）第二次能源转型——石油和天然气的崛起

1859 年，美国人埃德温 · L. 德雷克（Edwin L. Drake）建造了第一口商业油井，但石油在近一个世纪后才成为全球主要能源。早期石油主要小规模应用于灯具以供照明使用，但内燃机的发明带动了石油需求逐步增加。在第二次世界大战后，全球对于内燃机汽车的购买量飙升，石油的产量和需求规模也急剧上升。与此同时，燃气灯的出现也为家庭使用天然气带来了新的机会。随着天然气管道的铺设，天然气成为家庭取暖、烹饪等基本生活方面的主要能源来源。

虽然随着石油和天然气的崛起，煤炭在供暖、运输等领域逐步丧失传统优势而被二者取代，但在发电领域，煤炭仍然是世界上最重要的发电能源。因此，伴随着第二次能源转型的结束，全球的能源结构由煤炭的一家独大逐步转变为煤炭、石油、天然气三足鼎立的局面（表 4-2）。

表 4-2 1950—2000 年煤炭、石油和天然气在全球能源结构中占比情况

年份	煤炭在能源结构中的占比	石油在能源结构中的占比	天然气在能源结构中的占比
1950	44.2%	19.1%	7.3%
1960	37.0%	26.6%	10.7%
1970	25.7%	40.2%	14.5%
1980	23.8%	40.6%	16.3%
1990	24.4%	35.5%	18.4%
2000	22.5%	35.1%	19.8%

资料来源：Visual Capitalist

3）第三次能源转型——向可再生能源过渡

随着全球变暖所引发的山洪、旱灾等气候灾害愈发凸显，人们对于气候问题愈发重视，并逐步形成了统一的科学认知：人类活动主要通过排放温室气体的方式，毋庸置疑地导致了全球变暖。其中，全球约 3/4 的温室气体排放源自煤炭、石油、天然气等化石能源。因此，全球开始了第三次能源转型——由化石能源向可再生能源过渡，以减少温

室气体排放，避免气候变化的灾难性影响。随着当前第三次转型进程的逐步推进，许多低碳能源利用技术快速发展，如风电、光伏等，这也促使了更多的投资投入到了转型中，从而推动了很多新的绿色产业产生，如电动汽车、绿氢等新兴产业。2000 年以来，可再生能源在全球能源结构中的占比日益增加，并且在近年来的增长速度逐步提升（表 4-3）。2000—2010 年，可再生能源的占比仅增加了 1.1 个百分点，而在 2010—2020 年，这一数值增加了 2 倍多，达到了 3.5 个百分点。

表 4-3　2000—2020 年传统生物质、可再生能源、化石能源、核能在全球能源结构中占比情况

年份	传统生物质在能源结构中的占比	可再生能源在能源结构中的占比	化石能源在能源结构中的占比	核能在能源结构中的占比
2000	10.2%	6.6%	77.3%	5.9%
2005	8.7%	6.5%	79.4%	5.4%
2010	7.7%	7.7%	79.9%	4.7%
2015	6.9%	9.2%	79.9%	4.0%
2020	6.7%	11.2%	78.0%	4.0%

资料来源：Visual Capitalist

与前两次能源转型所不同的是，此次能源转型的全球化趋势异常突出，几乎世界各国各地都可探寻到能源转型的积极实践，而非与前两次能源转型进程一样仅在少数发达国家率先进行。这也充分说明，在气候变化问题面前，任何国家都不可能独善其身，合作共赢、政策引导是当前第三次全球能源转型的重要特征，也是全球气候治理的最佳途径。

4）小结

在过去 200 多年的时间里，人类社会共经历三次标志性的能源转型进程。第一次能源转型以煤炭逐步取代传统生物质成为主导能源为标志，其中，蒸汽机的发明为转型的根本动力；第二次能源转型以石油和天然气的逐步普及为标志，内燃机的发明和燃气灯的出现是转型的根本动力；第三次能源转型是全球为减少温室气体排放、避免气候变化的灾难性影响而发起的，并且此次转型的全球化趋势十分突出，与前两次能源转型仅在少数发达国家率先进行的特征截然不同。

通过对全球三次标志性能源转型进程的梳理与总结，我们可以发现，重大科技革命的出现，即技术创新，是能源转型的根本推动力。并且，由于技术创新具有高度不确定性，能源转型也面临着高度不确定性。当前，全球第三次标志性能源转型进程正在进行，但尚未出现一种适应可再生能源大规模应用的“原动机”。然而，只要一种颠覆性技术出现且可以发挥“原动机”的作用，那么全球能源结构及供需格局就将发生重大变化。

2. 能源转型的概念及动因

1）能源转型的概念

“能源转型”一词最早来源于德国。1982 年，德国应用生态学研究所在其出版的《能源转型：没有石油与铀的增长与繁荣》（*Energy Transition: Growth and Prosperity without Oil and Uranium*）一书中，首次提出了能源转型（energiewende）的概念，提出主导能源要从石油和核能转变为可再生能源。目前，已经有大量的学者从技术创新、能源结构、能源利用效率等角度对能源转型的概念进行了解释。例如，加拿大的瓦茨拉夫·斯米尔（Vaclav Smil）教授在对历史上的能源转型进程及各国案例进行深度分析后认为，能源转型是一个用以产生光、热和动力的能源结构组成不断变化的持续过程。每当效率更高的新能量“原动机”出现，显著提高了人类所能利用的能源的量级，那么新的“原动机”就会取代旧的“原动机”，能源转型就会发生。耶鲁大学教授阿努尔夫·古柏勒（Arnulf Grubler）从经济增长和能源利用之间的关系角度，把经济增长过程中能源利用方面的四个重要变化及其相互作用称为能源转型。这四个变化，一是能源利用数量变化（收入与能源数量的变化关系）；二是能源利用结构的变化，包括能源利用品种结构、空间结构和利用方式结构；三是能源品质的变化，即从高碳向低碳变化，污染排放向清洁排放变化；四是能源经济效率的变化，即能源强度的改进。

2）能源转型的动因

通过对历史上人类已经或正在发生的全球能源转型进程进行梳理和分析，本节拟从全球和国别两个视角对能源转型产生的动因进行解释。

从全球视角来看，能源转型的动因主要集中于两个方面。一方面，人类社会经济的发展推动着其能源需求日益攀升，因此需要不断探索以更高的效率去获取更大量级的能源，需要不断地推进从旧能源向新能源的转变；另一方面，为了维持人类社会长久、可持续的繁荣发展，人们需要通过一定的手段减少一切毁灭性、灾难性的不利因素。针对当前的气候问题，减少全球温室气体的排放，避免气候变化带来的灾难性影响，能源转型（尤其向可再生能源转型）是必然选择。

从国别视角来看，能源转型的动因也集中于两个方面。一方面，在能源安全问题日益凸显的大环境、大背景下，实现以化石能源为主向以可再生能源为主的能源转型升级，是解决传统能源安全问题（例如，提高供给能力以降低能源的对外依赖程度，优化能源消费结构等）的治本之策；另一方面，提升综合国力、增强核心竞争力是一个国家发展的根本要义，而实现以化石能源为主向以可再生能源为主的能源转型升级，是建设绿色低碳循环发展的经济体系、塑造未来低碳经济竞争力的核心举措。

4.2.2 全球能源转型现状及发展趋势

1. 全球能源转型现状概述

在本节，我们将从能源禀赋、能源生产及能源消费三个方面来对全球能源转型现状进行阐述。

1）全球能源禀赋现状

鉴于当前全球能源转型进程是由化石能源向风、光等可再生能源过渡，因此本节将对化石能源、以风与光为首的可再生能源以及相关关键原材料的资源禀赋进行概述。

在化石能源方面，截至 2020 年底，全球煤炭、石油及天然气三大化石能源的储量分别为 10 741.08 亿吨、2444.21 亿吨和 188.07 万亿立方米。其中，煤炭主要分布在亚洲及太平洋地区、北美洲、独立国家联合体地区以及欧洲。煤炭储量最高的国家为美国，全球占比约 23.18%，接下来 2—4 名分别是俄罗斯、澳大利亚、中国。石油主要分布在中东地区、北美洲、中美洲和非洲。委内瑞拉以 480.35 亿吨位列全球石油储量之首，全球占比约为 17.54%，沙特阿拉伯、加拿大、伊朗分别位列 2—4 名。天然气主要分布在中东和独立国家联合体地区，储量最多的国家为俄罗斯，全球占比约 19.88%，第 2—4 名分别为伊朗、卡塔尔及土库曼斯坦（图 4-11）。

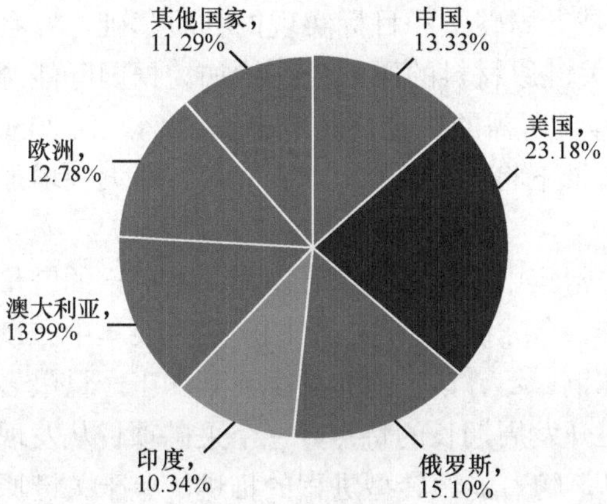

（a）煤炭

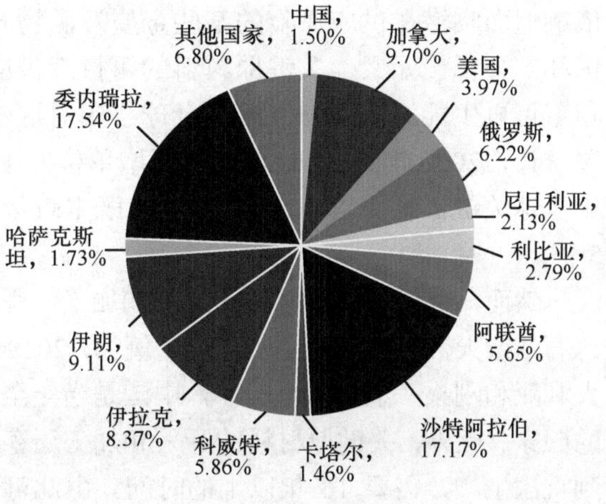

（b）石油

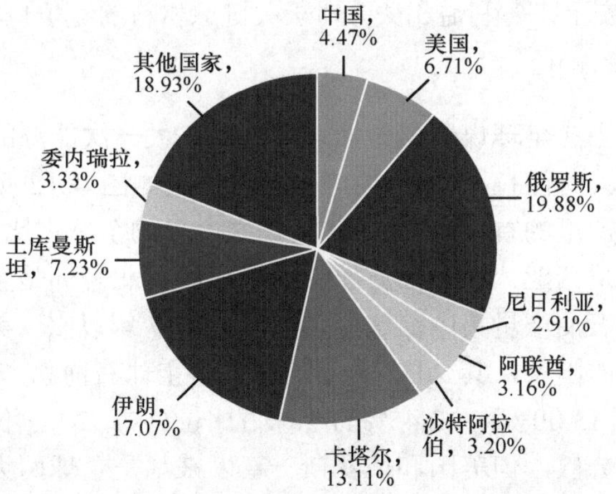

（c）天然气

图 4-11　全球主要经济体煤炭、石油及天然气储量的全球占比情况

资料来源：BP 石油公司

在可再生能源方面，本节主要针对风、光两种当前全球最主要的可再生能源的资源禀赋进行概述。依据世界银行、Global Solar Atlas、DTU Wind Energy 等权威机构的数据，针

对太阳能资源，全球大部分地区的光伏输出功率[①]普遍在 1461（kW·h）/kWp 以上。少数地区的光伏输出功率，如非洲的南北两端、中国的西南地区等，可达 1899（kW·h）/kWp 以上。针对风能资源，全球风能资源的分布相对平均，大部分地区的风功率密度[②]普遍在 25～175 瓦/米 ^{2}，少数地区，如非洲的中部，其风功率密度可达 300 瓦/米 ^{2} 以上。由此可见，全球风、光可再生能源的资源量充足且分布广泛，重点在于如何通过相应的技术来高效、充分地利用这些资源，这也从侧面说明可再生能源的发展意味着能源安全保供正在逐渐摆脱对资源的强依赖，而更多地转向技术依赖。

在关键原材料方面，关键原材料是指现代可再生能源技术和战略性新兴产业皆高度依赖但面临潜在供应风险的某些金属及矿物质，包括但不限于钴、铜、铱、锂、锰、镍、铂和部分稀土元素。关键原材料的可持续供应是支撑碳中和目标实现的物质基础，并且随着可再生能源的蓬勃发展，全球各国对这些关键原材料的需求快速增加。据国际能源署统计，2010 年到 2020 年全球新增单位发电容量所需的矿物资源上升了 50%。到 2050 年全球关键矿物需求相比 2020 年在既定政策情景下将增加 1 倍，净零情景下将大幅增加 5 倍。

然而，全球关键原材料的开采和加工流程非常集中，许多能源转型相关的矿产的产量比石油或天然气的产量更加集中。例如，2019 年，全球锂和钴超一半的产量主要集中在澳大利亚和刚果（金）两个国家，中国是当年全球铜、镍、钴、锂和稀土元素加工产量最多的国家。此外，关键原材料的开采和加工还存在开发周期长的特点，一个采矿项目从发现到首次生产，需要 16 年以上的时间。由此可见，随着能源转型进程的推进，鉴于关键原材料对绿色低碳技术的重要性、唯一性以及稀缺性，全球各国和地区都将愈发注重自身的关键矿物及关键金属安全，各利益相关方对于关键原材料的竞争也将异常激烈。

2）全球能源生产现状

本节将主要针对当前全球煤炭、石油、天然气三大一次能源的生产情况进行概述。

2022 年全球煤炭、石油、天然气的产量分布情况如图 4-12 所示。在煤炭方面，中国常年稳居全球煤炭产量的首位，2022 年其煤炭产量的全球占比为 51.80%，紧接其后的分别是印度和印度尼西亚。在石油方面，中东地区和北美洲是全球石油生产的主要聚集地，全球约 50%的石油产量集中在这两个地区。2017 年以来，美国超越沙特阿拉伯成为全球石油产量最高的国家，其 2022 年石油产量占全球石油总产量的 17.23%，沙特阿拉伯和俄罗斯分别以 13.00%和 12.45%的全球占比位列第二、三位。在天然气方面，全球天然气的生产相对分散，但美国和俄罗斯一直以来都是全球两大天然气生产国，2022 年其各自天然气产量的全球占比分别为 24.20%和 15.29%。

---

①光伏输出功率是指单位光伏装机容量的长期发电量，其单位为（kW·h）/kWp，表示每千瓦–峰值装机容量（installed kilowatt-peak）所生产的电量。

②风功率密度是指与风向垂直的单位面积中风所具有的功率。此处的风功率密度为地面 100 米处平均风功率密度的估计值。

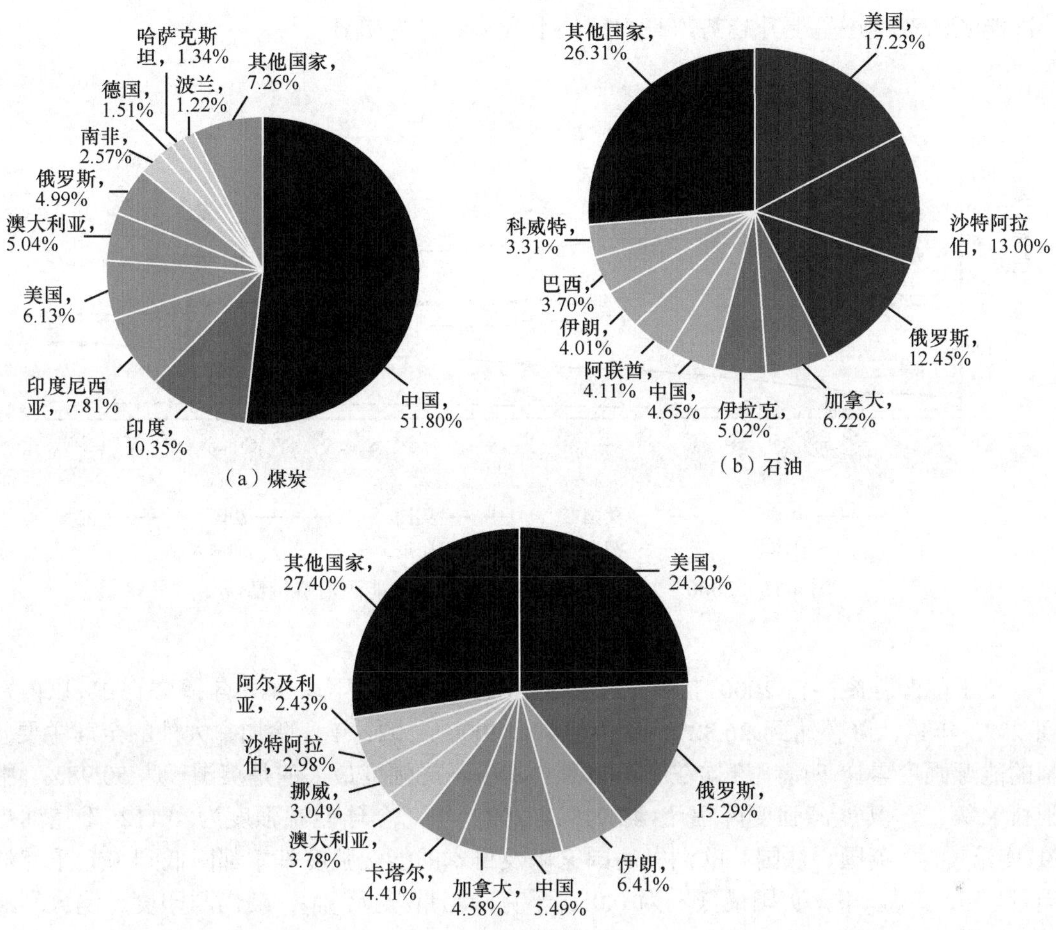

图 4-12　2022 年全球煤炭、石油、天然气产量前十国家及各自全球占比情况

资料来源：BP 石油公司

3）全球能源消费现状

本节将从一次能源消费总量、人均一次能源消费量及能源强度三个方面对全球能源消费现状进行概述。

自 2000 年以来，除了 2009 年和 2020 年分别受金融危机、新冠疫情的影响出现负增长外，全球一次能源消费总量一直处于稳步增长阶段。煤炭、石油和天然气三大化石能源一直以来都担当着全球能源消费主体的角色，但近年来随着可再生能源消费的快速上升，当前的全球能源消费结构已呈现四分天下的格局。此外，从能源消费占比的角度来看，可再生能源的消费占比呈明显的上升态势，石油和核能的消费占比是逐年下降的，且石油的下降趋势更加明显，煤炭的消费占比则出现了先增加后降低的情况。

全球发达国家和发展中国家的人均一次能源消费量呈现出截然不同的变化趋势。图 4-13 展现了 2000—2022 年全球主要国家人均一次能源消费量的变化情况。从图中可看出，自 2000 年以来，以美国、英国等为首的发达国家的人均一次能源消费量已经达到顶峰且均呈逐渐下降态势，而中国、印度等发展中国家由于自身经济发展的需要，人均一次能源消费量还呈上升趋势，且中国的上升趋势尤为明显。

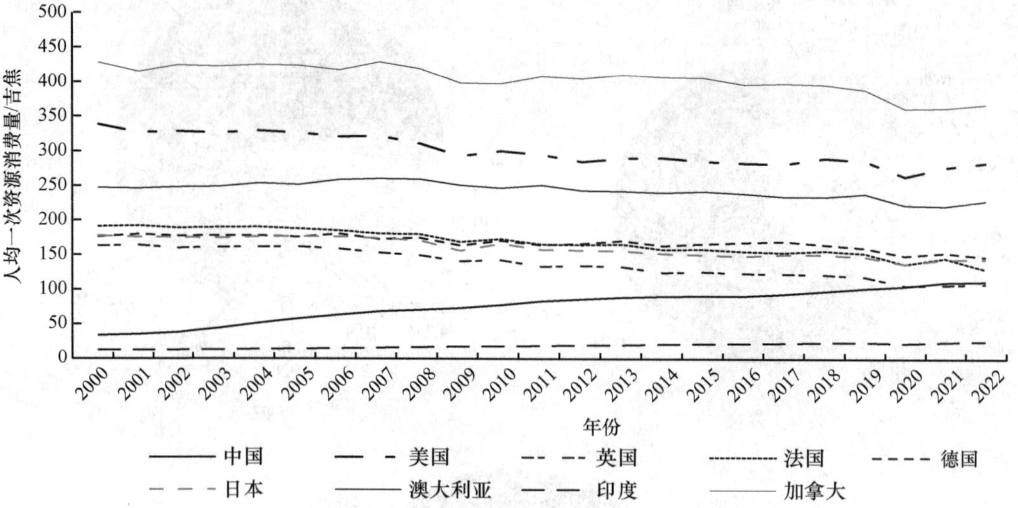

图 4-13 2000—2022 年主要国家人均一次能源消费量情况

资料来源：BP 石油公司

至于能源强度，自 2000 年以来，全球能源强度缓慢下降，基本年降幅在 1%以内，到 2022 年累计降幅达到 26.32%（图 4-14）。2000—2022 年，除加拿大外的全球主要 8 国的能源强度累计下降幅度均在 30%以上，其中下降幅度最大的是英国，达 50.98%。中国排名第二，其能源强度降幅达 42.91%。2022 年，全球能源强度为 0.112 千克油当量/美元 $_{2015}$。英国、法国等欧洲发达国家以及日本的能源强度基本都降低到 0.1 千克油当量/美元 $_{2015}$ 以下，英国最低，为 0.050 千克油当量/美元 $_{2015}$；美国与印度、澳大利亚的能源强度相当，都略微高出 0.1 千克油当量/美元 $_{2015}$；中国与加拿大的能源强度均超过 0.14 千克油当量/美元 $_{2015}$，加拿大甚至达到了 0.169 千克油当量/美元 $_{2015}$（图 4-15）。

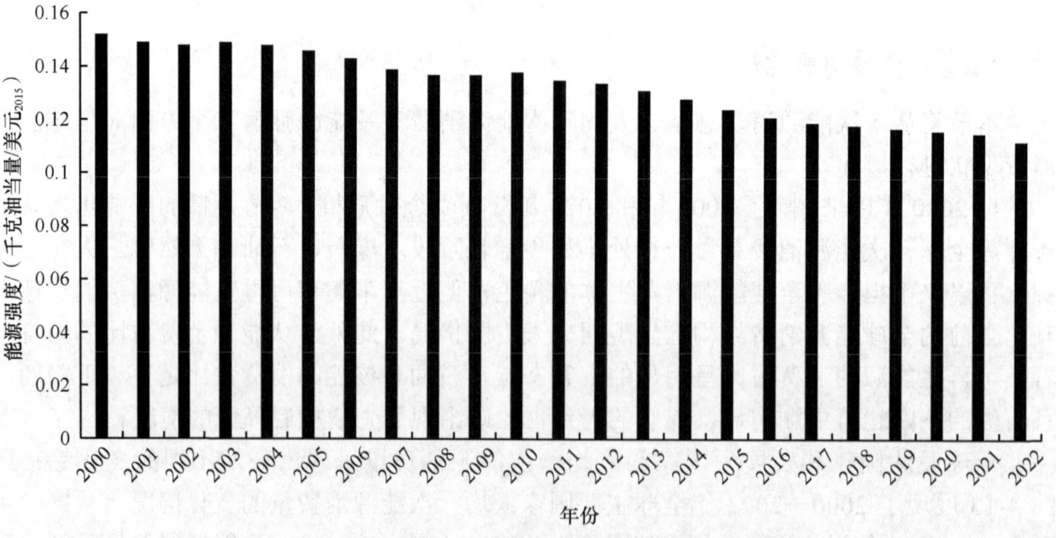

图 4-14 2000—2022 年全球能源强度变化情况

资料来源：BP 石油公司

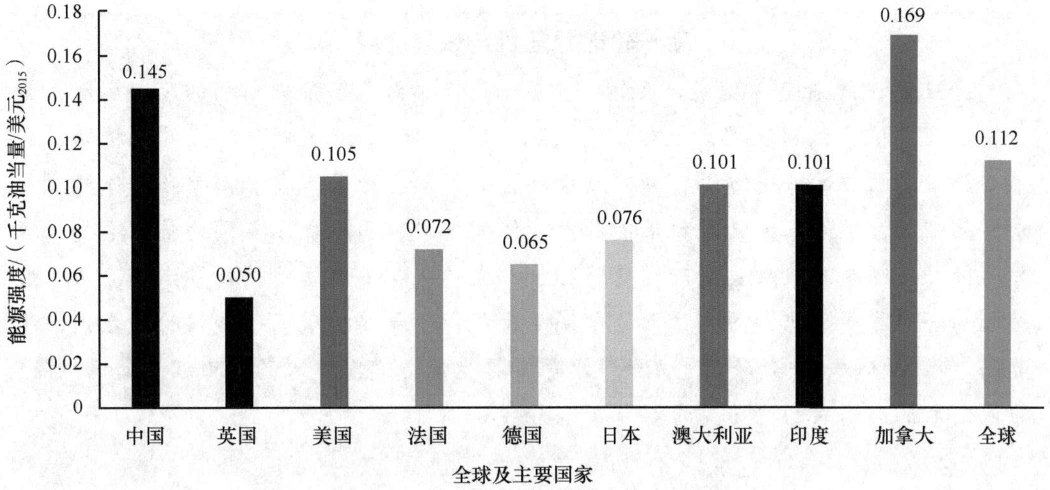

图 4-15　2022 年全球及主要国家能源强度情况

资料来源：BP 石油公司

2. 全球能源转型的关键挑战——能源危机

历史的经验告诉我们，能源转型不是一蹴而就的。在旧能源向新能源转换的进程中，容易发生能源供需失衡的短期波动，我们经常称之为能源危机。能源危机对保障一国或全球的能源供给安全，甚至社会的稳定，都带来不可忽视的挑战。

在过去的 50 年间，全球先后爆发多轮能源危机，可大致分为以三次石油危机为代表的一次能源危机，以及包括多次电力危机在内的二次能源危机（表 4-4）。三次石油危机的爆发主要是由于地缘政治冲突引发局部战争，进而影响了全球石油的供给和贸易。而电力危机多是由自然因素造成的，如高温、极寒、干旱等。但近年来，极端天气气候出现的频率愈发上升，已经逐渐成为全球部分地区产生限电、停电现象的主要原因之一。由此可见，在当前地缘政治局势愈发紧张的大背景下，在能源转型进程中充分保障能源供给安全以避免能源危机的发生，已经愈发地成为各国乃至全球考量的首要因素。

表 4-4　过往 50 年间全球发生的代表性的一次能源危机和二次能源危机

危机类别	能源危机	成因	持续时长/月
三次石油危机	第一次石油危机	第 4 次中东战争爆发，为了打击以色列及其支持者，石油输出国组织成员先后宣布中断对美出口原油	5.4
	第二次石油危机	两伊战争爆发，受战争拖累，伊朗、伊拉克原油产量纷纷锐减	29.4
	第三次石油危机	海湾战争爆发，因受到国际制裁，伊拉克原油供应被迫中断	7
电力危机	2020 年加利福尼亚州电力危机	极端高温天气、负荷需求攀升、高比例新能源装机、光伏及风机夜间出力不稳定、疫情期间人们居家等多重因素叠加	
	2021 年得克萨斯州电力危机	受到百年难遇的极寒天气影响，得克萨斯州电力系统出现大范围瘫痪，电价大幅上涨，居民及企业遭遇停电。但伴随着气温回暖、电力系统修复等，得克萨斯州电力危机得以解除，电价回落到正常水平	1.4
	2022 年中国四川等地限电	丰水期缺水	0.16

新一轮能源危机与俄乌冲突

2021年，随着全球煤炭、天然气、石油三大传统化石能源价格的飞速上涨，新一轮能源危机从欧洲发端，最终弥漫全球（图 4-16）。此次新一轮能源危机的成因主要集中在两方面。一方面，新冠疫情防控放开后全球复工复产，导致全球能源需求大幅增加，然而三大传统化石能源产能依旧吃紧，再加之以美国为首的主要经济体施行经济刺激政策激发全球通货膨胀，三大传统化石能源价格持续走高，从而继续加剧全球能源危机；另一方面，超高压天气、干旱等极端天气气候的发生频次明显高于往年水平，导致了风、光伏、水等可再生能源发电技术的出力程度大幅下降，难以满足高速增长的电力需求。

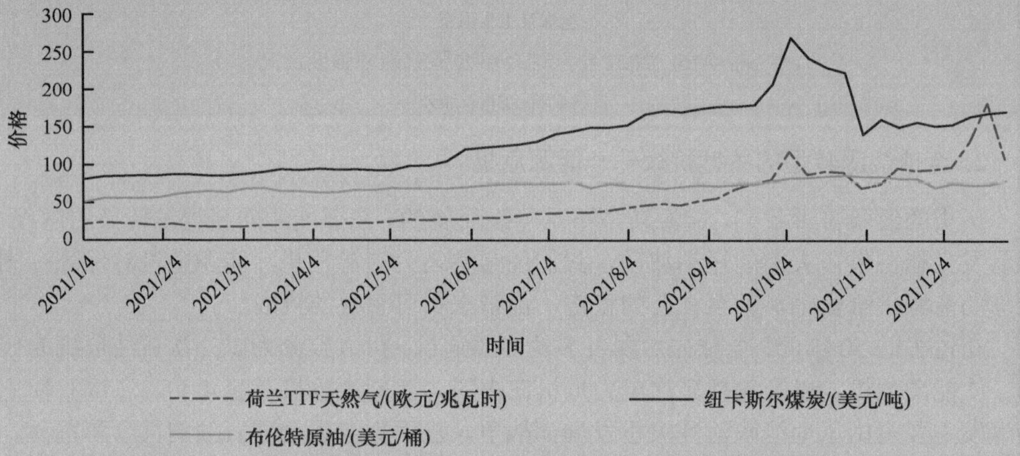

图 4-16　2021 年全球代表性煤炭、石油及天然气价格情况

资料来源：investing.com

然而，尚未等新一轮全球能源危机有所平缓，地缘政治冲突的爆发又进一步加剧了危机的负面影响。2022 年 2 月俄乌冲突爆发，欧美国家相继对俄罗斯展开能源、金融、贸易等多方面的全面制裁。俄罗斯作为全球重要的能源（尤其是化石能源）出口国，在全球（尤其是欧洲）能源供给方面发挥着举足轻重的作用。因此，俄乌冲突的爆发引发了全球能源市场的动荡，欧美的制裁以及市场避险情绪共同推动了全球三大化石能源价格的再次快速上涨。在冲突爆发的当天，布伦特原油和纽约原油期货价格均突破 100 美元/桶的大关，创下历史新高，并随后继续上涨。此外，俄乌冲突的爆发和延续，也对全球能源格局造成了一定影响。在冲突爆发之前，欧洲大约 25%以上的石油进口以及 30%以上的天然气进口均来自俄罗斯。而在冲突爆发之后，欧洲对俄罗斯实施能源制裁，其从俄罗斯进口的石油和天然气大幅减少，转而进口更多来自美国与海湾地区国家的油气（图 4-17 与图 4-18）。俄罗斯也同样积极寻找替代的出口源，其石油在近两年来大量出口到中国和印度，这也导致了其 2022 年的能源出口收入不降反升。

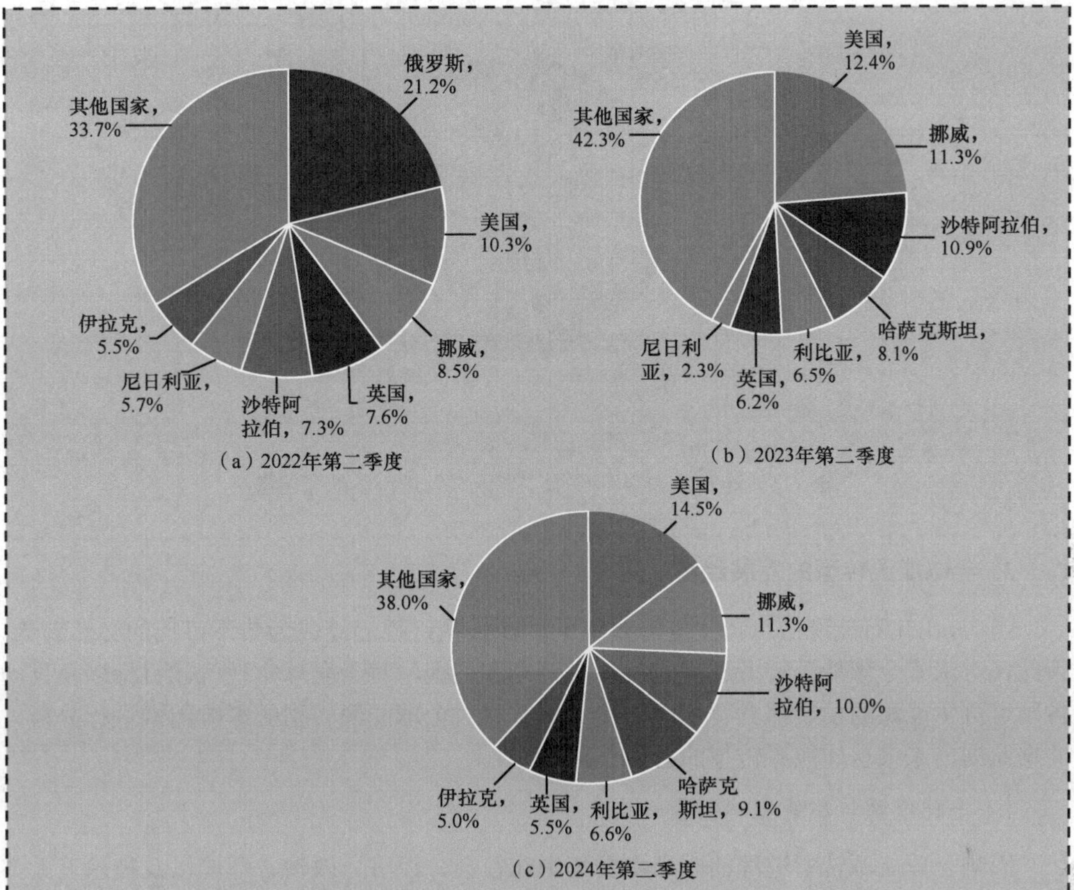

图 4-17　2022—2024 年欧盟主要石油进口国的变化情况

资料来源：Eurostat

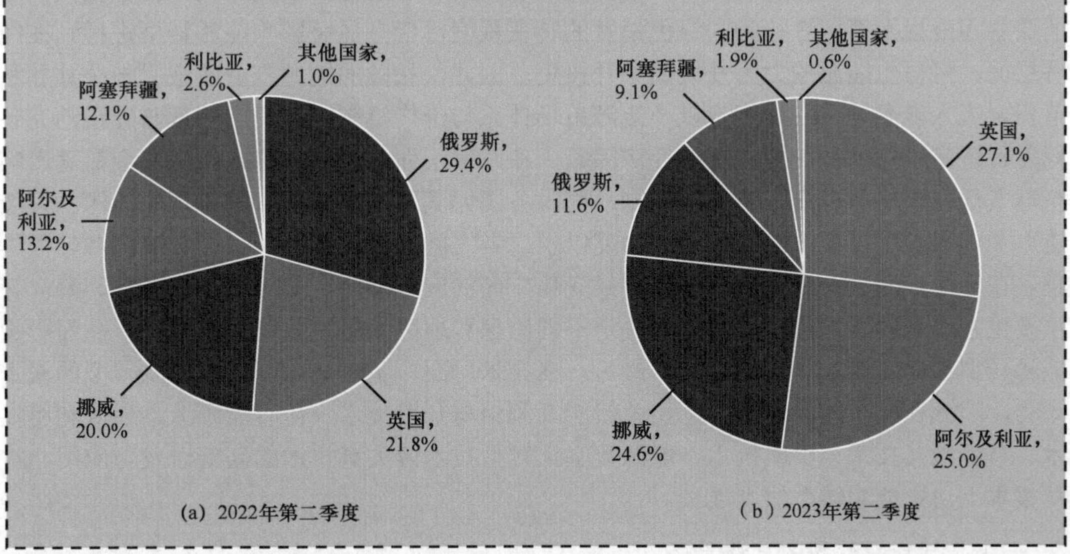

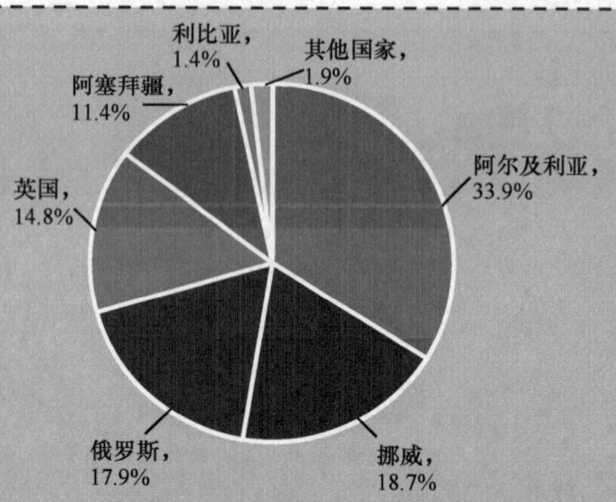

（c）2024年第二季度

图 4-18　2022—2024 年欧盟主要天然气进口国的变化情况

资料来源：Eurostat

3. 全球能源转型的发展趋势

当前，由化石能源向可再生能源过渡的能源转型进程已经成为势不可挡的必然趋势。因此，对未来全球能源转型进程进行科学研判和把握，对于全球实现气候目标以及推动各国可再生能源的发展都具有积极作用。本节将对全球能源转型的影响因素进行分析，并据此提出未来全球能源转型的总体思路。

1）全球能源转型的影响因素

影响全球能源转型进程的因素主要集中在社会、经济、政治、环境以及技术五大方面。在社会层面，社会公众对于能源转型的认知、理解以及相关的行动会直接影响一国甚至全球能源转型的进度。因此，绿色发展和消费理念的宣传程度、能源转型相关人才的储备程度以及消费者行为向绿色消费的转变程度，皆会显著影响能源转型进程。在经济层面，可再生能源的大力发展离不开投资。因此，相关的能源产业政策引导公共和私营资金流入能源领域的程度，以及能源市场体系与价格机制、碳资产管理与碳税的完备程度，皆是影响能源转型进程的经济因素。在政治层面，全球地缘政治格局会显著影响全球气候合作格局进而影响能源转型，同时各国尤其是发展中国家的可再生能源的发展速度和保障转型过程中能源安全的力度以及二者之间的协同程度，也会影响能源转型进程。在环境层面，公众及决策者在气候变化方面的应对举措，如对森林、湿地、海洋等重要生态系统的保护程度，将直接决定不同国家和地区的温室气体排放水平，从而影响能源转型和应对气候变化的进程。最后，在技术层面，鉴于技术创新是能源转型的根本动力，因此在此次能源转型中，相关新能源利用与开发技术、化石能源清洁高效利用技术、节能减排技术、负碳技术、能源数字化转型技术等关键技术的创新研发与应用，将从根本上决定能源转型的进展。

2）全球能源转型的总体思路

基于对全球能源转型影响因素的剖析，为促进全球气候目标的实现以及绿色、低碳、高效能源体系的建立，未来全球能源转型应从以下四个层面开展。首先，应继续大力发展清洁能源。大力发展风、光等可再生能源以取代传统化石能源在能源结构中的主体地位，已经是全球公认且不可阻挡的必然趋势。因此，全球各国应该结合自身的可再生能源资源禀赋，因地制宜地发展可再生能源，并注重不同类别能源之间的互补与协同。其次，应强化重视转型过程中的能源安全。能源是经济发展的命脉，关乎国民生计和社会稳定。在能源转型过程中应着重保障能源供给的稳定，以防止由能源供需失衡造成的转型步伐的倒退。再次，应切实推动技术创新。关键技术的成熟度与应用程度直接决定着一个国家或地区能源转型进程的快慢，并且在当前国际背景下也在一定程度上影响着一个国家的综合国力和核心竞争力。因此，加强相关低碳、零碳、负碳等前沿清洁、高效技术资源的创新和研发，也是能源转型进程中必须着重强调甚至摆在首位的关键任务。最后，应促进国际能源合作。合则两利，斗则俱伤。在气候变化问题上，全球各国只有加强互信与合作，通过在技术、人才、政策等领域的广泛交流和经验共享，才能切实地应对气候危机，为人类的可持续繁荣发展贡献力量。

4.2.3　中国能源转型路径分析

1. 中国能源转型现状概述

1）中国能源生产现状

从总量和结构上来看，中国能源生产总量快速上升，且原煤长期占据中国能源生产中的主要地位。21 世纪以来，中国能源生产总量明显增加，2023 年其能源生产总量达到 48.3 亿吨标准煤，与 2000 年的 13.85 亿吨标准煤相比，增长了近 2.5 倍（图 4-19）。其中，原煤常年占能源生产总量的 70%左右。2023 年中国原煤生产占比略有下降，数值为 66.6%，一次电力及其他能源生产比重逐渐扩大（图 4-20）。

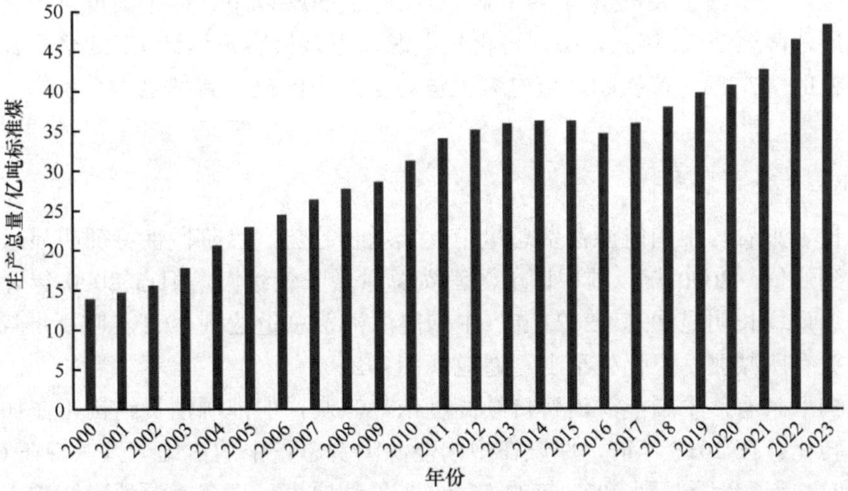

图 4-19　2000—2023 年中国能源生产总量变化情况

资料来源：国家统计局

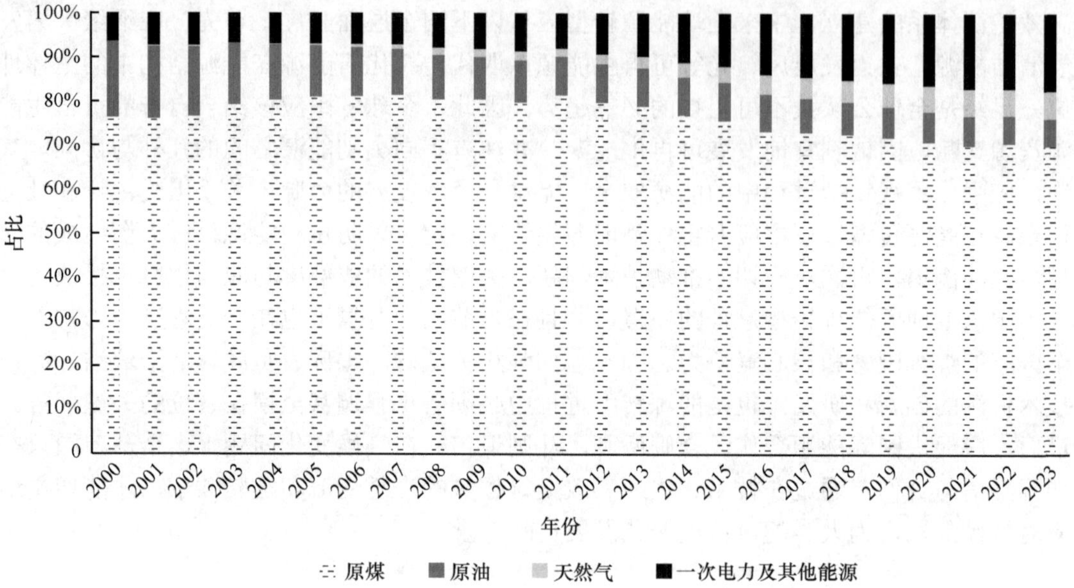

图 4-20　2000—2023 年中国能源生产结构变化情况

资料来源：国家统计局

从空间结构来看，中国能源资源空间分布不均，供需之间产生严重的空间错配。中国约 2/3 的能源消费集中于东部经济较为发达的城市，但无论是化石能源还是可再生能源，普遍都集中在西部地区。中国 80%以上的煤炭储量集中在华北和西北地区，约 70%的可开发水能资源蕴藏在西南地区，一半以上的天然气资源储藏在塔里木盆地和四川盆地，大量的风、光可再生能源主要集中分布于西部边远欠发达地区。

虽然中国的能源供需格局存在明显的东西错配局面，但其电力生产供应能力稳步提升，电力供需总体维持平衡，电力结构持续优化。截至 2020 年底，中国煤电装机容量为 10.8 亿千瓦，占全国总装机量的 49.1%，首次降至 50%以下。而中国可再生能源发电持续蓬勃发展，截至 2022 年底，中国可再生能源发电装机容量达到 12.13 亿千瓦，占全国发电总装机的 47.3%，首次超过煤电装机量。这是中国提出新型电力系统构想后的标志性成就。

2）中国能源消费现状

从总量上来看，中国能源消费总量呈逐年增长趋势，且阶段性特征明显，但消费总量尚未达到峰值。2000 年以前中国能源消费总量增长较缓慢，但自 2000 年开始，中国能源消费总量增长明显加速。2023 年，中国能源消费总量达到 57.2 亿吨标准煤，在近几年增长势头有所减弱，但仍处于上行通道（图 4-21）。

从结构上来看，中国能源消费持续高度依赖煤炭，但能源消费结构正在加速向清洁低碳方向转化。在 2017 年前，原煤在中国能源消费总量中的占比一直保持在 60%以上，在 2017 年之后逐步降低到 2023 年的 55.3%。虽然原煤一直在能源消费结构中保持高占比，但可再生能源所占的比重基本上是持续增加的。2023 年，中国一次电力及其他能源在能源消费总量中所占的比重为 17.9%，是 2000 年所占比重的 2 倍有余（图 4-22）。

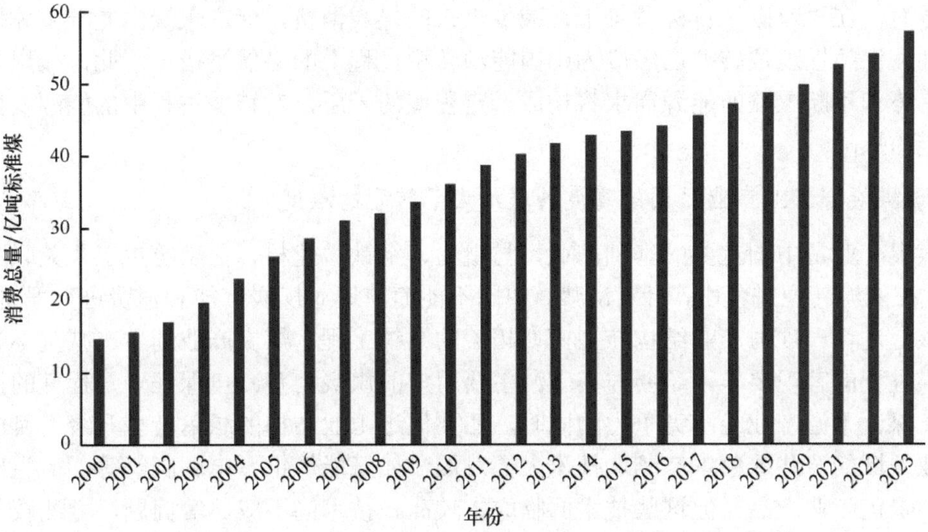

图 4-21　2000—2023 年中国能源消费总量变化情况

资料来源：国家统计局

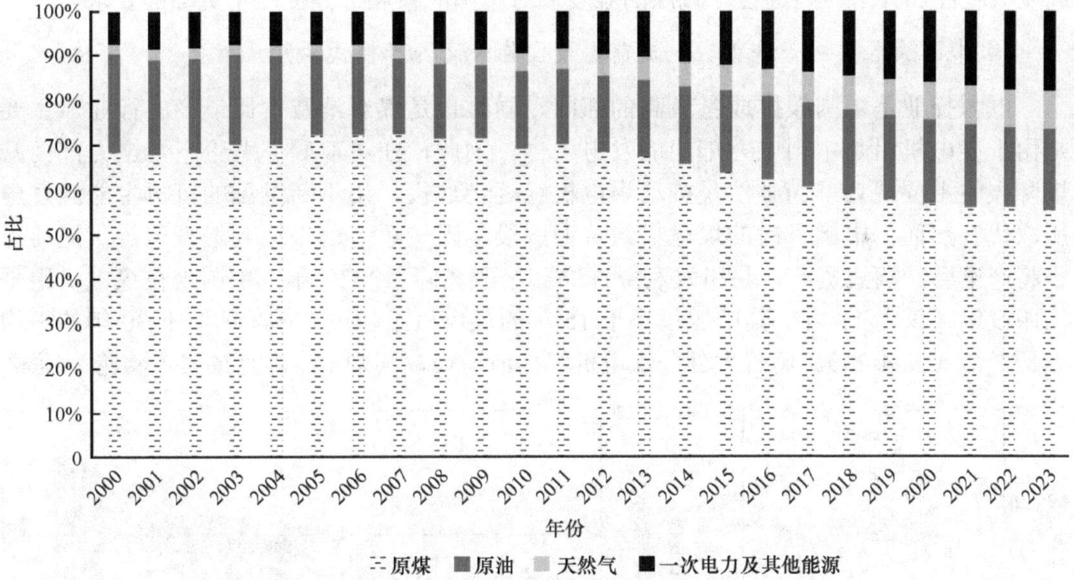

图 4-22　2000—2023 年中国能源消费结构变化情况

资料来源：国家统计局

2. 中国能源转型面临的挑战

1）经济快速发展对能源的高度需求对转型进程中的能源安全造成挑战

近年来，随着中国经济的快速增长，中国的能源消费也在逐步提升。虽然当前中国经济进入新常态，能源需求在未来将进入中低速增长期，但能源刚性需求将长期存在，人均能源消费水平将不断提高并向发达国家靠拢。立足中国以煤为主的基本国情，即便煤炭在一次能源消费结构中的占比逐渐下降，但在当前和未来一段时间仍将占据主体地位。然而，在“双碳”目标背景下，减少未来的煤炭消费，促进煤炭由能源主体地位向基础性、保障性地位转型已经成为中国能源转型过程中的必然举措。因此，减煤降碳的转型趋势和不断上涨的能源需求将构成一定程度的矛盾，对转型进程中的能源安全将造成一定的挑战。

2）煤炭与工业产业之间的高度关联加大了转型的难度

煤炭产业是中国重要的基础产业，与电力、钢铁、建材、化工等重工业关联紧密。因此，在能源转型进程中，针对减煤，中国不能简单地对煤炭产能和消费进行严格把控，而应该是进行一项与产业结构转型密切相关的系统工程。煤炭产业的生产减量不光要满足减煤进程的客观要求，还要与其下游主要用户的煤炭消费减量保证一定程度的协调关系，在保证下游产业经济竞争力的同时，还要促进工业结构的绿色转型升级。目前，虽然工业领域的一些绿色生产制造技术大幅发展，如氢能炼钢、电解制氢等，衍生出了一系列的绿色工业产品，但这些技术面临成本较高、技术尚不成熟等问题，无法较大程度地替代工业领域的煤炭消费，并且衍生出的绿色产品尚未开发出足够的市场份额，无法为工业企业带来足够的市场利润，从而保持竞争力。因此，中国煤炭与工业产业之间的高度关联性加大了转型进程中减煤的难度，对中国的减煤进程提出了更高的要求。

3）中国煤电机组普遍年轻，提前退役面临较高资产搁浅风险

电力行业是中国碳排放量最高的部门，同时也是煤炭消费占比最高的行业，主要是由于煤电机组是中国电力部门的发电主体。因此，在“双碳”背景下，电力部门减煤降碳的主要规划方向必然是推动煤电机组逐步退役，由不断发展的可再生能源发电所取代。然而，中国目前的煤电机组普遍服役年限较短，远未达到退役年龄，提前退役将产生巨额搁浅资产，易引发利益冲突和金融风险。2020 年，中国现役煤电机组平均服役年限仅为 11 年，其中服役小于 15 年的煤电机组超过 75%，远低于 30 年的平均设计寿命（图 4-23）。倘若大部分煤电机组提前退役，其剩余寿命期的资产将沦为巨额

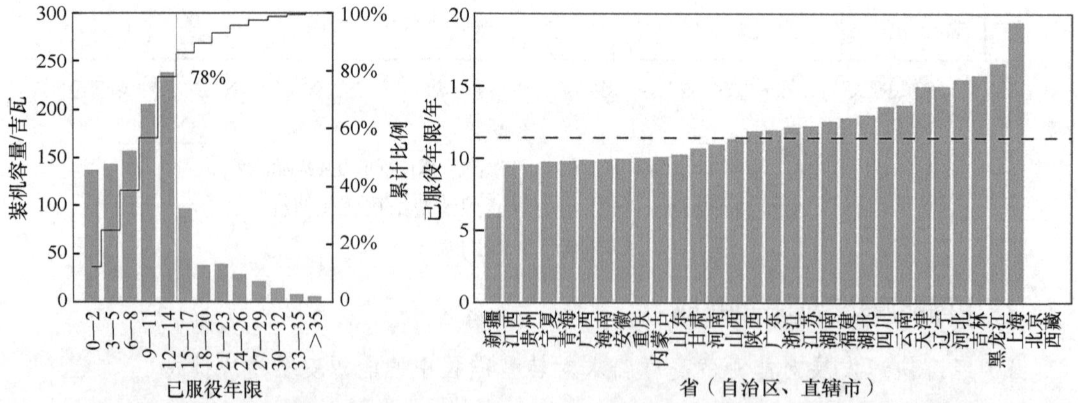

（a）中国现役煤电机组装机容量　　（b）各省（自治区、直辖市）平均服役年限

图 4-23　2020 年中国现役煤电装机容量服役年限分布和各省（自治区、直辖市）平均服役年限

资料来源：清华大学碳中和研究院

图（b）黑色虚线代表全国平均服役年限；北京和西藏由于无运行煤电机组，因此无数据

搁浅资产，金额规模达数万亿元，这将会使煤电企业面临巨大的投资亏损，易引发企业与政府间的利益冲突，激发煤电投资者对减煤措施的强烈抵触。同时，由于燃煤电厂需要相当高的前期资本投入，通常需要金融机构的参与，巨额的搁浅资产还会对相关金融机构的资产质量造成不良影响，造成信贷违约风险，甚至可能引起宏观经济危机，影响金融稳定。

4）减煤进程中易产生公正转型问题

由于转型过程中的减煤进程是一项涉及产业结构转型的系统性工程，因此在减煤过程中处于不同地区、不同行业的人群所受到的影响可能截然不同，这可能会引发公正转型的问题。一方面，减煤会产生煤炭以及相关产业的职工安置问题和企业补贴问题。部分煤炭及相关产业的劳动力普遍面临技能单一、竞争力较弱、转型适应能力差等方面的问题，其对其他产业企业的吸引力较小，通过对其进行转业培训以实现吸收安置的空间较小。因此，在“双碳”目标背景下，中国煤矿数量将不断减少，将冗余劳动力安置到接续矿井或以服务外包的形式在外承揽工程的传统方法实施难度将不断加大。另一方面，中国煤炭资源及相关产业分布不均匀，减煤产生的区域差异问题需要引起重视。中国煤炭资源分布不均。在内蒙古、山西等煤炭资源富集地区，煤炭产业通常是其经济发展的重要支柱，对地方的财政收入、就业和社会稳定至关重要。通常情况下，煤炭资源型地区由于对煤炭产业的过度依赖，其煤炭替代产业发展较晚，技术水平和成本不占优势，目前仍未形成气候。因此，煤炭资源型地区的经济发展会比其他地区更易受到影响，并且这些地区会面临更大程度的产业结构、地方财政和就业结构调整压力。

3. 中国能源发展未来趋势判断

1）经济发展

中国未来中长期经济仍将保持增长态势，但增长速度逐步放缓，经济韧性不断增强。近年来，随着中国经济进入新常态，中国的经济发展已经由高速增长阶段转向高质量发展阶段，年增速在不断放缓。2023 年我国 GDP 为 126.0582 万亿元，按不变价格计算，比上年增长 5.2%（图 4-24）。未来，中国经济将继续稳定增长，但年增速将逐步降低，国家总体经济的韧性将不断增强。预计在 2021—2025 年，中国 GDP 的年增速将保持在 4.7%—5.7%；2026—2030 年、2030—2060 年经济潜在年增长率逐渐呈下降趋势，平均增速分别在 3.99%—4.82%、2.21%—3.94%。

2）人口增长

中国人口总量将继续保持增长趋势，但生育率持续走低，预计 2030 年前达到人口峰值，人口城镇化迈入新的发展阶段。自新中国成立以来，中国人口几乎一直保持增长趋势。2021 年末，全国人口达到 14.13 亿人，与 2010 年相比增长 5.4%（图 4-25）。虽然全国人口一直稳步增长，但近年来，全国的生育率持续走低，新出台的人口政策短期内效果不显著，未能促进生育率的明显提高。2020 年，中国的生育率低至 1.3，已经低于世

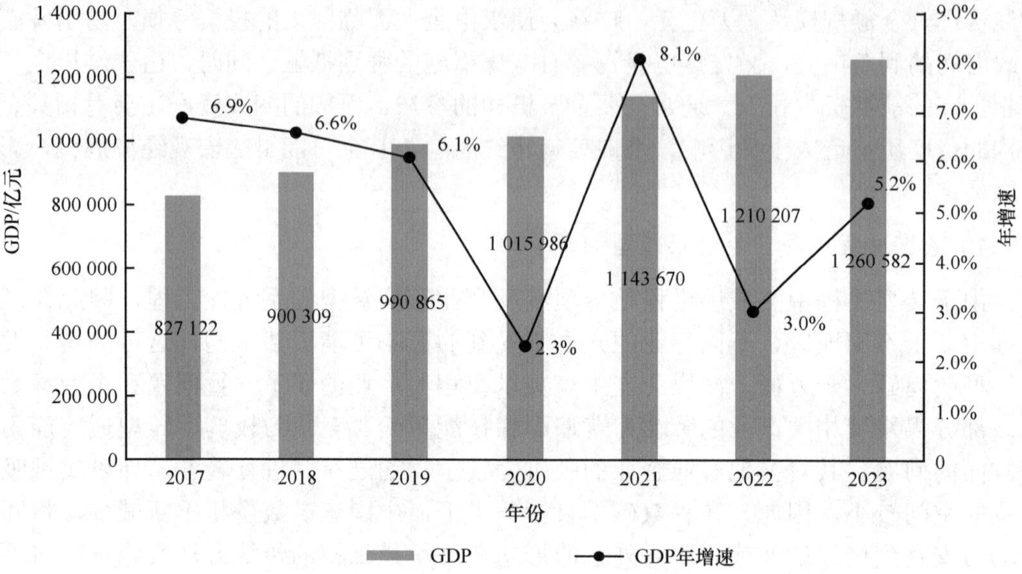

图 4-24　2017—2023 年中国 GDP 及年增速情况

资料来源：国家统计局

图中的增速为官方数据，皆为不变价格计算下的增速

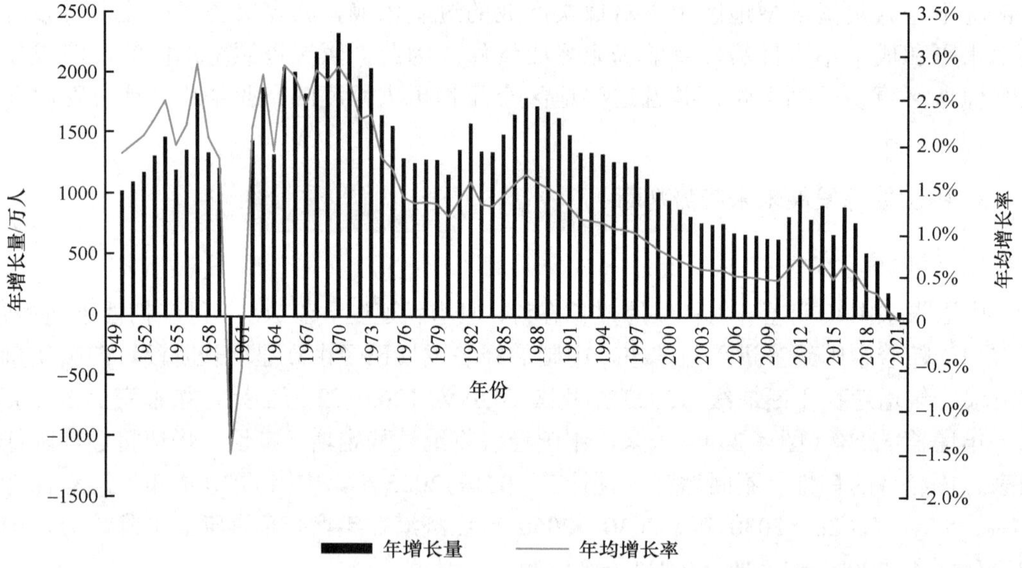

图 4-25　1949 年以来中国人口年增长量及年均增长率的变化情况

界生育率警戒线 1.5，中国进入到了全球生育率最低的国家行列。多方研究机构预测，预计到 2030 年前后，中国将达到人口峰值，人口总量将迎来 14.3 亿左右的峰值拐点（表 4-5）。此外，中国的人口城镇化已经进入到了新的发展阶段。2021 年末，中国人口城镇化率达 64.72%，总体进入到中后期阶段。

表 4-5　不同研究机构对中国未来人口总量的预测情况

机构	2020 年人口总量/亿人	2030 年人口总量/亿人	2050 年人口总量/亿人	峰值年/人口总量	报告年
联合国	14.33	14.53	13.85	2030/14.53	2013
世界银行	14.08	—	13.51	2028/14.29	2014
中国人民大学社会学院	14.20	—	14.00	2028/14.50	2016
国家卫生健康委员会	14.20	14.50	14.00	2030/14.50	2017
中国社会科学院	—	14.42	13.64	2029/14.42	2018
国家信息中心	14.16	—	13.95	2030/14.50	2018
生态环境部环境规划院	14.20	14.30	13.48	2030/14.30	2018

3）能源消费

中国未来能源消费总量仍有较大的增长空间，短期内将持续增长，但年均增幅将不断下降，且能源消费结构将逐步向清洁、低碳化转变。发达国家的经验表明，人均能源消费量会随着一国经济的发展而增长，一段时间后达到饱和，再进入到下行通道。当前，中国的人均能源消费量还比较低，仅约为 3.7 吨标准煤/（人·年），远低于发达经济体人均水平（图 4-26）。并且，中国当前人均 GDP 仅为 1.25 万美元，距离发达国家人均能源消费峰值时期对应的人均 GDP 水平仍有很大距离。据此可以判断，未来我国能源消费还有较大的增长空间。预计短期内，中国能源消费总量将继续保持增长，但年均增幅会不断下降。一次能源消费量预计在 2030—2035 年达峰，峰值为 60 亿—65 亿吨标准煤，达峰后将进入平台期，2050 年能源消费量为 55 亿—60 亿吨标准煤。同时，非化石能源在能源消费结构中的占比将逐步提高，促使中国的能源消费结构逐步清洁、低碳化。2030 年，非化石能源将成为主流能源，对化石能源形成有效补充，2050 年则将转变为主力能源。此外，中国的电气化水平将逐步提升，电力在建筑、交通、轻工业等终端部门能源消费中占比大幅提升。

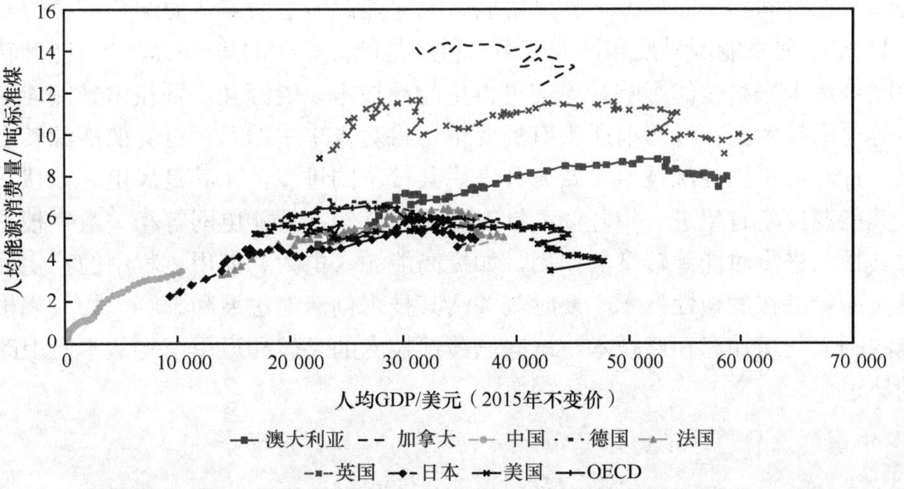

图 4-26　全球主要经济体的人均 GDP 与人均能源消费量的演变情况

4. 中国能源转型路径设计与选择

1）中国能源转型路径设计的基本原则

为了确保“双碳”目标的如期实现，中国的能源转型进程需要遵循相应的基本原则以保证其朝着正确的方向发展。基本原则主要围绕四个方面展开：坚持目标导向、坚持能源清洁低碳安全高效、坚持全国上下一盘棋、坚持前瞻能源科技和产业变革。

（1）坚持目标导向。以 2035 年基本实现社会主义现代化、本世纪中叶建成社会主义现代化强国为远景目标，同时锚定建设能源强国的目标和聚焦落实碳达峰、碳中和目标，确定能源转型在目标和行动方面的关键节点，不断提高能源生产和自供的韧性与可靠性，并强化能源转型与经济发展、人口发展、产业布局等方面的协同统一。

（2）坚持能源清洁低碳安全高效。确保能源安全是最基本的要求，没有能源安全的转型背离了新发展理念的初衷。因此，要强调转型过程中以能源安全为第一要义，清洁低碳为发展底色，高效利用为重要抓手。能源转型的路径应围绕满足能源需求来设计，坚持稳中求进，先立后破，通盘谋划。在确保能源安全的基础上，统筹传统能源和可再生能源发展，并将能源、工业、建筑、交通等领域的能效提升作为能源转型的重要输入变量，持续推动能源绿色低碳转型。

（3）坚持全国上下一盘棋。由于中国的能源资源禀赋空间分布极其不平衡，能源绿色低碳转型需要各地方、各部门、各行业聚焦国家目标，并充分发挥主观能动性，要充分考虑能源跨区域的输送和就地消纳的统一。一方面，要充分体现不同类型能源发展节奏的统一，煤炭、石油、天然气等传统化石能源的逐步退出和低碳化利用要建立在风、光、水、核及储能可靠和稳定的基础之上；另一方面，在聚焦国家“双碳”和能源目标的基础上，也要充分挖掘地方的资源禀赋优势，避免不加适应化改造的重复建设。要体现东部沿海地区与中部地区的不同，体现西北地区与西南地区在布局能源发展方面的侧重点差异，还要体现农村和城市在发展可再生能源方面的差异，从而充分挖掘不同地区、城乡在能源转型进程中的优势点。此外，传统化石能源与风、光等新能源要与水资源、生态资源等在时间和空间尺度上高度协同，确保能源转型所需要的配套资源的充足。

（4）坚持前瞻能源科技和产业变革。科技是能源转型的第一推动力，能源转型要客观、前瞻考虑未来科技的影响。当前可再生能源技术、能源互联网技术、储能技术、负碳技术等前沿技术正在经历前所未有的变革，将对未来中国乃至世界的能源转型产生深远影响。针对可再生能源技术，要充分考虑其技术的进步，尤其是风电、光伏、水电等技术，其能源价格有望进一步降低；针对能源互联网、智能电网等相关数字技术，要充分考虑其技术进步对能源转型的作用，如提高能源（电力）使用过程中的稳定性；针对储能、负碳等潜在颠覆性技术，要时刻关注其技术创新的进展和影响，如大规模、低成本氢能的制取、运输和存储技术。这些颠覆性技术的突破和运用，将从本质上改变能源发展的轨道。

2）中国能源转型路径选择

基于中国自身能源禀赋及不同类别能源技术的发展现状，本节共提出四种潜在可行的中国能源转型路径，分别是：高比例大规模可再生能源路径、基于先进核电的新能源组合路径、氢能大规模部署路径以及负排放技术的大规模应用路径。

A. 高比例大规模可再生能源路径

大力发展可再生能源发电以取代煤电在发电体系中的主体地位，已经成为中国乃至全球电力部门绿色低碳转型的必然趋势。因此，在该路径情景下，中国将优先推进电力系统改革，构建适应高比例大规模可再生能源的电力系统，实现电力系统的净零排放。在坚持先立后破的总基调上，实现集中式和分布式并举开发可再生能源发电。按照集约高效、优化布局的原则，以西部、北部沙漠和荒漠地区为重点，集约开发建设大型风光发电基地，中东南部地区重点推动风电、光伏就地就近开发，东南部沿海地区积极推进风电集群化开发及建筑的大规模光伏改造。同时，对煤电进行灵活性改造，充分发挥煤电对新型电力系统灵活性调整的作用，并通过价格机制、补偿机制等来确保传统化石能源的低碳、公正转型。此外，加快储能和以特高压为骨干网架的东部、西部两个同步电网的建设，充分支持大规模可再生能源的消纳以确保电力系统在转型过程中的安全、稳定运行。在该路径情景下，预计中国可再生能源消费占比在 2030 年和 2060 年将分别达到 25%和 80%左右；天然气消费占比将从 2030 年的 17%降至 2060 年的 10%；煤炭消费在 2030 年占比约为 35%，到 2060 年除少量加装 CCUS 的煤电外，基本全部退出（图 4-27）。

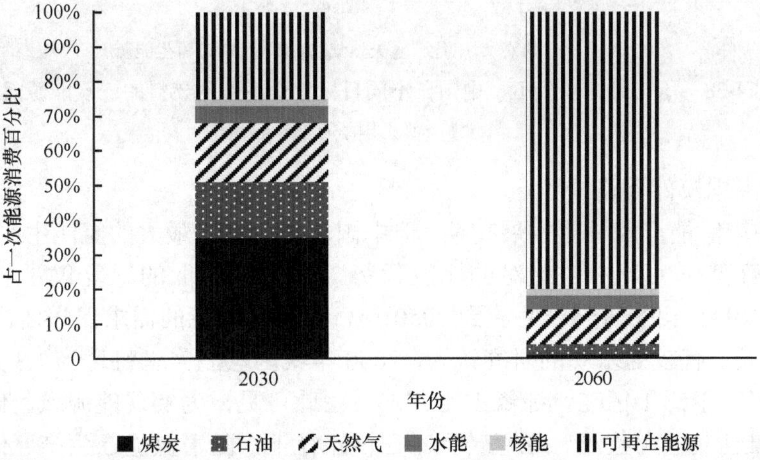

图 4-27 高比例大规模可再生能源路径下中国 2030 年及 2060 年的能源消费结构

B. 基于先进核电的新能源组合路径

当前，中国核能发电占比很低，2020 年仅占 4.9%，主要原因是高额的用水需求和核污染风险使核电发展受限，出于安全的考量导致核电的选址通常以沿海为主。然而，随着四代核电技术研发逐渐走向成熟，其固有安全性、核燃料高利用率及成本的可控性，使其未来 10—15 年商业化及在内陆部署成为可能。并且，中国未来对于核能的需求量很大。据国际能源署预测，未来我国对核能的能源需求预计在 2020—2060 年翻五番，2060 年核能在一次能源需求中的占比将达到 10%—15%，而目前仅占 2.72%（图 4-28）。因此，在该路径下，中国将在现有试点示范的基础上，优先考虑主要在华东、华南、华中三大区域内陆规划布局先进核电（如加速器驱动的先进核能系统），湖南、湖北、江西等长江流域省份和地区可以作为内陆核电厂址的首选。同时，构建风、光、水、核的多能互补体系，提高能源系统的韧性，推动我国能源结构和布局的区域创新。预计到 2030 年，中国核电占一次能源消费比重为 4%左右，到 2060 年这一比例将达到 10%—15%。从核电结构来看，内陆核电将在 2030 年出现，到 2060 年占比将达到 70%—80%。核电站的布局要符合国家能源需求和流动方向，应将核电纳入我国电力能源总体流动的平衡中。

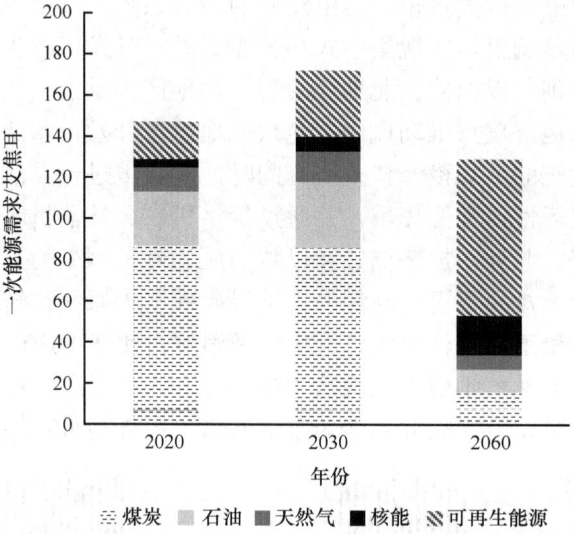

图 4-28 承诺目标情景下，中国在不同目标年份下不同燃料的一次能源需求

资料来源：国际能源署

C. 氢能大规模部署路径

当前，中国氢能产业处于发展初期，但中国却是世界上最大的氢能生产国和消费国，其中灰氢和蓝氢在生产中占绝对的比重优势，水电解制取的绿氢仅占氢气总产能的 1.52%（图 4-29）。相关研究表明，到 2050 年，中国对氢能的需求保守估计可达到 6000 万至 8000 万吨。有较为乐观的研究认为，2060 年我国氢能需求将达到 1.3 亿吨左右，可再生能源制氢产量约 1 亿吨，绿氢占比 77%。由此可见，为实现能源绿色低碳转型，中国需要积极推动灰氢向蓝氢、绿氢转型。在该路径下，随着氢能在生产、储存、运输以及使用等环节的技术进步，中国将提高绿氢在氢能生产中的比例，并将绿氢适时推广应用到交通、化工、建筑等重要领域。在氢气生产方面，中国将基于其可再生能源资源分布，构建“三北”（西北、华北、东北）与东部“纵横结合”的两大陆上绿氢经济带，同时西南水电、东部沿海地区海上风电制氢也将会是重要的制氢选项；在氢气储运方面，短期内将依赖把氢气掺入到天然气组成掺氢天然气，再通过现有天然气管网输送至目的地之后再行分离的方式来大规模运输氢气。长期来看，随着用氢需求的扩大，结合可再生能源的分布式制氢加氢一体站、经济高效的集中式制氢、液氢等多种储运方式并行的方案将会是主要的氢能储运的发展方向；在氢能的使用方面，未来中国将优先考虑绿氢在燃料电池重卡、氢能炼钢、绿氢化工和天然气掺氢等领域的研发、试点和产业布局，并综合考虑氢能的技术经济属性，适时推进氢能在储能、建筑等领域的推广应用。在该

路径情景下，随着中国可再生能源的发展以及制取、存储和调运氢气技术的进步，预计到 2030 年，中国氢气的产量将达到 3000 万—4000 万吨，到 2060 年将达到 1.1 亿—1.3 亿吨。

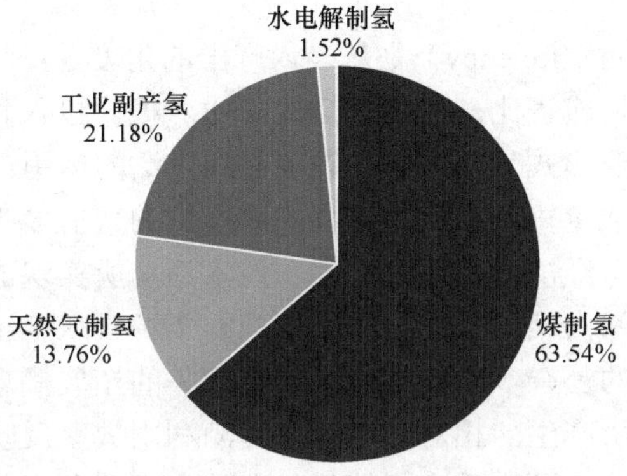

图 4-29　2019 年中国氢气生产路径结构图

D. 负排放技术的大规模应用路径

负排放技术是碳中和目标下实现能源转型不可或缺的关键技术，其对能源绿色低碳转型具有重要意义。一方面，低成本、大规模负碳技术的推广应用可为中国能源绿色低碳转型提供更大的选择空间，如促使煤电延寿，减少钢铁水泥生产过程中的碳排放等；另一方面，颠覆性负排放技术有可能将二氧化碳作为生产原料使用而不排放二氧化碳，将有利于重塑我国能源绿色低碳转型路径。国内外主要关注的负碳技术包括 CCUS、BECCS、直接空气碳捕集与封存，以及其他二氧化碳利用技术（如二氧化碳合成淀粉、葡萄糖技术等）。当前，中国已投运或建设中的 CCUS 示范项目约为 40 个，捕集能力 300 万吨/年，以石油、煤化工、电力行业小规模的捕集驱油示范为主。中国已具备建设大规模捕集、利用与封存二氧化碳的工程能力，正在积极筹备全流程 CCUS 产业集群。在该路径情景下，中国将锚定火电、钢铁、水泥、石化和化工五大行业为应用 CCUS 的重点行业，并优先推进 CCS、BECCS 的示范应用，推动其成本快速降低以为大规模的商业应用创造条件，同时关注颠覆性负碳技术的前瞻布局，创造技术中试、熟化、试点的制度环境。根据多机构研究结果，碳中和目标下中国 CCUS 未来减排需求为 2030 年 0.2 亿—4.08 亿吨，2050 年 6 亿—14.5 亿吨，以及 2060 年 10 亿—18.2 亿吨。其中，BECCS 减排需求逐步扩大，2025 年仅 50 万吨，到 2040 年为 0.8 亿—1 亿吨，2060 年继续翻番，达到 3 亿—6 亿吨。

上述提出的中国四条能源绿色低碳转型的路径在形式上彼此独立，但在实际应用推广中在一定程度上相互交叉影响。为此，我们需要综合研判未来的发展情景、路径的内在特质，以某一条或几条为主路径，其他为辅助路径，并根据系统条件的变化适时更新和调整，确保转型目标与路径的统一、协调。此外，常规的节能和提高能效仍然是中国优先的选择，并可经济有效地为能源转型提供更多的选择时间和空间。

4.3 资源效率增效

4.3.1 何为资源利用效率

利用效率（utilization efficiency）是从投入产出的角度，反映单位投入量所对应的有效产出，数值上与产出量成正比，与投入量成反比。根据投入和产出的不同表现形式，利用效率也有不同的表现形式，并在多个领域得到广泛的运用。

资源利用效率指单位量资源在利用过程中所产生的效益多少。在不同的学科领域，资源效率有不同的含义。经济学用以表达某一经济活动所实现的劳动价值或资源效益。管理学用于反映特定时间内某种分配方式所形成的资源投入产出的比率关系。在资源环境领域，由于研究要素的复杂多样而出现了诸多相关的拓展概念。例如，土地利用效率反映单位土地要素投入所产生的相对效益，水资源利用效率反映供水量与用水量的匹配关系，能源利用效率反映能源物质实际消耗与有效产出的利用关系，环境效率反映经济发展所付出的环境代价，生态效率反映满足人类需求所占用的生态资源，资源生产率用于衡量自然资源在经济活动中的使用效率，等等。

资源效率增效则是在生产和消费过程中，用尽量少的资源获得尽量大的产出，通过提高资源的利用效率，实现碳减排与经济增长的协同发展。

4.3.2 提升资源利用效率的原因和意义

1. 节约资源是中国的基本国策

节约资源是中国的基本国策。1997 年全国人大通过、2007 年修订的《中华人民共和国节约能源法》第四条规定："节约资源是我国的基本国策。国家实施节约与开发并举、把节约放在首位的能源发展战略。"国家鼓励、支持开发和利用新能源、可再生能源；国家鼓励、支持节能科学技术的研究、开发、示范和推广，促进节能技术创新与进步；国家开展节能宣传和教育，将节能知识纳入国民教育和培训体系，普及节能科学知识，增强全民的节能意识，提倡节约型的消费方式。全面提升资源利用效率，实现资源节约、环境保护、生态保育，是破解资源环境约束、促进经济发展方式转变的重要途径，也是体现"尊重自然、顺应自然、保护自然"，加快推进生态文明建设的必然选择。

2. 缓解资源短缺压力

1）全球资源短缺现状

从世界现代化发展历程看，18—19 世纪工业化面临的主要矛盾是人力资源（如劳动力）和人造资本（机器、厂房等）稀缺而自然资本相对宽裕，需要通过发展机器等人造资本来以机器代替人，进而大幅度提高劳动生产率。到 20 世纪下半叶，地球上人口过多而自然资本稀缺的矛盾凸显，特别是自然资本及其大规模开发所带来的生态环境问题日益成为经济发展的限制因素。而到 21 世纪，自工业化以来人类活动已经彻底改变了地球的生态环境，带来了全球性的环境危机，最为突出的就是全球气候变暖问题已不可回避。

全球资源紧缺现状表现为能源、水、粮食等多个领域面临有限供应、气候变化和不可持续生产模式引发的挑战，需要通过跨领域协作和可持续发展策略来缓解。自 1970 年以来，全球人口增加了一倍，全球 GDP 增长了四倍。但是，这些成就给我们的自然环境带来了巨大的代价，最终影响了人类的福祉并加剧了国家内部和国家之间的不平等。一些重要矿物资源的剩余储量可供开采的年限已经不多。中国 2020 年煤炭产量和消费量都占全球总量的一半（图 4-30、图 4-31）。同时，当前全球森林面积仅存 28 亿公顷，而且还在以每年 1600 万—2000 万公顷的速度递减。全球幸存的 500 万—1400 万种生物物种及各种动植物，正在以每年 25 000 种的速度消失和灭绝。此外，根据世界资源研究所的最新数据，全球将近 400 个地区的民众生活在极度缺水的环境下。世界资源研究所称，全球近 1/3 的人口——26 亿人生活在高度缺水的国家，其中 17 个国家中的 17 亿人生活在极度缺水的地方。

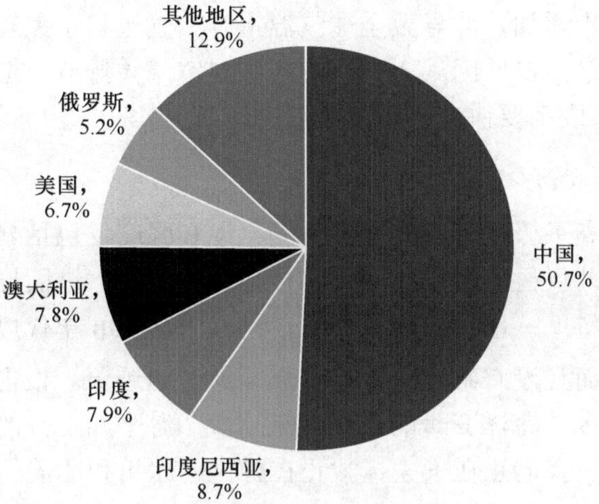

图 4-30　2020 年全球各地区煤炭产量占比

资料来源：BP 石油公司

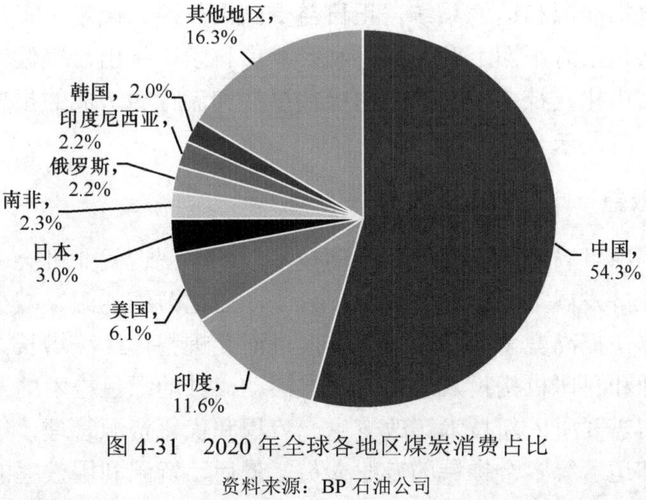

图 4-31　2020 年全球各地区煤炭消费占比

资料来源：BP 石油公司

2）中国当前资源对外依存度较高

从能源资源禀赋看，中国具有富煤、贫油、少气的特点。据国家统计局数据，中国是全球最大的原油净进口国，原油进口量在 2020 年创下了有史以来的最高纪录 5.42 亿吨，对外依存度达到了 73.6%。2021 年，中国原油对外依存度为 72%，天然气对外依存度约为 42%；煤炭进口量为 3.23 亿吨，进口量不到生产量的 10%。2022 年，中国石油对外依存度为 71.2%，天然气对外依存度为 40.2%，铁矿石对外依存度为 80%左右。

3. 应对气候变化

1）温室气体排放

全球气候变化是地球面临的紧迫挑战之一，它给人类和整个生态系统都带来了深远的影响。自工业革命以来，人类活动，主要是燃烧化石燃料和改变土地用途，造成温室气体的浓度一直在稳步增加，并导致全球气温上升。气候科学家表示，人类活动是过去 200 年来全球变暖的最主要原因。人类活动产生温室气体排放，造成世界变暖的速度比过去 2000 年的任何阶段都要快。

2）极端天气气候事件

全球气候变化提高了极端天气气候事件的频率和强度，包括暴雨、洪水、干旱、飓风和森林火灾等。全球气候变暖导致冰川和极地冰层融化，进而导致海平面上升。世界气象组织前秘书长佩特里·塔拉斯教授指出，自 20 世纪 90 年代以来，每个十年的温度都高于前一个十年，而且没有看到这一趋势立即逆转的迹象。报告温度创历史新高的国家比任何其他十年都多。海洋变暖的速度越来越快，海平面上升的速度在不到一代人的时间里几乎翻了一番。我们正在失去拯救正在融化的冰川和冰盖的机会。

3）对社会经济的影响

全球气候变化对社会经济产生了广泛的影响。人类的健康、生活和生计以及财产和重要基础设施，包括能源和运输系统，正日益受到由热浪、风暴、干旱和洪水带来的灾害以及缓发变化（包括海平面上升）的不利影响。科学家指出，气候变化会与自然资源过度消耗、快速城市化、社会不平等、由极端事件和流行病造成的损失和损害等全球趋势产生相互作用，危及未来的发展。

4. 提升经济效益

提升资源利用率可以从降低成本、推动技术创新、创造就业机会、推动绿色产业发展等四方面促进经济发展，提升经济效益。首先，通过节约能源、减少废弃物等手段，企业可以降低成本，提高竞争力和经济效益，进而促进整体经济增长。其次，提升资源利用效率需要企业和科研机构投入更多的研发活动，推动绿色技术的发展。再次，提高资源利用效率通常需要引入新技术、改变生产流程和优化资源管理，这就需要研发、设计、工程、生产和运营等多个领域的专业人员。最后，资源利用效率的提升还可以促进如可再生能源、清洁技术、环保产品等绿色产业的发展，进一步带动绿色经济的增长，创造更多就业机会。

4.3.3　中国资源利用现状

1. 能效现状

1）国内外能效现状

国内外能效水平逐渐提升，能耗强度逐年下降。根据国际能源署数据，从 2010 年到 2020 年，全球的能源强度改善率从 2011—2015 年的 2.1%下降到 2016—2019 年的 1.3%，能源危机使全球重新关注节能，2022 年能效水平或将提升 2%，但仍然远低于 2050 年净零排放情景下年均能效提升 4.2%的预期。中国是全球能耗强度降低最快的国家之一，初步核算，从 2011 年到 2021 年我国能耗强度从 0.86 吨标准煤/万元 GDP 下降为 0.48 吨标准煤/万元 GDP（图 4-32）。“十三五”期间，中国以年均 2.8%的能源消费量增长支撑了年均 5.7%的经济增长，节约能源占同时期全球节能量的一半左右。

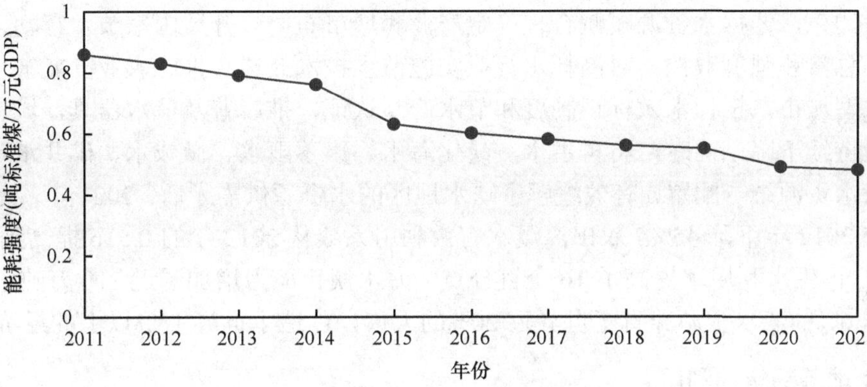

图 4-32　2011—2021 年中国能耗强度

资料来源：国家统计局

2）行业能效现状

各行业能效水平也出现下降趋势，中国能源利用技术实现跨越式进步，重点耗能行业技术装备水平显著提升，粗钢、水泥、合成氨等能效水平进入世界先进行列（表 4-6）。根据国家统计局数据，2015—2018 年，中国火力发电煤耗从 297 克标准煤/千瓦时降到 289 克标准煤/千瓦时，下降了 2.7%；吨钢可比能耗从 644 千克标准煤/吨降到 605 千克标准煤/吨，下降了 6.1%；电解铝交流电耗从 13 562 千瓦时/吨降到 13 257 千瓦时/吨，下降了 2.2%；水泥综合能耗从 137 千克标准煤/吨降到 131 千克标准煤/吨，下降了 4.4%。

表 4-6　中国行业能源效率国际对比（2020 年）行业

行业	指标	中国	世界先进水平
农业	化肥有效利用率/%	40.2	欧洲 68
	灌溉水有效利用率/%	55.9	以色列 90

续表

行业	指标	中国	世界先进水平
制造业	产品综合能耗		
	粗钢/（千克标准煤/吨）	603（可比能耗）	德国 576
	水泥/（千克标准煤/吨）	128	德国 97
	黏土砖/（千克标准煤/万块标准砖）	600	美国 300
	合成氨/（千克标准煤/吨）	1422	美国 990
	纸和纸板/（千克标准煤/吨）	947	日本 560
交通运输	乘用汽车平均油耗/（升/百公里）	5.55	日本 4.10
建筑	采暖能耗/（千克标准煤/米^2）	北方地区平均 22.5	德国 9.0

资料来源：国家统计局、农业农村部、水利部、交通运输部、住房和城乡建设部、清华大学建筑节能研究中心

2. 水资源利用效率

中国当前已采取一系列措施提高水资源利用效率并取得了一定的成效。积极强化水资源刚性约束，依据水资源禀赋合理确定产业和城市布局；开展国家节水行动，实施水资源消耗总量和强度双控；对高耗水行业实施节水技术改造，推广农业高效节水灌溉；创建节水型城市，推行水效标识制度和节水产品认证，推广普及节水器具，城市人均综合用水量持续下降。同时，将再生水、淡化海水、集蓄雨水、微咸水、矿井水等非常规水源纳入水资源统一配置，有效缓解了缺水地区的水资源供需矛盾。2021 年，万元 GDP 用水量较 2012 年下降 45%。农田灌溉水有效利用系数从 2012 年的 0.516 提高到 2021 年的 0.568，再生水利用率提高了 16 个百分点，海水淡化能力增加了近 110 万吨/日。中国以占全球 6%的淡水资源养育了世界近 20%的人口，创造了世界 18%以上的经济总量。

3. 土地节约集约利用

近年来，各地采取措施推进土地节约集约利用，取得了积极进展。完善城乡用地标准体系、严格各类建设用地标准管控和项目审批，推进交通、能源、水利等基础设施项目节约集约用地，严控新增建设用地。强化农村土地管理，稳步推进农村集体建设用地节约集约利用。建立建设用地增量安排与消化存量挂钩机制和闲置土地收回机制，盘活存量用地。通过加强各类建设项目节约用地评价，严格执行用地定额标准，加强开发区用地审核和评价监测，我国土地资源集约利用已取得一定的成效。2012 年至 2020 年，国家级开发区综合容积率由 0.83 提升至 1，工业用地投资强度提升超过 60%。2012－2021 年，单位 GDP 建设用地使用面积下降 40.85%。

4. 资源综合利用水平

资源循环利用已成为保障我国资源安全的重要途径。2020 年农作物秸秆综合利用率达 86%以上，大宗固废综合利用率达 56%。再生资源利用能力显著增强，2020 年建筑垃圾综合利用率达 50%；废纸利用量约 5490 万吨；废钢利用量约 2.6 亿吨，替代 62%品位铁精矿约 4.1 亿吨；再生有色金属产量 1450 万吨，占国内十种有色金属总产量的 23.5%，

其中再生铜、再生铝和再生铅产量分别为 325 万吨、740 万吨、240 万吨。

废钢作为钢铁企业低碳绿色生产的重要原料，对降低钢铁企业的制造成本、平抑进口矿价格上涨、减少固体废弃物的排放具有重大影响。2021 年，美国、欧盟、日本废钢比分别达到了 69.2%、57.6%、34.8%，而我国钢铁生产工艺仍以长流程为主，废钢比仅为 21.9%，远低于美国、欧盟的水平，废钢利用仍有较大的提升空间。

5. 当前存在的问题

首先，当前中国循环经济发展仍面临重点行业资源产出效率不高，再生资源回收利用规范化水平低，回收设施缺乏用地保障，低值可回收物回收利用难，大宗固废产生强度高、利用不充分、综合利用产品附加值低等突出问题。循环再利用品质与成本难以满足战略性新兴产业关键材料要求，亟须提升高质量循环利用能力。

其次，中国再生资源回收利用企业以中小型企业为主，整体上缺乏强大的龙头企业来引领产业发展。这导致整个行业高度分散，规模化和规范化水平相对较低，阻碍了整个产业链的优化和协同效应的发挥。此外，由于大多数企业技术水平相对滞后，技术研发投入普遍较低，整体创新能力相对薄弱。这种状况限制了再生资源回收利用行业在高效、环保和可持续方向上的进一步发展，强调了提升企业规模、技术水平和创新能力的紧迫性。

最后，中国单位 GDP 能源消耗、用水量仍然显著高于世界平均水平，而铜、铝、铅等大宗金属再生利用仍以中低端资源化为主。新型废旧产品产生量大幅增长，尤其是动力电池、光伏组件等，但回收拆解处理面临较大难度。稀有金属分选的精度和深度不足，循环再利用品质与成本难以满足战略性新兴产业关键材料的要求，迫切需要提升高质量循环利用能力。这些问题凸显了我国循环经济发展中的挑战，需要通过政策、技术和产业升级等多方面努力来推动循环经济的可持续发展。

4.3.4　资源利用效率提升路径

1. 提升能源利用效率

1）相关政策

我国目前正在积极出台一系列旨在提升能源利用效率的政策举措。为有效控制能源消耗，实施了能耗双控政策，同时通过价格政策推行阶梯电价，以激励居民和企业节约用能。此外，引入了能效标准，要求产品附上能效标签，并设立单位产品能耗限额，以推动产业向更为节能环保的方向发展。政府绿色采购也被纳入政策范畴，鼓励采购更加环保和能效更高的产品，从而引导市场朝着可持续发展的方向迈进。这些综合性政策的出台旨在全面提高我国的能源利用效率，促使经济社会可持续发展。

2）具体路径

A. 设备更新换代

加快淘汰落后产品设备，同时大力推广高能效产品设备。通过建立专门的淘汰梯度和时限，逐步淘汰那些老化、低效的生产设备。同时，政府还可以与相关产业协会和企业合作，共同推动淘汰计划的执行。通过多种途径鼓励企业采用先进、高效的生产设备，如提供财政补贴、税收优惠等激励措施。此外，还可以借助宣传教育和技术培训，增强企业对高能效产品的认知和使用意愿。在技术方面，政府可以支持研发机构和企业进行高能效产品的创新和升级。鼓励科技创新，推动产业技术水平的提高，以适应未来生产和能源利用的要求。

B. 技术升级

通过技术创新和产业升级，研发出更加高效的生产方法和节能设备，有助于降低能源消耗。首先，鼓励企业加大对技术创新的投入。通过设立专项资金、奖励计划和科研项目，激发企业研发团队的创新激情。可以开展基础研究，探索新材料、新工艺和新技术，以提升生产效率和降低能源消耗。其次，促使科研机构与企业建立更加紧密的合作关系。通过设立科技合作基地和产业研究中心，鼓励科研成果更迅速地转化为实际生产力。这种协同创新的模式有助于将先进技术迅速应用到实际生产中，提高整体产业水平。最后，为企业提供相关技术培训，提高员工对新技术和设备的应用能力。通过建立培训中心、举办研讨会和开展在线培训等方式来实施。技术培训有助于企业更好地理解和应用高效生产方法，从而提高生产效率并减少不必要的能源浪费。

C. 能效评估和管理

对能源消耗进行评估和监测，识别出能源浪费的问题，建立能源管理体系，实时监测能源消耗。首先，可以倡导企业采用先进的能源消耗评估工具和方法，以全面了解其生产过程中的能源使用情况。通过建立专业的能源审计团队或引导企业聘请第三方能源专业机构，对各个环节的能源使用情况进行详细调查和评估。其次，通过传感器、监测设备等技术手段，对生产设备和系统的能源使用情况进行实时监测。这样的系统可以提供高频率、精准的数据，帮助企业随时了解能源消耗的动态变化，有助于快速发现潜在的能源浪费问题。再次，引导企业建立科学的能源管理体系，包括制订能源管理计划、明确责任分工、设立监测和评估机制等。建立这样的体系有助于企业有序、全面地管理能源，提高对能源消耗的敏感性。最后，倡导企业参与能源消耗信息的共享平台，促使行业内企业分享能源管理的经验和成功案例。这有助于推动整个行业朝着更为高效的方向发展，形成积极的行业氛围。

D. 废弃物热能回收利用

对于在一些生产过程中产生的废热或废气可以进行回收利用，用于加热或发电，从而减少能源的浪费。首先，对生产过程中产生的废热或废气进行全面的识别和定量分析。通过设备监测、传感器等技术手段，实时监测和记录废热或废气的产生量、温度、成分等关键参数，确保准确了解废热或废气的特性。其次，通过政府支持和企业投入，加大对废热、废气回收技术的研发力度。采用先进的废热回收装置、废气处理技术等，确保废热或废气能够高效、安全地进行回收利用。例如，采用热交换技术、废气净化技术等手段，将废热或废气中的热能有效地提取出来。再次，推动建立废热、废气交易市场，通过市场机制引导企业之间进行能源资源的交换。最后，制定和完善废热、废气回收利用的相关标准，加大对企业的监管力度，确保回收利用过程的安全和环保。

2. 促进循环经济发展

1）推进产业园区循环化发展

推进产业园区循环化发展。以提升资源产出率和循环利用率为目标，优化园区空间布局，开展园区循环化改造。推动园区企业循环式生产、产业循环式组合，组织企业实施清洁生产改造，促进废物综合利用、能量梯级利用、水资源循环利用，推进工业余压余热、废气废液废渣资源化利用，积极推广集中供气供热。搭建基础设施和公共服务共享平台，加强园区物质流管理。

案例 4-2　　宝丰集团有限公司循环经济产业链

2022 年 2 月 25 日，宝丰集团有限公司与甘肃省酒泉市政府在兰州签订《多晶硅上下游协同项目投资合作协议》，拟投建 35 万吨/年工业硅、30 万吨/年多晶硅、50 吉瓦拉晶切片、30 吉瓦电池组件生产装置，以及配套 15 吉瓦光伏发电和风力发电电站。而瓜州县正是项目一期建设地，建设内容包括 5 万吨/年多晶硅、2.5 吉瓦/年拉晶、2.5 吉瓦/年切片、2.5 吉瓦/年电池、2.5 吉瓦/年光伏组件生产装置。公开信息显示，仅项目一期投资金额就高达 200 亿元。

当下，光伏制氢技术路线正在崛起，它的基本原理是利用太阳能电池板将太阳能转化为电能，然后通过电解水产生氢气。这套流程也可简单总结为光伏发“绿电”制取绿氢，用绿氢生产绿色甲醇，再用绿色甲醇生产绿色烯烃。从光伏到绿氢再到绿色烯烃，这是宝丰集团有限公司提出的一个绿色、闭环、集群式全产业链式的发展构想。

2）加强大宗固废综合利用

提高矿产资源综合开发利用水平和综合利用率，以煤矸石、粉煤灰、尾矿、共伴生矿、冶炼渣、工业副产石膏、建筑垃圾、农作物秸秆等大宗固废为重点，支持大掺量、规模化、高值化利用，鼓励应用于替代原生非金属矿、砂石等资源。在确保安全、环保的前提下，探索将磷石膏应用于土壤改良、井下充填、路基修筑等。推动建筑垃圾资源化利用，推广废弃路面材料原地再生利用。加快推进秸秆高值化利用，完善收储运体系，严格禁烧管控。加快大宗固废综合利用示范建设。到 2025 年，大宗固废年利用量达到 40 亿吨左右；到 2030 年，年利用量将达到 45 亿吨左右。

案例 4-3　　德国阿吉斯装备制造集团垃圾循环利用

德国阿吉斯装备制造集团是全球破碎和回收利用机械设备制造和应用技术先行者之一。其前身是第二次世界大战之后成立的从事金属固废拆解的一家家族企业，总部位于德国莱姆巴赫。德国阿吉斯装备制造集团在第二届中国国际进口博览会全球首发建筑垃圾循环利用破碎机 IMPAKTOR 380 PLUS，每小时最快处理 200 吨。

阿吉斯 IMPAKTOR 380 PLUS 是德国阿吉斯装备制造集团为参加第二届中国国际进口博览会而根据中国市场的具体需求设计并制造的固废及建筑垃圾处理设备。这台设备也在第二届中国国际进口博览会上首次面向全世界用户。

3）健全资源循环利用体系

完善废旧物资回收网络，推行“互联网+”回收模式，实现再生资源应收尽收。加强再生资源综合利用行业规范管理，促进产业集聚发展。高水平建设现代化“城市矿产”基地，推动再生资源规范化、规模化、清洁化利用。推进退役动力电池、光伏组件、风电机组叶片等新兴产业废物循环利用。促进汽车零部件、工程机械、文办设备等再制造产业高质量发展。加强资源再生产品和再制造产品推广应用。到 2025 年，废钢铁、废铜、废铝、废铅、废锌、废纸、废塑料、废橡胶、废玻璃等 9 种主要再生资源循环利用量达到 4.5 亿吨，到 2030 年达到 5.1 亿吨。

4）大力推进生活垃圾减量化资源化

扎实推进生活垃圾分类，加快建立覆盖全社会的生活垃圾收运处置体系，全面实现分类投放、分类收集、分类运输、分类处理。加强塑料污染全链条治理，推动生活垃圾源头减量。推进生活垃圾焚烧处理，降低填埋比例，探索适合我国厨余垃圾特性的资源化利用技术。推进污水资源化利用。到 2025 年，城市生活垃圾分类体系基本健全，生活垃圾资源化利用比例提升至 60%左右。到 2030 年，城市生活垃圾分类将实现全覆盖，生活垃圾资源化利用比例将提升至 65%。

案例 4-4　　荷兰 Aectual 利用可回收饮料盒制造家具

荷兰初创公司 Aectual 正在利用可回收的饮料盒，采用 3D 打印技术制造家具。Aectual 首席创意官兼联合创始人海德维格·海因斯曼称，2021 年全球生产了近 2000 亿个饮料纸盒，如果把这些纸盒变成建筑材料，减少建造和装修房屋时使用的原始材料，会产生什么样的效果呢？或许我们能成为室内装饰循环材料的标准。海因斯曼说，超过 75%的包装是可重复使用的纸板，其余 25%是聚合物铝混合物。他们可用这种材料，采用 3D 打印技术，制造出高质量的室内产品，如凳子和花盆，以及诸如隔音墙板和分隔墙的内部系统。

3. 绿色供应链管理

1）发挥政策和市场双重作用

依托大宗商品买方主导的市场机制，由需求方主导市场，以推动生产企业提供更为环保的产品。通过这种机制，市场上的需求将成为产业链发展的主要驱动力，使得生产企业更加倾向于提供具有低环境影响的产品。以降低产品全生命周期环境影响为目的，通过环境经济政策和市场调控手段，利用政府、企业绿色采购和公众绿色消费引导，以及带动产业链上下游采取节能环保措施，对全产业链进行绿色改造，降低污染排放和环境影响。其中，政府作为大宗商品买方之一，可以通过推行绿色采购政策，将环保产品作为政府采购的首选。这将对市场产生示范效应，激励企业生产更为环保的产品，推动产业链向绿色方向发展。

2）贯彻绿色可持续发展理念

利用绿色可持续发展的理念来设计供应链的各个环节，包括采购、生产、包装、流通、消费和循环利用等。

A. 绿色设计

第一，在设计阶段实施产品寿命周期分析，评估产品在采购、生产、使用和废弃阶段的环境影响，以便更好地优化产品设计。第二，采用生态设计原则，考虑原材料选择、产品结构、可拆卸性、易回收性等因素，以减少资源消耗和环境污染。第三，不断追求可持续创新，采用先进材料和生产工艺，推动产品设计与环保技术的有机结合，实现产品性能和环保效益的双赢。

B. 绿色采购

第一，建立供应商评估体系，结合供应商的环保和社会责任表现，考察合作伙伴的绿色价值观。第二，制定明确的环保标准和采购政策，强调供应商需符合环保、社会责任等方面的标准，以确保采购的产品和服务符合可持续发展要求。第三，提高供应链透明度，要求供应商提供原材料来源、生产过程等信息，以便全面评估其环境影响，从而做出更绿色的采购决策。

C. 绿色制造

第一，采用清洁生产技术，减少废物、能源和水的使用，最大限度地降低生产过程对环境的负面影响。第二，选择可再生、可回收和生物可降解的材料，减少对有限资源的依赖，降低生产阶段的碳足迹。第三，推行节能环保的制造工艺，通过技术升级和创新，提高生产效率，减少能源消耗和废弃物排放。

D. 绿色物流

第一，采用智能物流系统，优化运输路线，减少运输时间和能源消耗，降低碳排放。第二，引入智能仓储系统，实现库存精细化管理，减少过度储存，降低仓储对资源的浪费。第三，设计轻量、可回收、可生物降解的包装材料，减少包装废弃物，提高包装的可持续性。

E. 绿色消费

第一，进行绿色消费者教育，提高消费者对可持续产品的认知，鼓励他们选择对环境友好的产品。第二，通过第三方认证机构获取绿色认证，为产品添加绿色标识，增强产品的市场竞争力。第三，强调品牌的可持续性和环保特性，通过宣传和广告让消费者更加了解品牌的绿色价值观。

F. 绿色回收

第一，建立废弃物管理体系，实施分类回收，最大限度地减少对环境的负面影响。第二，推动产业链形成闭环，确保废弃物能够成为新资源，实现资源的最大化利用。第三，鼓励社会各界参与绿色回收活动，通过激励机制和宣传引导公众正确处理废弃物，推动循环经济的发展。

案例 4-5　　苹果公司绿色供应链现状

苹果公司从20世纪90年代就开始关注绿色发展问题，1990年将绿色环保融入供应链体系；1996年，美国的生产基地首次将绿色管理引入供应商生产管理中；2000年，其所有的生产基地皆获得环境管理体系认证，完成绿色转型。

近年来，该企业持续推动上游铝材供应商在生产产品中使用可再生能源，提升产品回收及再生材料使用率。苹果公司在公众环境研究中心（Institute of Public and Environmental Affairs，IPE）2022年发布的《供应链 CATI 指数 2022——构建全球企业责任》中 CATI 指数评价排名第一（图 4-33），并在 2019—2022 年连续荣获绿色供应链 CITI①卓异品牌企业。披露数据显示，相较于 2015 年，苹果公司 2021 年铝材的碳排放已降低了 68%。

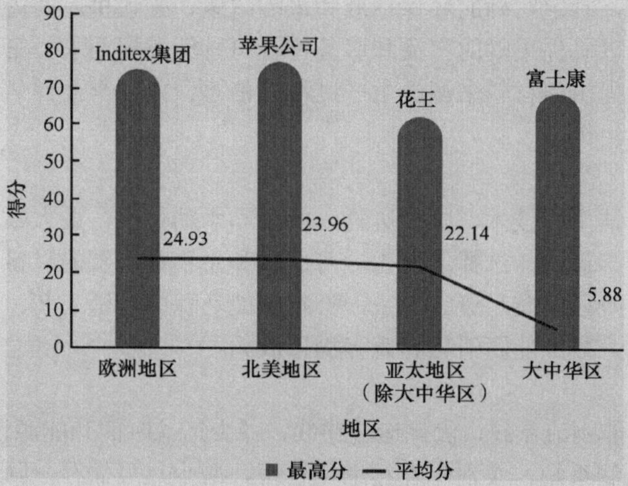

图 4-33　CATI 区域得分对比

资料来源：《供应链 CATI 指数 2022——构建全球企业责任》

CATI 即 corporate climate action transparency index，企业气候行动透明度指数。IPE 于 2021 年将供应链气候行动指数全面升级为 CATI。2022 年，IPE 对 CATI 进行了进一步的升级，将评价维度扩展为五个，即治理机制、测算披露、碳目标设定、碳目标绩效和减排行动

①绿色供应链 CITI 指数由 IPE 和自然资源保护协会（Natural Resources Defense Council，NRDC）于 2014 年合作研发，评价维度包括透明与沟通、合规性与整改行动、延伸绿色供应链、节能减排和责任披露五个方面，评价对象主要是直接面向消费者，且在中国具有一定供应链规模的企业。

案例 4-6　　雀巢公司绿色供应链管理

雀巢公司是最早在中国开启“绿色行动”的跨国公司之一，2020 年雀巢公司提出了“净零碳排放”的目标，并设立了“2025 年实现减排 20%”的硬指标。雀巢公司承诺于 2030 年将入仓和出库运输环节的碳排放减少 350 万吨二氧化碳当量。

雀巢公司自有车队于 2022 年已全部更换为更低碳排的车辆，并在物流供应商中推动电车、氢能车、生物燃料汽车等低碳车辆的使用，进一步降低碳排放。例如，在“双 11”“618”等大促时期雀巢的绿色供应链物流规划，工厂对商品做订制化包装，减少塑料材料的使用；在工厂里使用绿色智能周转箱，降低纸箱的消耗；尽可能减少使用不可回收包装，确保材料再利用，以实现更加绿色的供应链管理。

4. 绿色创新与技术研发

1）物联网和传感技术

在关键设备、生产线和建筑物等位置安装传感器，实现实时数据的收集。这些传感器可以监测能源使用情况、温度、湿度等参数，提供精准的环境数据。利用传感技术监测资源的使用情况，如电力消耗、水资源利用等，实时了解生产和运营中的资源流动，识别能源浪费和资源损耗。

2）大数据分析运用

运用大数据分析技术处理传感器产生的大量数据识别当前资源处理模式，并分析未来发展趋势。通过分析历史数据，可以发现潜在的效率提升机会，为优化资源利用提供参考。大数据分析可以用于优化生产过程、物流运输等，降低资源浪费。通过对数据进行深入分析，可以提高生产效率，减少不必要的资源消耗。

3）人工智能和机器学习

利用人工智能技术分析传感器数据，实现对设备故障的预测。通过机器学习算法，系统可以识别设备异常模式，提前发现潜在故障，避免不必要的停机时间。运用人工智能技术预测能源需求，根据实时需求动态调整能源分配，实现更精确的资源利用，避免过度或不足的能源消耗。

4）自动化控制系统

结合数字化智能技术，实现对设备能源使用的实时监测。通过自动化控制系统，能够随时了解设备的运行状态和能源消耗情况。自动化控制系统可以根据实时监测数据自动调整设备的能源使用。例如，智能照明和空调系统可以根据人员和环境条件进行智能调节，提高能源利用效率。

5）智能建筑管理系统

智能建筑管理系统可以监测室内环境参数，如温度、湿度等。通过实时监测，系统可以自动调整照明、空调等设备，以实现室内环境的舒适度和能源的高效利用。系统可自动控制建筑内部设备，确保能源的高效利用，如根据人员流动和建筑外部环境变化来调整设备运行状态。

6）智能监控和警报系统

运用智能监控和警报系统，可以在设备故障、异常能耗等情况下及时发出警报，帮助及时采取措施避免资源的浪费。

案例 4-7　　荷兰垂直农场

荷兰在内的欧洲多国政府在“未来农业”方面，提出了包括垂直农场、漂浮农场等概念性的新兴农场。与露天农业或温室农业不同，荷兰的垂直农业技术并不需要日照阳光，却需要另一种至关重要的科技产品——LED（light emitting diode，发光二极管）生长灯。通过不同的光谱配比以及具体的动态控制，LED 生长灯取代太阳光，令不同植物得以 24 小时不间断地生长。荷兰 GROWx 公司所建立的垂直农场已然形成了闭环型的内循环生态系统：顶层的水塔储存雨水用于灌溉各类植物，两旁的风力发电机为大楼提供绿色电源，中层的种植区内植物茎叶为鱼类提供食料，而底层鱼塘中的大量鱼类排泄物则用于土壤施肥。

GROWx 公司在经营策略上也另辟蹊径：如果将垂直农场中的产品和普通农场的作物一样放在市场上销售，势必会陷入被动的局面，这是因为其运营成本高昂，根本无力与传统农业打持久的价格战。于是，GROWx 公司与米其林餐厅达成合作，为他们独家定制高品质果蔬产品，如此实现了每季度的持续盈利。

4.4　技术创新

4.4.1　技术创新在实现碳中和中的作用

我们为什么要进行低碳技术创新？

（1）低碳技术创新是实现碳中和目标的根本路径。低碳技术创新对于实现碳中和目标至关重要。通过不断推动技术创新，我们可以降低能源生产和使用的碳排放，提高资源利用效率。太阳能、风能、核能等清洁能源的技术创新可以替代传统的高碳能源，实现能源结构的转型。CCUS 技术、能源存储技术等也是实现碳中和的关键。通过创新，我们可以找到更有效、更经济的方式来减少碳排放，从而推动社会朝着低碳方向发展。

（2）支撑产业转型升级，培育经济新动能。低碳技术创新不仅有助于降低环境负担，还能够支持产业的转型升级，培育新的经济增长点。发展和应用低碳技术将推动各个行业采用更清洁、更高效的生产方式，提高资源利用效率，降低生产成本。新兴的清洁技术产业也将催生更多就业机会，培育经济的新动能。例如，电动汽车产业的兴起、智能能源管理系统的推广等都是低碳技术创新带来的经济效益。通过产业升级，经济可以更加可持续、环保，更好地适应未来的碳中和要求。

（3）低碳技术创新是参与新一轮国际产业和技术竞争的关键。低碳技术创新将决定一个国家在新一轮国际产业和技术竞争中的地位。随着全球碳中和目标的提出，各国都在加大对清洁技术的研发和应用。领先的低碳技术创新将帮助一个国家在全球产业链中占据重要地位。参与国际产业竞争需要不断提升创新能力，抢占绿色产业制高点。通过出口先进的低碳技术，一个国家可以在全球市场上取得竞争优势，实现经济的可持续增长。因此，低碳技术创新不仅是国内经济的推动力，也是在国际舞台上保持竞争力的关键因素。

4.4.2　各国（地区）低碳技术布局

尽管对待碳中和的态度取向有所差异，但各经济体在提出碳中和目标后，均制定面向碳中和的科技战略或计划，加快布局绿色低碳技术创新，形成一场绿色技术和产业竞赛，力图在将来的国际竞争中取得优势。主要经济体都追求“技术领先”和“产业竞争”相结合，但战略重点各不相同。主要经济体的碳中和技术创新战略定位及重点领域如表 4-7 所示。

表 4-7　主要经济体的碳中和技术创新战略定位及重点领域

经济体	核心战略	顶层设计文件	重点领域
美国	成本优势+本土制造	《变革性清洁能源解决方案》	氢能、下一代建筑材料、电池储能、CCUS、可再生能源、先进核能
欧盟	产品领先+本土制造+全球规则制定	《欧洲绿色协议》	可再生能源发电技术、电网基础设施与输电技术、氢能技术、高能效建筑关键技术、超快速充电基础设施、锂离子或新型化学电池技术、低碳产品设计、CCUS
日本	技术优势+国际合作	《2050 年碳中和绿色增长战略》	海上风电、氢燃料、氢能、核能、下一代住宅、商业建筑和太阳能、汽车和蓄电池、船舶、碳循环产业等

资料来源：中国科学院院刊

1. 美国

在宏观战略方面，美国的科技创新布局追求“成本优势+本土制造”。美国在制造业重返和供应链自主可控的战略下，强调要通过研发大幅度降低关键清洁能源、氢能等成本，确保这些新技术产品在美国制造，并迅速推动商业化应用。2022 年，美国出台《通胀削减法案》，聚焦于五大领域，为能源安全和气候变化而投资。

在战略重心方面，美国强调能源独立。尽管美国能源转型问题长期处于政党博弈与政策反复的背景下，但各届政府对低碳技术的关注度始终不减，在多年联邦政府预算纲要中部署能源技术研发，强调加大对能源科技创新投资，强化美国能源技术的全球领先地位，促进美国能源独立。

在重点领域方面，美国关注颠覆性、变革性能源的技术突破，重视新一代信息技术在能源领域的深度应用。例如，2021 年 1—4 月，美国能源部及其下设的先进能源研究计划署宣布为OPEN 2021计划提供1.75亿美元的项目资助，旨在开发颠覆性技术，包括基于溶剂、吸附剂或膜材料的技术，新型系统概念或混合系统，用于电动飞机的下一代锂金属电池，适用于高能效数据中心和5G网络的8英寸3D氮化镓（GaN）场效应晶体管制备技术，大规模储能和电动汽车的高度可扩展虚拟电厂平台，聚合物电解质制造工艺。

量子技术也是美国科技创新的关注重点。2022年，美国能源部在其前沿研究资助的重点研究方向中包括了化学和材料科学的量子计算、下一代量子系统、能源相关技术的量子材料。近年来，美国能源部还宣布大量资助资金用于新一代信息技术与能源技术的融合应用。受资助的研究内容包括使用人工智能和机器学习技术优化太阳能发电站运营和太阳能预测精度，利用人工智能技术为太阳能产业价值链开发颠覆性技术方案；生物能源原料技术和藻类研发项目中提出快速分析技术与人工智能相结合；借助人工智能、机器学习和大数据技术在分析评估燃料电池汽车技术及发展先进的网联自动驾驶车辆中实现技术突破。

2. 欧盟

在宏观战略方面，欧盟追求“产品领先+本土制造+全球规则制定”。欧盟希望利用较大的本土市场规模和领先的技术优势，大规模鼓励技术在本地的商业化；同时，制定产品碳排放标准，并通过碳边境调节税和产品标准等影响全球供应链。以新能源汽车为例，2020年12月欧盟的《新电池法草案》对电动汽车电池增加了回收效率和材料回收目标的要求，规定只有满足要求的动力电池才能在欧盟市场销售，并计划到2025年将欧洲打造成全球第二大电动汽车电池供应地。

在战略重点方面，欧盟注重绿色、数字技术的投资。为全面支持创新技术的开发，欧盟陆续推出了欧盟研发框架计划和“创新基金”。其中，欧盟研发框架计划以解决国际前沿问题和攻关科技难题为目标，呈现不断向支持绿色科技研发方向倾斜的趋势。

欧盟研发框架计划自20世纪80年代开始实施，经过不断地演进与改革，已成为目前欧盟投资最多、内容最丰富的全球性科研与科技开发计划。1984年，第一框架计划以信息技术和能源为代表的工业研究领域为研发重点；1987—1991年，第二框架计划大幅增加了对能源领域的投入，尤其加大了对核能和太阳能的研究资助；1994—1998年第四框架计划首次提出将以新能源和清洁交通作为重点任务；2007—2013年第七框架计划对智能电网、电力存储技术、集约可再生能源、能源节约技术及智能城市等电力以及新能源领域的科技创新与技术推广给予了密切关注；第八框架计划（即“地平线2020”）聚焦卓越科研、产业领先、社会挑战等三大战略优先领域，加大对可持续农业、清洁高效能源、智能绿色交通运输体系、应对气候变化行动的资助；2019年欧盟设立了全球最大的低碳创新技术示范项目——“创新基金”，聚焦创新低碳技术和工艺、碳捕集和利用、碳捕集与封存、可再生能源发电以及能源储存。

在新冠疫情给欧盟社会经济造成巨大冲击的背景下，欧盟设立7500亿欧元“下一代欧盟”复苏基金，向“地平线欧洲”计划追加50亿欧元资金，专用于加强绿色和数字领域的基础研究。

3. 日本

日本的科技创新战略强调“技术优势+国际合作”。由于国内市场规模相对有限，日本注重通过引领国际规则和标准制定，促进自身新技术在世界范围内的使用。例如，在2020 年发布的《2050 年碳中和绿色增长战略》中，日本提出将氨与煤炭混燃技术扩展至东南亚地区，形成日本主导的国际产业链。以“绿色增长战略”为核心，日本提出 14 个领域的技术创新计划，并建立基于技术发展阶段（研发—示范—推广—商业化）的行业支持政策体系，协同推动技术、经济社会体系和生活方式的创新。

此外，日本的科技创新战略布局受美国影响较大。在军事科技、通信技术、量子技术、半导体以及太空科技等领域，日本与美国均存在合作关系。

然而，事实是，日本实现绿色能源转型仍面临多重挑战。具体可总结为以下三点：一是日本短期内难以摆脱对火电的高度依赖，尤其是受福岛核事故的影响；二是扩大对可再生能源的利用遭遇瓶颈，日本太阳能发电装机量目前仅次于中、美两国，但适合铺设太阳能面板的土地面积仅为德国的一半，日本适合海上风电的海域面积仅为英国的10%，加之周边海底较深，需要大量使用成本更高、技术难度更大的“漂浮式风电”；三是产业转型困难，企业在清洁煤炭、LNG 发电、油电混动汽车等领域长期拥有技术优势，占据较大的全球市场份额。

4.4.3　典型低碳技术介绍

我国“双碳”目标下的技术研发体系从“发电端”“消费端”“固碳端”三端发力，实现“控碳—减碳—低碳—中和”的碳中和发展（图 4-34）。其中，发电端的低碳技术包括低碳/零碳能源发电技术、电力系统灵活性调节技术等；能源消费端的低碳技术包括氢能技术体系及工业、交通、建筑、农业部门的低碳技术；固碳端的低碳技术包括CCUS 技术、BECCS 技术和直接空气碳捕集与封存（direct air carbon capture and storage，DACCS）技术等。非二氧化碳温室气体监测和减量替代技术包括煤矿乏风瓦斯蓄热及分布式热电联供、甲烷重整及制氢等能源及废弃物领域甲烷回收利用技术、氧化亚氮热破坏等工业氧化亚氮及含氟气体的替代减量和回收技术、反刍动物低甲烷排放调控技术等农业非二气体减排技术。此外，交叉融合领域技术，即与大数据、人工智能、新材料等相融合的低碳技术也是新的发展方向。

1. 发电端低碳技术

1）低碳/零碳能源发电技术

低碳/零碳能源发电技术可根据能源是否可再生分为可再生能源发电和核能发电（图 4-35）。其中，可再生能源发电中的能源类型有太阳能、风能、生物质能、地热能、海洋能。

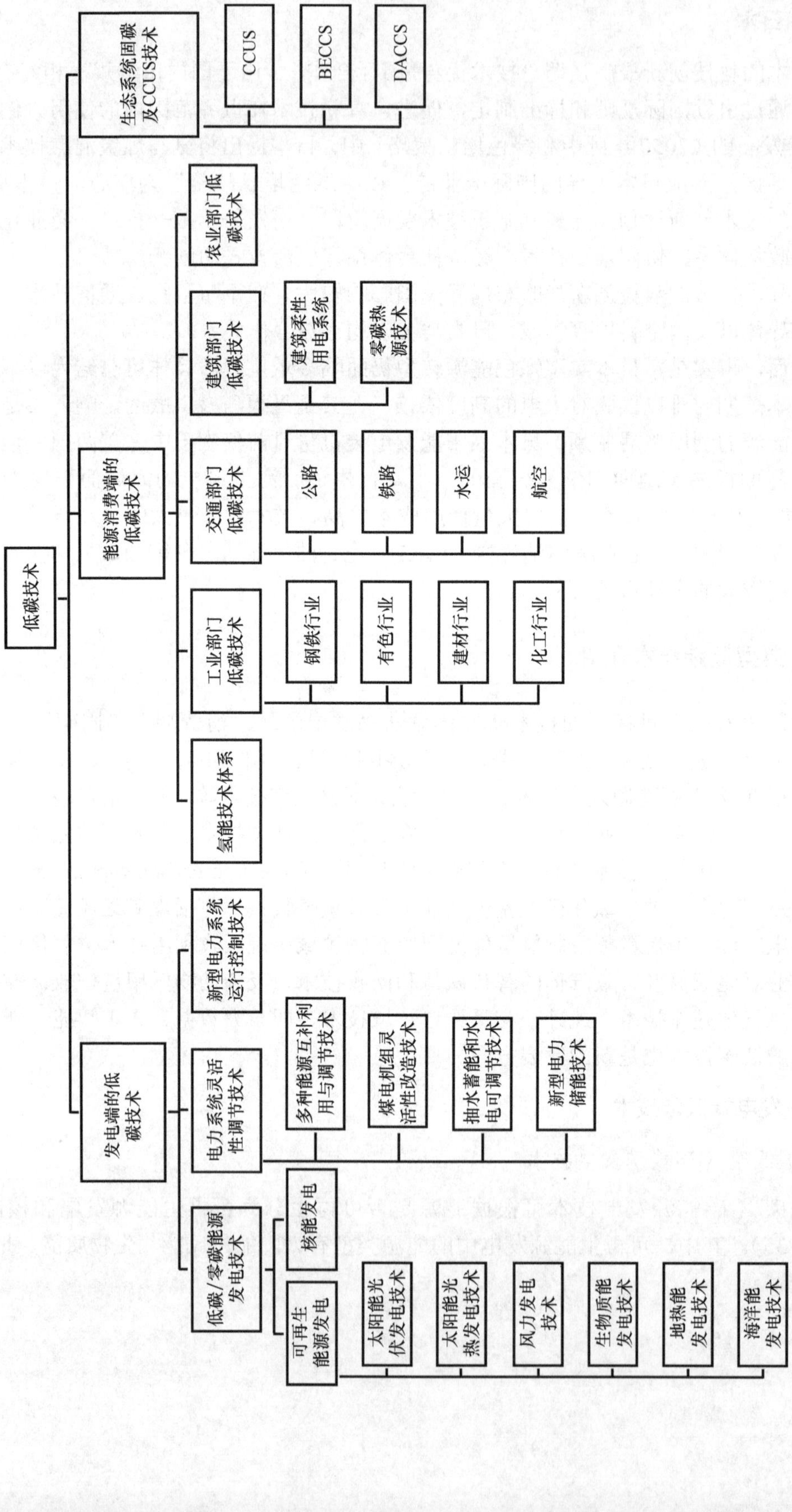

图 4-34 低碳技术研发体系

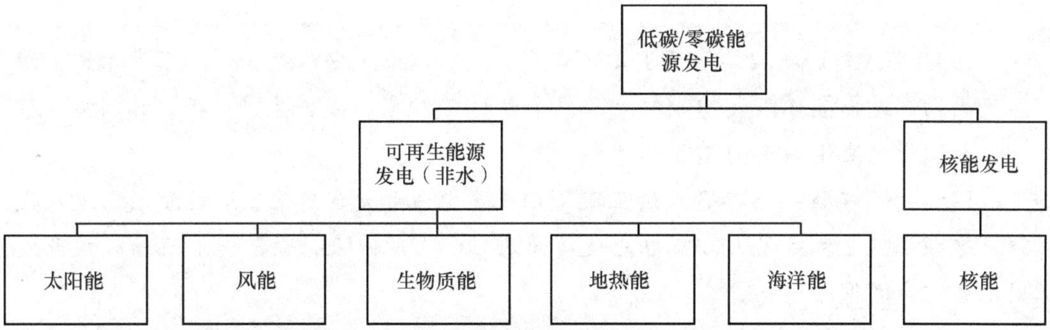

图 4-35　低碳/零碳能源发电主要类型

A. 太阳能光伏发电技术

太阳向宇宙空间发射的辐射功率为 3.8×10^{23} 千瓦的辐射值，其中 20 亿分之一到达地球大气层。到达地球大气层的太阳能，30%被大气层反射，23%被大气层吸收，47%到达地球表面，其功率为 800 000 亿千瓦，也就是说太阳每秒钟照射到地球上的能量就相当于燃烧 500 万吨煤释放的热量。全球人类目前每年能源消费的总和只相当于太阳在 40 分钟内照射到地球表面的能量。因此，从理论上来说，建设一个约 16 万平方公里（相当于河南省面积）的太阳能光伏发电站可供给全球用电。光伏发电技术是可再生能源发电技术中进步最快、成本下降最显著的技术之一。近 10 年成本下降了 90%以上。光伏发电的基本工作原理为利用半导体界面的光生伏特效应将光能直接转变为电能。

案例 4-8　太阳能发电技术发展史

太阳能光伏发电从理论到成为现实，再到广泛应用，历经了近百年发展史。

1839 年，法国科学家 A. E.贝克雷尔偶然间发现了光生伏特效应，打开了光伏世界的大门。

1876 年，英国科学家威廉·格里尔斯·亚当斯和他的学生理查德·埃文斯·戴通过实验证明了固体金属可以直接将光转换为电能。

1883 年，美国科学家查尔斯·弗里茨在锗片上镀上一层硒金属电极，建立了第一块光伏电池。

1907 年，爱因斯坦提供了基于他 1905 年的光子量子假设的光电效应的理论解释，而这一猜想被美国实验物理学家罗伯特·安德鲁斯·米利肯于 1912—1916 年通过实验证实。

1934 年，科学家们开始了对薄膜太阳能电池的研究，并设想通过太阳能电池创造能源自给系统。实验数据显示，通过在材料中掺杂金属杂质可以提高发电效率。

1940 年，美国半导体专家拉塞尔·奥尔制造出了固态二极管的基本结构 p-n 结，这为太阳能电池的发明和制造奠定了坚实的基础，极大地推进了光伏发电向工业领域的进发。

1953 年，美国物理学家达里尔·查宾、杰拉尔德·皮尔森和化学家卡尔文·绍瑟·福勒制造出晶体硅太阳能电池，每个大约 2 厘米大小，生产效率约为 4%。从此，太阳能电池逐渐走向工业领域。

1958 年，美国的第二颗人造卫星使用化学电池和光伏电池，通过发射器进入太空。这颗小卫星奠定了太阳能电池使用的基础，自此以来，太阳能电池逐渐被开发用于宇宙空间探索。

1976 年，澳大利亚政府决定通过光伏电池站运营内陆地区的整个电信网络。光伏电站的建立和运营非常成功，提高了世界范围内对太阳能技术的信心。

20 世纪 80 年代初，澳大利亚新南威尔士大学的马丁·格林（Martin Green）教授发展了很多新技术，极大地提升了光伏发电的效率，被誉为“光伏之父”。他的不少学生后来都成了我国光伏产业的中坚。

我国光伏发电技术相较发达国家起步较晚，然而，依靠足够大的市场、全面的工业体系、低廉的人力成本、健全的基础设施、便捷的交通条件、快速通信系统，我国光伏产业的发展已后来者居上，主导全球光伏供应链各个环节（表 4-8），引领全球光伏行业的技术走向。

表 4-8　中国光伏产业产能的全球占比

项目	多晶硅	硅片	电池片	组件
全球产能	134 万吨	664 吉瓦	583.1 吉瓦	682.7 吉瓦
中国产能	116.6 万吨	650.1 吉瓦	505.5 吉瓦	551.6 吉瓦
中国产能全球占比	87.0%	97.9%	86.7%	80.8%
全球产量	100.1 万吨	381.1 吉瓦	366.1 吉瓦	347.4 吉瓦
中国产量	85.7 万吨	371.3 吉瓦	330.6 吉瓦	294.7 吉瓦
中国产量全球占比	85.6%	97.4%	90.3%	84.8%

资料来源：中国光伏行业协会

如图 4-36 所示，太阳能光伏发电系统可分为独立光伏发电系统和并网光伏发电系统。

独立光伏发电系统是相对于并网发电系统而言的，属于孤立的发电系统，也叫离网光伏发电系统。主要由太阳能电池组件、控制器、蓄电池组成，若要为交流负载供电，还需要配置交流逆变器。独立光伏发电系统可分为直流光伏发电系统和交流光伏发电系统两大类。其建设的主要目的是解决无电问题。偏远无电地区供电可靠性受气象、负荷等因素影响，供电稳定性相对较差，需要加装能量储存和能量管理设备。

并网光伏发电系统可以将太阳能电池阵列输出的直流电转化为与电网电压同幅、同频、同相的交流电，实现与电网连接并向电网输送电能。并网光伏发电系统主要由光伏方阵、并网逆行器、输配电系统及远程监测通信系统四大部分构成。并网光伏发电系统的应用情景包括屋顶光伏电站（适用于工商业屋顶、公共建筑屋顶和个人屋顶）、与建筑

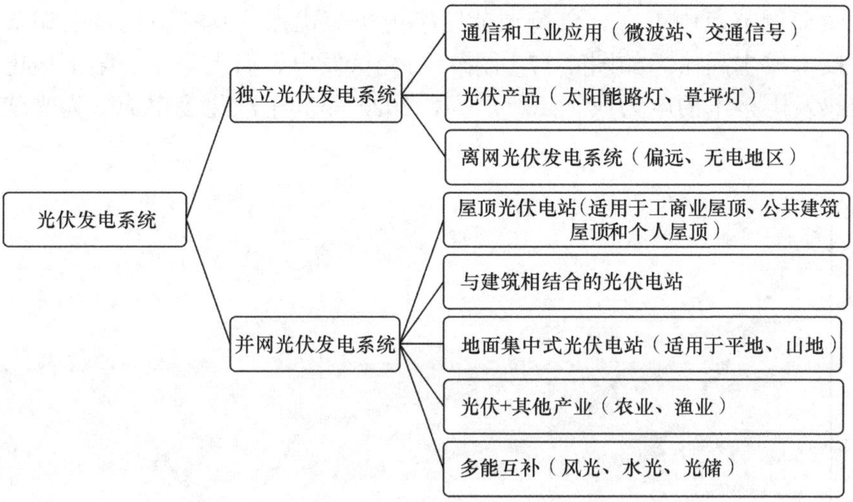

图 4-36　太阳能光伏发电系统

相结合的光伏电站、地面集中式光伏电站（适用于平地、山地）、光伏+其他产业（农业、渔业）、多能互补（风光、水光、光储）。

B. 太阳能光热发电技术

光热发电是将太阳能转化为热能，通过热功转换发电的过程。光热电站运行时，聚光器跟踪太阳将直射辐射光聚焦并反射至吸热器上，加热吸热器内的传热流体，将太阳能转化为热能；热能或直接与水换热产生高温高压的蒸汽驱动汽轮机发电，也可以被储存在储罐中，在需要发电时释放热能进行发电。光热发电站一般由聚光与集热系统、储热系统、蒸汽系统及发电装置四部分组成。根据收集太阳光装置的不同，太阳能光热发电一般分为槽式、塔式、线性菲涅尔式，以及碟式–斯特林等技术路线。其中，塔式和碟式属于点聚焦技术，槽式和线性菲涅尔式属于线聚焦技术。

光热发电与传统光伏发电有什么区别？简单来说，光热发电系统是将太阳能转换为热能，通过热功转换过程发电的系统。光热发电系统在发电的同时，可以将多余的热能储存在储能容器中，在晚间或阴雨天时释放，能保证 24 小时连续稳定发电。光伏发电则是利用太阳能电池组件将光能转换成直流电，直流电在逆变器的作用下转变成交流电的系统。这种发电方式易受天气影响，电力输出波动性大，易对电网产生冲击。

迪拜马克图姆太阳能公园第四期 950 兆瓦发电项目工程为全球最大的太阳能光热光伏混合发电项目。项目包括 700 兆瓦光热发电和 250 兆瓦光伏发电。其中，光热发电采用了“塔式+槽式”技术，配置 1×100 兆瓦、储热 15 小时的塔式熔盐储热发电机组；3×200 兆瓦槽式熔盐储热发电机组，每个机组配置 13.5 小时熔盐储热系统。

太阳能光热发电技术与其他新能源技术相比，存在以下优势。一是作为新能源发电可提高可再生能源消纳比例。二是光热储能（熔盐储能）相较于电化学储能的优势：相较于电化学储能，光热发电配套的熔盐储能系统具有储能规模更大、使用寿命更长、经济效益更优、安全环保等诸多优势。尤其在可贵的长时储能方面，光热电站的综合储能优势更加突出。除此之外，与常规的火力发电机组相比，光热发电机组具有启停时间更短、负荷调节范围更广、负荷调节速率更快等优点，具备更优良的调节性能。但光热发电技术成本高昂。如图 4-37 所示，与光伏发电、海上风电、陆上风电相比，聚光太阳能热发电技术的电力成本始终居高，2022 年其平准化度电成本为光伏发电成本的两倍以上。

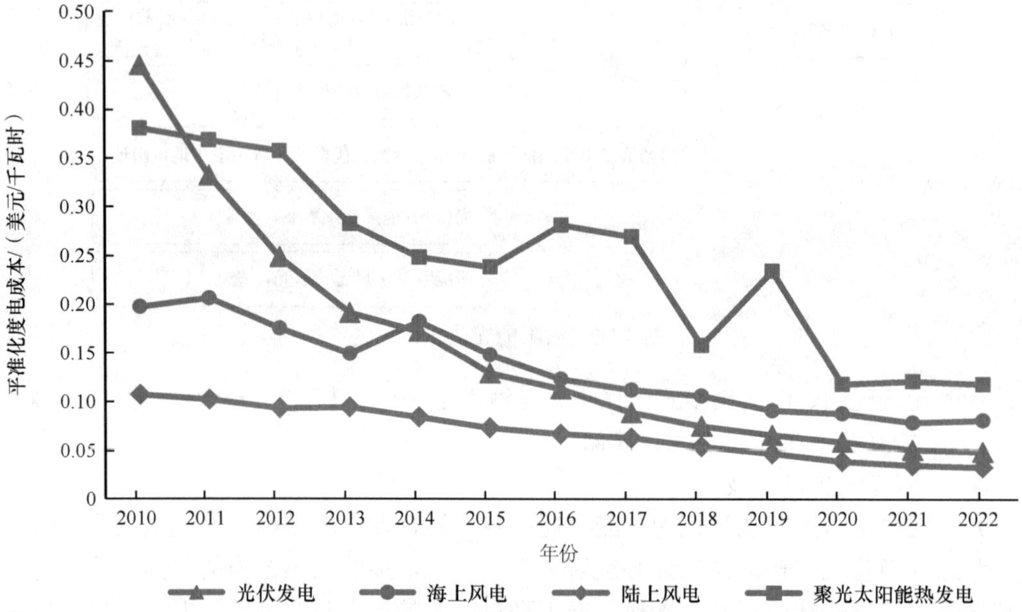

图 4-37　2010—2022 年可再生能源技术的平准化度电成本

资料来源：国际可再生能源机构

C. 风力发电技术

风力发电主要是利用风动能来进行转化，使其成为机械动能，再把机械动能转换为电能。

风力发电机是实现上述能源转变的电力设备，一般由风机、叶片、塔筒、基座、传动系统、控制系统等组成。叶片从底部到尖端均由许多不同尺寸和形状的翼型界面组成，简易的翼型技术使得涡轮叶片转动，当流体流过叶片时将产生升力，产生最基本的旋转。一般情况下，风速达到 3—5 米/秒时即可开始发电。叶片在风力的作用下旋转产生动能，通过传动系统提升转速，达到发电机的转速后带动发电机工作，得到的电力通过电缆输送到基站的升压变压器中。

全球轴承市场 70%以上的市场份额由八大海外厂商占据（瑞典 SKF、德国 Schaeffler、日本 NSK、日本 NTN、日本 NMB、日本 NACHI、日本 JTEKT、美国 TIMKEN），高端轴承市场更是被上述企业所垄断，国内轴承制造商约占全球市场份额的 20%，目前主要占据轴承行业的中低端市场。我国轴承行业对高端轴承的进口需求较大，进口依赖程度较高。叶片、塔筒、齿轮箱等其他零部件的国产化率皆已超过 70%，而风机、轴承领域的国产化水平仍相对较低。

如图 4-38 所示，风电产业链中，上游为零部件制造环节，主要包括叶片、轴承、发电机、变流器等产品。其中叶片是捕捉风能的基础部件，也是产业链中供应最紧张的环节；中游为风电场，根据地理位置可分为海上风电场和陆上风电场；下游为风电场的运维及用电。

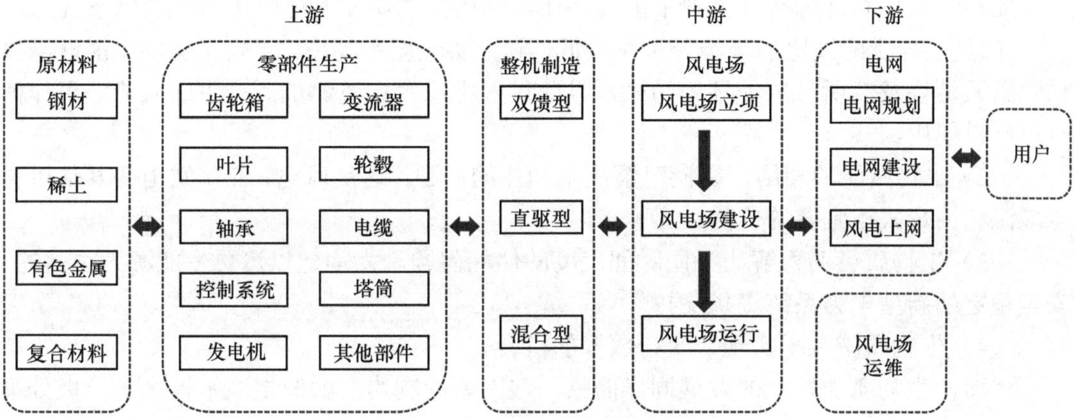

图 4-38　风力发电产业链全景图

D. 生物质能发电技术

生物质，从广义上讲，是指通过光合作用而形成的各种有机体，包括了所有的动植物和微生物。生物质所蕴含的能量称为生物质能，是一种可再生能源，它直接或间接地来源于绿色植物的光合作用。我国有着丰富的生物质资源，但分布不均，且多以农村利用为主。最常见的有作物秸秆、谷物外壳、木材边角料、碎木屑、锯末等农林废弃物。

生物质能是地球上最古老的能源，一直以来是人类赖以生存的重要能源之一。在目前世界能源消耗中，生物质能占总能耗的 14%，仅次于石油、煤和天然气，是世界第四大能源。在生物质能的利用过程中产生的二氧化碳可被等量的植物通过光合作用所吸收，从而实现二氧化碳的零排放和生物质能的循环利用。

生物质发电的主要形式有生物质直接燃烧发电、生物质混合燃烧发电、生物质气化发电、沼气发电和垃圾发电。

生物质直接燃烧发电与燃煤火力发电在原理上没有本质区别，主要区别体现在原料上，火力发电的原料是煤，而直接燃烧发电的原料主要是农林废弃物和秸秆。

生物质混合燃烧发电，顾名思义，即为生物质与煤混合作为燃料发电。混合燃烧的方式主要有两种：一种是将生物质原料直接送入燃煤锅炉，与煤共同燃烧；另一种是先将生物质原料在气化炉中气化生成可燃气体，再通入燃煤锅炉与煤共同燃烧，最后发电。

生物质气化发电是利用生物质气化技术产生的气体燃料，经净化后直接进入燃气机中燃烧发电或者直接进入燃料电池发电的过程。

沼气发电是一种新型的发电方式，也是沼气能量利用的一种有效形式。在沼气发电中，驱动发电机组发电的是沼气而非蒸汽。

垃圾发电包括垃圾焚烧发电和垃圾气化发电，简而言之，垃圾发电就是将垃圾直接作为燃料或者将垃圾制成可燃气体作为燃料来进行发电的方式。垃圾发电不仅能够回收利用垃圾中的能量，达到节约资源的目的，同时还解决了垃圾的处理问题。

此外，与化石能源和其他清洁能源相比，利用生物质能发电的优势包括以下几点。

（1）生物质能发电的环境外部性较低，利于实现循环经济：生物质能发电能够减少秸秆露天焚烧及其所带来的环境污染，且此过程中，生物质燃烧后产生的灰渣还可作为有机肥料使用。

（2）生物质能的利用可以同时解决电和热的问题，这是风电、光伏发电等其他可再生能源利用形式不具备的优势。

（3）生物质可助力解决不同时间尺度的储能问题，为构建以可再生能源为主体的、安全稳定的新型电力系统提供支撑。

（4）生物质带来了实现“负排放”的机会。

然而，生物质能发电的发展同样面临一些因素的制约，如发电成本较高、垃圾处理技术不完善等。2010—2017 年生物质发电成本维持在 0.07 美元/千瓦时左右，未发生明显变化。燃料成本占比约为 60%。且生物质资源的分布相对分散、范围广，很难直接拿来即用，因而导致其收集、储存、加工、运输的成本较高，劳动力的需求较高，会产生大量费用。此外，中国生物质发电企业的部分燃烧设备与技术如垃圾焚烧发电设备和烟气净化处理技术需要从国外进口，所需费用较高，进一步增加了生物质发电成本。另外，我国的垃圾分类工作不够到位。而且由于东西方饮食结构不同，发达国家的垃圾热值较高，更适合燃烧，且前期垃圾分类较为严格，焚烧后不会产生 $PM_{2.5}$（particulate matter 2.5，细颗粒物）等污染物。

E. 核能发电技术

核能发电的工作原理是利用核反应堆中核燃料裂变反应所释放的能量发电，发电过程中不向大气排放二氧化碳和其他污染物。核能发电具有以下特点：①核燃料能量密度高，换料周期长，同时可以和能量密度低的可再生能源形成很好的搭配，满足不同负荷强度的供电需求；②相对稳定，基本不受季节和时间的影响。但同时也存在一些问题，如成本控制、乏燃料处理、核电站安全和核扩散等。

1950—2020 年，核电系统由早期原型反应堆到商用动力堆，再到先进轻水反应堆，已历经三代的发展。四代堆概念由美国能源部核能办公室提出，并以可持续性、安全与可靠性、经济竞争性、防扩散和实物保护为发展目标，预计将在 2030 年以后投入应用。

根据国际原子能机构统计数据，核电站在全球的分布以欧洲和北美为主。当前核电站运行数量最多的三个国家分别是美国、法国和中国，而发电量占比最高的三个国家则分别是法国、乌克兰和韩国。截至 2023 年 4 月底，我国在建核电机组 24 台，在建规模继续保持世界领先。这些在建机组主要分布在沿海地区。

2022 年 1 月 1 日，中国核工业集团有限公司福清核电 6 号机组实现首次并网发电，成为全球第三台、我国第二台华龙一号并网发电机组。该示范工程（两台机组）总装机 232.2 万千瓦，每年可发电近 200 亿千瓦时，能够满足中等发达国家 200 万人口的年度生产和生活用电需求；同时相当于每年减少标准煤消耗 624 万吨、减少二氧化碳排放 1632 万吨，相当于植树造林超过 1.4 亿棵。

华龙一号核电技术是我国在总结 30 余年核电科研、设计、制造、建设和运行经验，以及国际重大核事故经验反馈基础上，自主研发设计的具有完全自主知识产权的三代核电技术。作为我国核电走向世界的“国家名片”，华龙一号是当前核电市场接受度最高的三代核电机型之一。华龙一号全球首堆福清核电 5 号机组、华龙一号海外首堆巴基斯坦卡拉奇 2 号机组已于 2021 年先后投入商运。

尽管核能发电具备清洁无污染、发电成本低、取之不尽等优势，但其危险性难以忽视。世界上曾发生过几起重大核事故，导致公众“谈核色变”。1986 年 4 月 26 日，切尔诺贝利核电站 4 号机组爆炸，泄漏大量放射物质，这是目前为止最严重的核电站事故之一。事故发生后，为遏止核辐射并防止 4 号反应堆发生更严重的爆炸，事故处理人员采用钢筋混凝土将 4 号反应堆浇筑封锁，附近 30 公里范围内的居民被疏散。与切尔诺贝利核事故同级的福岛第一核电站事故发生于 2011 年 3 月 11 日。当日，福岛核电站遭到日本东北太平洋地区近海地震和伴随而来的海啸的冲击，两台应急柴油机被淹没，核电站的最后一道防线失效，电站反应堆内发生了锆–水反应，产生大量氢气，便产生了氢气爆炸。福岛核事故和切尔诺贝利的核事故有本质区别，切尔诺贝利核事故是由堆芯内部的蒸汽爆炸引起，放射性物质随着爆炸飞溅出来，而福岛核事故是由厂房内的氢气爆炸引起，从而使大量放射性物质泄漏，造成了极为严重的后果。

2021 年 4 月 13 日，日本内阁通过了将经过处理的放射性废水排入海洋的计划，这一则新闻再度将核电推上风口浪尖。日本政府单方面决定以排海方式处置福岛核电站事故核废水的做法极其不负责任，将严重损害国际公共健康安全和周边国家人民切身利益。此举不仅引发日本国民的不满和质疑，中国、韩国等周边国家也都纷纷表示反对。

2）电力系统灵活性调节技术

A. 多种能源互补利用与调节技术

a. 基本介绍

多种能源的互补利用与调节，是基于不同能源之间和能源不同转化环节之间的耦合与互补特性，实现纵向的源网荷储协调优化和横向的风光水火储及冷热电集成优化。

b. 未来发展方向

源网荷储一体化：整合本地多种电源、电网和负荷资源，实现源网荷储的高度融合，参与电力中长期市场、现货市场和辅助服务市场等。

以新能源为主的多能互补：发挥流域梯级水电站、具有较强调节性能的水电站、煤电机组、储能设施的调节能力，弥补新能源自身调节能力的不足。

风光储场站级集成系统：针对各风电或光伏场站级并网主体，挖掘风电机组、风场集控，以及光伏发电系统、光伏电站自身的调控潜力，配置适量的储能，实现场站级电源调控能力的提升（图 4-39）。

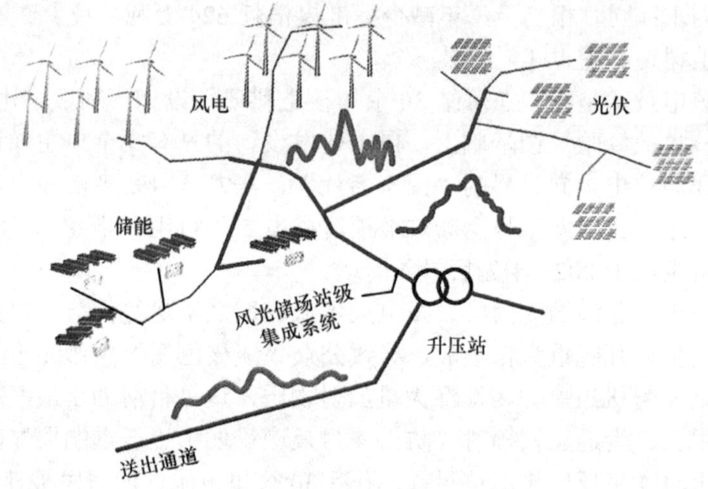

图 4-39　风光储场站级集成系统

资料来源：丁仲礼等（2022）

B. 煤电机组灵活性改造技术

煤电机组分为仅发电的纯凝机组和发电与供热联合的供热机组。对于纯凝机组，灵活性改造主要涉及图 4-40 左侧的 3 个子系统：燃料供应系统、锅炉和烟气化学处理系统。改造方案包括通过富氧燃烧、等离子稳燃技术实现低负荷投运的燃烧稳定性。

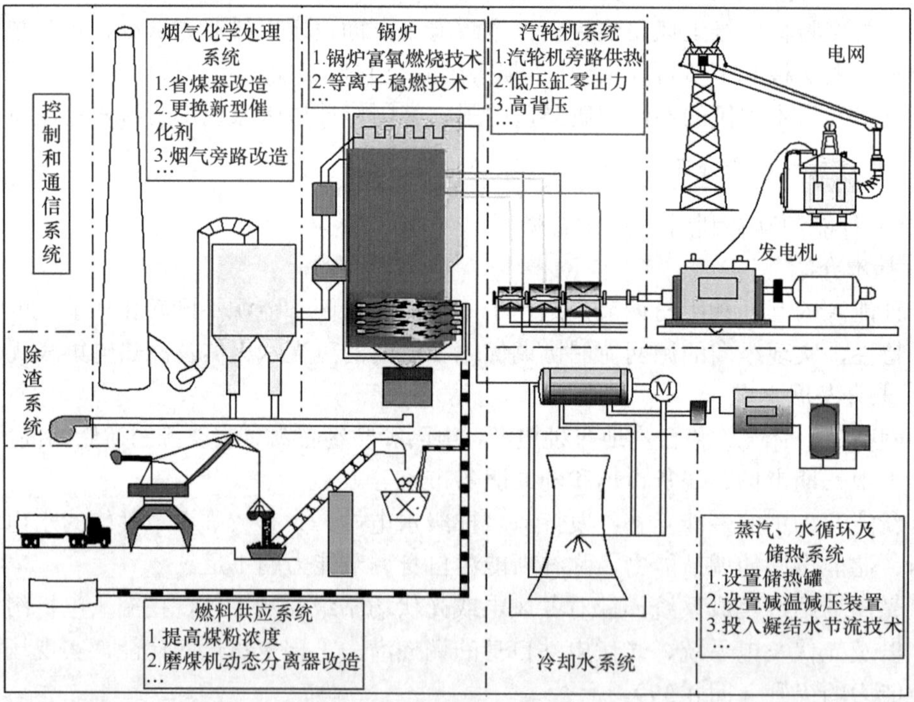

图 4-40　煤电机组灵活性改造涉及子系统示意图

资料来源：郭通等（2020）

对于供热机组，灵活性改造涉及图 4-40 右侧的 2 个子系统：汽轮机系统，蒸汽、水循环及储热系统。改造方案包括增设电锅炉、旁路供热、切除低压缸进汽、增加蓄热罐等。

C. 抽水蓄能和水电可调节技术

抽水蓄能是以一定的水量作为能量载体，通过势能和电能之间的能量转换，向电力系统提供电能的一种特殊形式的水力发电系统。其工作原理为，抽水蓄能电站配备有上、下游两水库，在负荷低谷时段，抽水蓄能电站以电动机状态进行工作，将下游水库的水抽到上游保存；在负荷高峰时段，电站以发电机状态工作，上游水库中储存的水经过水轮机流到下游水库，并推动水轮机发电。

D. 新型电力储能技术

电力储能是指利用电化学或物理的方法储存电能的一系列措施。多种新型电力储能技术近年来发展非常迅速，一些已经初步具备了商业化运营条件，包括锂离子电池、钠离子电池、液流电池、飞轮储能、超级电容器、新型压缩空气储能等。

a. 飞轮储能

飞轮储能是一种机械储能方式，其工作原理是利用电动机带动飞轮高速旋转，将电能转化成动能储存起来，在需要的时候再用飞轮带动发电机发电，将动能转化为电能。

飞轮储能有几种类型，一类是基于接触式机械轴承的低速飞轮，主要特点是储存功率大，但支撑时间短，一般用于不间断电源等短时高功率场合；另一类是基于磁悬浮轴承的高速飞轮，主要特点是结构紧凑、效率高，但单体容量小，可用于长时间支撑方案。

飞轮储能具有能量密度大、效率高、瞬时功率大、响应速度快、使用寿命长、安装地点不受地理环境限制等优势。

b. 压缩空气储能

压缩空气储能是以空气为介质进行电能的储存。其工作原理是在用电低谷时段，利用电能将空气压缩至高压并存于洞穴或压力容器中，使电能转化为空气的内能存储起来；然后在用电高峰时段，将高压空气从储气室释放，进入燃烧室后与燃料发生燃烧反应，燃烧后的高温气体带有较高的能量，可驱动涡轮机发电（图 4-41）。与抽水蓄能类似，传统压缩空气储能也需要特殊的地理条件建造大型储气室，如岩石洞穴、盐洞、废弃矿井等，适用于大型储能场景。

近年来一些先进压缩空气储能技术不断发展，如绝热压缩空气储能、液化空气储能、超临界压缩空气储能等，在效率上已有较大改善，单机规模已经从 10 兆瓦发展到 100 兆瓦，处于研发示范和商业化初期。

压缩空气储能需要突破基于总能系统理论的能量耦合与全工况调控技术、宽负荷组合式压缩机和高负荷轴流透平膨胀机技术，以及阵列式大容量蓄热换热器技术等关键技术。

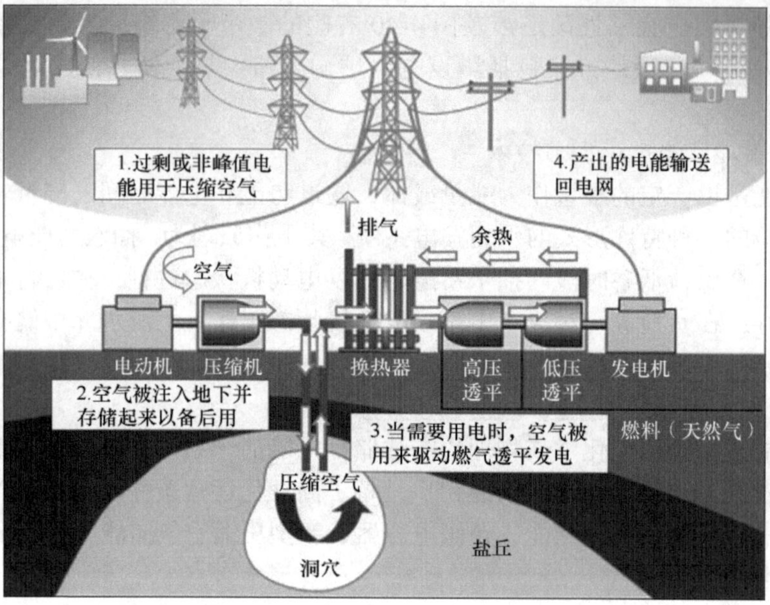

图 4-41　传统压缩空气储能系统原理示意图

资料来源：McDowall（2004）

3）新型电力系统中的运行控制技术

构建新型电力系统是加速实现“双碳”目标的重要举措，为应对高比例可再生能源并网消纳、系统高效低碳运行等需求和挑战，需要在发电、储能、转化、消纳、输出等各关键环节取得一系列技术突破，包括可再生能源发电功率高效预测技术，以及含高比例新能源、高比例电力电子装置的“双高型”电力系统的稳定机理和控制技术；大力发展新一代主动构网型电力电子换流器，以及电力信息物理融合的新型透明电力系统数字化技术：加强数字化芯片研制、自主可控电力能源仿真分析软件研发等攻关，以更好地支撑新型电力系统的高效运行及高比例新能源消纳。

新型电力系统是指随着“双碳”目标的实施，为应对新能源大规模接入，电力系统向清洁化、低碳化、智能化升级转型的新形态。新型电力系统中的“新型”体现在源、网、荷多个维度上：①源侧可再生能源取代传统煤电机组，逐渐成为主导；②网络将从单一交流网络演化为交直流混联大电网、交直流微电网、交直流互联的复杂互联网络；③负荷特性由传统的刚性、纯消费型向柔性、生产与消费兼具型改变。

源网荷储多维度上的重大变化将使电力系统运行也随之发生深刻改变，主要体现在：集中化大容量煤电机组变为分布于用户侧的新能源与储能，电力系统时空平衡将发生重构；煤电机组的旋转发电机变为新能源电力电子装置，应对扰动储存的转子动能急剧下降，导致电力系统控制方式需要进行重构。

因此，新型电力系统的运行控制技术也需要重新构建，整个关键技术体系将是一个多学科交叉的体系，如图 4-42 所示。涉及的关键技术有电源侧的可再生能源发电功率预测技术和可再生能源主动构网技术，电网侧的系统稳定控制技术和透明化、数字化技术，以及用户侧的高效集成与灵活互动技术等。

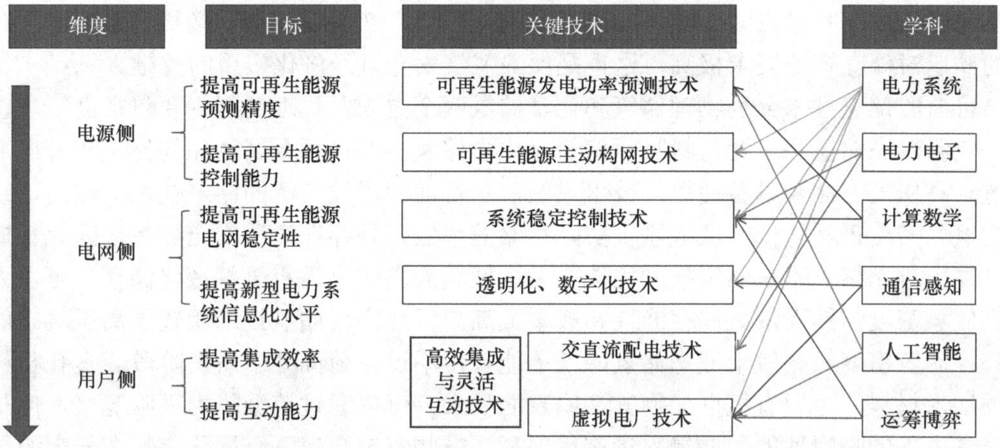

图 4-42　新型电力系统中的运行控制关键技术体系

2. 能源消费端低碳技术

1）氢能技术体系

氢能作为二次能源，必须由一次能源转换得到，然后被运输至用能终端，再被转化为电力、热能或机械动力。因此，氢能产业链包括制、储、输、用等环节（图 4-43）。

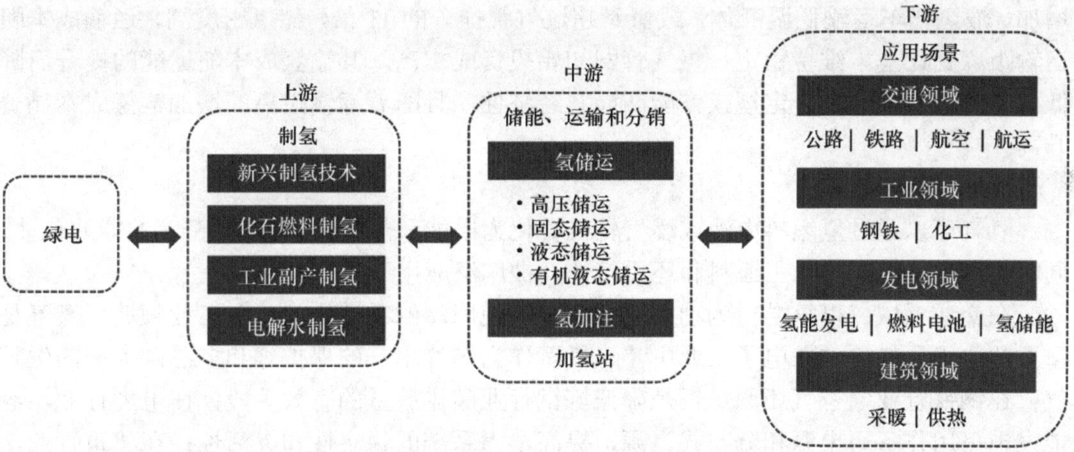

图 4-43　氢能主要产业链

A. 氢气制备

按照氢气制取过程中的碳排放强度，氢气可被分为灰氢、蓝氢和绿氢三种类型。灰氢指由化石燃料重整制得的氢气，碳排放强度高，技术成熟，适合大规模制氢，成本优势显著，约占目前全球市场氢源供应的 96%。蓝氢包括加装 CCS 技术的化石能源制氢和工业副产氢，在灰氢的基础上碳排放量大幅降低。绿氢即可再生能源制氢及核能制氢，制氢过程中几乎不产生碳排放，是未来氢气制取的主流方向。但绿氢制取技术目前成熟度较低，技术成本高，推广应用仍需要时间。

B. 氢气储存

标准状况下，氢气的密度约为空气的 1/14，且分子尺寸小，易泄漏。此外，氢气是易燃易爆气体，其燃点为574℃，爆炸极限广至4%—75%，安全问题极为重要。因此氢气的储运对储存容器要求极高，这也是保障氢气安全且经济化应用的关键。

目前的储氢技术分为物理储氢和化学储氢两个方向。物理储氢主要包括高压气态储氢、低温液态储氢和多孔材料吸附储氢；化学储氢主要包括金属氢化物储氢和有机液体储氢。高压气态储氢设备便捷，技术成熟，是目前应用较广泛的储氢技术。然而，经压缩的氢气密度仍然较低，造成氢气实际存储效率低，且存在泄漏安全隐患，因此长期来看，高压气态储氢不是储氢技术优选方案。低温液态储氢需将氢气液化储存，可以大幅提高储氢密度，然而液氢储存能耗和成本较高。低温高压储氢技术相较于高压气态储氢提高了储氢密度，相较于液态储氢降低了能耗，不过目前尚处于研发阶段。多孔材料，如碳纳米材料、金属有机框架物等，比表面积大，可以通过范德华力吸附氢气，但是在常温常压下的吸附性能和储氢容量有待提高。一些特定金属、金属化合物在一定的温度和压力下能与氢气反应，生成金属氢化物，经加热重新释放氢气，这一方法安全性高，但金属吸放氢性能和循环使用性能有待改善。近年来，不饱和烃类有机溶液被看作颇具前景的氢载体，但目前仍处于研发阶段。

C. 氢气运输

当前三种主流的氢气运输方式为气管拖车、液氢槽车/船、氢气管网。气管拖车运输高压气体，灵活性高，但载氢量小，储氢密度低，存在高压危险，运输成本随距离线性增加。液氢槽车运输低温液体，载氢量超过气管拖车的11倍，储氢密度高，运输成本随运输距离变化基本维持稳定。氢气管网初始投资成本高，其输氢成本随运能的提升而降低，当运输体量达到一定规模方能凸显其经济性，且随着运输距离的增加输氢成本显著升高。

D. 氢气使用

氢气可以通过氢燃料电池或燃气轮机转化为电能和热能，是高能量密度的能源载体。同时氢气也是重要的化工原料和还原气体，被广泛应用于各个领域。

在交通领域，以氢燃料为动力可实现车辆使用端的零碳排放。在工业领域，氢气是重要的化工原料，如在电子工业中，氢气可作为芯片生产的保护气和多晶硅生产的生长气；在钢铁行业，氢气还原炼钢是降低炼钢行业碳排放量的有效手段；在电力行业，氢能发电可用作备用电源和分布式电源，提高电力系统的稳定性和灵活性；在建筑行业，氢气可与天然气掺混用作家用燃料。此外，以氢能驱动的燃料电池热电联供系统可为建筑物供电供热、提高能效。

2）工业部门低碳技术

工业碳中和不是孤立的，而是一个系统工程（图 4-44），不仅要考虑工业用能，如供热、供电等间接排放的二氧化碳，还要考虑工业原料的加工和转化过程中直接排放的二氧化碳。总的来说，要实现工业碳中和，需要从以下三方面发力：一是变革现有高物耗、高能耗、高碳排放的工业发展模式，如采用绿氢/绿电替代现有化石资源为主的能源供给系统，调整原料/产品结构等，实现传统工业模式的低碳升级；二是加强理论创新和原创技术突破，通过技术创新、产业结构调整、工艺流程重构等，开发新一代绿色低碳变革性技术；三是高度重视钢铁、有色、化工、建材等行业间的协同联动和耦合减碳集成技术研究，以及绿色低碳智能化数字化。

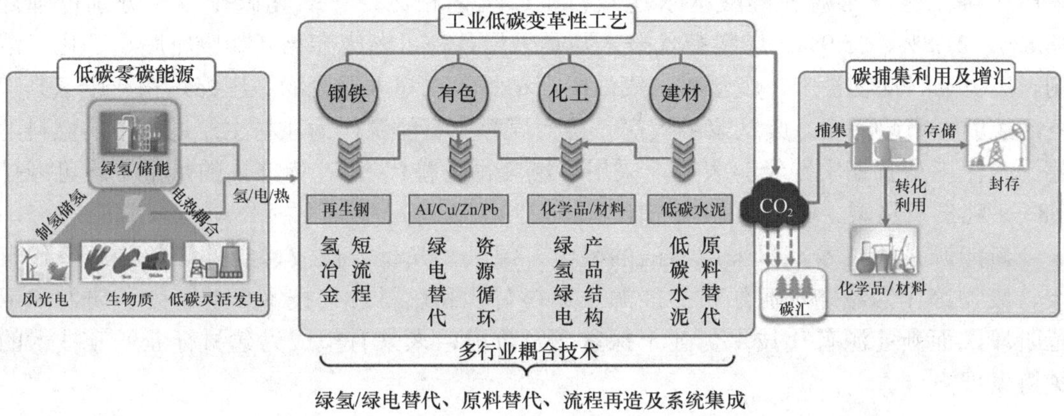

图 4-44　工业碳中和系统

资料来源：中国科学院院刊

A. 钢铁行业氢冶金技术

我国是世界上最大的钢铁生产消费国，钢铁行业是我国高耗能、高排放行业之一。氢冶金技术是碳减排潜力和比重较大的冶金工艺之一，是我国钢铁行业低碳绿色发展的重要方向。其工作原理是用氢气取代炭作为还原剂和能量源进行钢铁的冶炼。这一工艺的还原产物为水，可实现零碳排放（基本反应式为 $Fe_2O_3+3H_2=2Fe+3H_2O$）。氢冶金工艺类型可分为富氢还原和纯氢还原。受大规模制氢技术和成本的限制，目前以天然气、煤制气、焦炉煤气等富氢气体为主体能源或还原剂生产海绵铁的工艺发展较快。纯氢还原是全部以氢气为还原剂的无碳冶金工艺，未来预计将占主导地位。

与煤炭冶炼相比，富氢冶炼和绿氢冶炼工艺都能够大大降低钢铁冶炼的碳排放强度。据测算，与目前广泛使用的高炉-转炉长流程工艺（平均吨钢碳排放量为 1.765 吨二氧化碳）相比，以 80%绿氢和 20%天然气为还原剂，直接还原铁和 20%废钢，可将平均吨钢碳排放量降低 75%；以 100%绿氢为还原剂，直接还原铁和 20%废钢，则可以实现净零排放。

钢铁行业的其他主要降碳工艺还包括短流程电炉炼铁、带式焙烧机球团、烧结烟气循环利用等。

B. 建材行业低碳水泥技术

2020 年我国建材行业总产量约 25 亿吨，总二氧化碳排放量约 16.5 亿吨，其中直接碳排放约 14.8 亿吨（不含用电间接排碳）。在建材行业中，水泥直接碳排放量约 12.3 亿吨，占我国建材行业直接碳排放的 83%，是减排的重点和难点。

低碳水泥技术是相对于现有普通硅酸盐水泥体系而言的，通过采用原料替代、新型熟料体系、新型凝胶材料、降低水泥中熟料比例等技术，减少石灰石的使用，从而减少二氧化碳的排放。其中，原料替代技术是指采用电石渣、粉煤灰、钢渣、硅钙渣等替代石灰石作为水泥生产用原料，从而降低原料煅烧过程中的二氧化碳排放的技术。近年来，德国、法国和瑞士等通过实验研究与工程实践已证实对混合材料进行深加工，提高其胶凝活性后可以发挥部分替代熟料的作用。例如，与普通硅酸盐水泥熟料相比，电石渣生产水泥熟料的过程二氧化碳排放量显著下降，如湿磨干烧、预烘干干磨干烧、热料混合干磨干烧工艺与常规的硅酸盐水泥熟料生产工艺相比，二氧化碳排放量分别可降低18.8%、21.8%、25.9%。燃料替代技术则是采用各种可燃废弃物（如废轮胎、菲化工溶剂、废机油、动物骨肉、废塑料、废油墨、秸秆等农林木质废物、废棉织物、废家具、生活垃圾、市政污泥、废纸浆纸板等）替代煤等化石能源作为建材生产过程中的燃料。德国水泥工业长期实践经验表明，采用可燃废物每替代 1 吨标准煤的热量平均可减排0.8—1 吨二氧化碳。

新能源替代技术，即采用清洁的绿电、绿氢、光伏、微波、红外等新能源替代煤炭、废物等作为煅烧水泥熟料的能源。原料替代和燃料替代技术目前已处于研发和示范阶段，而新能源替代技术仍处于探索研发阶段，未来有望成为建材行业低碳技术的关键发展方向。

3）交通部门低碳技术

发展清洁燃料技术路线是交通部门实现低碳减排的重要措施。交通部门的运输方式有公路、铁路、水运、航空等，其中与公路运输有关的低碳技术有纯电动汽车技术、氢燃料电池汽车技术、天然气汽车技术；与铁路运输有关的低碳技术包括氢燃料电池列车技术和磁悬浮列车技术；与水运有关的低碳技术有电动船舶技术、液化天然气动力船舶技术、氢/氨动力船舶技术；与航空运输有关的低碳技术包括生物航空煤油技术、氢动力飞机技术和纯电动飞机技术等。

丁仲礼等在其研究中预测了 2020—2060 年交通部门低碳技术的发展路线。其中，纯电动汽车技术和天然气汽车技术已突破集中攻关和工业示范两个阶段，将在 2020—2060 年实现大范围的推广应用；氢燃料电池汽车技术和磁悬浮列车技术也完成了集中攻关，现处于工业示范阶段，有望在未来三十至四十年间实现推广应用；其余技术仍处于集中攻关阶段，是未来交通领域的主要发展方向。

中国交通部门的低碳技术已在过去的几年中取得了十足进展。2016 年，由中国科学院大连化学物理研究所研制的以燃料电池系统为动力电源的国内第一架有人驾驶燃料电池试验机成功首飞，标志着我国航空用燃料电池技术取得突破性进展，使我国成为继美、德之后第三个拥有该技术的国家；2021 年，由中国氢能联盟理事单位提供加氢系统、阿尔斯通公司打造的世界首款以氢燃料电池产生的电能作为动力的客运列车于 2022 年 8 月在德国正式投入运营，该列车运行速度为每小时 80—120 公里，最高时速可达 140 公里，并且在行驶过程中完全不产生排放，释放到环境中的只有水蒸气和冷凝水；2021 年，由大连海事大学建造的氢燃料电池游艇“蠡湖”号通过试航，标志着我国燃料电池在船舶动力上的实船应用迈出关键一步。

4）建筑部门低碳技术

建筑部门的低碳技术包括建筑柔性用电系统和零碳热源技术两大方向。其中，建筑柔性用电系统包括光储直柔建筑新型配电系统和以分布式光伏为基础的农村新型能源系统；零碳热源技术包括基于核电余热的水热联产技术、跨季节蓄热技术、余热供热管网供回水温度调节技术、通过地下换热器提取中深层地热技术。

在丁仲礼等的研究预测中，2020—2060 年建筑部门低碳技术的发展路线如下：其中，建筑柔性用电系统的两项代表性技术包括光储直柔建筑新型配电系统和以分布式光伏为基础的农村新型能源系统，目前仍处于技术攻关阶段，未来还需通过为期 5—10 年的政策调整或工程示范期，才能够进入全范围的推广应用。零碳热源技术中的基于核电余热的水热联产技术和跨季节蓄热技术，以及余热供热管网供回水温度调节技术同样处于技术攻关阶段，需 5—10 年的集中攻关才能进入下一阶段；而通过地下换热器提取中深层地热技术目前已突破关键技术的限制，正处于政策调整和工程示范阶段，并将在 2020—2060 年实现大范围的推广应用。

在光储直柔建筑新型配电系统中，建筑是终端能源消耗最大单一主体，同时体量巨大的建筑外表面和园区是发展分布式能源的极好空间资源。因此，把太阳能等分布式能源的利用纳入建筑的总体设计，分布式能源设施作为建筑和园区的一部分，是未来建筑和新型电力系统的融合发展趋势。

新型建筑电力系统以光储直柔为主要特征，“光”是在建筑场地内建设分布式、一体化太阳能光伏系统，“储”是在供配电系统中配置储电装置，“直”是低压直流配电系统，“柔”是建筑用电具有可调节、可中断特性（图 4-45）。新型建筑电力系统可以实现用电需求灵活可调，适应光伏发电大比例接入，使建筑供配电系统简单化、高效化。

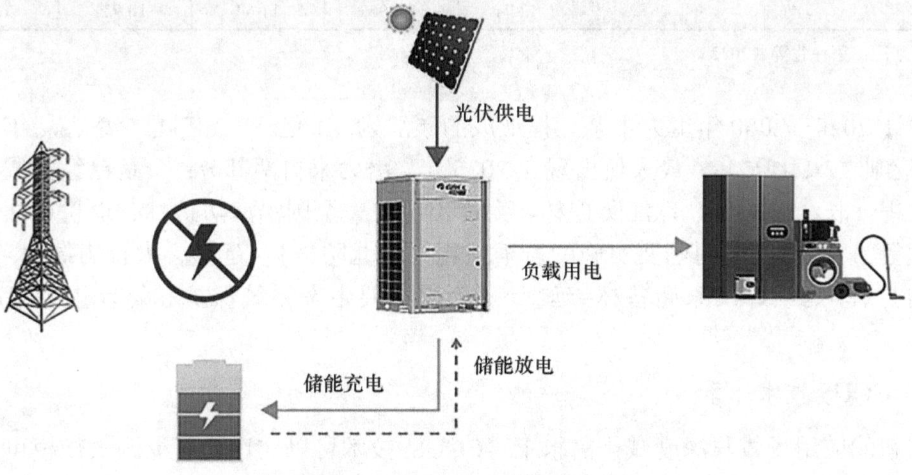

图 4-45 光储直柔建筑示意图

资料来源：清华大学建筑节能研究中心

3. 生态系统固碳及 CCUS 技术

1）生态系统固态潜力

2010—2020 年，我国陆地生态系统的碳汇为每年 10 亿—15 亿吨二氧化碳，最有可能的估计范围为每年 11 亿—13 亿吨二氧化碳。2001—2010 年中国六大重大生态工程实施区域的年均碳汇约为 4.8 亿吨二氧化碳，占全国碳汇总量的比例为 47%。

2020—2060 年，我国陆地生态系统固碳潜力预测结果如表 4-9 所示，为每年 10.93

亿—13.18 亿吨二氧化碳，主要来自森林、农田和湿地。其中，自然固碳和优化管理的生态建设固碳分别为每年 8.41 亿—10.72 亿吨二氧化碳和 2 亿—2.52 亿吨二氧化碳，分别占我国陆地生态系统总碳汇的 77%—84%和 16%—23%。

表 4-9 2020—2060 年我国陆地生态系统固碳潜力预测结果（单位：亿吨二氧化碳）

来源	措施/植被类型	不同年份陆地生态系统固碳潜力				
		2020 年	2030 年	2040 年	2050 年	2060 年
自然固碳	森林	7.78	7.79	6.65	6.16	8.23
	灌丛	1.10	1.27	0.98	0.83	1.14
	草地	0.22	0.13	0.09	0.10	0.07
	农田	1.24	1.14	0.98	0.88	0.82
	湿地	0.32	0.31	0.33	0.34	0.34
	荒漠	0.05	0.06	0.09	0.10	0.12
	全国小计	10.71	10.70	9.12	8.41	10.72
生态建设固碳	退化草地恢复	1.51	1.51	1.51	1.51	1.51
	农田优化管理（其中黑土地保护）	0.40（0）	0.77（0.08）	0.93（0.14）	0.92（0.16）	0.87（0.15）
	南水北调工程	0.02	0.01	0.01	0.02	0.01
	湿地恢复	0.07	0.07	0.07	0.07	0.07
	全国小计	2.00	2.36	2.52	2.52	2.46
总计		12.71	13.06	11.64	10.93	13.18

资料来源：丁仲礼等（2022）

预计 2020—2060 年重大生态工程形成的碳汇为 5.1 亿—9.2 亿吨二氧化碳/年，平均为 7.8 亿吨二氧化碳/年，最大值出现在 2035 年。潜力来自两部分：一是已经完成的各项生态工程（长江防护林、珠江防护林、太行山绿化、全国沿海防护林、退耕还林、石漠化治理等），二是未来明确要实施的若干工程（三北防护林–延续、太行山绿化–延续、沿海防护林–延续、国家储备林–延续，《全国重要生态系统保护和修复重大工程总体规划》）。

2）CCUS 技术体系

在新的应用场景与深度减排需求下，CCUS 技术可以实现化石能源大规模可持续低碳利用，帮助构建低碳工业体系，同时与生物质或空气源结合可具有负排放效应，是中国碳中和技术体系不可或缺的重要组成部分。在新的应用场景与深度减排需求下，CCUS 技术的内涵和外延不断丰富与拓展。捕集源由传统的能源/工业设施，逐步拓展至生物质和空气等中性碳源，由此形成的 BECCS 和 DAC 技术已经成为实现气候目标的必要手段和 CCUS 技术的重要组成（图 4-46）。BECCS 技术是指将生物质燃烧或转化过程中产生的二氧化碳进行捕集、利用或封存的过程。DAC 技术是指从大气中直接捕集二氧化碳，并将其利用或封存的过程。

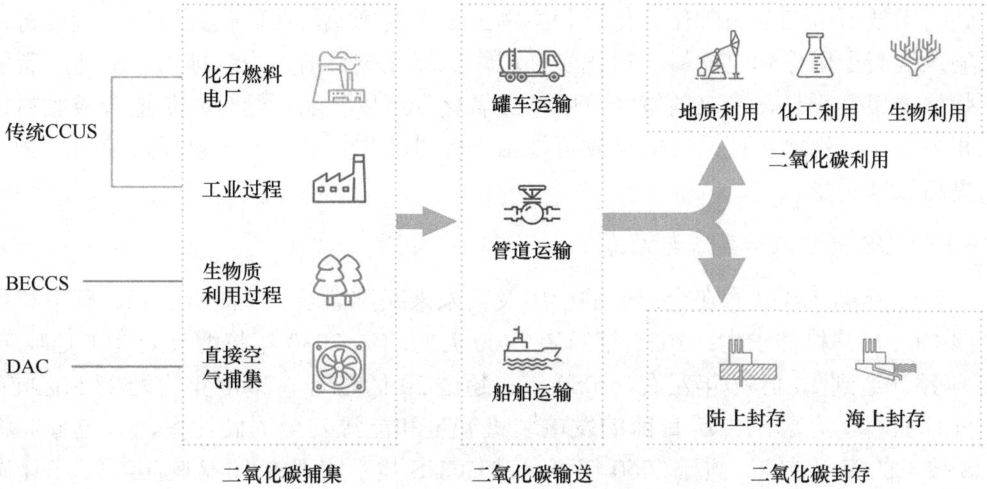

图 4-46　碳中和目标下的 CCUS 技术定义

资料来源：《中国二氧化碳捕集利用与封存（CCUS）年度报告（2023）》

CCUS 技术体系涵盖二氧化碳捕集技术、运输技术、利用技术以及地质封存技术（图 4-47）。随着技术推陈出新，这一技术体系正在逐步完善和丰富。

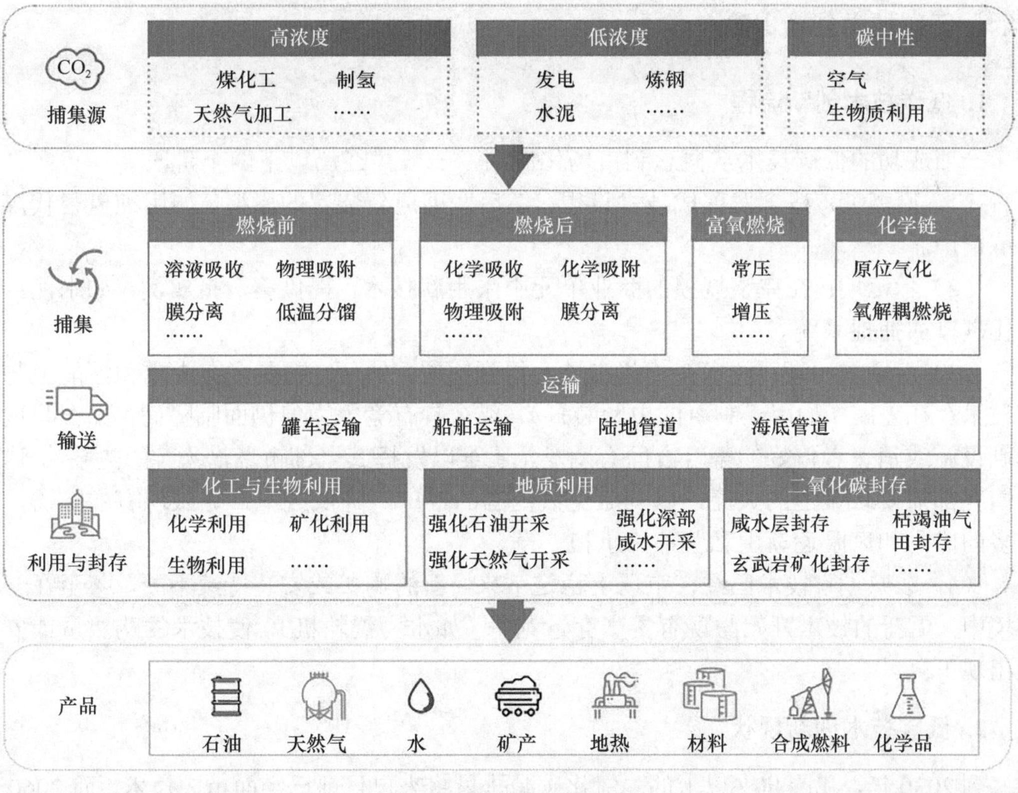

图 4-47　CCUS 技术体系

资料来源：《中国二氧化碳捕集利用与封存（CCUS）年度报告（2023）》

碳利用技术可细分为矿化、化学和生物三个主要领域。在矿化领域，一般可将二氧化碳融入混凝土用作建筑材料。在化学领域，二氧化碳目前被少量地用于制造尿素肥料和一些特殊聚合物。在未来的氢经济中，二氧化碳可以与氢气结合，制造合成燃料、合成气和甲醇。在生物领域，二氧化碳可被用来促进植物生长，并可以通过使用生物炭捕获，提高土壤质量。

3）CCUS 技术减排需求与潜力

综合分析 CCUS 技术在全行业的应用及其未来减排需求，预测碳达峰、碳中和目标下中国 CCUS 减排需求为：2025 年约为 2400 万吨/年，2030 年将增长到近 1 亿吨/年，2040 年预计达到 10 亿吨/年左右，2050 年将超过 20 亿吨/年，2060 年约为 23.5 亿吨/年。

分行业看，考虑到中国目前的发电装机容量和能源安全的硬约束，火电行业将是 CCUS 技术的应用重点，预计 2060 年可通过 CCUS 技术实现约 10 亿吨/年的二氧化碳减排量；钢铁、水泥、化工等行业在提高生产效率和达到生产峰值后将仍有部分二氧化碳需要通过 CCUS 技术实现减排；到碳中和前夕，国内仍将有一部分温室气体排放无法通过常规技术手段完成减排，BECCS 技术、DAC 技术预计将贡献 5 亿—8 亿吨/年的二氧化碳移除量。

4.4.4 低碳技术创新保障

1. 低碳技术创新流程

一项成功的低碳技术从概念到市场化应用，一般需经历以下四个阶段。

（1）原型期：概念发展成技术设想，然后发展成新装置的原型，如用纯氢替代煤炭的炼钢炉。

（2）示范期：在完整规模的商业单元中采用新技术，提供第一批实例，如水泥厂二氧化碳排放捕捉系统。

（3）市场采用期：技术在一些市场上得到部署。然而，它要么在成本和性能上与现有技术存在差距（如用于制氢的电解装置），要么具有竞争力但仍面临障碍，如在与现有基础设施或消费者偏好的整合方面有困难，还难以发挥其全部市场潜力（如热泵）。这两种情况都需要政策上的关注，以刺激更大范围的推广，降低成本，克服现有的障碍，让更多的成本和风险逐渐由私营部门承担。

（4）成熟期：技术已经在市场上稳定下来，新的购买或安装持续不断，甚至在一些环境中，更新的技术开始与现有资产存量竞争（如水力涡轮机），使技术的购买量或安装量出现下降。

2. 低碳技术创新现状

到 2030 年，我国 90%以上的二氧化碳减排量将来自目前已经面市的技术，而 2060 年相对于 2030 年的减排量中，约有一半来自目前仅处于原型或示范阶段的技术（图 4-48）。

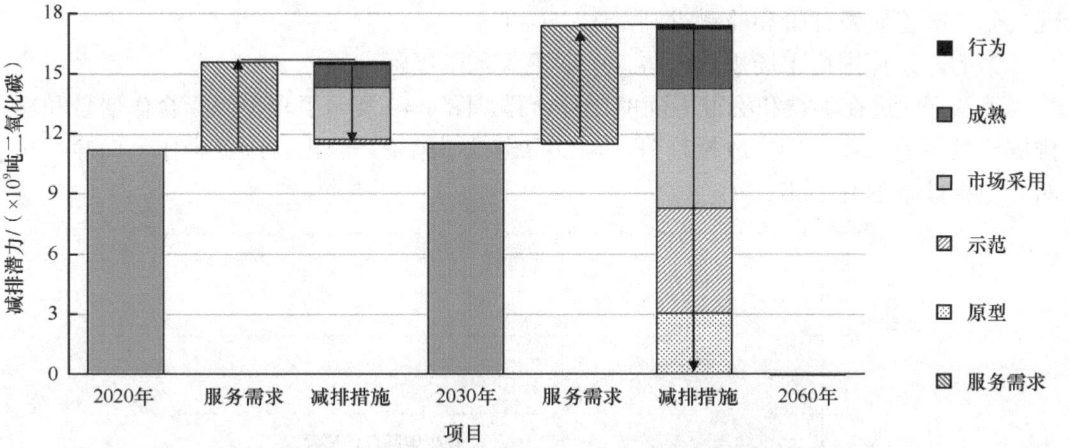

图 4-48　2020—2060 年不同减碳措施的减排潜力

资料来源：国际能源署，《中国能源体系碳中和路线图》

为确保在 2030 年之前碳中和的关键技术能够在中国和世界其他地区面市，需要在接下来的十年里大举创新。中国作为世界上最大的能源市场之一，以及清洁能源创新的新兴领导者，将在应对全球挑战中发挥核心作用。

3. 低碳技术创新保障措施

从党的十八大实施创新驱动发展战略，到党的十九大提出创新是引领发展的第一动力，到党的十九届五中全会提出坚持创新在我国现代化建设全局中的核心地位，再到党的二十大进一步深刻提出教育、科技、人才是全面建设社会主义现代化国家的基础性、战略性支撑，以习近平同志为核心的党中央统揽科技事业发展全局，对科技创新的谋划部署一脉相承、与时俱进，建立并完善了高效的组织动员体系和统筹协调的科技资源配置模式，为我国科技改革发展提供了坚强政治保证。

目前，我国已出台多项政策措施，以给予低碳技术创新充足的保障。

第一，增加研发预算。每年研发支出增加 7%以上（高于 2021 年的 GDP 增长目标），研发预算将超过美国和欧洲，并将基础研究在公共研发中的比重提高到 8%（2019 年约为 6%）。

第二，集中资源发展战略性新兴能源领域，包括 CCUS、氢能、工业脱碳、数字和智慧能源，以及交通运输用先进生物燃料。

第三，赋予研究人员更大的自主权，并通过增加青年科研人员参与公共资助项目的机会、使用以绩效为衡量标准的公开竞争机制（如新的“揭榜挂帅”机制和“颠覆性技术创新大赛”）来刺激竞争。

第四，设立多家气候中和创新中心，通过该中心为全国跨学科气候创新实践提供平台，以促进科研院所、企业和高校之间的合作。

第五，鼓励企业增加研发支出，在全球清洁能源技术供应链中取得更大的市场份额，包括通过税收优惠或其他非传统财政政策工具进行激励。例如，“创新积分制”对国家高新区的创新型企业提供融资奖励。

第六，加强治理。方式包括促使知识产权保护与国际最佳实践接轨、推进科技机构现代化、改善研发评价和监测机制。

第七，发挥国内市场规模优势，争取更大范围国际市场。

第八，促进在科技和标准方面的国际合作。图 4-49 展示了较少国际合作情景和净零排放情景下的二氧化碳排放量趋势，可以得出以下结论：若没有国际合作，向净零排放的转型将被推迟几十年。

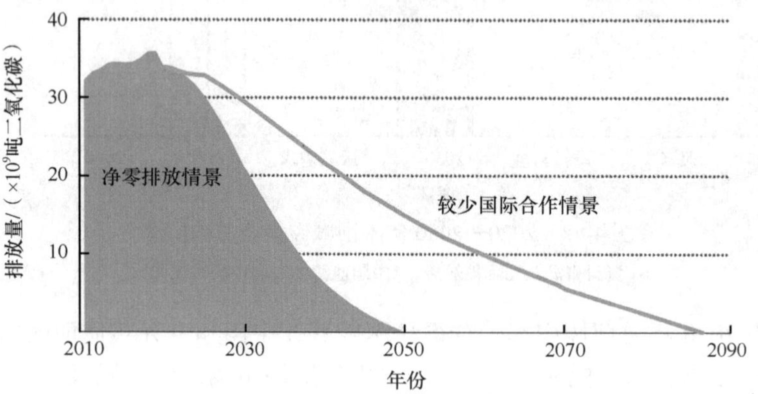

图 4-49　较少国际合作情景和净零排放情景下的二氧化碳排放量

资料来源：国际能源署

第 5 章　碳中和实施路径：需求侧低碳转型

交通部门碳排放的最终根源在于消费，消费行为与方式的转变是加快减碳行动的关键，需求侧的碳排放管理是更为持久和长远的减排动力。交通部门是全球碳排放的主要来源之一，汽车、卡车、飞机、船舶等交通工具燃烧化石燃料产生大量的二氧化碳以及其他温室气体，这对气候变化产生直接的影响。同时，大部分人每天超过 80%—90%的时间在室内度过，建筑与人的福祉直接相联系，然而在一座建筑的诞生、使用到废弃的整个生命周期中，将消耗大量能量，现阶段供给这些能量的方式又以化石能源为主，因此建筑部门也贡献了大量的碳排放量。

随着全球经济的发展和城市化的加速，交通与建筑需求将迅速增长，导致交通与建筑部门的碳排放也在不断增加。尤其是在一些新兴经济体和高度工业化的地区，交通与建筑部门的碳排放增长更为显著。因此，本章需求侧的低碳转型将着重以交通与建筑部门为例，并介绍交通与建筑部门的碳排放现状和影响因素，以及这两个部门面向碳中和的低碳转型路径。

5.1　低 碳 交 通

5.1.1　交通部门的碳排放现状

1. 交通部门范围界定

1）我国交通运输行业能源消耗统计现状

我国在能耗统计数据中，交通运输、仓储和邮政业作为一个行业进行统计，包括铁路运输业、道路运输业、城市公共交通业、水上运输业、航空运输业、管道运输业、装卸搬运，仓储，邮政及其他运输服务业。

在我国的统计体系中，交通运输业仅包括对从事社会运营的交通运输企业的统计，相应的能源消费统计量也只包括其运输工具的燃料消费，一些非交通行业的道路或水运交通工具以及大量的社会非运营交通工具的燃油消耗没有纳入交通行业的能源消耗统计中。

2）国内外交通部门能耗统计口径差异

国际能源署定义了五种主要的运输模式：公路运输、铁路运输、航空运输、国内水上运输、管道运输。调查中所提供的数据仅与运输活动本身消耗的燃料相关，运输企业在其他方面的燃料包括在“商业与公共事业”中。

我国与国际交通能耗统计口径的主要差异在于以下几方面。

（1）我国把交通运输与仓储、邮政业划分为一个行业进行统计，国外交通运输能耗不包括仓储和邮政所消耗的能源。

（2）我国交通运输部门或行业中发生的部分建筑能耗被计入到了交通运输行业中，国外这部分被计入商业与公共事业中等。

（3）部分用于旅游的车辆等交通工具能耗未被列入交通运输能耗中，而被计入到了旅游业中。

（4）我国的公路运输能耗只统计了交通部门运营车辆的能耗，未统计社会其他部门、行业及私人车辆的能耗，而国际统计口径包括所有交通运输工具的能耗。

3）交通运输类型划分

根据运输类型的不同，本节进一步将交通运输划分为货物运输、城市客运以及城际客运三大类（图 5-1）。

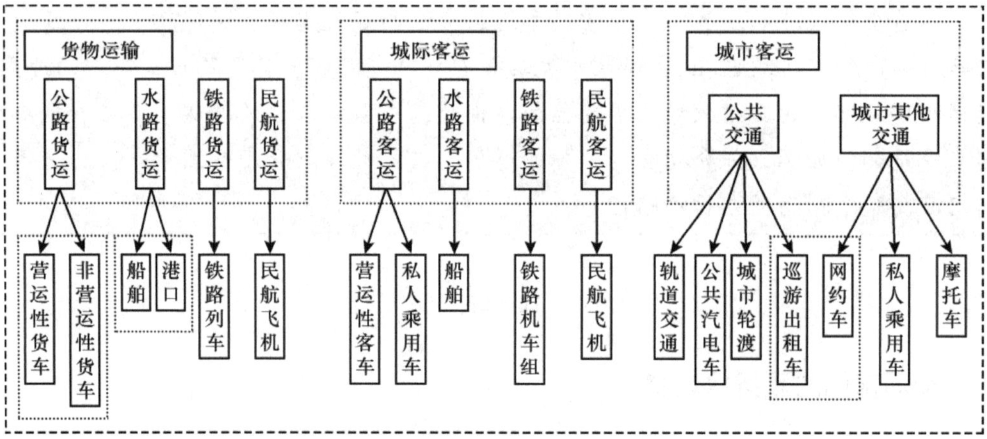

图 5-1　交通运输具体类型的细分

A. 货物运输

货物运输指大宗物资和商品货物的运输过程，是现代运输的主要方式之一，在整个运输领域中占有重要的地位，并发挥着越来越重要的作用。根据不同的运输方式，货物运输具体可以分为公路货运、水路货运、铁路货运以及民航货运这四大类。

（1）公路货运。公路货运指的是利用公路设施、机动车辆等运输工具，将货物从一个地方运到另一个地方，其中包含了集货、分配、搬运、中转、装入、卸下、分散等一系列会产生空间位移的活动。它是以汽车等车辆为主体，在公路上进行货物运输的一种运输方式，主要承担近距离、小批量的货物短途运输和水运、铁路运输等难以到达地区的长途、大批量的货物运输。公路货运在整个交通运输中起着举足轻重的作用。公路运输既是一种独立的运输方式，又是连接车站、港口、机场的重要手段，更是实现“门到门”交通的关键环节。

公路货运具体可细分为营运性和非营运性两种，两者最明显的区别就是营运货车必须要办理营运证，另外营运车每年都必须定期进行强制性的二级维护保养，同时每年的保费相对非营运车要高，驾驶营运货车的驾驶者必须获取营运资格证。营运货车就是专门用来运输货物的，在我国的道路货物运输及站场管理规定中要求货物运输经营者必须建立相关车辆技术管理制度，并且需要按照国家规定的技术规范进行货运车辆的定期保养维护，确保在营运货车始终保持良好的车辆技术状况。

（2）水路货运。水路货运是以船舶为主要运输工具、以港口或港站为运输基地、以水域（海洋、河、湖等）为运输活动范围的一种运输方式。在蒸汽机发明及其用于交通动力前即已出现，为目前各主要运输方式中兴起最早、历史最长的运输方式。其技术经济特征是载重量大、成本低、投资小，但灵活性低，连续性也差。

（3）铁路货运。铁路货运是使用铁路列车运送货物的一种运输方式。它在社会物质生产过程中起着重要作用。其特点是运送量大、速度快、成本较低，一般不受气候条件限制，适合于大宗、笨重货物的长途运输。

（4）民航货运。民航货运是以民航航空货运为核心，实现物品“门到门”实体流动以及延伸服务的战略性产业体系，具有服务范围广、附加值高、快捷高效等特点。

B. 城市客运

（1）公共交通。公共交通是指向大众开放并提供运输服务的交通方式，公共交通系统由通路、交通工具、站点设施等物理要素构成。公共交通是一个城市重要的基础设施，其发展水平直接影响了市民出行的便捷性和幸福感，对建设和谐社会及和谐城市有着重大意义。根据类型的不同，具体可分为轨道交通、公共汽电车、城市轮渡以及巡游出租车等类型。

（2）城市其他交通。除了公共交通，城市其他交通出行类型常见的还包括私人乘用车、摩托车等。随着网约车经济的兴起，网约车也慢慢成为城市其他交通的重要组成部分之一。

C. 城际客运

城际客运指的是城市间的客运服务形式。具体有以下几种类别：一是公路客运，具体可分为营运性客车（如城际公交等）以及私人乘用车两类；二是水路客运，其主要的运输形式是船舶；三是铁路客运，是通过铁路机车组来实现载客的运输方式；四是民航客运，是指以航空器进行经营性客运的航空活动。

2. 交通部门碳排放现状

1）世界以及主要国家（地区）交通部门碳排放现状

对于世界整体而言，2022 年二氧化碳排放量约为 347.5 亿吨，其中交通部门的二氧化碳排放总量为 79.8 亿吨，占比达到了 23%。从图 5-2、图 5-3 中也可以看出，除去 2020 年由于新冠疫情暴发的影响之外，世界交通部门的碳排放依旧处于逐步上升的趋势，总体而言占比稳定在 25%左右。

在 2020 年全球碳排放前 15 位的国家中，美国、俄罗斯、日本、巴西及德国等已经实现了碳达峰。尽管不同国家能源、经济、产业结构等各具特点，其采取的低碳发展政策不同，碳达峰的年份、峰值水平及达峰原因也各不相同，但工业、建筑及交通运输作

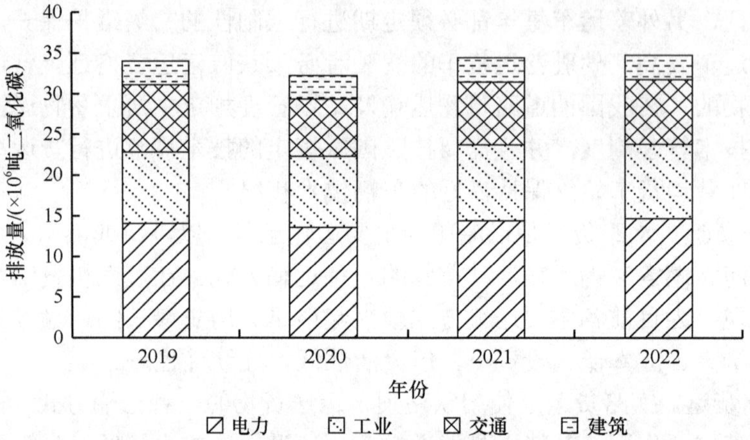

图 5-2　1990—2022 年世界各部门碳排放量

资料来源：国际能源署

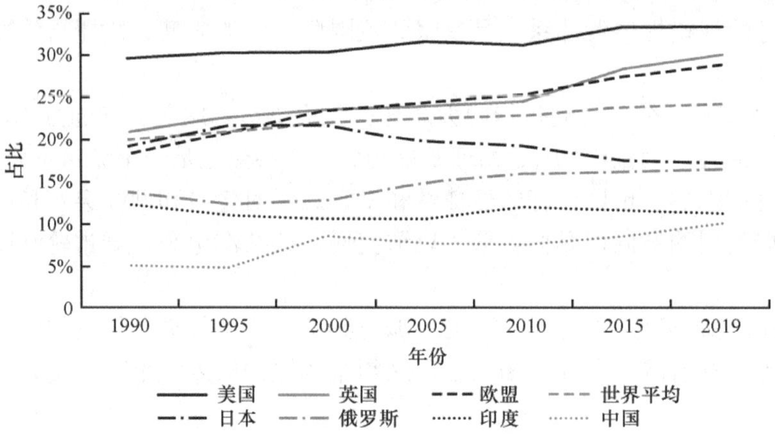

图 5-3　世界主要国家（地区）交通部门碳排放情况

资料来源：陈书雪等（2023）

为三大终端用能行业，其碳达峰具有一定的规律。

A. 美国

美国交通运输领域碳排放在 2007 年达峰（图 5-4），其中客运碳排放占比最大；2016 年，交通运输超越电力，首次成为碳排放最主要来源。美国交通运输能源以化石燃料为主，在 2019 年，能源消耗的 98% 来自石油，轻型车辆用汽油占 56.5%，货车用柴油占 24.3%。美国交通运输的能耗结构显示，客运是最大的碳排放源。驾驶补贴和公共交通体系的不完善、步行和自行车出行不便以及必须依赖使用汽车的城市发展模式等因素，导致美国居民更倾向于采用私家车出行，1990—2019 年，其私家车行驶里程增加了 47.5%。

美国交通运输领域单位能耗较高，但近些年呈现下降趋势。美国私家车以大排量车型为主，但随着电动车、插电式混合动力车和油电混合动力车销量的增长，其单耗呈现下降趋势。航空业通过减重、停飞油耗过高的飞机、规定旅客为第二件行李缴费等措施

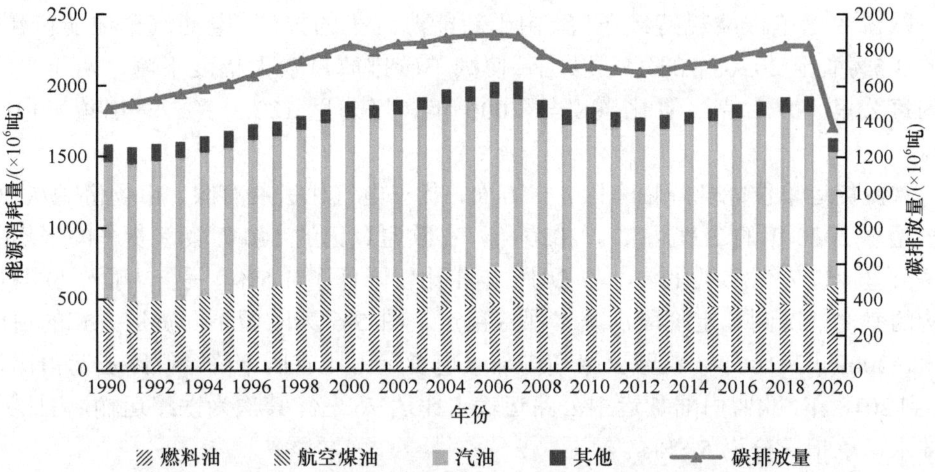

图 5-4　1990—2020 年美国交通运输领域能耗量和碳排放量

资料来源：陈书雪等（2023）

降低油耗，实现单耗逐年下降。公交车单耗呈现 5 年的周期性波动，考虑到公交车换车的周期为 5 年，美国公交车单耗周期性波动与换车周期基本吻合，平均单耗略有下降。美国拥有便捷的高速公路网和民航网，其居民出行更多地依靠私家车和民航飞机，同时美国铁路设施逐渐老化，导致美国铁路运输单位能耗呈现上升趋势。

B. 欧盟

交通运输是欧盟第二大碳排放源。1990—2007 年，欧盟交通运输领域碳排放量持续增长，并在 2007 年达峰，峰值近 10 亿吨；2008—2012 年受经济危机影响，欧盟交通运输领域碳排放量呈现下降趋势，2013—2019 年稍有反弹（总量并未超过峰值）。1990—2019 年，欧盟碳排放占比不断提升，从 1990 年的 18.5%增长到 2019 年 28.9%，如图 5-5 所示。

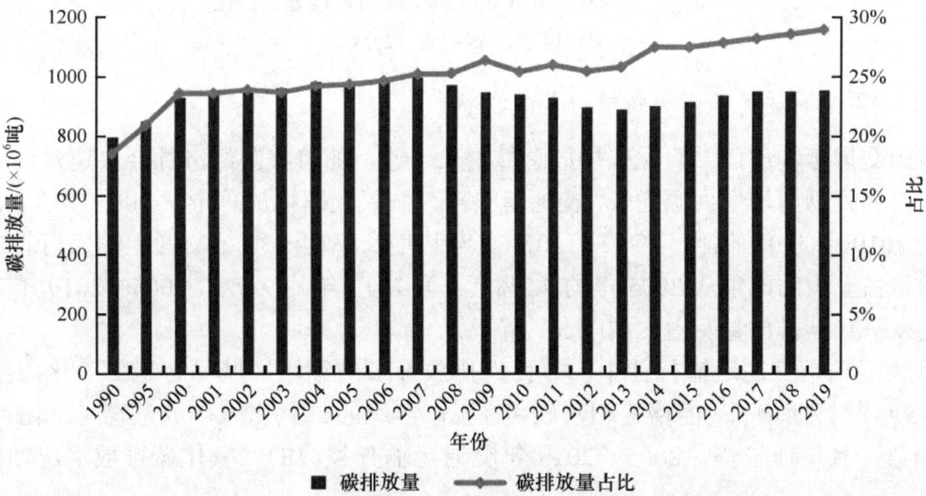

图 5-5　1990—2019 年欧盟交通运输领域碳排放量及其占比情况

资料来源：陈书雪等（2023）

欧盟客运单位能耗持续下降。由于新能源汽车的推广，电动汽车注册份额从 2019 年的 3.5%增至 2020 年的 11%以上，使汽车碳排放量较大幅度下降，两年平均碳排放量为每公里 107.8 克二氧化碳，与 2000 年（每公里 122.3 克二氧化碳）相比减少了 12%。

欧盟货运单位能耗降幅有限。一方面，货车电气化进展有限，市场份额从 2019 年的 1.4%增至 2020 年的 2.3%左右。2020 年，在欧盟登记的 140 万辆新货车的平均碳排放量为每公里 157.7 克二氧化碳，与 2019 年相比仅降低了 1.5%。另一方面，欧盟货物运输结构的变化情况到一定阶段后基本保持稳定。图 5-6 为欧盟不同货运方式的占比，可以看出，2009—2018 年，欧盟公路和内陆水道货运占比有所下降，铁路货运占比则略微上升。到 2018 年，欧盟内陆货运中公路运输占比达 76.5%；其次为铁路运输，占比为 18.0%；内陆水运承担部分为 5.5%。

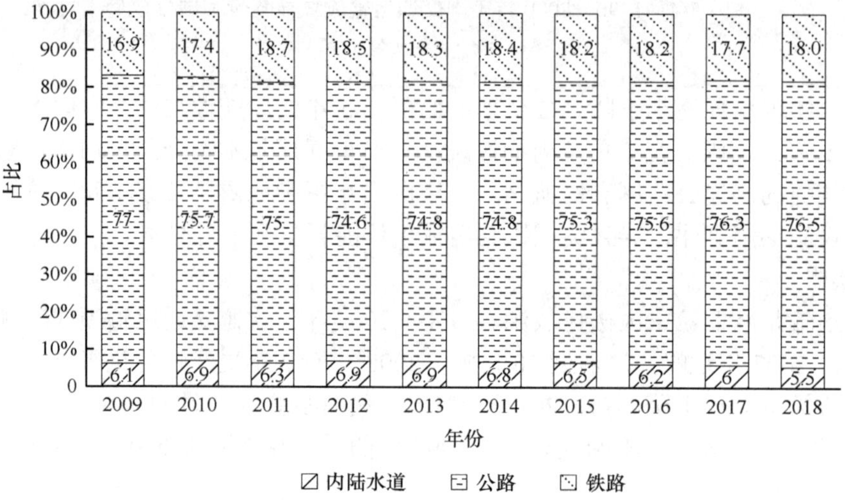

图 5-6 2009—2018 年欧盟不同的货运方式占比

资料来源：陈书雪等（2023）

2）我国交通运输部门碳排放与能耗现状

我国交通运输部门二氧化碳排放总量增长迅速。随着我国经济社会快速发展，全社会货运量和货物周转量大幅增长，交通运输部门二氧化碳排放总量从 2005 年的 4.6 亿吨增长到 2019 年的 9.5 亿吨，增长了 107%，年均增长率达 5.3%。交通运输部门的二氧化碳排放量占全国的比重从 2005 年的 7.2%上升为 2019 年的 9.2%，2005—2019 年交通运输部门二氧化碳排放量及占比如图 5-7 所示。

货物运输是交通运输行业中二氧化碳排放最多的领域，城际客运二氧化碳排放量自 2005 年起持续增长，但增速相对较慢。城市客运的二氧化碳排放量也呈现出持续增长的趋势，且增速较快，2005—2019 年交通运输分领域的二氧化碳排放情况如图 5-8 所示。

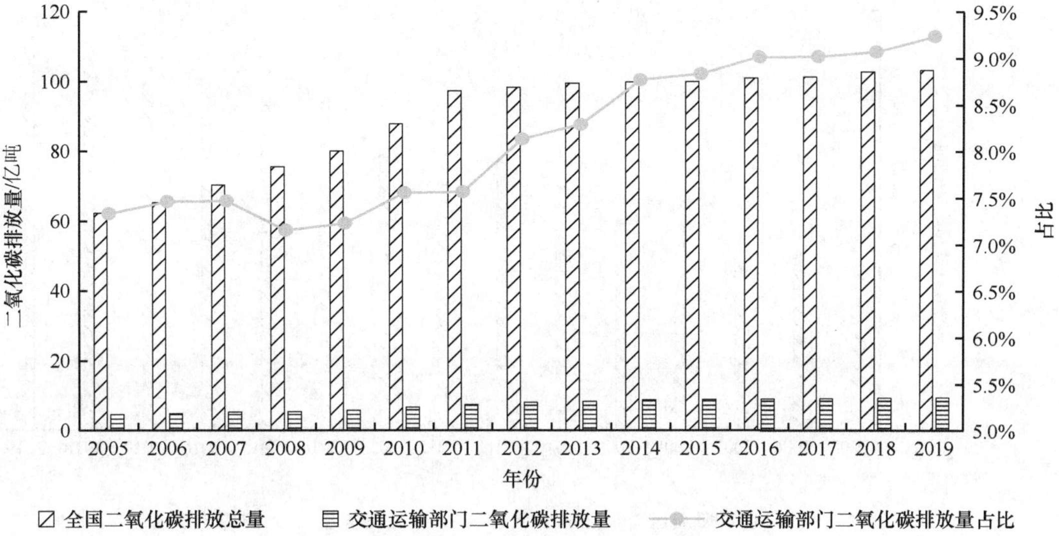

图 5-7　2005—2019 年交通运输部门二氧化碳排放量及占比

资料来源：中国科学院可持续发展战略研究组（2021）

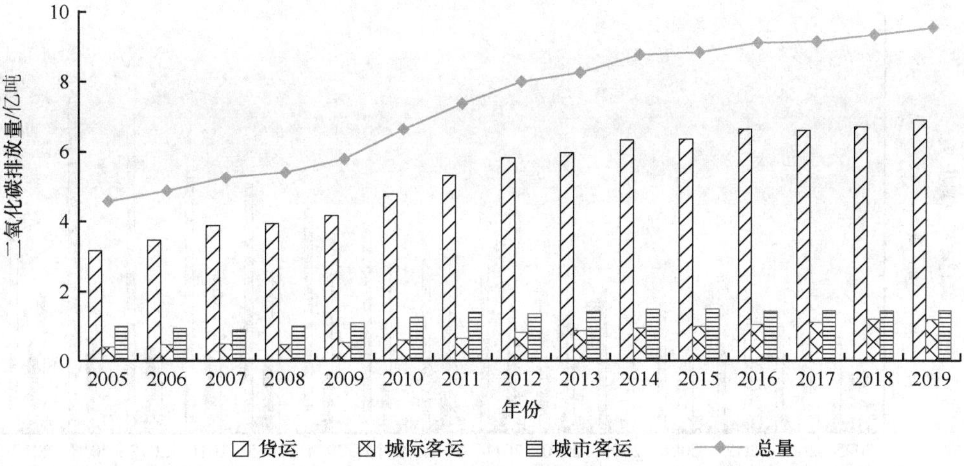

图 5-8　2005—2019 年交通运输分领域的二氧化碳排放情况

资料来源：中国科学院可持续发展战略研究组（2021）

货物运输中公路货运二氧化碳排放总量最大且增速较快。2019 年公路货运二氧化碳排放占比达 83.1%。随着我国经济快速发展，对货物运输需求显著提升，我国货物运输主要以公路为主，2005—2019 年公路货物周转量年均增长 8.5%，导致公路货运二氧化碳排放量增长 2.4 倍，货物运输二氧化碳排放情况如图 5-9 所示。

城际客运中航空客运的二氧化碳排放占比最高。居民城际出行方式逐步转向以铁路、航空出行为主。铁路实现了较为全面的电气化改造，铁路客运二氧化碳排放强度较低，二氧化碳排放量呈下降态势。航空客运二氧化碳排放量从 2005 年的不到 0.2 亿吨增长到 2019 年的 0.69 亿吨，增长了两倍多，占比达到 56.3%，2005—2019 年城际客运二氧化碳排放情况如图 5-10 所示。

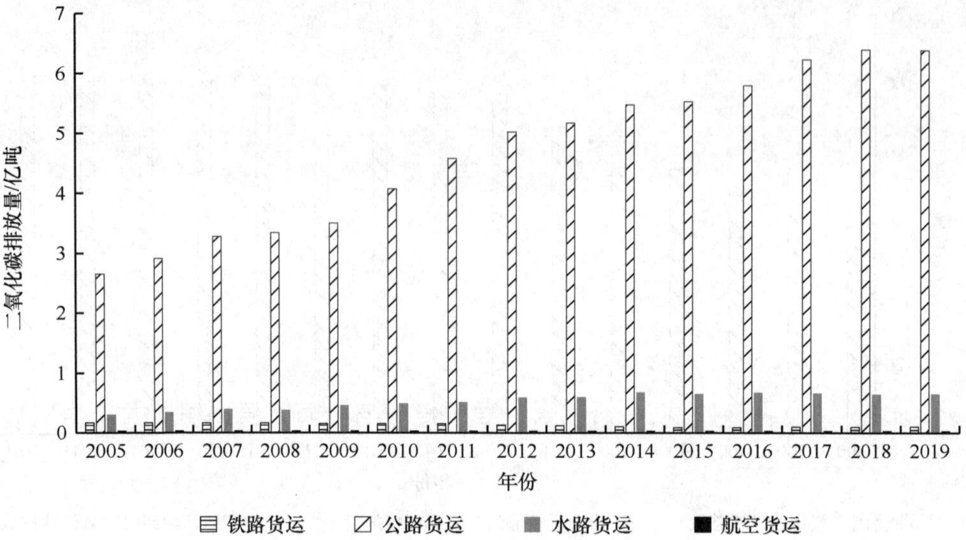

图 5-9 货物运输二氧化碳排放情况

资料来源：中国科学院可持续发展战略研究组（2021）

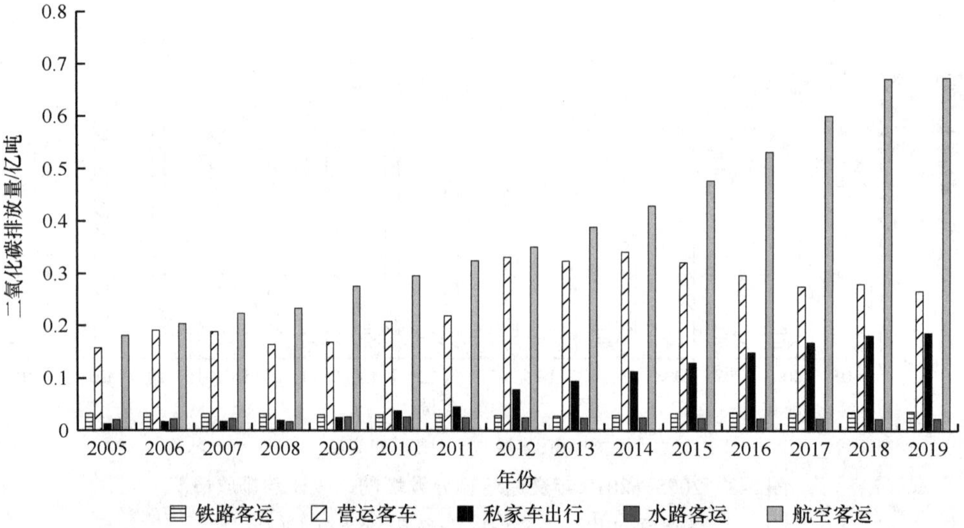

图 5-10 2005—2019 年城际客运二氧化碳排放情况

资料来源：中国科学院可持续发展战略研究组（2021）

私人乘用车成为城市客运二氧化碳排放最多的方式。2005—2019 年，私人乘用车保有量从 2005 年的 0.24 亿辆快速增长到 2019 年的 2.07 亿辆，年均增长率为 16.6%，导致其二氧化碳排放量的快速增加。2013 年私人乘用车超越城市出租车成为城市客运中二氧化碳排放最多的方式。2005—2019 年城市客运二氧化碳排放情况如图 5-11 所示。

2019 年中国能源消费总量为 48.6 亿吨标准煤，交通运输行业（含私人车辆）占比约为 9%。其中，石油消费约占全国石油终端消费总量的 60%。中国目前交通部门能源消费结构依然以化石燃料为主，但随着交通电动化的发展，电力消费总量将逐渐提升（图 5-12）。

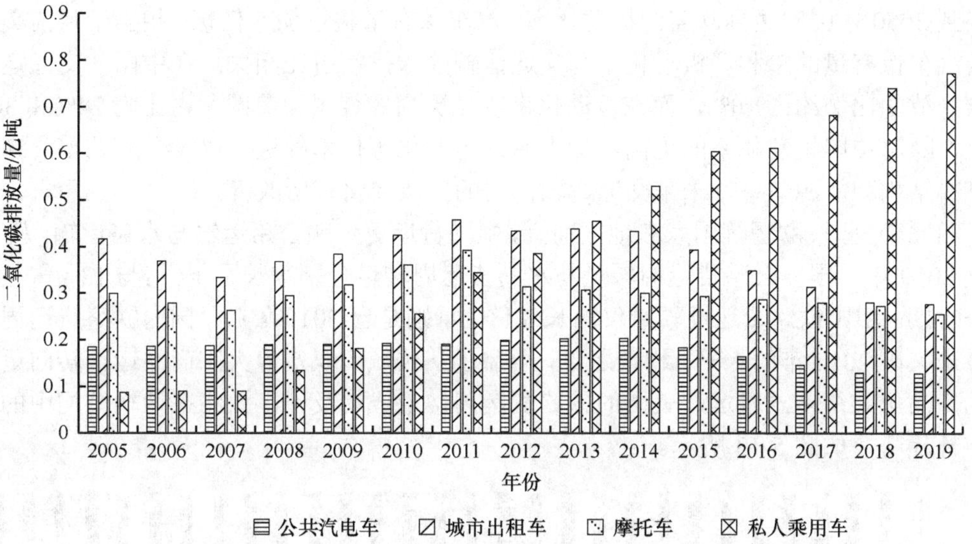

图 5-11　2005—2019 年城市客运二氧化碳排放情况

资料来源：中国科学院可持续发展战略研究组（2021）

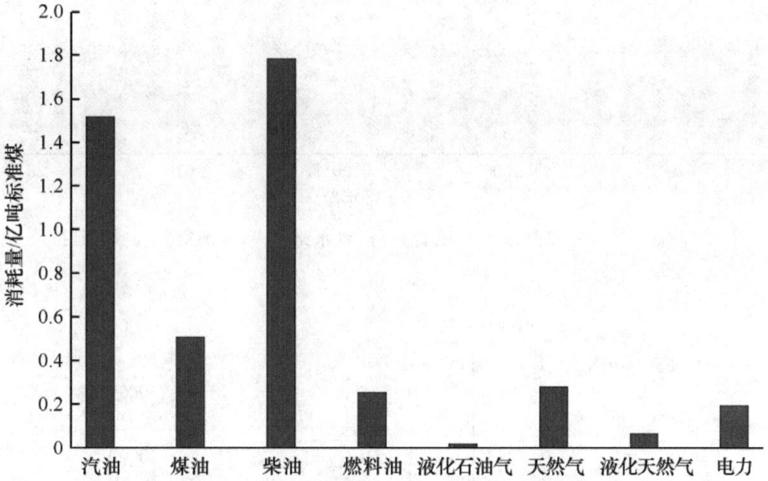

图 5-12　2019 年中国交通部门分能源类型的能源消耗

资料来源：交通运输部规划研究院（2022）

铁路是中国交通部门能耗单耗指标最低的领域。在中国客运与货运中，铁路单耗指标均为最低{分别为 3.96 吨标准煤/[（$\times10^6$ 人）·公里]以及 3.96 吨标准煤/[（$\times10^6$ 吨）·公里]}。对于客运的单耗指标而言，除了铁路，就是公路｛14.4 吨标准煤/[（$\times10^6$ 人）·公里]｝与民航｛40.7 吨标准煤/[（$\times10^6$ 人）·公里]｝，水运单耗指标最高｛132.9 吨标准煤/[（$\times10^6$ 人）·公里]｝。对于货运的单耗指标而言，除了铁路则为水运{5.02 吨标准煤/[（$\times10^6$ 吨）·公里]｝和公路｛33.5 吨标准煤/[（$\times10^6$ 吨）·公里]｝。

3）中国交通部门与全球对比

目前，中国每千人拥有汽车不到 200 辆，而欧盟约为 600 辆，美国则超过 800 辆。

如果到2050年中国达到欧盟的机动化率，汽车保有量将增加5亿辆，相当于目前美国和欧盟汽车保有量的总和。机动化率与交通运输的碳排放占比相关：在中国，交通运输占总碳排放的比例约为10%，而在机动化率明显更高的德国和美国，占比为24%和36%。因此，随着中国机动化率的提高，加上通过电气化等技术改进，以及显著调整交通运输的燃料结构和能源效率，未来交通运输部门的排放或将有所改善。

相比于美国、欧盟等国家和地区而言，中国货运更依赖公路运输与水路运输。从1990年到2019年，国内公路货运周转量与水路货运周转量分别增长了17倍与13倍。然而，同一时期，中国铁路货运周转量仅增长3倍。特别是自2010年起，国内铁路货运周转量始终未突破2010年的水平。相较之下，得益于从传统的煤炭等大宗商品运输转向更多元化的商品集装箱多式联运，美国的铁路货运周转量成功反弹，铁路在运输结构中的占比呈上升趋势，如图5-13所示。

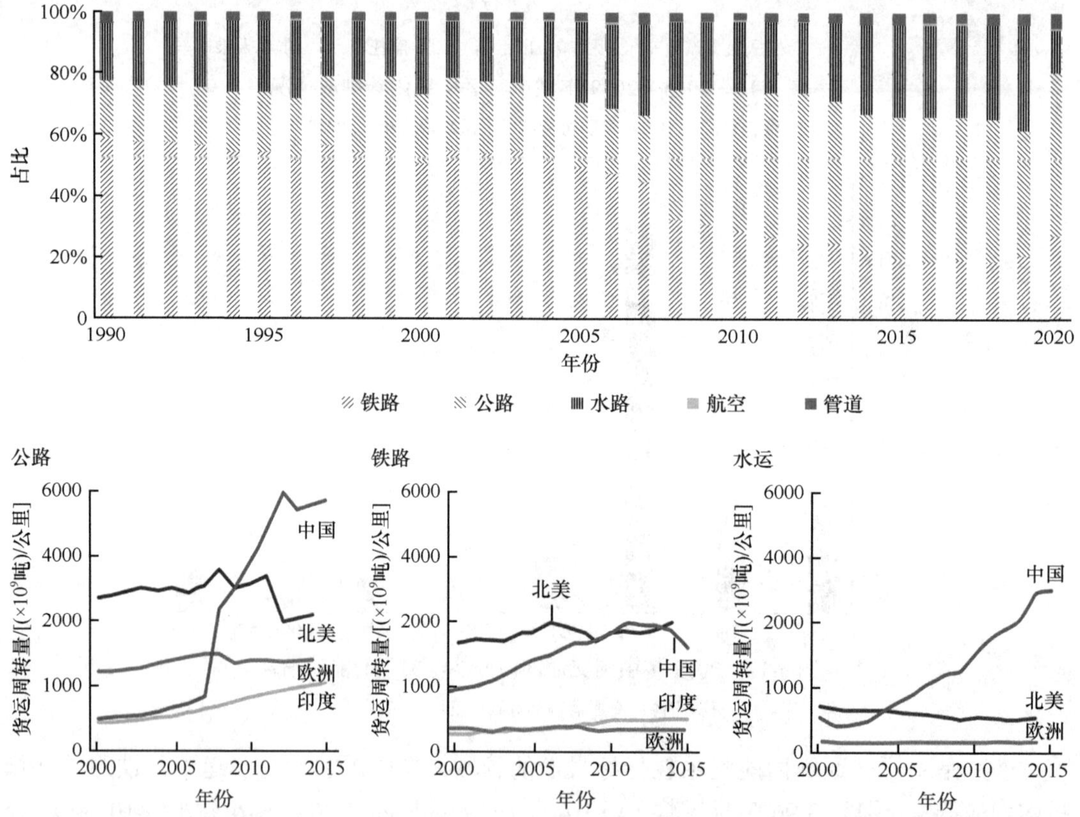

图5-13　中国货运运输结构（周转量占比）及与北美、欧洲和印度货运周转量发展趋势对比

资料来源：薛露露和刘岱宗（2022）

5.1.2　交通部门碳排放的影响因素

交通部门碳排放的核算方法可以概括为“自上而下”与“自下而上”两大类。“自上而下”方法的本质是依据交通部门能耗数据，计算各类燃料消耗产生的碳排放，汇总加和各类燃料产生的碳排放后便可得该部门的碳排放总量。“自上而下”方法也是国内

通用的核算方法，中国 1994 年、2005 年和 2010 年国家温室气体排放清单是基于《IPCC 指南》（1996 年版）编制，而 2012 年和 2014 年国家温室气体排放清单则是基于《IPCC 指南》（2006 年版）编制。虽然“自下而上”方法不是 IPCC 推荐的国家交通温室气体核算方法，但国内很多省份在核算交通碳排放时，采用“自上而下”法与“自下而上”法相结合的方法识别主要排放源、预测未来排放趋势、支撑低碳行动方案编制。

结合上述内容，并考虑到道路运输往往是交通运输的重要部分，因此下文的影响因素主要是结合交通运输的结构，并以道路运输的“保有量法”为案例，从交通运输结构、车辆保有量、年均行驶里程、百公里油耗以及排放因子五个角度对交通运输的影响因素进行深入的分析。

1. 交通部门碳排放的关键驱动因素

1）交通运输结构

不同的运输方式往往能源效率差异也较大，这直接导致不同的运输结构碳排放也会存在较大差距。公路运输总运量大、碳排放量大是当前我国交通运输的一个重要特点。公路运输中重型柴油货车在运输过程中会产生大量废气污染，作为移动污染源，柴油货车等成为我国大气污染防治的重点对象之一。减少公路碳排放量是降低交通运输行业碳排放量的关键所在。需要注意的是，铁路运输单位货物周转量能耗强度是公路的 1/7，污染物排放强度是公路的 1/13，水路运输单位能耗强度比铁路更低。因此，优化交通运输结构，推动大宗物资运输实现“公转铁”“公转水”，也是降低交通部门碳排放的有力举措。

2）车辆保有量

车辆保有量是指一个地区拥有车辆的数量，具体来说，是指在当地登记的车辆数量。一个地区的车辆保有量往往是由当地的交通工具的数量与结构、人均 GDP 与人口密度等因素影响或决定。

（1）交通工具的数量。在未实现新能源汽车大比例替代燃油车之前，交通工具的数量往往与碳排放成正比。2010 年以来，全球汽车保有量稳步提升，国际汽车制造商协会数据显示，截至 2019 年底，全球汽车保有量为 14.62 亿辆，相比 2010 年增加近 5 亿辆。2010—2019 年全球交通部门碳排放也处于持续增长态势，从 2010 年的 7.02×10^9 吨二氧化碳增加至 2019 年的 8.28×10^9 吨二氧化碳。

（2）交通工具的结构。道路交通工具往往包括公共交通、私人乘用车、摩托车、营运性以及非营运性的货车等。不同类型的交通工具的能耗水平以及排放水平也存在较大差距，公路货物运输的能耗水平往往高于公路客运，能源基金会的一份研究也证明了这一观点，该研究发现对公路运输来说，单位货物周转量的能耗水平约是单位旅客周转量能耗水平的 3.7 倍。另外，电气化在不同交通工具中的普及率高低也是直接影响排放的重要考虑因素。

（3）人均 GDP 与人口密度。这两个因素主要还是从需求侧来反映保有量的高低，人均 GDP 与人口密度越高往往对应着较高的出行需求，从而导致了车辆保有量的增加，而在没有实现大规模的电车普及下，这也意味着该区域由于较高车辆保有量带来的碳排放水平也会较高。

3）年均行驶里程

年均行驶里程主要计算的是区域内各类型机动车的年均行驶里程，行驶里程越高意味着排放水平越高。年均行驶里程主要受当地的出行需求、城市形态、土地利用混合度等因素影响或决定。

出行需求包括要前往的目的地以及拟采取的交通工具类型（出行行为）等。目的地的远近，以及出行行为的差异也是影响交通碳排放的重要因素。目的地越远意味着行驶里程越长，公众会更愿意采取机动车等类型的交通工具，这也意味着碳排放也会越多。而采取公共交通、自行车甚至是步行等绿色出行方式，会有效地抑制碳排放的增长。

城市的紧凑化发展有利于降低交通部门的碳排放，因为紧凑化的城市类型意味着公众到达想去的目的地的距离被有效地缩短，这能够直接地缩短机动车的年均行驶里程，从而达到降低碳排放的目的。

土地利用混合度越高表示区域内土地利用布局越均衡，出行者的出发地和目的地在同一区域或相邻区域的概率较大。因此，合理的土地利用布局有助于引导居民选择非机动化的出行方式，并进一步降低机动化出行导致的碳排放水平。

4）百公里油耗

百公里油耗反映的是能源效率水平，一类交通工具的百公里油耗越低，也就意味着该类交通工具比其他类型的交通工具，在行驶同样的距离下会节省更多的能源。因此，提高能效是交通部门低碳转型中十分关键的一环。

5）排放因子

排放因子反映的是能源结构的概念。不同类型的能源，如煤、石油、天然气等的排放因子水平都会有所差异，如天然气、石油等的排放因子便低于煤炭。因此，优化交通部门的能源结构类型，最终逐步走向完全电气化，是交通部门实现净零排放的核心内容。

2. 交通部门低碳转型的挑战

1）交通运输需求仍将保持中高速的增长

交通运输是居民出行、物流服务的基础支撑和保障。随着经济社会的快速发展和居民生活水平的不断提高，运输需求不断增加，碳排放总量控制难度很大。《国家综合立体交通网规划纲要》指出，“旅客出行需求稳步增长，高品质、多样化、个性化的需求不断增强。预计 2021 至 2035 年旅客出行量（含小汽车出行量）年均增速为 3.2%左右。高铁、民航、小汽车出行占比不断提升，国际旅客出行以及城市群旅客出行需求更加旺盛。东部地区仍将是我国出行需求最为集中的区域，中西部地区出行需求增速加快。货物运输需求稳中有升，高价值、小批量、时效强的需求快速攀升。预计 2021 至 2035 年全社会货运量年均增速为 2%左右，邮政快递业务量年均增速为 6.3%左右。外贸货物运输保持长期增长态势，大宗散货运量未来一段时期保持高位运行状态。东部地区货运需求仍保持较大规模，中西部地区增速将快于东部地区”。运输需求总量增长将导致交通运输碳排放量持续增加。

2）我国货物运输结构仍不尽合理

目前我国交通运输结构过分倚重公路运输，特别是在货运领域，低碳、环保运输方式（水运、铁路）比重较低，与类似条件的发达国家相比差距较大。公路、铁路合理比价关系尚未形成，公路货运和铁路货运市场化改革进程步伐不一。公路运输市场化程度远高于铁路运输，定价更为灵活。目前干线铁路和铁路专用线均存在能力制约，铁路基础设施的建设以及铁路货运市场规模的形成均需要时间，铁路货运增量无法在短时间内迎来爆发性增长。我国交通运输领域结构性减排优势尚未发挥，优化运输结构是提升交通运输整体运行效率、节约能源、降低排放最有效的手段，也是从根本上解决交通运输生态环境问题、推动行业绿色发展的关键所在。

3）传统能源运输装备能效水平有限

目前中国交通运输装备整体较新，更新周期较长。整体能效水平达到现有技术条件下较高水平，因此能效提升空间有限。装备制造业需要加快技术创新以提供更加节能的车辆和船舶。与此同时，老旧车辆淘汰制度监管执行缺乏严格、完整的机制，影响装备及时更新换代为低排放或零排放装备。

4）低碳技术装备发展路线图仍不明确

电动汽车仍存在续航里程短、充电慢、充电难等问题。重型运输装备（重型货车、大型船舶、飞机）的清洁燃料替代技术路线发展尚不明确。交通运输的低碳发展依赖于中国发电结构的进一步优化。我国电网结构以煤炭发电为主，发电行业完成低碳转型才能实现交通用电清洁化。替代能源的大规模应用还需要上下游产业链同步配套。然而，目前新能源的规模化产业链尚未形成，电网优化调整、基础设施配套任务艰巨。

5.1.3　交通部门的低碳转型路径

1. 新能源装备推广

新能源装备推广是所有交通运输方式最终实现近零碳排放的核心手段，且会随着时间推移贡献率逐步提高，公路运输将是新能源装备渗透最快的领域，其次是水路运输和民航运输。交通领域与能源领域的融合发展，将进一步支撑新能源装备的推广。

新能源汽车对传统汽车的替代也将发挥十分关键的作用。世界资源研究所的一项研究显示，新能源汽车推广与应用措施有望实现 48%的温室气体累计减排量，是交通部门实现净零排放中最具潜力的路径。2022 年全球电动汽车销售超过了 1000 万辆，2023 年其销售量有望再增加 35%，达到 1400 万辆。全球电动汽车的销售目前主要集中在中国、欧洲和美国三个市场。中国电动汽车销量占到 2022 年全球总量的 60%，现在全球超过一半的电动汽车在中国。

新能源装备推广的有效途径包括以下几种。

在公路运输方面，重点突破中重型货车的长续航里程电池技术，积极探索电气化公路和燃料替代技术，提高能源安全性和使用效率，降低使用成本。进一步加快城市公交、出租和城市物流配送车辆的电动化进程，氢燃料也是一种可能的车辆燃料技术路线，但取决于其技术发展、应用场景及氢能来源，建议在保障绿氢供应前提下在特定场景适时推广氢燃料使用。

铁路运输方面，应研究和推广新能源与可再生能源在铁路建设、运营和设备维护中的大范围应用。

水路运输方面，目前国内除对于 LNG 燃料动力船的船型技术有一定积累以外，对于使用氢燃料和氨燃料等的新船型技术研发尚处于起步阶段，相关的装备、材料和工艺尚属空白。而且新技术的应用存在一定的安全隐患，如 LNG、氢、氨等清洁能源的特性表征具有较大风险，需加强风险评估及应急保障研究。

航空运输方面，由于航空飞行器的替代燃料技术尚不清晰，需要加快开展航空领域深度脱碳技术研究。积极推动重大科技创新，积极推动部分机场和航空公司先行先试。鼓励开展温室气体与污染物协同减排相关技术研发、示范与推广。有序推动可持续航空燃料（生物航油）示范工程建设和规模化应用。

为保证新能源在交通运输行业的运用，需要以下措施来加速基础设施网络与能源网络的融合：一是统筹布局交通基础设施网络的电能、氢能等能源供给网络，加快充电、加氢、加气基础设施建设；二是加强新能源汽车与电网能量互动，鼓励地方开展 V2G（vehicle-to-grid，车辆到电网）示范应用，统筹新能源汽车充放电、电力调度需求，综合运用峰谷电价、新能源汽车充电优惠等政策；三是加快推进港口岸电设施建设与使用，完善高速公路沿线充（换）电站和加氢站的规划建设，加快航运干线船用 LNG 加注站建设；四是研究实施行业“能源产消者”试点项目，鼓励交通基础设施利用。

案例 5-1　　深圳市新能源汽车示范

2009 年，深圳市入选中国首批 13 个节能与新能源汽车示范推广试点城市。2017 年，深圳市全市专营公交车辆已全部实现纯电动化，深圳市是中国特大型城市中首个实现公交全面纯电动化的城市。

2018 年，深圳市基本实现出租车纯电动化，成为全球纯电动出租车规模最大城市。

2020 年，深圳市网络预约出租汽车全面实现电动化。

2. 运输结构调整

不同运输方式的能效差异巨大，由于铁路和水路运输相比于公路运输的能效优势明显，应充分发挥其在中长途运输尤其是中长途货运中的作用，逐步扭转铁路和水路运输占比下降的局面，提升铁路、水路运输在货运结构中的比重，保持铁路、水路运输在大宗货物运输中的优势。

目前我国铁路、水路运输在大宗物资运输中低成本、低能耗的优势尚未充分发挥。在水路货运量和货物周转量均不含远洋运输的情况下，2020 年，铁路货运量、货物周转量占全社会货运量和货物周转量的比例分别为 9.8%、20.8%，公路货运量、货物周转量占比分别为 73.7%、41.1%，公路仍是最主要的运输方式。虽然近年来铁路货运量及货物周转量占比有所上涨，但仍处于历史低位。我国煤炭、矿石、矿建材料、水泥等大宗货物运输仍以公路为主。2019 年交通运输部道路货运专项调查结果显示，矿建材料及水泥、煤炭及制品、金属矿石公路货运量达 200.6 亿吨，约为铁路货运总量的 4.6 倍。

2016—2017 年，我国在推进运输结构调整中开展了一系列的探索和政策部署。2018 年，运输结构调整全面启动，国务院办公厅印发了《推进运输结构调整三年行动计划（2018—2020 年）》。交通运输部、国家发展和改革委员会（简称国家发展改革委）及其他相关部门、中国国家铁路集团有限公司（简称国铁集团）等陆续印发一系列文件，推进运输结构调整工作的实施。2019 年《交通强国建设纲要》和 2021 年《国家综合立体交通网规划纲要》发布实施，均明确提出把运输结构调整作为重要任务和重点方向。

运输结构调整的有效途径包括：加快大宗货物和中长距离货物运输的“公转铁”“公转水”；实施既有线扩能改造，释放普速铁路干线货运能力；优化集装箱、快捷、重载等运输网，提升路网既有通道运输能力；完善大型企业铁路运输网络建设，进一步提升铁路货运能力；通过加大国家高等级航道建设，持续提高船舶的平均运输吨位，提高货运周转量中水路运输的分担比例；以多式联运提速行动为核心强化运输衔接，深入推进多式联运发展，建立高效的陆–港–水综合调度体系。

我国调整货运结构的必要性

我国经济地理及资源禀赋特征等现实国情决定了货运需求长期处于较高水平。从产业空间布局来看，我国能源、原材料、农业等基础产业主要分布在中西部地区，而加工工业、制造业、高新技术产业更多集中于东部沿海地区，产业空间布局特征决定了大量能源、矿产资源、农产品及加工产品在东中西部之间进行交换，从而产生了大规模的长距离货运需求。

我国完成新型工业化转型仍需时日，货运需求将进一步增长。中长期来看，我国产业结构优化调整的态势不会转变，转向服务业主导的经济形态的方向不会改变。产业空间布局的这些新趋势一方面会减少部分货物如进口矿石、进口煤炭等的长距离运输需求，另一方面随着产业布局更加分散、产品附加值的提高和电子商务的发展，各类适箱货物、快递货物、高技术货物、鲜活货物等的运输需求在不断增长。

城镇化率的上升将带动货运量的增加，尤其是耐用品。2021 年常住人口城镇化率为 64.7%，已进入城镇化中期向后期过渡阶段。我国城镇化水平与美国（82%）、日本（90%）、德国（77%）、法国（81%）等发达国家相比还有较大差距，城镇化进程还远未结束。城市群是未来货运需求的主要增长点。城市化过程中居民消费能力提高和消费升级，将极大带动汽车、家用电器等耐用消费品需求快速增长。

可以预见，未来中国的货运需求将进一步增长，而目前中国货运仍以公路运输为核心。因此，优化货运结构，推进“公转铁”“公转水”与多式联运等，将是中国交通部门实现净零排放的巨大助力。

3. 构建绿色出行交通体系

绿色出行，通常指那些对环境影响小、低能耗、低排放的出行方式，包括公共交通、步行、自行车、电动汽车等。相对于传统的燃油汽车出行，绿色出行更注重环保、节能和可持续性。绿色出行对城市而言，不仅是一种高效出行方式，为实现城市更大尺度的城市空间体系构建、更高能级的城市功能集聚提供交通承载，更是一种绿色、低碳生活方式，在满足城市多样性需求的同时，减少人类对环境的影响，助力碳达峰、碳中和目标实现。

构建绿色出行交通体系的有效途径如下。

通过制定有关绿色出行的指导意见，使城市规划和交通规划更加有效地融合；鼓励城市轨道交通、快速公交与慢行系统（步行与自行车等）的融合发展，开展慢行交通+轨道交通/铁路联程试点。

加大公交专用道建设力度、因地制宜允许单行线道路上公交车双向通行，提升公交效率；推广（面向各类人群的）信息化设施产品，为公众提供准确、可靠的公交车实时位置、预计到站时间等信息服务；拓展定制公交、夜间公交、社区公交等多样化公交服务。

制定城市轨道交通高质量发展指标体系，组织对各地城市的轨道交通发展状况进行评估，评选轨道交通高质量发展示范城市；通过激励措施促进绿色出行（如通过碳积分模式鼓励人们选择公共交通而非汽车出行）。

通过教育和宣传，提高公众对环保和绿色出行的认识，鼓励人们选择绿色出行方式；在城市规划和建设中，应考虑绿色出行需求，如建设自行车道、步行道等，方便市民使用绿色出行方式。

案例 5-2　　江西南昌——加强公交用地保障，促进公交优先发展

（一）总体情况

江西省南昌市将保障城市公共交通用地作为贯彻落实城市公交优先发展战略的重要举措，加强统筹规划、资金和用地等政策支持，探索用地综合开发，取得了积极成效。

（二）主要做法

一是加强政策支持。对公交企业按规划自筹资金新建公交枢纽场站的，南昌市给予免征城市基础设施配套费相关政策支持，免征各类建设项目规费合计 2500 余万元。以南昌市政府会议纪要形式明确公交首末站建设用地均按照学校地价（60 万元/亩[①]）供地。

二是加强规划实施。南昌市在城市总体规划中明确提出遵循“公交优先”的城市交通发展战略，全市中心城区在片区控制性详细规划中共布局 70 余个城市公共交通场站用地，面积约 45 公顷，为全市城市公共交通场站建设提供了用地保障。

---

①1 亩≈666.7 平方米。

三是探索综合开发。出台关于促进城市公共交通优先发展的意见，明确对具有开发价值的场站可采取“建设–转让”“建设–经营–转让”等方式，引入投资建设主体，解决场站建设资金问题，在确保公交场站基本功能的基础上，因地制宜进行综合开发利用，相关收益用于城市公交事业发展。南昌市结合公租房、廉租房的建设，按照地上绿化、地下停车的原则，在地下部分规划建设公交停车场。

（三）取得成效

2012 年以来，南昌市共规划公交场站用地 500 亩，市公交企业自主投资 14.33 亿元，建成各种类型公交场站 26 个，总建筑面积 38.8 万平方米，可停放公交车 1300 台，城市公共汽电车进场率达到 100%。

4. 绿色基础设施建设

绿色交通基础设施建设要坚持全生命周期绿色发展理念，以生态系统良性循环为基本原则，以最大限度节约资源、提高能效、控制排放、保护环境为目标，以低消耗、低排放、低污染、高效能、高效率、高效益为特征，综合运用各种措施最大限度地为人们提供安全、健康、舒适和高效的出行服务，实现交通基础设施建设经济效益、社会效益和环境效益的有机统一，与自然和谐共生。

推进绿色基础设施建设的有效途径包括以下几种。

大力建设新能源和清洁能源应用设施。交通运输是能耗和排放的重要行业，发展新能源和清洁能源运输工具，减少化石能源消耗，是世界公认实现可持续发展的重要举措。因此，建立完善的充电桩、港口岸电、机场桥电、道路和水上加气站等清洁能源供给网络，是支撑交通能源优化的重要基础设施。

其他重要措施包括：打造绿色公路、绿色航道、绿色港口和绿色枢纽等基础设施；构建绿色建材产品标准、认证体系，加快绿色建材产品在交通基础设施建设中应用；推广应用新能源施工机械和装备，推动自动控制、卫星定位等智能化施工应用；推广废旧路面、沥青等材料可再生应用；推动煤矸石、矿渣等工业废料循环利用；利用服务区、边坡、收费站、互通区匝道等可利用空地，开发沿线风光等新能源资源，构建源网荷储一体化交能融合系统，形成清洁、低碳、融合、高效的新型公路交通自洽能源体系。

案例 5-3　　枣菏高速交能融合示范工程

2023 年 5 月 10 日，随着汩汩绿电流入交通电力网，国内首个全路域交能融合示范项目——山东枣菏高速交能融合（源网荷储一体化）示范工程金乡段并网发电。金乡零碳智慧服务区同步启用“交能融合”自此从理想照进现实。

项目以源网荷储一体化技术架构，利用服务区、路侧边坡等高速公路基础设施潜力，重点打造智慧零碳服务区、大规模长线型边坡光伏、光储直柔零碳管控中心等典型场景，通过“多元清洁能源+智能微网+储能+充换电设施”建设源网荷储一体化系统，整个服务区实现“自发自用、余电上网”100%绿电供应。

项目全面建成后，预计运营期内可累计生产清洁电力约为28.9亿千瓦时，年均发电量1.36亿千瓦时，每年可节约标准煤约4.1万吨，减少碳排放约11.4万吨，社会效益显著。

5.2 低碳建筑

5.2.1 建筑部门与碳中和

建筑部门的低碳转型对实现碳中和至关重要。建筑部门，包括用于建造、供暖、制冷和照明家庭与企业的能源，以及安装在其中的电器和设备，占全球能源消耗和二氧化碳排放的1/3以上。

全球建筑面积正在迅速增长，尤其是在发展中国家。不断增长的经济意味着越来越多的消费者负担得起空调和其他电器。由于建筑结构本身、取暖和制冷系统以及其他建筑相关设备的使用寿命很长，建筑的低碳转型设计需要尽早进行，目前的决策将影响到未来几十年的能源消耗与碳排放。

全球各国（地区）都在积极实施有关建筑低碳转型的政策与措施，提高对新建建筑和现有建筑的能源利用与减排要求。2022年4月中国开始实施《建筑节能与可再生能源利用通用规范》，要求所有的新建、扩建或翻新的建筑必须以节能为设计目标；日本于2022年修订了建筑法规，要求到2030年所有新建筑实现零能耗，到2050年，所有现有建筑实现零能耗；2023年欧盟修订的《建筑能效指令》支持到2050年在建筑领域实现气候中和的目标，要求从2026年起对所有新建公共建筑和从2028年起对所有新建建筑实现零排放，并随着时间的推移收紧现有建筑的标准；美国供暖、制冷和空调工程师学会于2023年发布了建筑运行零碳标准。

广义上的建筑部门包括民用建筑与生产用（非民用建筑）建筑、基础设施建造。民用建筑包括住宅、办公建筑、学校、商场、宾馆、交通枢纽、文体娱乐设施等非工业建筑。生产用建筑则指服务于生产、制造的建筑，包括厂房、冷却塔等。

建筑的全生命周期主要包括建材的生产阶段、建材的运输与建筑建造阶段、建筑运行使用阶段以及建筑的拆除阶段，如图5-14所示。在建材生产阶段，包括建材生产的原料如石灰、砂石、铁矿石等的开采过程，这些原材料的运输过程，以及水泥生产、钢铁生产、预制材料制作等生产制造过程。在房屋建造阶段，包括建材到施工场地的运输过程，施工安装过程。房屋建成后，有装修安装产品过程，如门窗、外饰面、保温材料以及暖通设施的装修与安装等；建筑的使用过程中涉及对一般建筑材料的保养，如防水材料的定期修缮、暖通设施的检修等，还涉及对损坏部件等的更换；为保证建筑的使用寿命达标或延长服役期限，涉及对一些构件的翻新。最后是建筑的拆除处置后处理阶段，包括对建筑的拆除工程，相应建筑垃圾的运输过程，以及建筑垃圾的处理与部分可回收材料的处置。

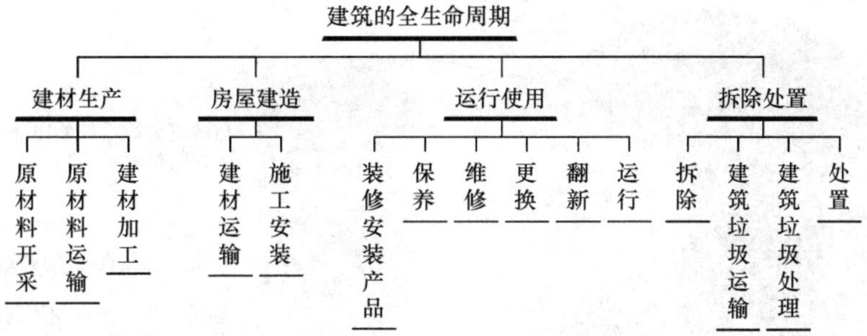

图 5-14　建筑全生命周期示意图

建筑部门的用能和排放涉及建筑的不同阶段，但绝大部分用能和温室气体排放都是发生在建筑的建造和运行这两个阶段。建筑领域的能耗涉及建筑的不同阶段，本书中对建筑隐含能耗的统计（由建筑建造所导致的原材料开采、生产运输及施工）包括广义建筑部门中的所有构筑物。由于完全服务于工业运行过程的建筑其运行能耗与工业生产过程的能耗很难区分，无论是冶金厂房还是集成电路，厂房的通风、空调、净化用能都占生产用能的很大比例，但很难与建筑用能相区分，因此本书的运行能耗一般指民用建筑的供暖、通风、空调、照明、炊事等。

大量针对建筑的全生命周期案例研究表明，建筑的运行阶段是建筑全生命周期内碳排放最主要的产生阶段，约占建筑全生命周期碳排放的 70%；其次是建材的生产阶段，约占建筑全生命周期碳排放的 20%；建材运输和房屋建造过程约占 3%，维护修缮过程约占 5%，拆除处理过程约占 2%。总的来说，建筑运行阶段的直接用能，包括用电、烹饪用燃料、取暖设施等直接能源消耗所带来的碳排放约占建筑生命周期碳排放的 70%，而建筑背后涉及的建材、施工等隐含的碳排放约占 30%。

5.2.2　建筑部门碳排放的现状

1. 全球建筑部门碳排放的特点及趋势

建筑生命周期内每个阶段都消耗了大量能量，而我们现阶段供给这些能量的方式又以化石能源为主，因此建筑部门其实有着大量排放。对于全部温室气体，IPCC 的第六次报告认为，2019 年全球建筑的温室气体排放量达到 120 亿吨二氧化碳当量，相当于全球温室气体排放总量的 21%，其中与建筑运行消耗的电能和热能相关的温室气体排放占 12%，建筑运行的直接碳排放占 5%，施工、建设及所用原材料中隐含的碳排放占 4%，如图 5-15 所示。仅考虑二氧化碳排放时，国际能源署在 2022 年估计当年全球建筑部门的二氧化碳排放量占所有二氧化碳排放的比例则高达 40%。

21 世纪来，全球建筑面积在稳定增长。从 2010 年到 2022 年，发达经济体的建筑总面积从 761 亿平方米增加到 900 亿平方米。同时，新兴经济体与发展中经济体的建筑总面积则从 1163 亿平方米快速增长到 1627 亿平方米。国际能源署估计，到 2030 年，全球建筑面积预计将增加约 15%，相当于目前北美的全部建筑面积，预计约 80%的建筑面积

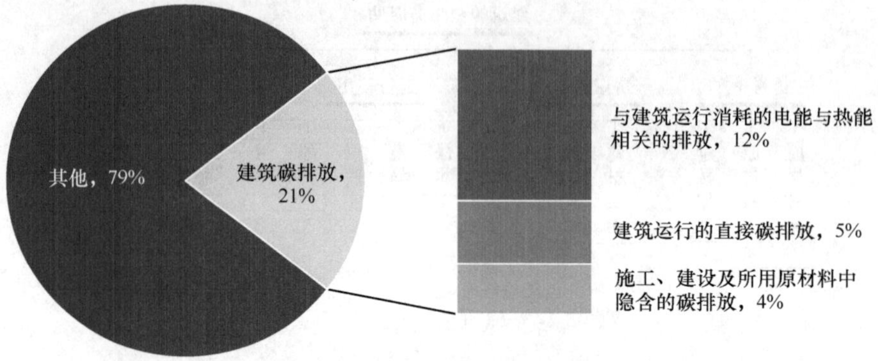

图 5-15 2019 年建筑部门温室气体排放占比示意图

资料来源：国际能源署

增长将来自新兴市场和发展中经济体。与此同时，全球的建筑能效将取得明显的提升。2010 年到 2022 年，全球建筑的能耗强度从 168.5 千瓦时/米 ^{2} 下降到 145.1 千瓦时/米 ^{2}，如图 5-16 所示。

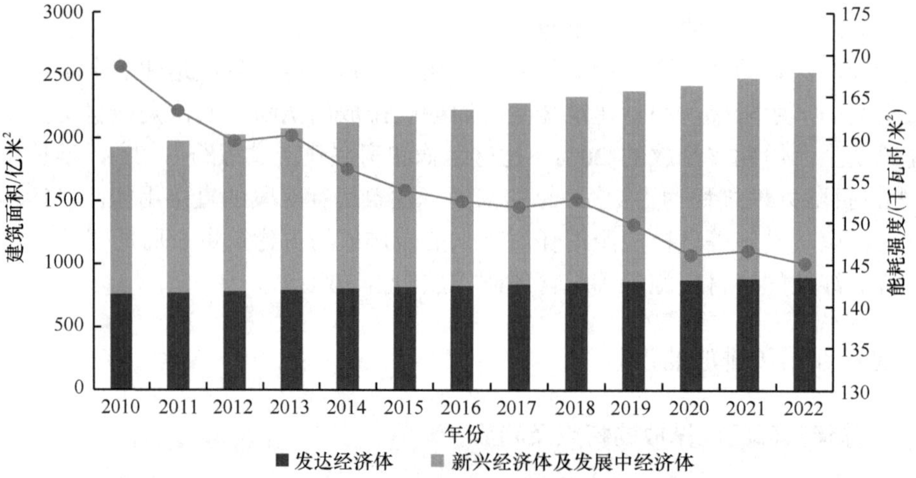

图 5-16 2010—2022 年全球建筑面积及能效变化趋势图

资料来源：国际能源署

建筑能源需求总量的增长、建筑用能效率的改变、建筑用能种类调整以及能源供给的结构都会影响建筑部门的二氧化碳排放量。2010 年到 2022 年之间，全球建筑部门的能源需求以年均不到 1%的速度缓慢增加，用能结构变化较小，如图 5-17 所示。2022 年电力约占建筑物用能的 35%，高于 2010 年的约 30%。这说明建筑用能逐渐从化石能源转向其他能源，尤其是电力与可再生能源。但自 2010 年来，建筑化石能源的绝对使用量仍以 0.5%的年均增长率增加。在这期间，建筑部门的二氧化碳排放量上涨了约 10%，基本与能源需求的增加相匹配。

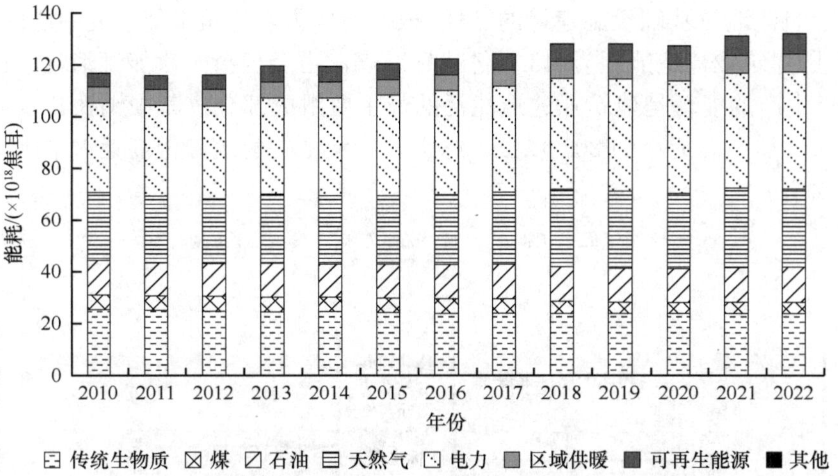

图 5-17　2010—2022 年全球建筑总能源消耗的变化趋势图

资料来源：国际能源署

2. 中国建筑部门碳排放的特点及趋势

1）中国建筑面积

过去 20 年我国城镇化进程不断推进，2021 年我国城镇人口达到 9.14 亿，农村人口 4.98 亿，城镇化率增长至 64.7%。大量人口由乡村向城镇转移是城镇化的基本特征，在我国城镇化的过程中人口主要聚集在特大城市与县城两端。快速城镇化带动了建筑业的持续发展，2021 年我国建筑面积总量约 678 亿平方米（约占世界的 26.8%），城镇住宅建筑面积 305 亿平方米，农村住宅面积 226 亿平方米，公共建筑面积 147 亿平方米，北方城镇采暖面积 162 亿平方米。从 2007 年到 2021 年，我国建筑营造速度增长迅速，城乡建筑面积大幅增加。分阶段来看，2007—2014 年，我国的民用建筑竣工面积快速增长，从每年 20 亿平方米左右稳定增长至 2014 年的超过 40 亿平方米。2014—2019 年，我国民用建筑每年的竣工面积逐年缓慢下降，但基本维持在 40 亿平方米以上。伴随着大量开工和施工，城镇住宅及公共建筑的拆除面积从 2007 年的 7 亿平方米快速增长，至 2021 年后稳定在每年 16 亿平方米左右。

2）中国建筑能源消耗现状及趋势

2021 年，我国建筑运行阶段的总能耗约为 12 亿吨标准煤，其中有 0.9 亿吨为柴火等传统生物质能量，占全国总能耗的 21%。其中城镇住宅能耗（除北方采暖）约为 2.78 亿吨标准煤，公共建筑能耗（除北方采暖）约为 3.86 亿吨标准煤，农村住宅总能耗为 3.22 亿吨标准煤，北方供暖约消耗 2.14 亿吨标准煤，如图 5-18 所示。近年来，随着公共建筑规模的增长以及平均能耗强度的增加，公共建筑的能耗已成为中国建筑总能耗中最大的一部分。从建造所涉及的隐含碳来看，2021 年中国民用建筑的建造能耗约为 5.2 亿吨标准煤，占全国总能耗的 10%。2021 年民用建筑建造能耗中城镇住宅建造能耗占比达到了 71%，其后是公共建筑与农村住宅。实际上，建筑业不仅包括民用建筑建造，还包括生产性建筑建造和基础设施建设，如公路、铁路、大坝等的建设。建筑业建造能耗主要包括各类建筑建造与基础设施建设的能耗。根据清华大学建筑节能研究中心的估算结果，2021 年中国建筑业建造能耗为 13.7 亿吨标准煤，占全社会一次能源消耗的百分比高达 26%。建材生产的能耗是建筑业建造能耗的最主要组成部分，其中钢铁和水泥的生产能耗占到建筑业建造总能耗的 80%以上。综上，广义上的建筑部门能耗占中国总能耗的比例高达 57%。

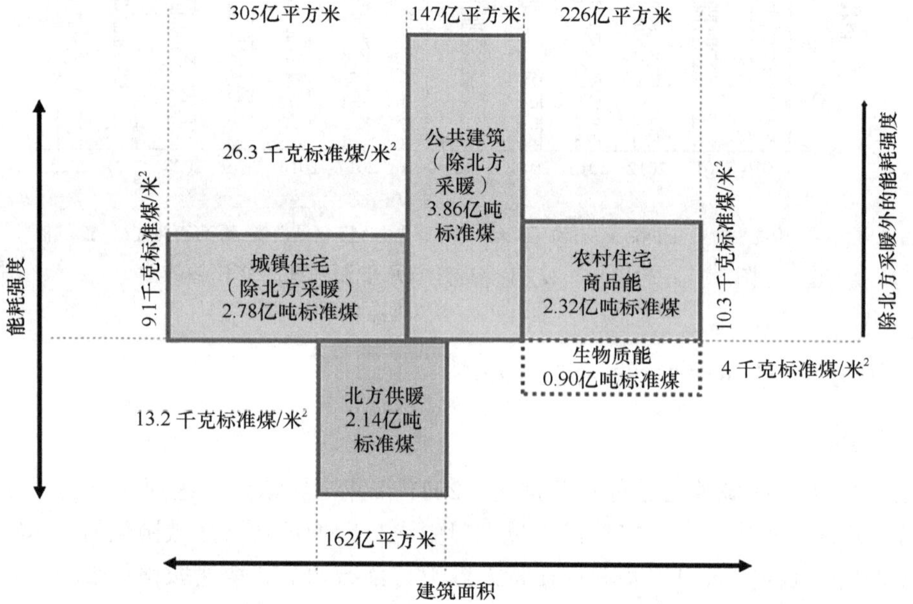

图 5-18 2021 年中国不同种类建筑运行能耗对比

3）中国建筑碳排放现状及趋势

我国建筑运行阶段的用能种类以电、煤、天然气为主。2021 年，我国建筑运行碳排放总量约 22 亿吨，建筑建造的隐含碳排放约 16 亿吨，两者合计占全部碳排放的 38%—39%，与世界水平基本持平。

2005—2020 年，全国建筑全过程碳排放由 22.3 亿吨上升至 50.8 亿吨，增加了 1.3 倍，年均增长率为 5.6%。我国建筑部门的碳排放分阶段特点明显，“十一五”“十二五”期间增速分别为 7.8%与 6.8%，体现了我国城镇化逐渐加速的过程。“十三五”直到现在建筑部门碳排放增速降低至 2.3%，预计未来增速还将进一步放缓。其中，2010—2015 年的碳排放波动来自建材生产阶段的巨幅变动（图 5-19）。实际上，建筑业不仅包括民用建筑建造，还包括生产性建筑和基础设施建设，如公路、铁路、大坝等的建设，因此中国建筑碳排放的变化趋势与我国进行基础设施建设、快速工业化的进程在一定程度上是一致的。

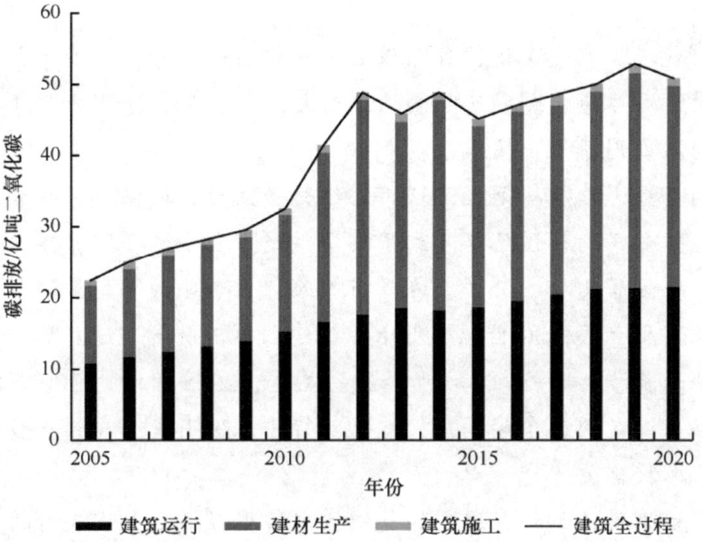

图 5-19　2005—2020 年中国建筑全过程碳排放变化趋势

分阶段来看，我国建筑材料生产碳排放正在进入平台期。2020 年全国建筑建材生产能耗为 11.10 亿吨标准煤；碳排放为 28.17 亿吨二氧化碳，同比下降 7.1%。下降的主要原因是当年建材的用量显著下降，钢材与水泥消费量均减少约 1 亿吨。2021 年全国建筑竣工面积有所上升，因此碳排放有小幅增加。建筑材料生产的碳排放主要来自钢材与水泥的生产，两者合计占总碳排放的 90%以上。

建筑业施工相关的碳排放增速持续放缓，已进入达峰预备期，未来总量的增长空间有限。过去施工面积的大幅增长是建筑业施工碳排放增长的主要驱动因素。随着建造施工的绿色环保要求不断加强，清洁施工建造技术深入推广、施工过程能源结构不断优化，单位施工面积碳排放和单位建筑业增加值的施工碳排放显著下降。而且，我国城镇化和大幅基础设施建设已经初步完成，今后施工面积将不会出现大幅增长，因此施工相关的碳排放已进入达峰预备期。同时，我国建筑运行碳排放增速持续放缓，“十三五”期间已降至 2.8%。

案例 5-4　　中国建筑采暖的碳排放——以夏热冬冷地区为例

不同气候区的建筑运行耗能模式完全不同。对于我国来说，典型的北方采暖地区的建筑能耗相当于夏热冬冷的地区的 1.7 倍，同时夏热冬冷地区的建筑能耗约为典型的南方地区的 2 倍。

从地理位置来看，夏热冬冷地区主要覆盖我国上海、江苏、浙江、安徽、江西、湖北、湖南、重庆、四川、云南、贵州等 11 省市。夏热冬冷地区的气候特点是夏季闷热、冬季湿冷，气温的日差较小，寒冷天气有 2—3 个月，冬季日供暖时长为 3—5 个小时；从供暖需求来看，这些地区供暖周期及日供暖时间短，对温度的要求并不是很高。但由于这些地区湿度大，导致这些地区居民的体感温度很低。

这是因为就人体感受来说，气温跟温度并非同一概念，湿度等也是非常关键的因素。湿度对于人体感受到的冷暖影响比较大，气象学普遍认为湿度每增加10%，人体感受到的温度则降低1摄氏度。

目前我国部分夏热冬冷地区的城市已经开始试行集体供暖。在湖北武汉，武昌地区几个靠近热电厂的片区已享受到了集中供暖。在安徽合肥，集中供暖的小区已达到189个，小区居民11.5万户。在江苏扬州，位于瘦西湖景区的多个小区已实现集中供暖。在湖北十堰，20世纪六七十年代建立第二汽车制造厂后，就有了集中供暖系统。在湖南长沙，采用湘江水所储藏的热能，2018年约为300万平方米建筑物实现供暖。在云南昆明，冬季居民天然气实行“采暖用气”和“一般生活用气”两类，满足市民取暖需要。

然而就目前来说，如何在这样的气候区内实现经济且气候友好的采暖，仍在探索中。

3. 建筑部门碳排放的驱动因素

在进行碳排放驱动因素的分析时，经常使用 Kaya 分解，以分离出人口增长、经济总量的变化对碳排放增长的贡献。现在我们尝试对建筑部门的碳排放进行广义上的Kaya分解。

$$CO_{2,\ \text{total buildings}} = \text{Pop} \times \frac{m^2}{\text{Pop}} \times \frac{E_j}{m^2} \times \frac{\text{Mt}_{CO_2}}{E_j} = \text{人口} \times \text{人均使用面积} \times \text{能效} \times \text{能源碳强度}$$

式中，$CO_{2,\ \text{total buildings}}$ 表示建筑部门的全部碳排放；Pop 表示人口；m^2 表示建筑部门的总面积；E_j 表示建筑部门的能源需求；Mt_{CO_2} 表示建筑部门相关的直接与间接碳排放的总和。这四个因素可以理解为人口增长的影响、人均使用面积的影响、建筑能效的影响和建筑用能结构的影响。

案例 5-5　　建筑部门碳中和与可持续发展

建筑领域的碳中和行动不仅能够减少能源消耗与温室气体排放，还具有更广泛的社会经济效益。这些好处可能包括：①由于室内环境改善、能源贫困状况的改善和城市热岛效益的改善带来的健康受益；②额外的环境效益，包括减少环境污染、保护生态系统等；③节约资源；④社会福祉的改善，包括收入、节约的能源开支和为妇女与儿童节约时间等；⑤微观经济性改进，包括提高非民用建筑的生产效率、增加绿色建筑创新的孵化等；⑥宏观经济效益改善，包括由能效提高带来的总经济产出提高、长期能源成本的降低、公共支出预算效率提升等；⑦改善能源安全状况。

通过对历史数据的分析，我们发现在 1990—2019 年的全球居民建筑部门排放增长中，28%归因于人口增长，52%归因于缺乏规模控制的政策（表现为人均建筑面积的增长），而全球能源结构中碳强度的增加则占 16%。在此期间，全球居民建筑部门排放增长的主要抑制因素是能效改进，对减少全球住宅建筑排放量贡献了 49%。

5.2.3　建筑部门碳中和路径

基于对排放现状、驱动因素的描述，可以得到建筑部门的基本碳中和路径是：合理控制建筑面积增长、新建建筑低碳化、既有建筑节能低碳发展、建筑用能低碳化、低碳采暖。

1. 科学的规模规划

建筑规模总量是影响建筑部门能耗与排放的重要因素。例如，过去我国的快速城镇化极大地增加了建筑部门的需求，在过去 20 年中建筑总面积增长超过 2 倍，相应建造能耗增加 1 倍多，碳排放也因此增加超过 2 倍。由于经济、人口的增长，发展中国家建筑部门的总规模还会增加。根据国际能源署的预测，到 2030 年，全球建筑面积预计将增加约 15%，其中约 80%的建筑面积增长将来自新兴市场和发展中经济体。

在我国，过去快速的城镇化不仅直接带动能耗与碳排放的增长，还决定了我国以钢铁、水泥等传统重化工业为主的工业结构，这也是我国目前单位工业增加值能耗高的重要原因。

合理控制建筑面积的增长，进行科学的建筑部门规模控制。一是新增房屋规模与需求的匹配。以我国为例，亚洲发达国家中人均建筑面积水平较高的国家约为 50 平方米，而我国已经达到了 40 平方米。从人均住房面积来看，我国的水平已经接近发达国家。但这并不是说个人实际在工作与居住地的居住面积能够达到平均水平。尤其是在城市的流动人口中，大量人员选择在城市进行租房，而空置其原有住房，这造成了我国居民在居住方面结构性不均衡的情况。二是避免房屋的大拆大建，在规划之初就要考虑可持续发展的因素。过去 20 年，中国建筑的高速增加是伴随着大量拆除的，同时产生了巨量的短命建筑，欧美发达国家的平均建筑寿命长达 70—100 年，而我国目前的建筑平均寿命不到 30 年。

2. 新建建筑低碳化

1）低碳建筑设计

低碳设计要求从建筑设计之初就考虑节能与能效。低碳设计包括整体的低碳设计与局部的低碳设计优化。一些新的建筑设计理念，比如充分利用自然取暖、通风、照明的生物气候设计或被动式设计，包含高效照明、高效炊具等能源管理的主动式设计。这些设计理念可以显著改善建筑的环境影响，大到建筑布局的选择如朝南的自然采光，以及建筑构型的选择，如增加保温围护结构；小到冰箱要远离锅炉这样的室内低碳优化设计。低碳设计提倡将人的需求与主动、被动式的节能管理结合，这将是未来建筑设计理念发展的重要方向。

案例 5-6　被动式建筑

被动式建筑起源于德国，这一套设计标准，旨在达到严格的能源效率水平，同时创造舒适的室内生活空间。这些标准可以应用于所有建筑物，包括单户住宅、多户公寓楼、学校、摩天大楼等。

被动式建筑的核心原理是利用太阳能辐射、自然空气对流、高效保温措施等创造节能、舒适的室内环境，以最大限度地减少空调、风扇等机械结构的主动做功。被动式建筑采取的主要措施包括以下几种。①热控制，有助于在室外寒冷时保持室内温暖，在室外炎热时保持室内凉爽，从而最大限度地提高舒适度和能源效率。②高性能建筑围护结构。整个建筑围护结构的持续隔热有助于减少建筑物的供暖和制冷需求，并提高舒适度。③消除热桥，采用避免热桥的设计。热桥是一种可以快速传递室内室外能量的结构，比如突出的混凝土阳台板。④采用节能门窗，如双层填充玻璃、低传热门窗等。⑤气密性控制，气密性是被动式建筑设计的基石，既能保证围护结构的耐用性，又能通过最大限度地减少外部空气的渗透和调节空气的损失来节省能源。⑥新风系统的热回收，持续、平衡的通风对室内空气质量至关重要。被动式建筑的新风系统可以不断从浴室、厨房和其他空气陈旧的区域排出空气，并为生活和工作空间提供新鲜空气，同时回收这些区域内的能量。

2）低碳建材

探索绿色建材、完善废弃物处置是建筑部门减排的重要途径。建筑材料可以分为用于建筑结构的材料，包括木材、竹材、水泥、混凝土、金属、砖瓦等；用于建筑装饰的材料，包括各种涂料、油漆、镀层、贴面、瓷砖等；某些用于防水、防潮、防腐、阻燃、隔热的专用材料。这些材料大多来自钢铁、水泥、有色、化工等各个高耗能部门。这些材料多数生产用能极高，钢铁、有色、建材的单位增加值用能可以达到机电产业的 10 倍。建筑建造是这些高耗能产品的最大需求部门。举例来说，在中国有 70%的钢铁、20%的有色金属用于建筑与基础设施的建设。

目前，低碳建材以木制建材与预制装配式建材为主。但是木制建材对资源的要求较高，处理成建筑材料的适用性受限，在不同地区的推广程度有限。预制装配式建材的造价较为昂贵。这两种建材仅在部分高收入国家受到欢迎，还未在全球大规模应用。我国提出了到 2030 年装配式建筑占当年城镇新建建筑的比例达到 40%，这是一个具有雄心的目标，意味着我国年均增加的 10 亿—17 亿平方米建筑中，有 4 亿—7 亿平方米将是装配式建筑物。

3）低碳建造

低碳建造可以大大降低建筑施工过程中的能耗水平和减少对环境的影响。目前流行的低碳建造方式之一是模块化建造，模块化建造被视为装配式建造的升级版本。

案例 5-7　　装配式建筑

装配式建筑是指将传统施工过程中的大量现场工作转移到工厂进行，在工厂加工制作预制构件，如楼板、墙板、楼梯、阳台等运输至施工现场装配而成的建筑。装配式建筑进行标准化设计、工厂化生产、装配化施工、一体化装修和信息化管理。

装配式建筑可以改善施工安全状况、加速施工速度、减少施工污染。装配式建筑将传统在现场进行的作业大幅削减，交由预制构件工厂进行标准化生产。在工厂内生产的预制式墙板、楼板可以比传统的现场浇筑减少 80%的废料，同时由于现场浇灌的施工减少，可以同步削减施工噪音、节约施工用水、减少空气污染。

3. 既有建筑的节能改造

既有建筑节能改造的核心是提高能源使用效率和改变用能结构，从而减少建筑运行过程的能源消耗与碳排放。提高建筑能效是减排“性价比”最高的方法之一。

欧洲有 30%—40%的建筑都是 1945 年前建成的历史建筑，这些建筑通常能效较低，改造的难度较大。在欧洲的建筑改造实践中，经常利用热泵、太阳能和集成地热能。以德国的“能源飞跃”建筑改造计划为例，其改造模式是通过节能与增加可再生能源发电设施进行，包括：采用高度保温的外墙和窗户、太阳能屋顶和带有热回收的供暖系统，减少家庭能源需求以实现自给自足，让建筑的环境影响几乎为零。这样的整体改造可以提高可持续性并改善老房子的性能问题，是一举两得的经典案例。

行为改变也对减排有重要的作用。举例来说，美国住宅户均年用电量超过 1 万千瓦时，日本为 6000 千瓦时，而中国城镇用户的年均用电量不到 2000 千瓦时；在美国，无论是居住建筑还是商业建筑，其基本的使用模式是一切依靠机械系统，全空间、全时间运行室内环境控制系统，如果中国人像美国人一样使用建筑，那么中国建筑运行用电量会从每年不到 1.6 万亿千瓦时增加到 5 万亿—6 万亿千瓦时。

4. 建筑用能的低碳化

建筑的运行用能包括供热、供暖、炊事等尚未电气化的用能需求，以及照明、空调、电梯、家电等已经电气化的用能需求。因此建筑部门的温室气体排放中，70%来自运行过程。

改变建筑用能结构，增加可再生能源应用是建筑用能低碳化的基本途径。相关措施包括但不限于增加风能、太阳能等可再生能源的应用，整合建筑储能措施，发掘用户侧能源需求的改善潜力。光储直柔的建筑发展理念可以作为建筑用能整体改善的经典案例（图 5-20）。光储直柔包括供给侧的低碳化与需求侧的主动适应。建筑整体上利用光伏的直流供电与储能的调节，直接为负载提供直流能源，且电器侧通过智能化的用能方式，分时、按需求开启不同电器，以实现“柔性”的用能。这将使建筑从单纯的能源使用者转化为能源生产、消费、调峰与储能的“三位一体”系统。

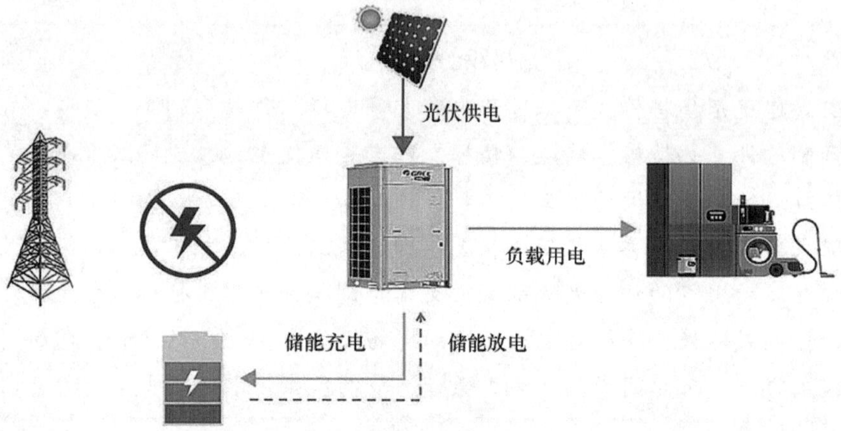

图 5-20　光储直柔建筑示意图

资料来源：清华大学建筑节能研究中心

5. 低碳建筑采暖

建筑供暖的能效提升与低碳转型是实现建筑领域碳中和目标的重要任务。建筑供暖的能耗是建筑运行能耗中重要的一部分。以我国为例，2021 年我国北方建筑供暖耗能约 2.14 亿吨标准煤，供暖面积 162 亿平方米，占当年所有建筑运行总能耗的 19.3%。当前全球建筑供暖热源有电力、石油、燃煤锅炉、燃气锅炉、燃气热电联产、生物质以及其他可再生能源等。法国、德国、英国以燃气锅炉为主，瑞典、挪威、芬兰等北欧国家以电热为主，而我国则以燃煤热电联产为主。

集中供暖系统连续供暖，其节能与低碳的关键在于逐渐提高集中供热系统的热源效率，同时通过零碳余热资源实现热源的低碳；而夏热冬冷地区的供暖主要以灵活分散的电热泵、燃气壁挂炉以及局部电供暖为主，其节能与低碳的关键在于实现分散供暖设备的灵活高效。

我国北方城镇地区与瑞典、芬兰、丹麦的城镇地区都建设了完备的集中供热系统并实现了高比例的热电联产供热。然而，我国的集中供热热源仍以燃煤热电联产为主，这就导致我国的碳排放远高于北欧四国。未来，我国北方城镇地区应继续实施既有建筑节能改造工作，实现降低建筑供暖需热量的目标，并全面收集、储存、利用各类余热资源，结合跨季节蓄热技术以实现利用全年余热为建筑冬季供暖，实现完全依靠核电、调峰火电、弃风弃光电力和流程工业的余热作为热源，实现低碳供热。

案例 5-8　　热泵

热泵是一种充分利用低品位热能的高效节能装置。热量可以自发地从高温物体传递到低温物体中去，但不能自发地沿相反方向进行。热泵的工作原理就是以逆循环方式迫使热量从低温物体流向高温物体的机械装置，它仅消耗少量的逆循环净功，就可以得到较大的供热量，可以有效地把难以应用的低品位热能利用起来达到节能目的。热泵按热源种类不同分为空气源热泵、水源热泵、地源热泵、双源热泵（水源热泵和空气源热泵结合）等。

作为自然界的现象，正如水由高处流向低处那样，热量也总是从高温区流向低温区。但如同人们可以采用水泵把水从低处提升到高处那样，采用热泵也可以把热量从低温区抽吸到高温区。所以热泵实质上是一种热量提升装置，热泵的作用是从周围环境中吸取热量，并把它传递给被加热的对象（温度较高的物体），其工作原理与制冷机相同，都是按照逆卡诺循环工作的，所不同的只是工作温度范围不一样。热泵在工作时，它本身消耗一部分能量，把环境介质中贮存的能量加以挖掘，通过传热工质循环系统提高温度进行利用，而整个热泵装置所消耗的功仅为输出功中的一小部分。一般的热泵可以传递自身做工能量 3—4 倍的能量，也就是说，使用热泵将比直接将能量转化为热能节约 6—8 成的能量。

然而热泵现在的设备初始投资成本较高，因此各国均推出了一系列政策来推广热泵，以我国为例，在我国 2022 年“煤改电”工程中，热泵设备的购置费用补贴为 71%。热泵使用电力作为能源，相比使用散煤或天然气可以节约 60%—80%的年支出，节约的能源支出在补贴后约 5 年就与设备初始购买成本相当。

第 6 章　适应气候变化与碳汇

近百年来，受人类活动和自然因素的共同影响，世界正经历着以全球变暖为显著特征的气候变化。国际社会已日益认识到气候变暖对人类当代及未来生存与发展造成的严重威胁和挑战，采取积极措施应对气候变化已成为全球共识。适应和减缓是应对气候变化的两大策略，二者相辅相成，缺一不可。

本章内容分为三大部分，第一部分介绍气候变化的影响与风险，并从加强气候变化监测预警和风险管理、提升自然生态系统适应气候变化的能力和强化经济社会系统适应气候变化的能力三个维度阐述了适应气候变化的方式。第二部分主要介绍减缓气候变化的举措，虽然可再生能源的使用能够避免部分碳排放，但是为了实现全球减排目标，碳移除是必不可少的。因此，第二部分主要介绍了碳汇以及基于自然的解决方案。第三部分是从减缓和适应相协同的角度，阐述应对气候变化的系统性措施。

通过本章的学习，读者将了解气候变化给自然和人类社会带来的影响与风险，碳汇的概念、分类、影响因素和价值实现路径，基于自然的解决方案的概念和发展，以及减缓和适应是如何进行协同管理的。

6.1　适应气候变化

6.1.1　气候变化的影响与风险

排放的温室气体包裹着地球，捕获太阳的热量，导致全球变暖和气候变化。现在全球变暖的速度比有记录以来的任何时候都要快。随着时间的推移，气温变暖正在改变天气模式，破坏自然的正常平衡。这给人类和地球上所有其他形式的生命带来了许多风险。

1. 气温升高

随着温室气体浓度升高，全球地表温度也在上升。2011—2020 年是有史以来最温暖的十年。自 20 世纪 80 年代以来，每十年都比前一个十年更温暖。几乎所有的陆地地区都正在经历更多炎热的天气和热浪。温度升高会引发更多的高温病，让户外工作更加困难。天气越热时，越容易发生野火，并越快地蔓延。北极地区气温变暖的速度至少是全球平均水平的两倍。

2. 风暴肆虐

在许多区域，毁灭性风暴的破坏力变得更大，发生次数更频繁。随着温度的上升，更多的水分蒸发，加剧了极端的降雨和洪涝，引发更多的毁灭性风暴。热带风暴的发生频率和范围也受到了海洋变暖的影响。气旋、飓风和台风经常形成于海洋中温暖水域的表面。这样的风暴经常会摧毁房屋和社区，造成人员死亡并带来巨大的经济损失。

3. 干旱加剧

气候变化正在改变水资源的可获得性，让更多地区的水资源变得稀缺。全球变暖加剧了已缺水地区的缺水状况，同时还会增加农业干旱和生态干旱的风险。农业干旱会影响农作物的收成，而生态干旱将增加生态系统的脆弱性。干旱也会引发具有毁灭性的沙尘暴，沙尘暴可以将数十亿吨沙子带到各大洲。沙漠正在扩大，种植粮食的土地不断减少。现在许多人经常面临着无法获得足够水资源的威胁。

4. 海洋变暖，海平面上升

海洋吸收了全球变暖的大部分热量。在过去的 20 年里，无论深浅，整个海洋的变暖速度都在加剧。随着海洋变暖，它的体积也在增加，因为水会随着变暖而膨胀。冰盖融化也导致海平面上升，威胁沿海和岛屿社区。此外，海洋不断吸收二氧化碳以避免其排放到大气中。但是，吸收更多的二氧化碳使海洋变得更加酸化，从而危及海洋生物和珊瑚礁。

5. 物种灭绝

气候变化给陆地和海洋物种的生存带来了风险，这些风险随着温度的上升而增加。气候变化加剧了物种灭绝的速度，全球物种正在灭绝的速度比人类史上任何时候都要快 1000 倍。在未来几十年内，一百万个物种有灭绝的风险。森林火灾、极端天气气候、害虫入侵和疾病等威胁都与气候变化有关。有些物种能够迁徙并生存下来，但其他物种则无法做到。

6. 食物不足

气候变化和极端天气气候事件频发都是全球饥饿和营养不良现象增加的原因。渔业、农作物和牲畜可能会遭到破坏或产量降低。海洋酸化变得更加严重，为数十亿人提供食物的海洋资源正处于危险境地。许多北极地区冰雪层的变化已经破坏了畜牧、狩猎和捕鱼带来的食物供应。热应力会减少放牧所需的淡水和草地，导致作物产量下降并影响牲畜。

7. 健康风险增加

气候变化是人类面临的最大健康威胁。受气候变化影响，空气污染加剧、疾病传播范围扩大、极端天气气候事件频发，进而引发呼吸系统疾病、传染病扩散和心理健康问题。同时，气候变化导致的粮食危机和人口流离失所，加剧了全球饥饿和营养不良问题。每年约有 1300 万人因环境因素丧生，而医疗系统正面临日益增加的健康风险，难以应对这些挑战。气候变化对全球公共卫生的威胁正变得越来越严峻。

8. 贫困和流离失所

气候变化增加了使人们陷入贫困的因素。洪水可能会冲毁城市贫民窟，摧毁家园和生计；炎热会使人们难以从事户外工作；缺水可能会影响农作物收成。2010—2019 年，每年约 2310 万人因天气相关的事件流离失所，许多人也因此更容易陷入贫困。大多数难民来自最脆弱且没做好准备适应气候变化影响的国家。

总体而言，气候变化仍然是一个严重的问题，需要采取全球性措施来减缓温室气体的排放并适应气候变化的影响。这也突显了国际社会在《巴黎协定》等协议框架下合作的重要性。

6.1.2 适应气候变化的途径

与减缓气候变化一样，适应气候变化也是一项系统性工程，需要从经济、社会、生态环境等多个方面共同发力。

1. 加强气候变化监测预警和风险管理

首先，加强气候变化观测网络建设。气候变化的监测是加强适应性和应对措施的重要一环。通过及时、准确地监测，我们能够更好地理解气候系统的变化，为制定有效的政策和采取适当的措施提供支持。在全球范围内完善大气圈观测网络，建立气候观测系统需求动态评估机制，建设对大气圈基本气候变量的长期、稳定、连续观测系统，形成大气圈三维立体观测能力。升级以卫星、雷达为主的观测设备和“地空天”协同观测技术，提高观测自动化、智能化水平。健全观测质量管理体系，提升观测精度和数据质量。与此同时，加强国际合作，共同建设集约、协同、高效的多圈层观测系统，开展冰川、多年冻土、积雪、湖泊、生态系统等方面的连续监测。构建岸基、海基、空基、天基一体化的海洋和气象综合观测系统及相应的配套保障体系，实现全球关键海区海洋和气候要素的实时监测。加强生态系统观测，开展人类活动排放、下垫面变化以及重要人工生态系统变化等方面的观测。

其次，加强气候变化监测预测预警。依托多圈层多源观测资料和基础数据产品，完善定量化监测指标体系，规范区域气候变化监测技术方法，开展对气候系统变化事实和主要天气气候事件的全过程监测。聚焦生态保护和修复，加强气象灾害、气候变化对生态安全影响的监测。提高精准预报预测水平，深化气候系统多圈层、多时间尺度相互作用及影响的机理研究。加强对全球范围臭氧、气溶胶、植被生态过程等的模拟和预测，构建年代际气候预测系统，提高对未来 10—30 年的气候预测水平。强化极端天气气候事件预警，开展重大极端天气气候事件归因分析，发展极端天气气候事件和复合型灾害预测预警技术。建设气候变化风险早期预警平台和分灾种气象灾害监测预报预警系统，提升极端天气气候事件和中小河流洪水、山洪灾害、地质灾害、森林草原火灾等的预警准确率、精细度和提前量。

再次，加强气候变化影响和风险评估。提升评估技术水平和基础能力，推进气候变化数据中心体系建设，建立涵盖多圈层及人类活动的大数据共享平台，实现气候变化及其社会经济影响数据联通共用。开展气候变化影响和风险归因定量分析，建立气候变化及其影响和风险、气候承载力评估指标体系与技术体系，建立气候变化适应效果评价技术标准。加强敏感领域和重点区域气候变化影响和风险评估，推进面向重点领域和气候敏感行业的定量化、动态化气候变化影响和风险评估。推动将温室气体排放管控及应对气候变化要求纳入环境影响评价。开展风能、太阳能等气候资源普查、区划、监测和精细化评估。加强重大规划、重大工程建设气候可行性论证，提升青藏高原等重点脆弱地区和重大战略区域气候变化影响与风险评估能力，强化城市和城市群气候变化风险评估。

最后，强化综合防灾减灾。加强全球气候变化对自然灾害孕育、发生、发展及其影响机理的研究，把握气候变化引起的自然灾害新特点与演变趋势，树立灾害风险管理和综合减灾理念，坚持以防为主、防抗救相结合，全面提升灾害综合防范和适应气候变化的能力。加强气候变化影响下灾害综合风险监测预警和评估制度建设，强化灾害综合风险形势会商研判，提升多灾种、灾害链风险综合监测评估预警能力。推动重点行业领域健全风险管理体系，在重大工程安全风险评估中，强化气候变化影响和风险的评估，制定落实风险管控措施。针对气候变化影响，调整防灾减灾部署，重点加强气候灾害加重地区和灾害风险可能发生显著变化区域的综合治理。完善应急响应机制，不断优化灾害应急响应救援扁平化组织指挥模式、防范救援救灾一体化运作模式。

2. 提升自然生态系统适应气候变化的能力

1）水资源

构建水资源及洪涝干旱灾害智能化监测体系。优化水文等监测站网体系布局，提升地下水、取水计量、河湖生态流量、水土保持等的监测能力，推进空天地一体化的流域全覆盖监测。

推进水资源集约节约利用。深入建立水资源刚性约束制度，严控水资源开发利用上限，全面建设节水型社会，推动用水方式进一步向节约集约转变。

实施国家水网重大工程。立足流域整体和水资源空间配置，加强重大水资源工程建设，提高水资源优化配置能力。多措并举建设应急备用水源，提高应对特大干旱、突发水安全事件的能力。

完善流域防洪工程体系与洪水风险防控体系。加强江河湖泊治理，开展堤防达标建设和河道整治，提高河道泄洪能力。

强化大江大河大湖生态保护治理能力。加大江河湖泊保护治理力度，统筹做好水土保持、地下水超采治理、受损河湖生态修复等工作，保护和扩大河湖生态空间。

2）陆地生态系统

构建陆地生态系统综合监测体系。统筹开展森林、草原、湿地、海洋、土壤、冻土、岩溶、冰川、荒漠综合调查监测，构建植被物候、野生动物及其栖息地保护监测评估体系，开展水土流失、荒漠化、沙化、石漠化等的调查监测评价。以空间信息、人工智能、大数据等先进技术为手段，构建高效的自然资源调查监测技术体系。

建立完善陆地生态系统保护与监管体系。加强适应气候变化的林草种质资源保存库建设，保护珍稀濒危和特有林草植物种质资源。健全生态保护补偿制度，加大自然生态系统保护。落实生态系统保护相关法律法规，依法严格实施生态保护监管工作。

加强典型生态系统保护与退化生态系统恢复。持续增加森林资源总量，强化天然中幼林抚育，开展退化次生林修复，提高人工林树种多样性。努力转变草原畜牧业生产方式，修复退化草原。开展湿地修复，提升重要湿地生态功能。建立荒漠化、水土流失、石漠化等退化生态系统的恢复治理技术体系，加强沙区天然植被保护。

提升灾害预警、防御与治理能力。严格管控野外火源，提高生物病虫害检疫监管能力，制定完善外来入侵物种名录和管理办法；推动林草火灾、低温冰雪、生物病虫害与生物入侵等灾害的保险制度设计，转移分散生态系统灾害风险，提升灾后恢复能力。

加强陆地生态系统生物多样性保护。建立国家层面的生物多样性监测保护网络，对生物多样性保护优先区域开展本底调查与评估。健全生物多样性保护和监管制度，确保重要生态系统、生物物种和生物遗传资源得到全面保护，提高各类生态系统的稳定性。

3. 强化经济社会系统适应气候变化的能力

1）农业与粮食安全

优化农业气候资源利用格局。开展农业气候资源动态评估和精细区划，调整优化产业布局、种植结构和作物品种配置，合理规划调整农产品贸易格局。

强化农业应变减灾工作体系。针对旱涝、低温冻害、高温热害、风雹等极端天气气候事件导致农业灾害发生与危害的新特点，健全灾害监测预警和响应机制，完善灾害诊断技术与标准。

增强农业生态系统气候韧性。坚持农业发展生态优先，加强水土保持与生态防护，在适宜地区推广保护性耕作，发展混林农业和山区立体农业，推广合理的间作、套作体系。

建立适应气候变化的粮食安全保障体系。根据农业气候资源和气候相关灾害时空分布的改变，调整农业基础设施建设布局。建立完善国内外主产区粮食产量和生产潜力监测、预测、供需及风险预估系统。

2）健康与公共卫生

开展气候变化健康风险和适应能力评估。研究制定气候变化健康风险评估方案和指南，建立全面性、经常性评估机制，有效厘清和识别气候变化健康风险及脆弱人群。基于气候变化健康风险评估结果，充分考虑各地区气候特征和脆弱人群健康风险暴露水平，开展医疗卫生系统及重点脆弱人群适应气候变化能力的评估，制定适应能力提升计划。

加强气候敏感疾病的监测预警及防控。加强部门联动和数据共享，充分整合利用新技术，完善气候敏感疾病和人畜共患病的监测网络与数据报告系统，加强实时监测、检疫和早期预警。加强对气候敏感疾病和极端天气气候事件下健康风险的防控规划，制定应急预案、应急救治管理办法，提高卫生应急能力。

增强医疗卫生系统气候韧性。在加快优质医疗资源扩容和区域均衡布局中，充分考虑气候敏感疾病和极端天气气候事件引发的健康风险。建立健全国家公共卫生应急物资与医疗物资储备体系，提升制药与医疗器械生产系统的应急产能储备，保障流动应急医疗设备的研发和配备。

全面推进气候变化健康适应行动。推进气候变化健康适应社区试点建设，开展极端天气气候事件社区健康风险干预。筹建气候变化与健康专家委员会，发挥专家在气候变化与健康领域中的专业咨询和技术支撑作用。同时，制定气候变化健康适应阶段性工作目标，不断完善气候变化健康标准体系，加快基础标准和技术标准的制定。

3）基础设施与重大工程

加强基础设施与重大工程气候风险管理。结合物联网、大数据和人工智能等新一代信息技术，加强基础设施与重大工程气候变化影响监测和风险预警，有效监控薄弱环节和各类风险点，动态评估风险等级与强度。实施基础设施与重大工程气候变化风险区划，因地制宜、分类施策，形成“实时监测—信息传递—风险评估—动态调度—效果分析”的全链条风险管理体系。

推动基础设施与重大工程气候韧性建设。制定并实施气候变化健康适应行动方案，全面提升气候变化和极端天气气候事件下健康适应水平。建立气候变化与健康专家咨询委员会、技术联盟、重点实验室等平台，加强气候变化及极端天气气候事件下健康风险与应对的基础性和应用性研究。通过多种形式开展气候变化和极端天气气候事件健康风险的宣传教育，提升公众认知水平及适应气候变化的能力。

完善基础设施与重大工程技术标准体系。将适应气候变化有效融入基础设施与重大工程技术标准制修订过程。结合气候变化及其影响和风险评估情况，对现行技术标准进行复审，依据复审情况及时修订，逐步完善与气候变化相适应的基础设施与重大工程技术标准体系。结合对中长期气候变化趋势的预估，编制未来工程技术标准调整和修订计划，并开展预研究。

突破基础设施与重大工程关键适应技术。重点研发基础设施与重大工程气候影响监测和风险预警技术，提高监测预警能力。交通基础设施领域重点突破冻土消融、低温冰雪和风暴潮等预防技术，产品材料和装置设备研发技术。水利基础设施领域重点研发适应干旱高温、旱涝急转、极端低温等不利工况的耐腐蚀性新型筑坝材料和适应技术。能源工程与电网安全设施重点提升多电网联合并网、消纳和调度技术。城乡基础设施重点提升供水、供电、交通和应急通信等的综合适应能力技术。

4）城市与人居环境

强化城市气候风险评估。根据区域气候变化趋势的预估，识别气候变化对城市社会、经济与生态的主要影响和风险，合理评估城市不同领域、区域和人群的脆弱性。

调整优化城市功能布局。充分考虑气候承载力，统筹安排城市建设、产业发展、生态涵养、基础设施和公共服务，合理规划城市布局与功能，遏制可能导致区域气候恶化、灾害风险增大与城市病加剧的无序扩张。

保障城市基础设施安全运行。全面开展城市基础设施普查，根据气候特征，改善基础设施；推进新型城市基础设施建设，保障基础设施体系化、智能化、绿色化建设和安全稳定运行。

完善城市生态系统服务功能。增强生态系统在涵养水源、净化水质、蓄洪抗旱、调节气候和维护生物多样性等方面的服务功能，有效缓解城市热岛效应、内涝和重污染天气等问题。

加强城市洪涝防御能力建设与供水保障。建设源头减排、蓄排结合、排涝除险、超标应急的城市防洪排涝体系；系统化全域推进海绵城市建设。

提升城市气候风险应对能力。建立跨部门、跨区域联防联控的常态化管理体系，完善应急处置和救灾响应机制，提升城市气候风险治理科学化、精细化、智能化水平。

5）敏感二三产业

提升气象服务保障能力。开发基于大数据和人工智能的气象服务产品，打造智慧气象服务新模式，提高气象服务智慧化水平。推动构建覆盖多领域的气象服务保障体系，提升敏感二三产业应对极端天气气候事件及其次生灾害的能力。

防范气候相关金融风险。健全碳排放信息披露框架，鼓励金融机构披露高碳资产敞口和建立气候相关风险及突发事件应急披露机制。推广金融机构气候风险压力测试，制定针对气候风险的监管措施和应对方案。鼓励运用金融科技等手段开展气候风险动态管理，鼓励企业与金融机构制定符合碳达峰碳中和目标的转型战略、路径和目标。

提高能源行业气候韧性。例如，重点针对高温、冰冻、暴雨等极端天气气候事件，开展气候变化对能源生产、运输、存储和分配的影响及风险评估。加强极端天气气候事件下输配电系统保护和应急调度，强化电力设备监测和巡视维护，推动储能、智能电网和数字化等技术应用，完善应急预案体系，提高电力基础设施安全风险预测预警、防御应对和快速恢复能力。

6.2 碳 汇

6.2.1 什么是碳汇

碳汇的概念最早由联合国环境规划署提出，后被 IPCC 采纳。“碳汇”一词来源于《公约》缔约方签订的《京都议定书》，1997 年 12 月，为缓解全球气候变暖趋势，由 149 个国家和地区的代表在日本京都通过了《京都议定书》，2005 年 2 月 16 日在全球正式生效。该议定书中将碳汇（carbon sink）定义为任何清除大气中产生的温室气体、气溶胶或温室气体前体的任何过程、活动或机制。

IPCC 认为，碳封存是陆地库或海洋库吸收含碳物质特别是二氧化碳的过程，也就是将有关物质加入库中的过程。物理固碳就是采用 CCUS 等负排放技术将空气中二氧化碳以及其他温室气体捕获后深埋进地底或海底的碳库里。

IPCC 发布的《全球升温 1.5℃特别报告》和第六次评估报告分别将 BECCS 和 DAC

等碳移除技术纳入 CCUS 技术内涵，这些技术与可再生能源相结合将提供负排放机会，从而降低大气中二氧化碳的浓度，减少气候风险。

IPCC 也指出，如果大规模部署，大多数当前和潜在的二氧化碳移除措施可能对土地、能源、水、农业和粮食系统、生物多样性与其他生态系统功能和服务产生重大影响。生物封存包括从大气中直接移除二氧化碳，方法有土地利用变化、造林、再造林、植被恢复、填埋场碳储存以及增加农业土壤碳（包括耕地管理、牧场管理等）。从这个意义上说，生态系统碳汇更强调各类生态系统及其相互关联的整体对全球碳循环的平衡和维持作用，是对传统碳汇概念的拓展和创新。

6.2.2　碳汇的分类

碳汇与生态系统中的碳循环存在紧密的关系，根据碳循环所在的生态系统，许多学者对碳汇进行了划分。例如，将陆地碳汇分为植被碳汇和土壤碳汇；将人工地质碳汇分为油藏储层碳汇、气藏储层碳汇、煤层储层碳汇和深层咸水层碳汇；将海洋碳汇分为沿海生态固碳和微生物固碳。碳循环涉及大气、陆地和海洋三大碳库之间的碳流通。

在既有研究的基础上，根据碳循环关联的生态系统与碳汇方式，对碳汇效应进行了三级分类（表 6-1）。根据碳汇生态系统，将碳汇效应分为海洋碳汇和陆地碳汇两大类，其中海洋碳汇可以进一步分为沿海生态碳汇、海水生态碳汇和人工海洋碳汇三个亚类；陆地碳汇又可分为陆地植被碳汇、自然地质碳汇和人工地质碳汇三个亚类，并对不同亚类的碳汇具体类型进行了划分，可以更好地了解碳汇效应的过程和机制。

表 6-1　碳汇效应的分类

一级分类	二级分类	三级分类
海洋碳汇	沿海生态碳汇	红树林、盐沼湿地和海草床等
	海水生态碳汇	海洋溶解泵及微生物泵作用
	人工海洋碳汇	人工深海封存
陆地碳汇	陆地植被碳汇	森林植被、草地植被和湿地植被等
	自然地质碳汇	陆地土壤碳汇（生态系统中土壤部分）、陆地岩石风化碳汇（碳酸盐岩风化和硅酸盐岩风化等）
	人工地质碳汇	油藏封存、气藏封存、煤层封存和深层咸水层封存等

资料来源：杨卫东等（2023）

1. 海洋碳汇

海洋碳汇是指通过海洋活动和海洋生物吸收大气中的 CO_2，并将其固定和储存在海洋中的过程和机制。海洋碳循环的过程主要通过海洋碳泵作用实现，从而使碳进行迁移和转换，以调节海洋的储碳量。海洋碳泵效应主要有海水溶解、海洋生物和微生物转化三种作用（图 6-1）。根据碳汇所处的位置及其机制，海洋碳汇分为沿海生态碳汇、海水生态碳汇及人工海洋碳汇三种类型。

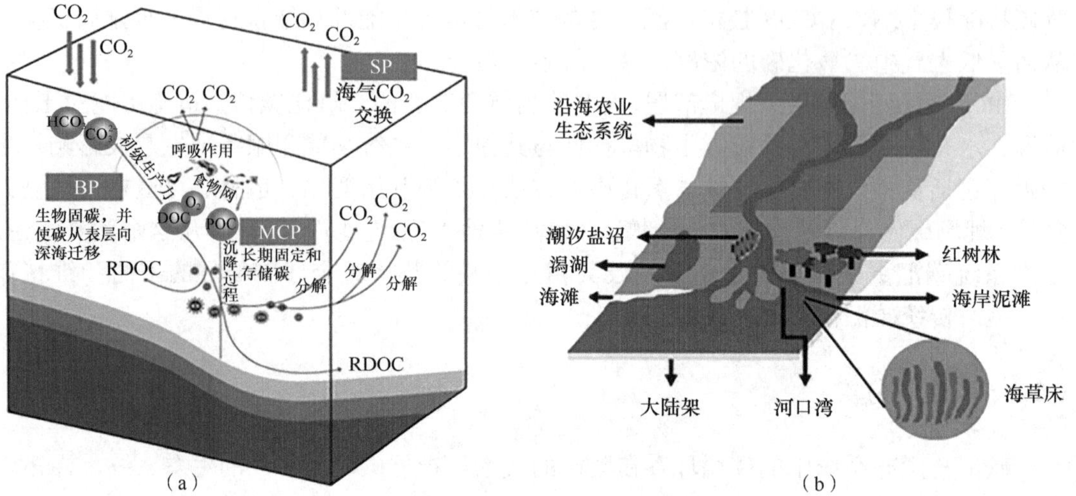

图 6-1 海洋碳汇效应示意图

资料来源：杨卫东等（2023）

RDOC（recalcitrant dissolved organic carbon）即惰性溶解有机碳；DOC（dissolved organic carbon）即溶解有机碳；POC（particulate organic carbon）即颗粒有机碳；SP（solubility pump）即溶解度泵；BP（biological pump）即生物泵；MCP（microbial carbon pump）即微型生物碳泵

1）沿海生态碳汇

沿海生态系统主要包括红树林、海岸泥滩、河口湾、大陆架、海滩、潟湖和潮汐盐沼等子生态系统（图 6-1），通过这些沿海子生态系统吸收和储存大气中 CO_2 的过程及机制称为沿海生态碳汇。全球海岸线广阔，沿海生产力较高且大陆边缘的碳沉积量非常大，因此沿海生态系统的碳储量十分可观。沉积作用是重要的海洋碳汇效应，具有长期性。在河口湾区域，水体携带和沉积较细的黏土颗粒，而海水中镁（Mg）、钙（Ca）和钠（Na）离子会中和黏土的电荷，起到絮凝作用，从而导致大量有机碳沉积。潟湖区域的碳积累主要来自海岸系统的陆源沉积物以及潟湖植物凋落分解产生的有机碳。此外，潮汐盐沼的碳固存能力也不容忽视，潮汐周期性的沉积物卸载使有机物大量累积，从而可以形成较大的碳储量。

2）海水生态碳汇

海水生态碳汇是指通过海洋本身以及海洋与大气之间碳循环过程形成的碳汇，主要通过海洋溶解度泵作用、生物泵作用和微型生物泵作用实现。海洋溶解度泵作用是基于 CO_2 的可溶性，通过水流涡动、气体扩散和热通量等过程实现碳在海洋与大气界面之间的碳转移。低纬度海洋的 CO_2 通过洋流转移到高纬度海域，使得该海域 CO_2 密度升高并沉降，形成千年尺度的碳循环，可视为有效碳汇。生物泵作用是通过海洋生物及其活动将碳从海洋表层转移到深海储存的过程，该过程主要通过海洋生物圈的初级生产力完成。吸收有机碳的浮游植物被海洋动物食用后通过呼吸作用或被微生物分解释放 CO_2，同时也通过相关生物链的代谢并经过分解与沉降转化为颗粒碳沉积于海底，可以保存较长时间，形成对碳循环的有效调节。然而，由生物泵作用生成的 POC 转移率有限，大部分

POC 在到达深海前会被降解，导致实际形成的碳汇量很小，要将有机碳转化为稳定的惰性碳需依靠微型生物泵作用。

3）人工海洋碳汇

人工海洋碳汇是指将 CO_2 压缩注入高密度深层海水中，以此长时间储存形成的碳汇。相关研究表明，当注入点海水深度超 3 千米时，CO_2 将液化并沉入海底，从而实现 CO_2 的长久储存。目前人工深海封存还具有争议性，主要在于将大量 CO_2 直接注入海洋可能会导致海水酸化，海洋酸化可能会减少生物多样性，影响海洋生态系统。同时，由于全球变暖，海洋生态系统的抗酸化能力可能会因温度升高而降低。因此，海洋 CO_2 储存具有可能成为大型碳汇的潜力，但也存在环境风险，可能会限制其应用，在人工海洋碳汇规模化实施之前，需要深入研究和充分评估其可行性以及对海洋生态的影响。

2. 陆地碳汇

陆地碳汇是指陆地生态系统吸收并储存 CO_2 的过程。陆地碳汇由陆地生态系统碳循环在不同时间和空间尺度上通过多个不同作用过程共同决定，包括光合作用吸收、人类活动排放（化石燃料排放、人为焚烧、土地利用等）、自然活动排放（生物呼吸作用、火山活动等）以及风化/侵蚀等过程（图 6-2）。植物通过光合作用将 CO_2 转变为生物量，再转移到土壤中，由微生物分解转化形成惰性碳储存，从而形成陆地生态碳汇。作为生物量储存的碳，如植物叶片、根系以及树木枝干，都可以长时间储存碳，植物死亡以后，这些作为生物量的碳转移到土壤有机质中存储数千年。陆地碳汇主要位于北半球中高纬度地区，热带地区的碳汇能力较弱甚至是碳源。不同类型的陆地生态的碳收支差异也很大，森林是主要的碳汇，灌丛、湿地和农田的土壤部分也是重要的碳汇，草地是否作为碳汇还需

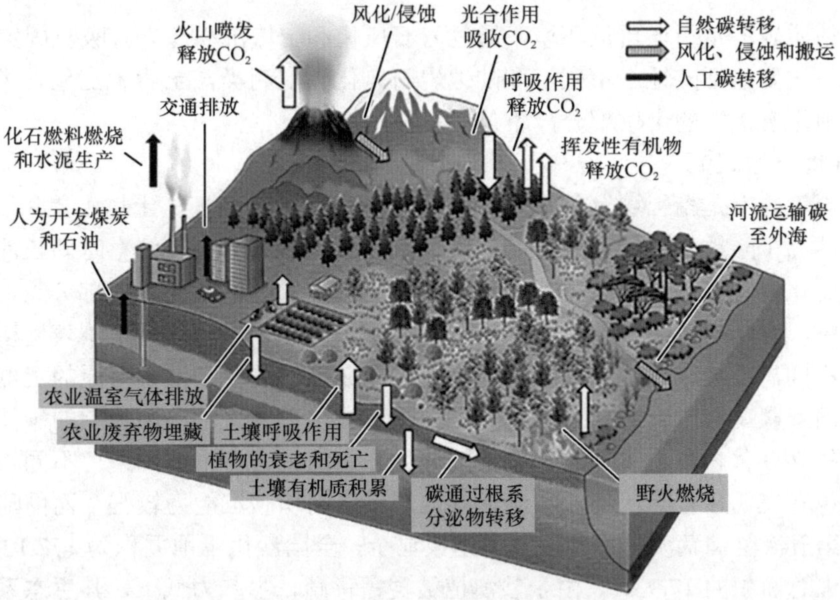

图 6-2　陆地碳循环概念图

资料来源：杨卫东等（2023）

要具体评估，部分沙漠也可能成为碳汇，但因区域条件不同而存在一定的差异。在过去几十年，我国陆地碳汇为 2 亿—2.5 亿吨/年，预计到 2060 年将达到 1.5 亿—5.2 亿吨/年。

1）陆地植被碳汇

陆地植被碳汇是指陆地植物通过光合作用将 CO_2 转化为糖和淀粉，从而从大气中持久地吸收大量碳的过程。陆地植物通过光合作用每年能吸收约 3721 亿吨 CO_2，其中净吸收大约 55 亿吨 CO_2，相当于每年 24%的工业排放量。我国植被碳汇能力为 0.96 亿—1.06 亿吨/年，如果再考虑植被下的土壤部分，碳汇量相当于同期化石燃料排放量的 21%—27%，其中森林约占总碳汇通量的 80%，其次是农田和灌丛，而草地目前被认为是碳中性或弱碳源。

森林生态作为陆地生态碳循环的重要参与者，对大气 CO_2 浓度调节具有重要作用。全球森林碳储量约为 8610 亿吨，其中 3630 亿吨储存在森林植被中，约占 42%，土壤中储存约 3830 亿吨，约占 44%，其余为枯枝落叶等。草地作为分布最广泛的植被类型之一，生长于各个气候带，约占 20%的陆地面积。草地生态系统除了改善水土和防风固沙，还能形成碳库，有效降低大气中 CO_2 浓度。世界上最大的草地碳汇位于南美洲的草原，其次是欧洲和中亚的温带草原，干旱/半干旱地以及热带地区（如非洲和澳大利亚）的草原则为碳源。位于陆地和水域过渡区域的湿地被认为是地球上生产力最高的生态系统，主要处于地表或地表附近的地下水位区域，或者被浅水覆盖。湿地只占地球面积的 5%—6%，却拥有约 8.3 亿吨/年的碳汇能力，因而比其他陆地生态碳汇更加高效。不同气候带的湿地类型碳汇量具有明显差异，其中热带湿地的碳封存率最高，每公顷约为 1.3 吨/年；其次是温带湿地，每公顷约为 0.9 吨/年；北寒带湿地最低，每公顷约为 0.2 吨/年。

2）自然地质碳汇

自然地质碳汇是指在自然环境下通过岩石风化和土壤沉积等方式吸收固定 CO_2 所形成的碳汇，主要包括陆地土壤碳汇和陆地岩石风化碳汇两类，土壤碳汇包含了森林、草地以及湿地生态碳汇的土壤部分，不包含植被生物量。

A. 陆地土壤碳汇

陆地土壤碳汇是指土壤沉积吸收和固定 CO_2 所形成的碳汇。土壤中累积了 2/3 的陆地碳储量，高于陆地生物量和大气的碳累积量，具有碳储量大且储存时间长的特点。土壤碳汇的变化会直接影响到大气 CO_2 浓度，是全球碳循环的重要组成部分。在草地生态系统碳汇中，有 90%以上储存在其植被下的土壤中。由于不同区域土壤表层植被类型和气候条件不同，近年来草地土壤碳汇变化存在区域上的差异，温带草原的土壤碳汇有流失现象，而新疆草原与青藏高寒草原的土壤碳汇变化不显著。湿地土壤的碳储量大约是湿地植被的 200 倍，可见土壤碳汇量在陆地生态系统中占有重要比重。不同类型湿地的碳汇能力也存在明显差异，河流和湖泊湿地的单位面积碳汇能力较强，而内陆湿地的碳汇较小。第五次全国荒漠化和沙化监测结果显示，全国沙化土地面积为 172.12 万平方公里，占国土总面积的 17.93%。由于沙漠植被覆盖稀疏，生产力低下，其生态系统中的碳主要储存在土壤中。荒漠生态碳汇主要依靠非生物固碳的过程，由于干旱/盐碱地的耕作和灌溉使盐分浸出，溶解无机碳（dissolved inorganic carbon，DIC）被转移到沙漠下的深层咸水层中，形成荒漠碳汇。

B. 陆地岩石风化碳汇

陆地岩石风化碳汇是基于“水-岩-土-气-生”相互作用的碳循环过程，主要通过地质作用与水生生物作用而形成的碳汇。地质作用通过影响碳循环过程影响全球气候，CO_2浓度的提高又会促进碳酸盐岩的溶解，使之吸收更多 CO_2 产生碳汇效应。同时，由于地质作用与生物活动是相互影响的，因此岩石风化碳汇的形成并不只是“岩-水-气”之间的物质转化过程，还有生物作用的共同参与（图 6-3）。

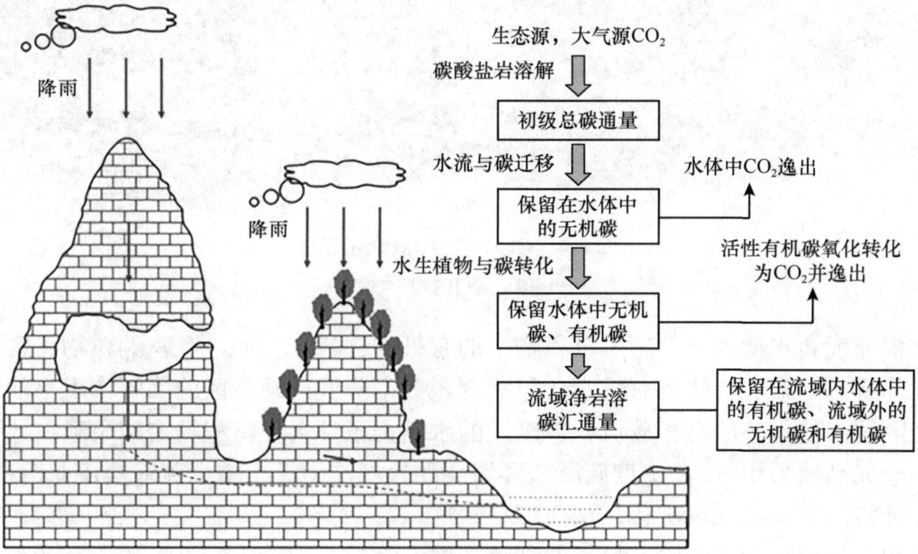

图 6-3　岩石风化碳汇作用过程示意图

资料来源：杨卫东等（2023）

3）人工地质碳汇

人工地质碳汇是指将 CO_2 注入地下进行封存形成的碳汇。要实现碳中和目标，除了能源转型，提高能源的使用能效以及 CCUS 技术水平也是重要的途径。CCUS 技术将化石燃料燃烧产生的 CO_2 捕集，并通过管道以超临界态注入地下油气藏中，在提高油气采收率的同时可以实现 CO_2 的封存（图 6-4）。

6.2.3　碳汇影响因素

1. 海洋碳汇影响因素

根据海洋碳汇的原理，大多数有机碳最终以沉积储存的形式形成碳库。有机碳沉积储存主要受以下 5 个因素的影响。

初级生产力因素决定了有机碳的来源。例如，随着气候变暖和夏季风加剧，河流输入量增加，可以提高河口和近岸地区的生产力，从而使沉积物中有机物量增加，提高碳汇量；在生产力低的大陆架地区，沉积物的有机碳量相对较低，而具有良好植被条件（如红树林和海草床等）的沿海地区有较高的生物量，能增加碳埋存量。

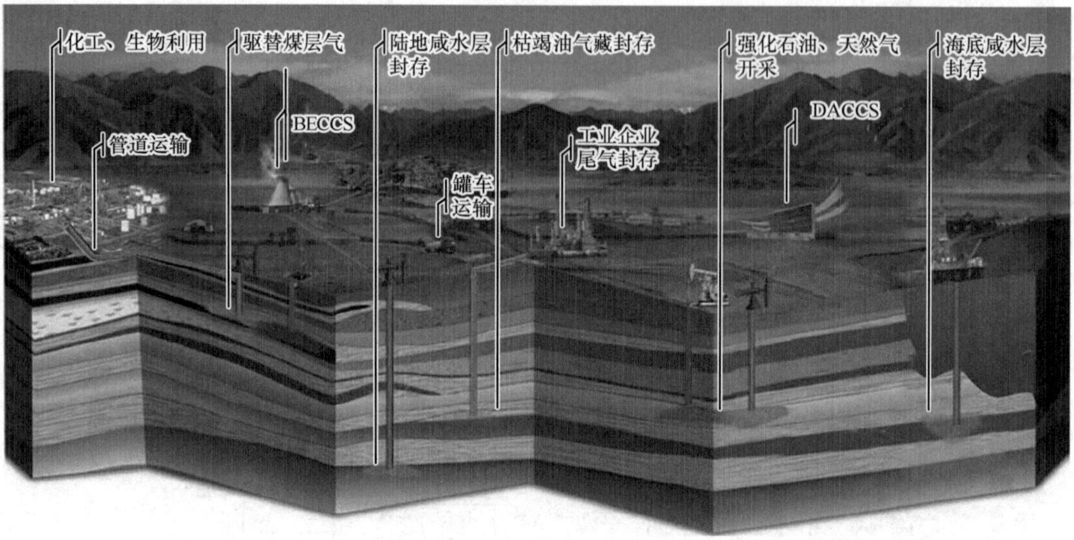

图 6-4　CCUS 工程概念示意图

资料来源：杨卫东等（2023）

沉积环境和水动力条件影响沉积物中的有机碳含量。例如，沉积颗粒物在富氧环境易发生降解，导致沉积物的有机碳含量和埋藏效率降低；缺氧区的降解作用不能将有机物完全降解，使更多的有机碳沉积。潮汐的水动力条件会使沉积物定期负载，导致有机物沉积形成高碳累积量。高浓度硫酸盐环境会导致潮汐沼泽土壤中硫酸盐还原菌占优势，这些细菌将限制海湾土壤碳化，从而抑制碳汇。

沉积物的物性因素影响有机质的埋藏效率。细粒沉积物中有机碳的保存效率较高，而粗粒沉积物中的有机碳更易氧化，使埋藏效率较低。

人类活动因素影响输入海洋的陆源有机物含量。例如，黄河的泥沙治理和长江大坝修建等工程会改变 POC 向海洋输入的时间和速率，从而影响其埋藏效率。同时，持续的人为改造将潮汐沼泽转化为农田、水产养殖区和居住区，也将会导致沿海生态碳汇的损失。

物理化学条件影响海洋表层 CO_2 吸收。海洋表层主要通过溶解度泵和生物泵机制吸收 CO_2，受海水温度、盐度和碱度等物理化学条件和初级生产等生物过程的影响，海洋升温和海冰融化造成部分区域季节性海水分层，导致沿海水域自我净化速度放缓，使海洋颗粒物运输减少，降低海洋生产力，削弱生物泵效能。同时，由于气候变化和海洋酸化，溶解泵吸收大气 CO_2 的能力将大幅下降，海水 pH 值降低、碳酸钙饱和度降低以及海水缺氧等，也可使海洋生物的多样性减少，降低初级生产力，从而影响海洋碳汇。

2. 陆地碳汇影响因素

在自然状态下，陆地生态系统通常趋于碳平衡，碳输入和输出较为接近，净碳排放趋近于零。大气成分变化、氮沉降、气候变化或人为干扰等因素的影响，可使陆地生态系统转变为碳源或碳汇，不同因素的影响强度和持续时间存在差异（图 6-5），CO_2 施肥效应、氮沉降、气候变化和土地利用等因素主要通过促进植被生长间接增加碳汇，它们的相对贡献分别为 70%、9%、8%和 4%。生物群净区生产力对温度和降水较为敏感，它们的敏感性分别为每摄氏度（–3.0±1.5）×10^{9}吨的碳量和每 100 毫米降水（2.3±1.6）×10^{9}吨的碳量，这反映出气候的波动对陆地碳汇有明显的影响。野火、风倒、干旱及虫害等突发性灾害会在短时间内对碳储量产生明显的影响，但持续时间较短，在长时间尺度内影响不明显。土壤有机质积累和矿物结合影响自然地质碳汇过程，但需要在较长时间尺度才能显示其成效。

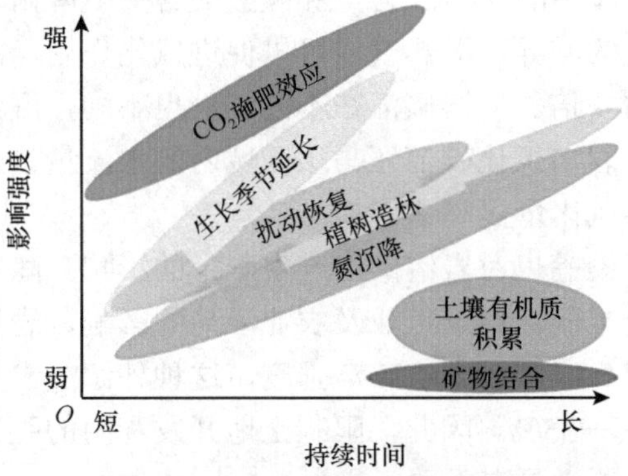

（a）碳汇的影响因素

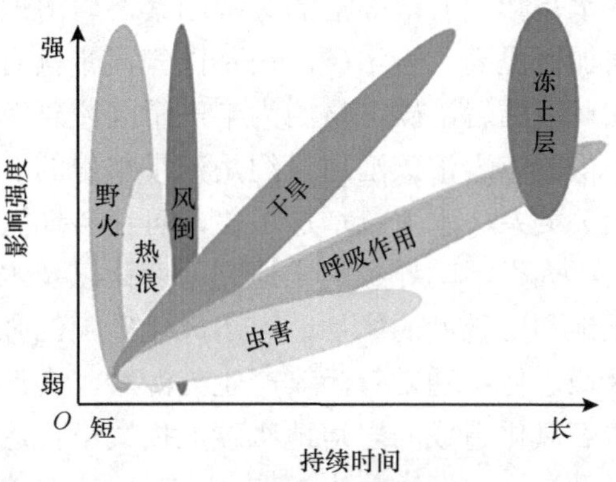

（b）碳源的影响因素

图 6-5　陆地生态碳汇及碳源影响因素强度随时间变化对比图

1）陆地植被碳汇影响因素

陆地植被碳汇受气候（如降水、温度和辐射的变化）、大气成分、土地利用变化（如森林砍伐、植树造林、农业生产）以及自然干扰（如飓风、大风、野火、虫害和病原体）等因素的影响。不同气候带的陆地植被对碳汇量的影响差异明显，热带森林由于降水、温度和辐射等气候因素通常比其他林区具有更强的碳汇能力。草地碳汇主要集中在植被生产力较高的高山草地和温带湿润型草地，荒漠草地虽然面积较大，但由于生产力低，碳汇潜力较小。温度升高和降雨充沛使草地生长周期变长，可提高植被碳汇量；在干旱地区降水稀少且温度较高，其蒸腾作用强，减弱了其草地碳汇。同时，植被碳汇还受植株自身因素（如叶片面积和树龄）的影响，年轻植被区域的碳汇能力更强。自然灾害对植被碳汇具有明显的负面影响，破坏植株原本的生长环境和物种结构，导致生态系统不平衡而降低碳汇。人为活动对碳汇有明显的影响，植树造林和生态治理可以有效提高植被生物量；CO_2 施肥可以促进光合作用，进一步增强 CO_2 吸收利用；土壤的养分条件会由于氮沉降和酸沉降作用而产生变化，从而影响植被碳汇。

2）自然地质碳汇影响因素

自然地质碳汇包括土壤碳汇和岩溶碳汇。土壤碳汇的影响因素主要有气候、土地利用变化、自然干扰和人为干扰等，其中自然或人为干扰因素造成的土壤侵蚀是影响土壤碳汇的重要因素。土壤侵蚀是指土壤及其母质在水力、风力、冻融或重力等外营力作用下被破坏、剥蚀、搬运和沉积的过程，不稳定的土壤有机碳容易在侵蚀过程中分解并释放 CO_2。土壤侵蚀会造成土壤团聚体破坏、有机碳迁移以及土壤有机质矿化，从而减少土壤碳汇，在侵蚀过程中沉积深埋使有机碳积累。气候干旱地区由于自然条件较差和人类活动干扰，土壤更容易发生退化，直接导致土壤中碳发生矿化，释放更多的 CO_2，恶化土壤条件。限制土地利用强度和实施生态修复工程，有利于增强土壤碳汇。同时，土壤表层的植被生产力以及土壤中微生物对有机质分解也直接影响土壤碳循环，保护土壤表层植被和土壤环境对土壤碳汇至关重要。

岩溶碳汇受气温、降水、岩性、土壤、植被和人类活动等因素的影响，其中气温与降水是影响岩溶碳汇的关键因素，岩溶地带水体中的 DOC 含量和碳酸盐含量随降雨量增加而提高。岩溶碳汇在不同气候带具有较大的差异，湿热气候可以促进风化作用，湿润环境的岩溶碳汇量约为半干旱区域碳汇量的 4 倍。岩溶碳汇在不同年份也不同，湿润年份的年岩溶碳汇总量约是干旱年份的 3 倍。岩溶风化碳汇还与该区域内的水流量呈正相关关系，水流量增加 1 倍，可使该地区岩溶风化量提高 2 倍。

人类活动导致的土地利用变化以及水体污染等也对岩溶碳汇产生一定的影响。随着土地利用强度的增加，岩溶风化碳汇的强度会减弱。由于工业及农业活动的影响，岩溶区域水体中通常有污染产生外源酸，会溶蚀岩石以减弱岩溶碳汇强度，这种外源酸参与岩石风化造成的岩溶地质碳汇损失量可达 15%—35%。因此，限制土地开发利用的强度以及污染水源进入岩溶地区，对保持岩溶碳汇能力具有重要意义。

3）人工地质碳汇影响因素

影响人工地质碳汇的因素主要包括地质封存体适宜的厚度、孔隙度、渗透率、良好的盖层密封能力及稳定的地质环境等。同时，碳源的距离、储存空间的有效性、泄漏风险以及经济性等因素也影响地质封存的可行性。因此，在评价 CO_2 地质封存潜力时，需要综合考虑地质构造环境、盆地地热、地层水动力、油气潜力和盆地勘探开发程度、管道运输和基础设施有关的经济及社会因素。

6.2.4 碳汇价值实现路径

1. 国际碳汇机制

《京都议定书》形成了国际碳排放权交易制度。《波恩政治协议》《马拉喀什协定》将造林、再造林等林业活动纳入《京都议定书》确立的清洁发展机制，鼓励各国通过绿化、造林来抵消一部分工业源二氧化碳的排放，原则同意将造林、再造林作为第一承诺期合格的清洁发展机制项目，这意味着发达国家可以通过在发展中国家实施林业碳汇项目抵消其部分温室气体排放量。图 6-6 列出了《京都议定书》下的三种国际碳汇机制。

2. 国家或地区碳汇机制

1）美国

美国已成立多家二氧化碳排放交易机构，其中从事森林碳汇信用交易的机构和机制主要有：芝加哥气候交易所、加利福尼亚州气候行动登记处、区域温室气体排放倡议、国家自愿申报温室气体排放计划。交易时，森林业主经营的碳汇项目要经美国森林碳汇认证机构认证，并获得政府颁发的森林碳汇交易许可证或碳汇信用项目注册登记证后才能向交易所申请上市交易。

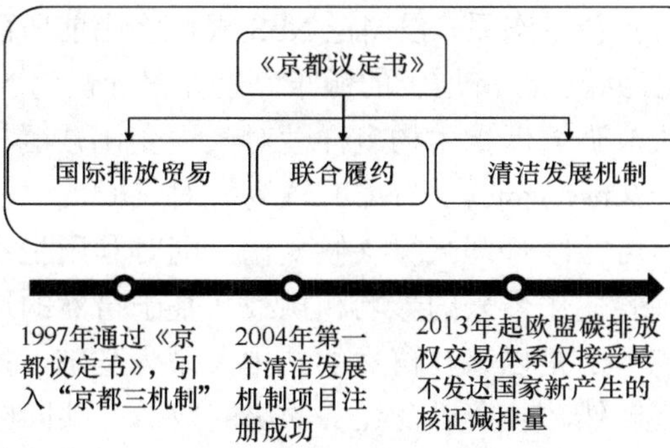

图 6-6　国际碳汇机制

2）日本

日本现行的森林碳汇碳权认证制度是日本碳信用机制。日本碳信用机制有森林经营活动与植树造林活动两种森林碳汇方式。据其方法学，在非森林用地（如农地、草地、建筑用地、开发用地等）或不符合森林定义的林地上开展森林经营或植树造林活动所产生的固碳量，才能纳入碳信用机制。

3）欧盟

欧盟碳排放权交易体系长期以来一直是国际碳信用的主要需求来源。但是，在其碳信用项目中，当前并未纳入造林/再造林项目。为了进一步完善和丰富碳市场，欧盟正计划将林业项目纳入碳市场，大力推动将林业项目早日纳入。

4）中国

中国市场上碳汇产品主要有全国性质的 CCER、地方自愿减排交易市场（福建、广东等）、自愿性碳汇产品、国际认可的产品（核证碳减排标准等）。碳汇的价格主要与碳配额的价格相关，碳配额的价格高，碳汇的价格也随着高，但两者并不完全一致。

2023 年 10 月 24 日，生态环境部办公厅正式发布四项温室气体自愿减排项目方法学，其中包括《温室气体自愿减排项目方法学 造林碳汇》《温室气体自愿减排项目方法学 红树林营造》。

6.3　基于自然的解决方案

6.3.1　基于自然的解决方案概述

1. 基于自然的解决方案的提出及概念

目前，基于自然的解决方案（nature-based solutions，NbS）的概念还没有统一，NbS 提出的历程如图 6-7 所示。其中，世界自然保护联盟（International Union for Conservation of Nature，IUCN）认为是通过保护、可持续管理和修复自然或人工生态系统，有效和适应性地应对社会挑战，并为人类福祉和生物多样性带来益处的行动；欧盟委员会认为是受到自然启发和支撑的解决方案，在具有成本效益的同时，兼具环境、社会和经济效益，并有助于建立具有韧性的社会生态系，强调把 NbS 视作将当前所面临的挑战转化为创新的机遇，将自然资本转化为绿色经济增长的源泉。世界银行认为 NbS 是一种使用自然系统来提供关键服务的方法，强调保护生物多样性对气候变化减缓与适应的重要性。大自然保护协会（The Nature Conservancy，TNC）认为针对气候变化及其应对，NbS 指通过生态系统的保护、恢复和可持续管理减缓气候变化，同时利用生态系统及其服务功能帮助人类和野生生物适应气候变化带来的影响和挑战（基于自然的适应或基于生态系统的适应）。创绿研究院认为 NbS 是以人与自然的共生关系为基础，推崇以可持续的方式使用生态系统服务，以创造自然、社会以及经济的协同效益，共同应对气候变化的挑战。

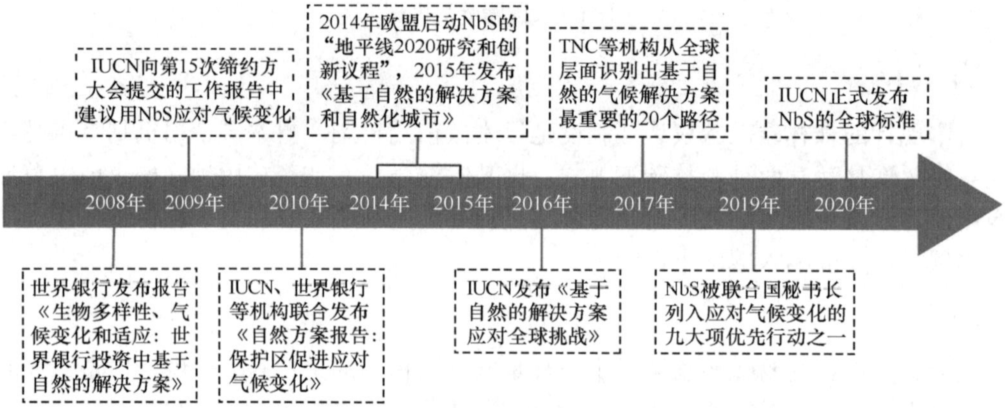

图 6-7 NbS 的提出

2. NbS 的边界

IUCN 认为，在为 NbS 制定框架并实施时，可将其视为一整套用生态系统相关的方法来应对社会性挑战的概念，并将这些方法分为五个主要类别，包括：生态系统修复（如生态修复、生态工程、森林景观修复）；特定议题的生态系统方法（如基于生态系统的适应和减缓、气候适应服务、基于生态系统的灾害风险减缓等）；与基础设施相关的方法（如自然基础设施和绿色基础设施）；基于生态系统的管理方法（如海岸带综合管理、水资源综合管理）；生态系统保护方法（如区域保护方法，包括保护区管理）。

TNC 将 NbS 在应对气候变化领域的路径分为森林、农田、草地和海岸带湿地四大类。其中，森林包括造林、避免毁林和森林退化、天然林管理、人工林管理、避免薪材使用、林火管理；农田包括生物炭、混农（牧）林系统、农田养分管理、保护性耕作、稻田管理；草地包括避免草地转化、最适放牧强度、种植豆科牧草、改进饲料、牲畜管理；海岸带湿地包括避免海岸带湿地转化和退化、海岸带湿地恢复、避免泥炭地转化和退化、泥炭地恢复。

创绿研究院认为，NbS 的内涵基本包含自然生态系统保护和修复，造林以及再造林，减少毁林，泥炭、沼泽和湿地保护及修复，增强景观联动性，珊瑚保护和修复，草地保护，可持续农业、渔业，城市内涝治理以及替代能源等。

3. NbS 的作用

IUCN 总结了 NbS 能够解决的七大社会挑战：气候变化减缓和适应、自然灾害风险降低、经济和社会发展、人类健康、粮食安全、水资源安全以及环境退化和生物多样性损失。

4. NbS 与应对气候变化的关系

气候变化的提出远早于 NbS，其部分应对措施可以归为 NbS，但 NbS 作为完整的概念被提出来并进入应对气候变化领域的时间尚短，仅十余年。

NbS 强调基于自然的理念，以生态系统及其服务功能为切入点，解决人类社会遇到的一系列挑战，气候变化是人类社会面临的挑战之一，NbS 在其他领域也发挥着作用。

应对气候变化的措施主要包括调整产业结构、节能提高能效、增加碳汇、海岸带及相关海域保护等，NbS 属于众多气候变化应对措施中的一类。

5. NbS 在应对气候变化领域的路径

应对气候变化的 NbS 路径或措施很多，比较重要的包括造林、再造林、森林可持续管理、避免毁林和森林退化、混农（牧）林系统、保护性耕作（覆盖作物、减耕、免耕、秸秆还田）、稻田管理、平衡施肥、避免秸秆燃烧、可持续放牧、草地保护和恢复、泥炭地保护和恢复等，具体如表 6-2 所示。

表 6-2　应对气候变化的 NbS 路径

生态系统	IPCC《气候变化与土地特别报告》	TNC 全球 NbS 评估
森林	造林；避免毁林和森林退化；天然林管理；人工林管理；林火管理	造林；避免毁林和森林退化；天然林管理；人工林管理；避免薪材使用；林火管理
农田	增加粮食生产力；混农（牧）林系统；农田管理；综合水管理	生物炭；混农（牧）林系统；农业田养分管理；保护性耕作；稻田管理
草地	避免草地转化；最适放牧强度	避免草地转化；最适放牧强度；种植豆科牧草；改进饲料；牲畜管理
海岸带湿地	避免海岸带湿地转化和退化；海岸带湿地恢复；避免泥炭地转化和退化；泥炭地恢复	避免海岸带湿地转化和退化；海岸带湿地恢复；避免泥炭地转化和退化；泥炭地恢复
其他	增加土壤有机碳含量；减少水土流失和盐碱化；减少粮食损失和浪费；改进膳食	

资料来源：张小全等（2020）

在 TNC 提及的基于自然的气候解决方案的生态系统的基础上，考虑到城市生态系统排放了大量的二氧化碳，将城市生态系统也纳入基于自然的气候解决方案的系统内，即六大生态系统（森林、草地、农田、湿地、海洋、城市）。

6.3.2 NbS 的减排潜力与协同效益

1. NbS 的减排潜力

在考虑粮食和纤维安全以及生物多样性保护约束条件下，TNC 评估了 NbS 的 20 条路径的减排潜力和成本（图 6-8），评估结果显示最大潜力为 238 亿吨，成本有效的减排潜力为 113 亿吨，低成本的减排潜力为 38 亿吨。成本有效的减排潜力在不同年份分别是：2016—2030 年为 37%、2030 年为 29%、2050 年为 20%、2100 年为 9%。并且，成本有效的或低成本的减排潜力主要来源于发展中国家。

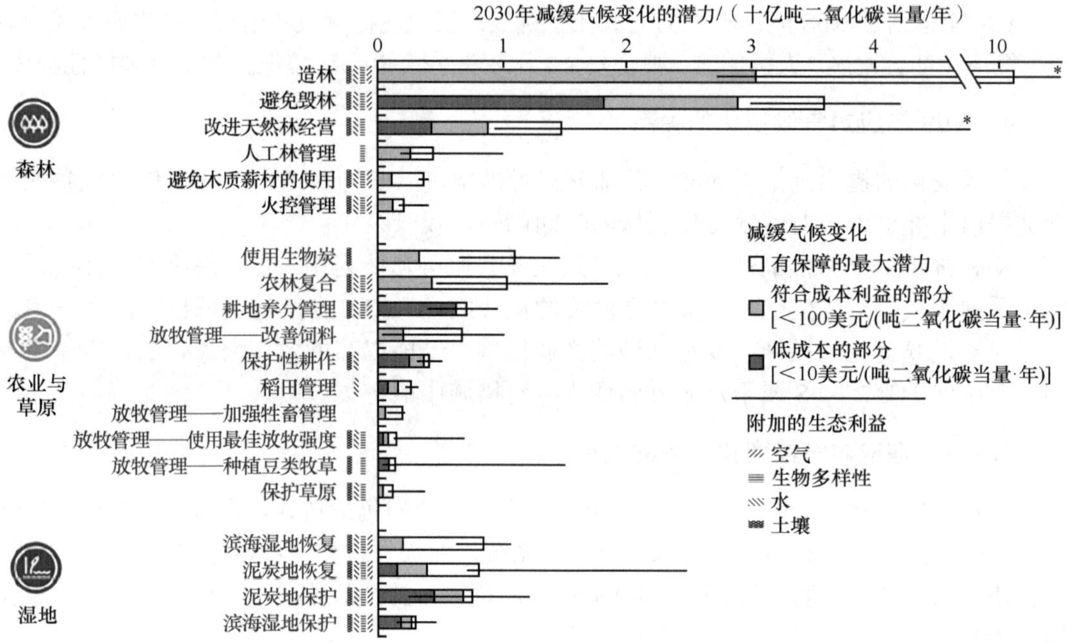

图 6-8 NbS 的减排潜力

资料来源：Griscom 等（2017）

由于森林、农业与草原和湿地产生的减排潜力相差较大，为了很好地展示所有数据，图中横坐标做了省略处理，*表示对应数据参照坐标轴进行了省略处理

2. 中国 NbS 的减排潜力

中国减排潜力最大的 10 个 NbS 路径（图 6-9）为造林再造林、农田养分管理、避免

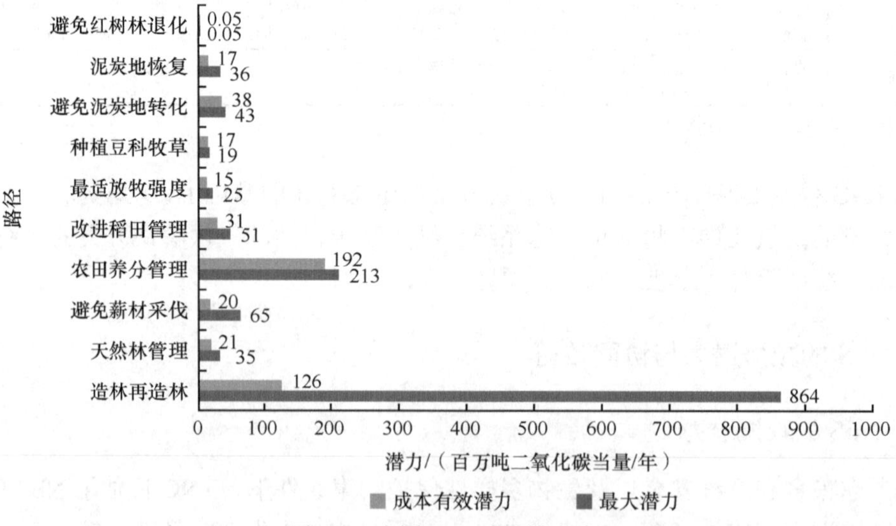

图 6-9 中国 NbS 的减排潜力

资料来源：张小全等（2020）

红树林退化、避免薪材采伐、改进稻田管理、避免泥炭地转化、泥炭地恢复、天然林管理、最适放牧强度、种植豆科牧草。

农田养分管理是成本有效潜力（成本小于100美元/吨二氧化碳当量的潜力）最大的路径；森林生态系统碳汇潜力巨大，中国森林年平均碳汇未来预计达到1.17亿—1.3亿吨碳/年（姜霞和黄祖辉，2016）；海岸带蓝碳碳汇潜力为34.9万—83.5万吨碳/年（周晨昊等，2016）。

3. NbS纳入NDC的现状

NbS对实现NDC减缓和适应目标至关重要，但发展中国家比发达国家更重视NbS。截至2021年，在提交的186个NDC中有120个国家在减缓部分提及NbS行动，占比约64.5%，有97个国家在NDC适应部分提及NbS行动，占比约52.2%。此外，所有被世界银行划分为低收入国家的都提到了NbS行动（基于生态系统的适应和保护），而高收入国家只有27%将NbS纳入NDC。NDC中提及NbS的主要是非洲、南美洲和部分亚洲国家。

6.3.3 中国在NbS应对气候变化领域的政策行动、存在问题及相关建议

尽管NbS作为新概念，发展尚不成熟，但其能够利用自然或人工的生态系统增强气候韧性，加强应对气候变化的能力。2019年，在联合国气候行动峰会上，NbS被列为应对气候变化的九大领域之一，中国和新西兰共同牵头，推动NbS领域的工作。

随着我国逐步走向全球气候治理的“舞台中心”，NbS扮演的角色也愈发重要。然而，目前鲜有关于NbS在我国应对气候变化领域政策体系的研究。为不断挖掘、释放大自然的潜力，运用传统环境政策工具分类，结合我国应对气候变化相关政策性文件的梳理，构建NbS在我国应对气候变化领域的政策框架，分析探讨政策层面尚存在的问题，并提出相应的对策建议。

1. 中国在NbS应对气候变化领域的政策行动

根据管控的强弱程度，将NbS在我国应对气候变化领域的政策工具分为命令控制型、经济激励型、自愿参与型。

命令控制型是我国最主要的NbS政策类型。我国建立了比较完备的生态系统保护、恢复制度和工作体系，初步形成了包含制定战略规划、出台法律法规、深化研发体系建设和促进成果转化、促进生态系统保护和利用能力提升等在内的命令控制型政策体系。

经济激励型政策工具主要包括财税政策和市场性政策。我国NbS领域初步形成了以财税政策为主、市场机制为辅的经济激励型政策体系。当前资金的主要来源是财政投入，尤其是中央财政投入，地方财政呈现缓慢上升态势。此外也初步探索了市场机制在NbS中的作用，包括增强金融支持、开展森林碳汇交易、吸收社会资金等。

我国社会自愿参与型政策较为薄弱。目前，自愿参与型政策主要以成立自愿性组织、加强宣传、开展项目示范和实施为主。成立自愿性组织是自愿参与型政策的重要组成部

分，民间环保公益组织是自愿性组织的主要形式。

2. 中国 NbS 应对气候变化政策存在的问题

1）尚未成为应对气候变化的主流措施

NbS 的理念还未根植于决策者的思维中，各部门的 NbS 政策行动并未将应对气候变化作为工作的重点，更没有考虑到气候变化的协同治理，而且，我国提交的 NDC 中，仅涵盖森林蓄积量，尚且有草地、农田、湿地、海洋等诸多生态系统未纳入我国的 NDC。

2）缺乏自上而下的管理机制

NbS 的相关职能散落在各主管部门，各主管部门在领域内各自发力，缺乏部门之间的横向沟通协调机制，尚未形成自上而下、高效统筹的管理机制。

3）未形成理论与实践的有机统一

NbS 的研究较为零散，尚未构成系统性研究体系，缺乏从概念到实操的抓手，研究多集中于案例分析，方法论的研究相对较少。

4）资金来源较为单一

我国 NbS 资金仍以财政投入为主，资金来源单一，没有形成社会各方广泛参与的多元化的资金投入机制。

5）技术和能力建设薄弱

一是技术和能力建设的政策行动较为零散，难以构成体系。二是除了森林建立了碳汇监测体系，其他生态系统并没有构建专门针对应对气候变化的 NbS 监测体系，已经建立的森林碳汇监测体系也远不完备，存在调查监测技术落后、时耗长、成本高、见效慢等问题，从建立至今发现的监测数据和成果仍非常有限。三是在 NbS 政策执行和追踪评价方面，除了湿地和城市生态系统，其他生态系统的后期报告和核查的政策行动仍显不足。

6）公众参与度不足

我国自愿性组织的数量较少，募集的资金数量也有限，而且公众参与环保公共活动大多是在政府指导下进行的，公众多是被动参与，参与缺乏自主性。

3. 促进 NbS 在应对气候变化领域发展的政策建议

将 NbS 作为我国“十四五”强化气候应对力度的重要工具之一，并将其纳入我国下阶段 NDC 更新文件中，包括减缓和适应领域，争取提出有关 NbS 的自主定量承诺，强化 NbS 在治理层面的地位。科学合理增加 NbS 相关行动的定量目标。例如，将各类保护地面积指标纳入 NDC 更新文件中。评估并纳入更多成本有效的 NbS 路径。农田养分管理、避免泥炭地转化等路径能够提供具有成本效益的减排，并且能够带来适应作用。在下一轮 NDC 更新前，应加强各生态系统 NbS 路径减排潜力及成本的研究，筛选出优先发展和纳入 NDC 的路径。开展采取自然保护和不作为的成本分析，以便为 NbS 筹措额外的公共和私人资金。在碳市场中，针对 NbS 活动设置相应的激励机制和支持政策。制定多目标多领域 NbS 协同治理的政策、措施和行动。

6.4　减缓与适应的协同

6.4.1　气候变化减缓与气候变化适应

1. 气候变化减缓与气候变化适应的概念

IPCC 报告中，减缓是指减少排放或增加温室气体汇的人为干预。减缓措施有助于解决问题的根源。减缓意味着通过减少温室气体的排放来减轻气候变化的严重程度，最常见的是二氧化碳，它来自各种来源，但最重要的是来自燃烧化石燃料。

IPCC 报告中，适应是指在人类系统中，适应实际或预期气候及其影响的过程，从而减轻危害或利用有利机会；在自然系统中，适应实际气候及其影响的过程，人类干预可能有助于调整预期的气候及其影响。适应试图解决问题的影响。适应意味着改变我们管理社区、企业、家庭和国家的方式，以减少气候变化对人类和自然造成的风险——海平面上升、更频繁和更强烈的风暴、洪水、干旱和热浪等。

2. 气候变化减缓与气候变化适应的差异

时间方面：气候减缓是为了减少长期气候影响；气候适应主要是应对当前气候风险。

空间方面：气候减缓会带来全球性收益，因为涉及国家间的政治、经济利益；气候适应主要用于一国国内，带来国家性、地方性收益。

治理模式：气候减缓是政策规制性的“自上而下”的方式；气候适应是受气候变化影响利益相关方主导的“自下而上”的方式。

行动相关领域：气候减缓是在能源、工业、农林和生活领域（如交通、建筑等）、城市规划和设计中的能源利用等领域；气候适应是在农业、旅游、医疗、水资源管理、海岸线管理、城市基础设施规划、生态保护等领域。

责任主体方面：气候减缓的责任主体以国际合作组织、中央政府、地方政府的政策制定者为主，包括企业和个人、非政府组织等；气候适应的责任主体以受到气候灾害影响的组织和个人以及潜在气候脆弱群体为主，包括中央或地方政府的政策制定者、非政府组织等。

操作实施方面：由于减缓旨在减少生产和生活过程中的碳排放水平，容易遭到企业和居民的联合抵制，因此需要借助政府的强力推行；适应更加依赖于社区公众的广泛参与，政府主要是在资金和技术等方面起到支持作用。

3. 气候变化减缓与气候变化适应的关系

减缓与适应之间存在三种互动类型（图 6-10）：协同（共同的正外部性）、冲突（减缓增大气候脆弱性，以及适应增加温室气体排放）以及不可持续（共同的负外部性）。

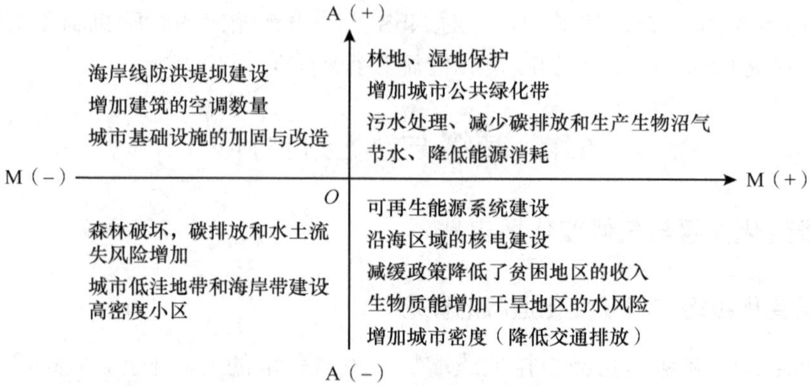

图 6-10　减缓与适应的互动关系

图中 M（+）为减缓效果增强，M（–）为减缓效果减弱，A（+）为适应效果增强，A（–）为适应效果减弱

6.4.2　气候变化减缓与气候变化适应的协同效应

减缓与适应的根本诉求是完全一致的，都是为了从整体上减少气候变化的综合影响。从长远发展的战略视角来看，有效地实施减缓可以从根本上扭转气候变化的长期趋势，让人类能够从容地应对气候变化，也使得适应策略更容易取得成功；适应一旦成功，将在很长时间内有效，从而有助于减少气候变化造成的灾害损失；如果没有有效减缓，面对气候变化的日益加剧，适应性策略也将变得无效。

城市层面上实施的减少温室气体排放和提高气候变化适应性的应对气候变化行动，对于各国实现其国际承诺具有重要意义。根据联合国人居署的统计，城市只占地球表面不到 2%的面积，却消耗了全世界 78%的能源。由于城市依赖化石燃料的人口密度过高，城市人口极易受到气候变化的影响，主要领域有：城市生态系统、建筑领域、能源电力、公共交通体系、水资源管理及流域管理、土地利用和城市规划。

第 7 章　碳中和治理体系

气候变化是当今世界各国面临的最严峻挑战之一，全球气候治理的走向备受国际社会关注。一般认为，1990 年联合国框架下国际气候谈判进程的启动标志着全球气候治理正式拉开帷幕。经过 30 多年的发展，全球气候治理不断演进和发展，取得许多积极进展，成为人类发展的重要议题和凝聚国际合作的关键领域，是“全球治理的一面镜子”。2022 年，习近平在中共中央政治局第三十六次集体学习时发表重要讲话，强调要“积极参与和引领全球气候治理”①。

本章首先介绍了气候治理的基本概念，从集体行动和负外部性问题两个维度，对气候治理的理论基础进行了全面介绍。其次，系统回顾了气候治理的缘起，介绍了以《公约》为核心的全球气候治理体系的基本架构，并沿着《公约》的发展脉络，对全球气候治理取得的阶段性成果（包括《京都议定书》、“巴厘岛路线图”、《巴黎协定》）进行了全面介绍，重点围绕这一系列国际条约建立的全球气候治理的原则和规则进行了深入的探讨，帮助了解全球气候治理中的大国博弈，以及碳中和愿景下的最新进展。最后，详细介绍了我国的气候治理的行动方案，对我国气候治理的发展历程以及取得的成果进行了回顾，介绍了碳中和愿景下我国未来开展气候治理的重点领域和措施，并从气候变化南南合作和绿色“一带一路”建设，展望了我国面向国际的气候合作。

通过本章的学习，读者将能够掌握气候治理的概念、理论基础、发展历程、行动措施以及面向碳中和的发展趋势，帮助读者对当下全球气候治理格局、大国之间的气候博弈、我国应对气候变化的战略方向形成更加深入的认识。

7.1　气候治理的基本概念和理论基础

7.1.1　治理的定义

“治理”一词在西方由来已久，其英文 governance 源自拉丁文和古希腊语，原意是控制、引导和操纵。世界银行 1989 年在讨论非洲援助问题时首次提出“治理危机”，1992 年发布的年度报告又以“治理与发展”为主题并对治理赋予新的含义，使治理一词的涵

① 《习近平主持中共中央政治局第三十六次集体学习并发表重要讲话》，https://www.gov.cn/xinwen/2022-01/25/content_5670359.htm，2022 年 1 月 25 日。

盖范围远远超出了政治学和行政管理学的传统含义。20 世纪 90 年代以来，随着治理理论成为研究热点，西方学界对这一概念的界定出现了多种说法（表 7-1）。总体来看，西方学者认为治理通常具有以下特征：第一，治理是一个过程，有赖于持续的相互作用，并且这种互动是在一定规则制度下进行的；第二，治理的建立不以单方支配为基础，而以协调为基础；第三，治理不仅包括政府，更要求私人部门参与公共事务的管理。

表 7-1 关于治理较为经典的定义

作者（提出时间）	定义
联合国全球治理委员会（1995 年）	治理是各种公共的或私人的个人和机构管理其共同事务的诸多方式的总和
罗西瑙（2001 年）	治理是一系列活动的管理机制，虽未得到正式授权，却能有效发挥作用，管理主体既可以是政府，也可以是社会主体
罗兹（1996 年）	至少有六种不同意义的"治理"：作为最小国家的管理活动的治理、作为公司管理的治理、作为新公共管理的治理、作为善治的治理、作为社会——控制体系的治理、作为自组织网络的治理
奥兰·扬（2013 年）	治理是一种致力于引导和激励人类群体的行为，使得理想目标得以实现、非理想后果得以远离的社会功能

治理体系是人类群体开发出来的、能在不同的环境中实现治理功能的制度安排，有些是自发形成的，有些是经过深思熟虑形成的。但在每一种情况下，治理体系的核心要素都是集合了权利、规则和决策过程的社会制度，正是这些制度引发了社会实践，为社会实践中的参与者设定角色，并引导着不同角色的参与者进行互动。许多人在日常语言中倾向于将"治理体系"与"制度"两个概念画上等号，但事实上治理是一个更加宽泛的概念。治理体系通常会包含认知、文化以及技术等制度核心之外的要素。

7.1.2 治理的理论基础

1. 集体行动问题

集体行动问题产生的情景是，群体内成员的行为从个体角度来看是理性的，但产生了对全体成员而言不良的后果。具体到环境领域，最经典的案例就是"公地悲剧"以及"搭便车"问题。其中，"公地悲剧"的产生源于群体的个别成员缺乏保护自然资源的积极性，因此其行为导致了资源的耗竭、退化和破坏，从而对整个群体的福利造成损害。

"搭便车"问题是指群体的个别成员在没有付出任何成本的前提下受益于公共物品，他们期望群体中的其他成员能够承担公共物品的成本，这样他们就不必付出任何成本便得以享用这些公共资源。在所有这些案例中治理的主要作用在于限定权利与规则，激励群体成员可持续地使用自然资源，或分担公共物品的供应成本。

2. 负外部性问题

人类行为经常产生非预期的、无法预料的结果，从而影响到他人的福利。在人类与环境的关系这一领域，很多问题属于这一类别，如为获取木料而伐木导致生态系统服务损失、农业生产排放了有害的污染物、大气及水污染危害人体健康、温室气体的排放影响了地球气候系统等。经济学家常言，外部性可为正，也可为负。例如，伐木导致了多种生态系统服务的损失，但也能够创造一片对某些物种有益的栖息地。在环境领域的每个案例中，治理所面临的艰巨挑战都是设计出一个能够将参与者行为的外部性内部化的机制。换句话说，在此类问题中，治理的目的是使参与者在利用自然资源时，能够充分考虑到行为的副作用或副产品的成本与收益。理想的状态是，农民补偿其使用的肥料与杀虫剂对下游所产生的损失，发电厂的经营者承担工厂排放的温室气体所造成的影响，运货人也对柴油机产生的炭黑所造成的环境影响负责。最终，终端用户将因为其消费产品的环境成本而承受更高的产品价格，这在大多数情况下似乎都是合情合理的。即便是当这样去统计完全成本不可行时，治理体系也可以且常常能够将集体行为向这一理想状况靠拢。

7.2　全球气候治理体系的演进

7.2.1　全球气候治理的缘起

20 世纪 60 年代后，随着卫星和计算机的开发与应用，世界气象组织等相关科研机构加强了对全球大气和气候环境的观测，逐步发现全球气候正经历以变暖为主要特征的变化。1972 年，联合国人类环境会议在瑞典首都斯德哥尔摩召开，环境问题从此进入全球政治议程，现代全球环境保护运动正式拉开帷幕。

1979 年，第一次世界气候大会在瑞士日内瓦召开。会议指出如果大气中二氧化碳含量保持当时的增长速度，到 21 世纪中叶将出现显著的增温现象。这是人类历史上第一次就温室效应带来的全球升温作出判断。进入 20 世纪 80 年代下半期，欧美发达国家出于对全球气候变暖不利影响的关切和对发展中国家未来温室气体排放快速增加的担忧，纷纷主张将气候变化问题纳入全球议程。1987 年，世界环境与发展委员会发布了著名的报告《我们共同的未来》，明确提出气候变化是国际社会面临的重大挑战。

1988 年，世界气象组织和联合国环境规划署联合成立 IPCC，开展对气候变化的科学评估活动。IPCC 从此成为气候变化科学领域最权威的政府间机构。1990 年 8 月，IPCC 发布了第一次评估报告，其结论推动了联合国气候变化谈判进程。IPCC 第一次评估报告得出两个主要结论：第一，人类活动导致的温室气体排放正在使大气中温室气体浓度显著增加，从而增强了地球温室效应；第二，发达国家在近 200 年工业化进程中大量消耗化石能源是温室气体排放增加的主要原因。

1990 年 12 月，第 45 届联合国大会决定设立一个单一的政府间谈判委员会，制定一项有效的气候变化框架公约。1992 年 5 月，政府间谈判委员会经过 5 次谈判会议，历时 1 年 3 个月，完成谈判并通过了《公约》。

7.2.2　全球气候治理的基本要素

全球气候治理是指从全球到区域、国家和地方以及个人应对气候变化政策与行动的集合，其不仅关系到国际形势稳定，同时也涉及各行为主体的权利和利益。作为全球治理的重要方面，全球气候治理对国际关系有重要影响并已经超越了传统的地缘政治范畴，逐渐成为全球治理的关键领域。全球气候治理的核心是通过建立原则、规范和规则，形成具有制度化和法律化的渠道，实现有效的全球气候变化集体行动。在过去的30多年中，全球气候治理得到了巨大的发展。以《公约》为基础的全球气候条约，包括《公约》、《京都议定书》、《巴黎协定》及缔约方大会（conference of the parties，COP）一直处在整个多边进程的核心位置。因而，全球气候治理从协议和制度安排上表现为以《公约》为"轴"，各种《公约》外机制为"辐"的结构（薄燕和高翔，2017）。

全球气候治理体系在国际层次上包括《公约》和其他环境条约（如关于消耗臭氧层物质的蒙特利尔议定书）、非联合国系统的国际组织（如世界银行和世界贸易组织）、其他多边俱乐部（如2022年G7峰会提出的气候俱乐部）；国家或者区域层次包括区域治理（如2023年中美关于加强合作应对气候危机的阳光之乡声明）。次国家层次包括地方政府（如州或者省、城市）、私人部门、非政府组织等进行的气候治理行动。当下，《公约》外各项治理机制发展迅速，不仅在行动动员、气候资金多元化、技术联合创新等方面对《公约》带来了巨大补充，在推动全球气候谈判、达成共识等方面也起到了关键作用。

在过去30年里，《公约》进程之外的气候治理创新和行动获得了大发展，但是以《公约》为基础的全球气候条约，包括《公约》、《京都议定书》和《巴黎协定》一直处在整个治理体系的核心位置。这些联合国多边气候协议所确立的原则、规范、规则和决策程序构成了全球气候治理机制。这些国际条约、协议和决议中的要素可以简化为两大类，即原则和规则。全球气候治理机制的原则主要在《公约》第三条得到阐明，主要包括公平原则、"共同但有区别的责任"原则（以下简称"共区原则"）、各自能力原则、考虑发展中国家特殊情况原则、可持续发展原则、"应对气候变化与国际经济、贸易体系协调原则"。

全球气候治理机制的规则主要包括减缓规则、适应规则、支持规则、透明度规则等几个方面。其中，减缓规则主要是指要求缔约方采取相关政策和措施来减少温室气体的排放。适应规则是在全球的平均气温早已经发生了变化，季节和极端天气气候时间的频率也在发生变化的背景下，强调各国都需要强化适应气候变化的行动。支持规则的主要内容涉及资金、技术和能力建设三个方面。《公约》规定发达国家缔约方向发展中国家缔约方提供新的和额外的资金，转让相关技术，以帮助发展中国家应对气候变化。透明度规则强调为了实现《公约》的目标，缔约方需要提供准确的、一致的和具有国际可比性的其在气候变化减缓、适应、国际支持、能力建设等方面行动的相关信息，促进各国之间的交流。

7.2.3 全球气候治理国际条约体系

1. 《公约》

《公约》是全球首个全面控制二氧化碳等温室气体排放以应对全球变暖给人类经济和社会带来的不利影响的国际条约，也是国际社会在应对气候变化问题上进行国际合作的一个基本框架。《公约》由前言、26 条正文和两个附件组成，包括《公约》目标、原则、承诺、研究与系统观测、教育培训和公众意识、缔约方会议、秘书处、公约附属机构、资金机制和提供履行《公约》的国家履约信息通报以及《公约》有关的法律和技术等条款。其核心内容包括确立应对气候变化的最终目标。《公约》第 2 条规定，“本公约以及缔约方会议可能通过的任何法律文书的最终目标是将大气温室气体的浓度稳定在防止气候系统受到危险的人为干扰的水平上”。

《公约》确立国际合作应对气候变化的基本原则，主要包括“共区原则”、公平原则、各自能力原则和可持续发展原则等。

此外，《公约》对缔约方进行了分类，将所有的缔约方分为两个群组，即附件一缔约方和非附件一缔约方。附件一缔约方主要包括发达国家和正在向市场经济过渡的国家，非附件一缔约方包括发展中国家。基于此，《公约》明确发达国家应承担率先减排和向发展中国家提供资金技术支持的义务。《公约》附件一缔约方应率先减排，附件二缔约方应向发展中国家提供资金和技术，帮助发展中国家应对气候变化，同时承认发展中国家有消除贫困、发展经济的优先需要。《公约》承认发展中国家的人均排放仍相对较低，因此在全球排放中所占的份额将增加，经济和社会发展以及消除贫困是发展中国家首要和压倒一切的任务。

2. 《京都议定书》

1997 年，第 3 次缔约方大会（COP3）通过了《京都议定书》，标志着全球气候治理从指导框架转化为落实行动。《京都议定书》通过强制性法律的形式“自上而下”地为发达国家缔约方制定了严格的温室气体减排指标和时间表。附件一缔约方整体在 2008—2012 年应将其年均温室气体排放总量在 1990 年基础上至少减少 5%。欧盟 27 个成员国、澳大利亚、挪威、瑞士、乌克兰等 37 个缔约方和一个国家集团（欧盟）参加了第二承诺期，整体在 2013—2020 年承诺期内将温室气体的全部排放量从 1990 年水平至少减少 18%。

同时，它还提出了三种灵活履约机制，包括清洁发展机制、联合履约以及国际排放贸易。其中，清洁发展机制在很大程度上促进了资金和技术从发达国家向发展中国家的转移，而国际排放贸易则将排放作为一种可交易的国际商品推向了世界。《京都议定书》延续了《公约》中的基本原则，发达国家成为减排义务承担主体。然而，部分发达国家之后逐渐失去了继续减排的意愿，开始以全球温室气体排放格局发生变化等为借口，向发展中国家转嫁减排义务，最终美国也以“发展中国家没有承担可比的义务”为由拒绝了《京都议定书》。

3. “巴厘岛路线图”

为了将当时最大的碳排放国——美国拉回全球气候治理，2007 年 COP13 通过了“巴厘岛路线图”。在之前 COP 谈判取得成果的基础上，该次 COP 围绕减缓启动了“双轨制”谈判。其中，特别行动工作组继续围绕发达国家履行《京都议定书》第二承诺期展开谈判，长期合作行动特设工作组旨在对推动发展中国家参与减排展开谈判。“双轨制”

谈判的开启标志着需要承担减排义务的不再仅仅是发达国家，发展中国家缔约方也需要根据自身国情，通过“自下而上”的方式进行适度减排。从这一阶段开始，根据发达国家和发展中国家来区分减排义务的“二分法”开始变得模糊。

在议题设置方面，“巴厘岛路线图”除了减缓，还纳入了之前被不同程度忽视的适应议题、技术议题和资金议题，确定了以这四项议题为支柱的全球气候治理框架。这些谈判授权最终在2010年第16次COP上完成，形成了“坎昆协议”。“坎昆协议”确立了将2100年全球温升控制在2℃之内的目标，并启动了透明度机制，以对发达国家和发展中国家的减缓行动进行测量、报告和核查。自此，全球形成了以“巴厘岛路线图”和“坎昆协议”为核心的用以指导各国2020年前应对气候变化行动的框架。

4. 《巴黎协定》

2015年12月，在法国巴黎举行的气候变化大会上，《公约》195个缔约方一致同意通过以国家自主减排方案为基础的《巴黎协定》。《巴黎协定》构建了2020年后全球气候治理体系框架，为2020年后全球合作应对气候变化指明了方向和目标，传递了全球向绿色低碳经济转型的信号，具有里程碑意义。在气候目标方面，《巴黎协定》第2条分别从减缓目标、适应目标以及资金目标三个方面进行了阐述，提出“把全球平均气温升幅控制在工业化前水平以上低于2℃之内，并努力将气温升幅限制在工业化前水平以上1.5℃之内”，为此，需尽快达到温室气体排放的全球峰值，在21世纪下半叶实现温室气体源的人为排放与汇的清除之间的平衡，同时资金流动应符合温室气体低排放和气候适应型发展的路径，提高适应气候变化不利影响的能力，并以不威胁粮食生产的方式增强气候恢复力，推动适应型社会建设。

此外，《巴黎协定》的成功之处在于采用了“国家自主贡献+全球盘点”的模式，允许各国设定自己的气候变化减缓的雄心，从而通过回避分配冲突，消除了全球气候治理最大的障碍之一（Falkner，2016）。但是，这种根据各自国情“自下而上”的模式使得自《公约》以来，一以贯之的“共同但有区别的责任”原则中的“区别”进一步弱化，打破了原有的附件一缔约方和非附件一缔约方之间的“二分法”。《巴黎协定》允许各国设定自己的气候变化减缓的雄心，要求各国需要围绕减缓、适应、资金、技术以及能力建设等五个核心议题采取行动，并将核心议题下所做的努力通过各国的NDC进行通报。缔约方在提交NDC时需要提供的信息列表，包括与贡献参考点相关的量化信息（如基准年、基准值等）、时间框架/目标期、范围（气体、部门等）、准备进程、假设和方法学、贡献的公平性和力度、贡献对实现《巴黎协定》第2条目标的作用等。各国行动目标和力度“只进不退”。各国提出的行动目标，无论涉及减排、适应还是资金，一旦自主决定，都将建立在不断进步的基础上，《公约》为此建立了每五年对各国行动的效果进行全球盘点的机制，各国在此基础上每五年更新NDC，以此鼓励各国基于新的情况、新的认识不断加大行动的力度。

全球盘点是评估在应对气候变化方面的全球努力进展的重要机制，其结果将为人们揭示全球气候变化行动的现状、差距、目标，以及最重要的方法和路径。全球盘点将分为如下三个部分。一是信息收集和准备，侧重信息的收集、汇编和综合，为技术评估提供信息；二是技术评估，侧重评估实现《巴黎协定》宗旨和长期目标的整体进展，识别强化行动和支持的机会；三是成果考虑，侧重讨论技术评估产出的含义，为后续各方以国家自主的方式提高行动和支持力度以及强化国际合作提供信息。同时，《公约》附属科技咨询机构和附属履行机构将建立“联合接触小组”，负责全球盘点的实施。“联合接触小组”将下设“专家对话”支持各方以圆桌会议、研讨会和其他活动的形式，在减缓、适应、实施手段和支持等主题领域下评估实现《巴黎协定》宗旨和长期目标。

7.2.4　全球气候治理机制的演进

正如前文所述，联合国多边气候协议所确立的原则、规则构成了全球气候治理的主要机制。在确立的诸多原则中，“共区原则”在联合国气候谈判中逐渐具有了中心地位，并成为争论的焦点。

1. 全球气候治理机制“共区原则”的变迁

“共区原则”是全球气候治理机制的一个重要原则。该原则的确立是 20 世纪 90 年代初发达国家和发展中国家在气候谈判中妥协的结果，使得《公约》的通过和生效具有政治上的可行性。国际社会当时试图通过签署多边气候协议同时解决“气候变化”与“经济发展”两项议题，但是对于如何区分发达国家与发展中国家在气候变化问题上的不同责任，发达国家与发展中国家的立场存在巨大差异。发展中国家强调发达国家由于负有温室气体排放的巨大历史责任，因此应该承担应对气候变化的首要责任，而消除贫困和改善人民的生活是发展中国家的首要任务。但是欧美国家在谈判中试图忽略或者不强调各国造成气候变化的历史责任与应该承担的义务之间的关系，进而要求发展中国家承担减排义务。同时，发展中国家要求发达国家提供资金和进行技术转让以应对气候变化。虽然欧美国家整体上承认需要“帮助”发展中国家应对气候变化，但在发达国家向发展中国家提供资金和技术问题上避免承担具体的义务。

根据“共区原则”，《公约》对缔约方进行了分类，将所有的缔约方分为两个群组，即附件一缔约方和非附件一缔约方。附件一缔约方主要包括发达国家和正在向市场经济过渡的国家，非附件一缔约方包括发展中国家。此后达成和生效的《京都议定书》完全遵循和体现了“共区原则”，为不同类别的国家规定了不同的减排义务。《京都议定书》对发达国家缔约方规定了具有法律约束力的减排义务，未给发展中国家缔约方规定具有法律约束力的义务。在发达国家内部，各缔约方也规定了力度不同的减排义务。

2011 年，德班气候大会达成的一揽子协议并未提及《公约》核心的原则，如公平原则、“共区原则”、各自能力原则，这是在 20 多年的国际气候谈判中，首次在一个关键决议中没有提及该原则。2015 年，《巴黎协定》明确表明要遵循“共区原则”，但在“包括以公平为基础并体现共同但有区别的责任和各自能力的原则”后面增加了“同时要根据不同的国情”。

在减缓问题上，《巴黎协定》明确规定：“发达国家缔约方应当继续带头，努力实现全经济绝对减排目标。发展中国家缔约方应当继续加强他们的减缓努力，应鼓励他们根据不同的国情，逐渐实现全经济范围绝对减排目标。”这意味着发展中国家当前根据国情仍可采用不是全经济范围的、部分温室气体的非绝对量减排或限排的目标，比如单位国内生产总值二氧化碳排放强度下降的相对减排目标。在资金问题上，《巴黎协定》也提出，“发达国家缔约方应为协助发展中国家缔约方减缓和适应两方面提供资金，以便继续履行《公约》下的现有义务”，并“鼓励其他缔约方自愿提供或继续提供这种支助”，进而明确了发达国家为发展中国家适应和减缓气候变化出资的义务，并且这种义务与其他缔约方自愿提供的帮助在法律性质上是不同的。

2. 全球气候治理机制减缓规则的变迁

全球气候治理机制的规则体系是由减缓、适应、支持、透明度与遵约等方面的规则构成的。其中，减缓规则是这一规则体系的核心组成部分，基本含义是采取政策和措施减少温室气体的排放，从而控制全球气候变化的速率与进程。

减缓规则的首要问题是责任的分担模式。在气候变化国际谈判中，主要包括“自上而下”和“自下而上”两种国际合作模式。自上而下是指国际社会先达成减缓合作的共同目标，再依据一定的责任分担方法将这一目标分解到全球各国去实施。这种模式往往从科学要求出发设定共同目标，在实施机制上设定严格的遵约机制、统一的核算规则，以及严格的测量、报告、核实规则，这有助于以科学认知指导各国行动，并以法律责任确保行动效果。但在这种模式下，各方往往难以达成行动共识，整体进程进度迟缓。自下而上是指各国先自愿提出减缓行动的国别行动或目标，再汇总形成全球共同行动或目标。这种模式往往具有行动多元化、易于吸引各方积极参与的特征，但由于缺乏统一核算规则，也无法根据科学认知对各国的减缓行动提出要求，因此难以保证行动的整体力度。

《公约》在减缓气候变化方面基本上是一种基于自愿行动的模式，除了参与主体方面可以被看作对所有缔约方具有强制性，《公约》在各参与主体的减缓行动范围和行动力度上都没有进行规定。

《京都议定书》通常被看作“自上而下”减缓模式的代表，也是迄今为止权威集中程度最高的减缓模式。《京都议定书》只对《公约》附件一缔约方具有强制力，即只有部分强制性，对于这部分缔约方，《京都议定书》规定了其减缓行动所涵盖的温室气体和排放部门范围，在行动范围和行动力度上具有完全强制性。在《京都议定书》第一承诺期（2008—2012 年），工业化国家的温室气体排放水平平均比 1990 年的水平至少减少 5%，欧盟减少 8%，日本减少 6%，美国减少 7%，而澳大利亚和冰岛分别增加 8%和 10%。在第二承诺期（2013—2020 年），《京都议定书》要求附件缔约方总体的温室气体排放水平比 1990 年至少减少 18%。但是，美国没有批准《京都议定书》，加拿大、日本、俄罗斯和新西兰声明不接受第二承诺期下的量化减排指标。因此，需要谈判达成一种新的责任分配模式。

《巴厘岛行动计划》构建了一种“双轨制”的减缓模式，其中，特别行动工作组继续围绕发达国家履行《京都议定书》第二承诺期展开谈判，长期合作行动特设工作组旨在对推动发展中国家参与减排展开谈判。因此，《巴厘岛行动计划》是一种在参与主体方面具有完全强制性，但是在减缓行动的范围和力度上只具有部分强制性的减缓模式。“坎昆协议”明确了“自下而上”的减缓模式。所有缔约方都具有强制参与的义务。对于附件一缔约方，“坎昆协议”规定其减缓许诺应当是覆盖所有种类温室气体的全经济范围量化减排目标，但没有对其减缓行动的力度进行规定；对于非附件一缔约方的减缓行动则采取了国家适当减缓行动的方式，其范围、力度等都由这些国家自主决定。因此，“坎昆协议”是在参与主体上完全强制，在减缓行动范围上部分强制，在减缓力度上完全自愿的模式。

《巴黎协定》把这种自下而上通过国家自主贡献落实减缓责任的规则以具有法律约束力的国际协议的方式规定下来，这里的“贡献”的内容不仅仅包括减缓。按照《巴黎协定》，贡献包括减缓、适应、资金、技术、能力建设和透明度。但实际上，从各国目前提出的贡献意向看，其内容包括什么、不包括什么，同样是由各国自主决定。

7.2.5　全球气候治理的博弈和进展

1. 全球气候治理主要谈判集团与博弈焦点

全球气候谈判中，各国一般不会单打独斗，而是会形成集团，统一行动，支持某些特定的政策、目标或者观点。整体上，发达国家和发展中国家南北两个阵营成员在地缘政治、经济关系和气候治理上存在利益重叠交叉，而同时北方国家内部出现不同的有着各自利益诉求的集团，最典型的是伞形集团和欧盟。由此，形成了当下全球气候谈判三个主要集团，首先是伞形集团，该集团是一个主要由发达国家组成的集团，包括美国、澳大利亚、加拿大等工业化排放大国，同时也包含一些中等收入国家。伞形集团认为，按照《巴黎协定》的目标，将全球平均气温上升幅度控制在 2℃，最好 1.5℃以内所需的温室气体减排量应该由包括发展中国家在内的所有国家共同承担。另外，该集团认为，各国适用的温室气体排放报告和会计标准应该是统一的，《京都议定书》对附件一国家（发达国家）和附件二国家（发展中国家）区别对待是不合理的。它坚持认为，减排责任应该按照当前排放量决定，而不应基于历史排放。

欧盟作为一个整体开展气候谈判，并向《公约》报告温室气体排放量。它目前是温室气体排放量位居全球第三的经济体，仅次于美国和中国。欧盟已经承诺到 2050 年之前实现净零排放，并且在很多方面发挥着应对气候变化的领导作用。但是，欧盟仍然坚持新兴经济体应该承诺绝对减排。

第三个集团代表了广大的发展中国家，77 国集团加中国涵盖了大多数的发展中国家，其实际成员数量远远超过集团成立之初的 77 个，以中国、印度、巴西和南非组成的“基础四国”为首。该集团较为松散，其下又包括了诸如非洲集团、最不发达国家集团等，成员之间差异巨大，但是，在争取富裕国家气候融资等关键问题上立场一致。

《巴黎协定》遗留了许多议题仍然需要进一步谈判和落实，围绕这些议题，不同谈判集团围绕各自的立场争持不下。围绕透明度框架，是否以及如何反映发达国家和发展中国家之间的“区分”原则，成为《巴黎协定》下透明度规则的关键问题（薄燕和高翔，2017）。欧盟、美国在内的发达国家和一批发展中国家支持建立一个统一的透明度框架，包括统一的指标、指南、程序等。但是，包括中国、印度在内的许多发展中国家，仍坚持未来这一“强化的透明度体系”要建立在既有的“二分”基础之上。此外，围绕技术和资金支持，《公约》要求附件二所列发达国家缔约方提供支持，尤其是资金支持。资金应是新的、额外的，并且以公共资金赠款和优惠贷款为基础。但是，发达国家强调从非公共渠道提供的支持，淡化“提供”，而强化“动员”。发达国家根据自己对“新的、额外的”的理解，提出了各种定义和计算方法，出现了“新瓶装旧酒”“贴标签”“口惠而实不至”等质疑。

2. COP28的博弈和成果

COP28于2023年11月30日至12月12日在阿联酋迪拜举行。大会的主题是“团结、行动、落实”。COP28将基于盘点结果讨论未来气候行动方向，其中化石能源退出是争议较大的议题。2023年12月8日，COP28发布协议草案，就2020—2030年化石能源使用目标以何种措辞体现在最终协议中提出了几种不同的选择，从同意“根据现有最佳科学方法逐步淘汰化石燃料”到“逐步淘汰有增无减的化石燃料”，再到根本不提及化石燃料的未来使用，引发广泛争议。

美国和欧盟强烈支持逐步淘汰化石能源。欧盟气候专员表示这“显然不足，对于大多数排放来说，除了尽快削减并将其淘汰，我们别无选择”。受气候变化影响严重的小国同样支持淘汰化石能源。南太平洋岛国萨摩亚自然资源部部长在代表一系列受气候变化冲击格外严重的小岛屿国家发言时表示，他们的声音没有被听到。沙特阿拉伯等化石燃料国家强烈反对淘汰化石能源。石油输出国组织成员国之一的尼日利亚环境国务部长表示，“要求尼日利亚或非洲逐步淘汰化石燃料，就是要求我们在没有生命支持的情况下停止呼吸，这是不可接受的”。沙特阿拉伯代表团的代表公开表示，COP28的协议不应该去选择和挑剔能源的来源，而应该专注于减排，“我方一直在对有关能源来源的攻击表示担忧”。巨大争议下，各方代表就案文是否包括“逐步减少”（phase down）或“逐步淘汰”（phase out）化石燃料展开了激烈谈判，导致在发布的最终版协议中，不包含“逐步淘汰”化石能源的字样，而是最终采纳了“以公正、有序和公平的方式，在能源系统中转型脱离化石燃料”的表述。

此外，COP28期间，欧盟推出的“碳关税”（CBAM）受到来自巴西、非洲、中国、印度等多个国家和地区与会代表的批评。一些与会人士认为，CBAM从根本上来说是一种单边贸易保护措施，既无益于其所宣称的脱碳目标，也不利于国际贸易。不少非洲国家代表认为，非洲经济将直接受到CBAM的冲击。

2023年12月13日，COP28在阿联酋迪拜闭幕。大会最终就《巴黎协定》首次全球盘点、减缓、适应、资金、损失与损害、公正转型等多项议题达成共识——“阿联酋共识”。其中，各方代表就制定“转型脱离化石燃料”的路线图达成一致，这在联合国气候变化大会的历史上尚属首次，具有重要里程碑意义。COP28就首次全球盘点达成共识，明确了在21世纪中叶，全球需要通过公正能源转型，摆脱化石能源，实现净零排放。关于能源转型的目标与举措，缔约方承诺到2030年将全球可再生能源能力提高两倍，全球年均能效增加一倍；加快努力，逐步淘汰未经处理的煤电；在21世纪中叶或前后，在全球范围加快实现净零排放的能源系统，使用零碳和低碳燃料；以公正、有序和公平的方式推动能源系统从化石燃料转型，在这关键十年加快行动，以便科学地实现 2050 年净零排放的目标；加快发展零碳和低碳排放技术，包括但不限于发展可再生能源、核能，以及 CCUS 等减排技术；到 2030 年，加速并大幅减少全球非二氧化碳的排放，特别是甲烷排放。

7.2.6 中国参与气候谈判的进程

全球气候治理是在维护全球生态安全和全人类共同利益下的国际合作行动，是在现行多边体制下的一种共商共建和制度探索。在责任、义务的分担和权利、效益的分享的具体方案和机制上，各方存在矛盾和分歧，形成多方博弈的复杂局面。现阶段，没有哪一个国家可以主宰多边谈判的进程和结果，但需要有影响力的大国发挥协调和引领作用。中国始终是联合国气候变化谈判的重要参与者，但不同时期扮演的角色和发挥的作用是不断变化的。基于中国在国际气候变化谈判中的政策立场变化和国内应对气候变化行动的变化，以及全球气候治理进程的重要时间节点，中国的角色变迁大致可划分为三个阶段，第一阶段（1990—2006 年）的积极参与者；第二阶段（2007—2014 年）的积极贡献者；第三阶段（2015 年至今）的积极引领者（张海滨等，2021）。

第一阶段，中国积极认真参加联合国气候变化谈判。1990 年，中国成立国家气候变化协调小组，由中国气象局、国家计划委员会等 18 个单位参与，通过了中国关于气候变化公约谈判的基本立场。中国代表团在公约谈判中依托“77 国集团+中国”，积极为维护发展中国家的利益发声。维护中国和其他发展中国家的基本发展权益，争取尽可能多的排放权和发展空间，不承担量化减排义务，是这一时期中国参与气候变化谈判的核心诉求之一。同时，面向国内中国积极开展节能减排行动。自 1992 年联合国环境与发展大会以后，中国政府率先组织制定了《中国 21 世纪议程——中国 21 世纪人口、环境与发展白皮书》，并从国情出发采取了一系列政策措施，为减缓全球气候变化作出了积极贡献。

第二阶段，中国应对气候变化的政策开始主流化和系统化。2007 年，国务院印发了《中国应对气候变化国家方案》。这是中国首部应对气候变化的全面的政策性文件，也是发展中国家颁布的第一部应对气候变化的国家方案。同年，中国建立健全了应对气候变化的职能机构和工作机制，成立了国家应对气候变化及节能减排工作领导小组。这一阶段，中国也利用其日益增加的国际影响力，为推动全球气候谈判进程作出了更多的贡献。

第三阶段，巴黎气候大会的成功举办，标志着中国在全球气候治理中的角色从积极贡献者向积极引领者转变，主要表现为以下几个方面。①积极贡献全球气候治理的中国理念。中国在全球气候治理中积极提出应对气候变化要坚持人类命运共同体理念和生态文明理念，坚持“共区原则”，坚持气候公平正义，维护发展中国家基本权益，日益受到各缔约方的欢迎和重视。②在谈判的关键议题上发挥关键作用。在巴黎气候大会前，中国通过积极开展元首气候外交，为谈判扫除了主要障碍，为《巴黎协定》的达成铺平了道路。③进一步加大应对气候变化的力度。中国进一步加大应对气候变化的力度，在国际上起到良好的示范引领作用。特别是党的十八大以来，各地区各部门实施积极应对气候变化的国家战略，在努力控制温室气体排放的同时主动开展适应行动，应对气候变化工作取得明显成效。④积极推动气候变化南南合作，加大中国对外气候援助。中国在气候变化领域对发展中国家的援助始于2007年。根据中国2021年发布的《中国应对气候变化的政策与行动》，2011年以来，中国政府累计安排12亿元用于开展气候变化南南合作。中国的引领作用受到国际社会的普遍认可。联合国前秘书长潘基文发表谈话，高度评价中国所发挥的独特作用。西方主流媒体对中国在巴黎气候大会上的表现普遍给予积极正面评价，不少评论称中国展现了“全球领导力”。

7.3 中国的碳中和治理行动和方案

7.3.1 中国气候治理体系的演进

1. 中国气候治理的顶层规划

2007年，国务院常务会议审议并颁布了《中国应对气候变化国家方案》（以下简称《气候变化国家方案》），形成了我国应对气候变化的第一部全面的政策文件（张海滨等，2021），不仅正式提出了我国的气候目标，即到2010年“实现单位国内生产总值能源消耗比2005年降低20%左右，相应减缓二氧化碳排放”，也首次以国家方案的形式对我国气候治理行动的关键领域和政策措施进行了全方位阐述。以后，我国每年会定期发布《中国应对气候变化的政策与行动》（以下简称《气候政策与行动》），面向全球传播中国气候行动的进展和贡献。

《气候变化国家方案》对于气候目标的表述仍然是以能源强度作为量化指标，并未对碳减排提出可量化的指标。直到2008年，国家发展改革委设立了应对气候变化司，气候变化领域的目标设定和战略规划开始从环境和能源领域分离出来。于是在2009年的哥本哈根气候大会上，我国提出了“到2020年单位国内生产总值二氧化碳排放比2005年下降40%—45%”的减排量化目标。随后，经过“十二五”和“十三五”时期的发展，我国气候治理的目标体系日趋完善，战略规划量级也在不断提升。

党的十八大以来，应对气候变化已经被纳入我国生态文明建设，成为我国建设中国特色社会主义的总体布局的重要组成部分。在总体布局这一顶层战略指引下，我国通过出台《中华人民共和国国民经济和社会发展五年规划纲要》（以下简称《总体规划纲要》）来设定最高层面的社会经济指导和目标，以及优先发展事项。自2011年“十二五”以来，《总体规划纲要》正式纳入了应对气候变化的目标和指导，提出综合运用调整产业结构和能源结构、节约能源和提高能效、增加森林碳汇等多种手段，2011—2015年实现碳强度下降17%。以此为基础，由国务院牵头出台了专门的《“十二五”控制温室气体排放工作方案》，不仅对应对气候变化的重点领域和措施进行了更为系统全面的部署，还将碳强度目标分解到各个省（自治区、直辖市）。同时，围绕《总体规划纲要》中提及的“产业结构”、“能源结构”、“节约能源和提高能效”以及“森林碳汇”，各主管部门也制定了一系列相关的五年专项规划。在五年规划这一定期程序之外，我国还会在较为灵活的时间框架下，制定针对特定部门或气候变化主题的国家战略和行动计划，当前持续的战略优先事项也往往会纳入下一个五年规划中。

2. 中国气候治理的组织结构

我国 1990 年成立了跨部门的国家气候变化协调小组，主要负责的是参与国际气候变化谈判。后续在 1998 年，由 14 个部门组成的新的国家气候变化对策协调小组在原国家气候变化协调小组的基础上建立起来。该小组由国家计划委员会牵头，主要负责通过提交气候变化国家信息通报来履行《公约》的承诺。

2007 年，我国成立了国家应对气候变化及节能减排工作领导小组，由国务院总理任组长，秘书处设在国家发展改革委，取代了国家气候变化对策协调小组。它由来自 20 个部委和政府部门的代表组成，负责协调几个相关部门的气候政策。该小组还包含了一个科学咨询委员会——国家气候变化专家委员会。2008 年国家发展改革委设立应对气候变化司，同时领导小组成员单位扩大至 20 个。

2014 年，由国家发展改革委、国家统计局等 23 个部门组成的应对气候变化统计工作领导小组成立，强化应对气候变化基础统计工作和能力建设。2018 年，应对气候变化职能转至生态环境部，领导小组成员单位调整为 30 个。2021 年，碳达峰碳中和工作领导小组成立，办公室设在国家发展改革委，并成立碳排放统计核算工作组。处理气候变化的最高政治机构是国务院下属的国家应对气候变化领导小组，它是最高决策机构，在出现分歧或冲突时拥有最终决定权。其他委员均为外交部、科学技术部、工业和信息化部、财政部、自然资源部、交通运输部等有关部委和其他政治机关的官员。

3. 中国气候治理重点领域及措施

1）深化节能进程

中国自改革开放以来一直致力于节能和提高能效，进入“十二五”以后，从生态文明建设的角度提高了节能减排政策的地位。“十二五”期间，节能减排主要通过加强节能目标责任考核与管理、推动重点领域节能、发展循环经济、完善节能标准标识、推广节能技术与产品、实行财税等激励政策等手段深化落实。2012 年以来，增加了建筑领域、交通领域和公共机构节能的任务。2011 年前后，为了分解落实节能目标责任，国家建立了节能减排统计、监测、考核体系。《“十二五”节能减排综合性工作方案》下达了“十二五”节能目标，将地区目标考核与行业目标评价相结合、落实五年目标与完成年度目标相结合、年度目标考核与进度跟踪相结合，并按季度发布各地区节能目标完成情况晴雨表。

2016 年以来，为推动落实“十三五”控温方案，中国政府从强化目标约束和政策引领、加强节能管理和制度建设、深入推进重点领域节能等方面加强节能环保的努力。国家发展改革委、科学技术部、工业和信息化部、财政部等部门联合印发了《“十三五”全民节能行动计划》，提出实施节能产品推广行动等十大节能行动，全面推进各领域节能工作。制度建设方面，国务院节能减排工作领导小组召开会议，对“十三五”节能工作作出了有关部署，成员单位也制定出台了一系列监察方案和标准体系。

2）推动能源革命

中国能源革命的目标是建立清洁低碳、安全高效的能源供应体系和消费体系，最终形成以新能源和可再生能源为主体的新型低碳可持续能源体系，取代当前以化石能源为支柱的传统高碳能源体系。

综合来看，中国能源生产领域的革命主要通过优化能源结构、控制煤炭消费总量、推动化石能源清洁化利用、发展非化石能源来实现，尤其致力于改变以煤为主的传统能源格局，转向多元化的供给模式。2013 年以来，国家和地方相继出台了《大气污染防治行动计划》《重点地区煤炭消费减量替代管理暂行办法》《能源发展战略行动计划（2014—2020 年）》《加强大气污染治理重点城市煤炭消费总量控制工作方案》《“十三五”生态环境保护规划》《京津冀及周边地区 2017 年大气污染防治工作方案》等一系列文件，要求实施煤炭减量替代，降低煤炭消费比重，并对京津冀鲁、长三角和珠三角等区域提出了具体的削减煤炭消费总量目标。在推动化石能源清洁化利用方面，相关部门出台了一系列文件以促进化石能源的安全、清洁、高效、低碳使用。此外，我国不断加快推进新能源基地建设，在沙漠、戈壁、荒漠地区规划建设 4.5 亿千瓦大型风电光伏基地，1 亿千瓦项目已开工建设。2021 年我国非化石能源发电装机容量首超煤电，非化石能源消费比重达 16.6%，煤炭消费占比下降至 56.0%。

3）产业结构调整

中国政府 2011—2015 年要求扶持战略性新兴产业，2016 年将战略性新兴产业提到前所未有的高度，要求大力发展。战略性新兴产业主要是指利用新能源、新能源技术、互联网技术和新信息技术的产业。《“十二五”国家战略性新兴产业发展规划》确定了七大战略性新兴产业发展路线图，包括节能环保产业、新一代信息技术产业、生物产业、高端装备制造产业、新能源产业、新材料产业、新能源汽车产业，并设立了战略性新兴产业发展专项资金。《“十三五”国家战略性新兴产业发展规划》要求把新能源汽车、新能源和节能环保等绿色低碳产业作为支柱产业。

4. 中国面向碳中和的气候治理实践

为了加强对碳达峰碳中和的统筹协调，我国于 2021 年成立了专门的碳达峰碳中和工作领导小组。自 2021 年《中共中央 国务院关于完整准确全面贯彻新发展理念做好碳达峰碳中和工作的意见》发布以来，碳达峰碳中和相关政策密集出台，碳达峰碳中和“1+N”政策体系初步形成，旨在以“双碳”为抓手促进经济社会系统性变革，催生绿色低碳新技术、新产业、新业态，为中国经济高质量发展塑造新动能。其中，“1”是顶层设计指导意见；“N”是各行业、各领域制定的政策措施，一方面包括能源、工业、交通运输、城乡建设等分领域分行业碳达峰实施方案，另一方面还有科技支撑、能源保障、碳汇能力、财政金融价格政策、标准计量体系、统计核算等保障方案。

7.3.2 中国气候治理的成果

根据《中国应对气候变化的政策与行动 2023 年度报告》，2022 年，中国单位 GDP

二氧化碳排放比 2005 年下降超过 51%。截至 2022 年底，非化石能源消费比重达到 17.5%，可再生能源总装机容量 12.13 亿千瓦。2021 年，全国森林覆盖率达到 24.02%。通过实施能效提高、节能降耗、产品设备升级等措施，2012—2022 年，中国能耗强度累计下降 26.4%，以年均 3%的能源消费增速支撑了 6.2%的经济增长，相当于少用 14 亿吨标准煤，少排放二氧化碳近 30 亿吨。截至 2023 年 6 月 30 日，全国碳市场碳排放配额累计成交量 2.38 亿吨，累计成交金额 109.12 亿元。

分领域来看，围绕产业结构调整，我国稳步推进新能源、新能源汽车绿色环保等产业集群建设，支持工业绿色低碳高质量发展，建设绿色制造体系。根据《中国应对气候变化的政策与行动 2023 年度报告》，2021 年我国规模以上工业中，高技术制造业增加值比 2020 年增长 18.2%，占规模以上工业增加值的比重为 15.1%，新能源汽车产量 367.7 万辆，比 2020 年增长 152.5%；光伏组件产量达到 182 吉瓦，连续 15 年位居全球首位。同时，我国已经形成了 662 家绿色工厂、989 种绿色设计产品、52 家绿色工业园区、107 家绿色供应链企业。截至 2021 年，我国共计培育了 430 家节能环保类专精特新“小巨人”企业，节能环保产业产值超 8 万亿元，年增速 10%以上，战略性新兴服务业企业营业收入比 2020 年增长 16.0%，高技术产业投资比 2020 年增长 17.1%。

围绕能源转型，我国能源绿色低碳转型步伐提速。根据《中国应对气候变化的政策与行动 2023 年度报告》，截至 2021 年底，中国可再生能源发电装机达到 10.63 亿千瓦，占总发电装机容量的 44.8%，其中，水电、风电、太阳能发电装机均超过 3 亿千瓦，生物质发电装机 3798 万千瓦，海上风电装机跃居世界第一。2021 年风电、光伏和生物质发电量同比增长 40.5%、25.1%和 23.6%，可再生能源发电量达到 2.48 万亿千瓦时，占全社会用电量的 29.8%。风电、光伏发电和水能的利用率均提高到 96.5%以上。此外，我国进一步加强煤炭清洁安全高效利用，实施煤电机组节能降碳改造、灵活性改造、供热改造“三改联动”，2022 年全年完成改造 2.9 亿千瓦以上，截至 2022 年底，累计完成燃煤电力机组超低排放改造 10.6 亿千瓦，占煤电总装机容量的比重约 94%，火电机组平均供电标准煤耗下降 0.3%。

围绕节能增效，在工业部门，我国加速推动工业绿色转型，组织绿色制造标杆创建。根据《中国应对气候变化的政策与行动 2023 年度报告》，截至 2023 年 3 月，我国累计培育国家层面绿色工厂 3616 家、绿色工业园区 267 家、绿色供应链企业 403 家，带动推广绿色产品近 3 万种，在钢铁、有色金属、建材、石化、化工、纺织等行业创建 86 家能效“领跑者”企业，行业内先进绿色数据中心电能利用效率值降至 1.1 左右，带动各地近 7 万家制造业企业实施智能制造，建设数字化车间和智能工厂 9000 余个，其中 2500 余个基本完成了数字化转型，209 个探索了智能化升级。整体上，2012—2022 年我国规模以上工业单位增加值能耗累计下降幅度超过 36%，大宗工业固废资源综合利用率提高近 10 个百分点。在建筑部门，我国因地制宜开展建筑节能改造。2022 年，全国新开工改造城镇老旧小区 5.25 万个，各地结合改造共改造提升水电气热信等各类管线 4.83 万公里。

在交通部门，我国积极构建绿色低碳综合交通运输体系。根据《中国应对气候变化的政策与行动 2023 年度报告》，截至 2022 年底，全国城市公共汽电车共 70.32 万辆，其中新能源公交车 54.26 万辆，占比 77.2%。2022 年，我国充电基础设施年增长数量为 260

万台左右，累计数量达到 520 万台左右，同比增长近 100%，同时新接绿色动力船舶订单占全年新接船舶订单总量的 49.1%。

7.4 碳中和愿景下的国际气候合作

7.4.1 气候变化南南合作

气候变化南南合作是中国对外援助的重点之一。有别于发达国家向全球气候治理体系提供资金的行为，中国面向发展中国家气候援助的立场定位是“自愿”和“补充”。发达国家为发展中国家提供资金援助，是发达国家为其历史排放承担的相应责任。而同为发展中国家，中国向不发达国家提供气候援助是出于气候道义。

《中华人民共和国国民经济和社会发展第十三个五年规划纲要》提出“落实强化应对气候变化行动的国家自主贡献……充分发挥气候变化南南合作基金作用，支持其他发展中国家加强应对气候变化能力”。中国的《国家应对气候变化规划（2014—2020 年）》也提出要积极推动、加强和鼓励地方政府、国内企业和非政府组织与发展中国家的相应机构在低碳和气候适应性技术及产品方面展开合作，在中国“走出去”政策的倡导下实现互惠互利，这也与中国对外援助政策一致。根据中国发布的第二份对外援助白皮书，加强环境保护、应对气候变化是中国对外援助六个“首要关注领域”之一。

习近平于 2015 年在气候变化巴黎大会开幕式上宣布“中国将于明年启动在发展中国家开展 10 个低碳示范区、100 个减缓和适应气候变化项目及 1000 个应对气候变化培训名额的合作项目”[①]。“十百千”项目的实施和基金的筹建都在稳步推进中，并将与中国对外发展援助机制的总体改革相适应，创新运营模式，提高气候资金的筹集、管理和使用效率。

2019 年 9 月联合国气候行动峰会上，中国和新西兰受邀牵头推进 NbS。NbS 作为这次峰会的九大工作领域之一，倡导人与自然和谐共生的生态文明理念，构筑尊崇自然、绿色发展的社会经济体系，以有效应对气候变化、实现相关可持续发展目标。气候变化南南合作中的受援助国虽然大多经济发展较落后，但自然资源丰富。中国作为 NbS 的牵头国正在积极与联合国系统沟通，将这一新理念融入气候变化南南合作中，进一步提升气候变化南南合作的协同成效。

7.4.2 绿色“一带一路”建设

2013 年 9—10 月，习近平呼吁共建“丝绸之路经济带”和“21 世纪海上丝绸之路”。2023 年是共建“一带一路”倡议提出十周年，“一带一路”已经成为中国外交政策和未来对外合作与开放措施的核心，在包括绿色发展在内的各个领域取得了一系列成果，如表 7-2 所示。

① 《习近平在气候变化巴黎大会开幕式上的讲话（全文）》，https://www.gov.cn/xinwen/2015-12/01/content_5018478.htm，2015 年 12 月 1 日。

表 7-2　“一带一路”十周年取得的成果

领域	成果
朋友圈不断壮大	中国已同 150 多个国家和 30 多个国际组织签署“一带一路”合作文件
合作硕果累累	中国与“一带一路”共建国家的货物贸易累计规模达到 191 万亿美元，累积双向投资 3800 亿美元，形成 3000 多个合作项目
惠民生、利天下	根据世界银行的测算，“一带一路”框架下有关交通项目的全部实施到 2030 年有望使全球收入增加 0.7%—2.9%，使 760 万人摆脱极端贫困，3200 万人摆脱中度贫困
全球绿色发展的最大动力	中方同有关方签署了多份生态环境保护合作文件，建立“一带一路”绿色发展国际联盟，同 31 国共同发起“一带一路”绿色发展伙伴关系倡议

一直以来，绿色发展是共建“一带一路”的指导原则之一。2017 年 5 月，习近平在首届“一带一路”国际合作高峰论坛上指出，“我们要践行绿色发展的新理念，倡导绿色、低碳、循环、可持续的生产生活方式，加强生态环保合作，建设生态文明，共同实现 2030 年可持续发展目标”①。2019 年 4 月，习近平在第二届“一带一路”国际合作高峰论坛上强调，“把绿色作为底色，推动绿色基础设施建设、绿色投资、绿色金融”②。

在推进绿色基础设施建设方面，中国加大对“一带一路”重大基础设施建设项目的生态环保服务与支持，深入了解项目所在地生态环境状况和环保要求，综合开展生态环境影响评估，提升对有关项目的咨询服务能力。中国科学院启动实施“丝路环境专项”，与沿线各国科学家携手研究绿色丝绸之路建设路径和方案。“丝路环境专项”于 2018 年 9 月正式启动，主要研究第三极环境变化等问题。专项通过观测具体案例、开展科学评估、提供创新技术及示范产品、组织国际研讨等多元方式，为绿色“一带一路”建设提供智力支撑，目前已发布《共建绿色丝绸之路：资源环境基础与社会经济背景》等科学智库产品。

在加强绿色能源合作方面，中国与共建“一带一路”国家发展战略积极对接，合作开展可再生能源、新能源合作等项目，支持有关国家实现能源转型，助力落实《巴黎协定》目标。中国同联合国开发计划署、联合国工业发展组织、联合国亚洲及太平洋经济社会委员会共同发起“一带一路”绿色照明行动倡议。“一带一路”绿色照明行动倡议提出，推动半导体照明在“一带一路”相关国家的推广应用，包括城市道路、公共机构、工矿、家庭等功能性照明的新建和改造，营造绿色照明“生态系统”。

在促进绿色金融体系发展方面，中国深入推动“一带一路”绿色金融合作，推动制定和落实防范投融资项目生态环保风险的政策和措施，鼓励符合条件的“一带一路”绿色项目按程序申请中国国家绿色发展基金等资金支持，通过多双边渠道对“一带一路”绿色项目给予资金支持。2019 年 4 月，中国工商银行新加坡分行发行首支绿色“一带一路”银行间常态化合作债券，金额规模为 22 亿美元，由来自共建“一带一路”国家的 22 家机构承销，得到国际债券市场的积极反响。

① 《习近平出席“一带一路”高峰论坛开幕式并发表主旨演讲（全文）》，https://www.gov.cn/xinwen/2017-05/14/content_5193658.htm，2017 年 5 月 14 日。

② 《习近平在第二届“一带一路”国际合作高峰论坛开幕式上的主旨演讲（全文）》，https://www.gov.cn/xinwen/2019-04/26/content_5386544.htm，2019 年 4 月 26 日。

第 8 章　碳中和制度与政策

随着全球气候治理进入碳中和时代，各国纷纷做出了碳中和的承诺，这不仅是对应对气候变化的紧迫需求的回应，也是我国经济社会发展的重大战略选择。然而，实现碳中和所面临的挑战不可忽视，需要依托完善的制度与政策体系进行推动和引导。

本章将围绕国际碳减排政策实践、中国迈向碳达峰碳中和的政策与行动，以及中国碳达峰碳中和政策前沿展开讨论。首先，我们将以全球主要经济体为代表，探讨各经济体在碳中和战略取向、目标设定和政策措施方面的实践经验，为我国碳中和政策制定提供参考与借鉴。其次，我们将聚焦我国的政策与行动，从过去应对气候变化政策总体情况到新型政策体系构建进程，以及各方面采取的最新进展，全面展现我国在碳中和路径上的探索与努力。最后，我们将深入探讨我国碳中和政策体系的核心内容，包括碳排放总量控制制度、气候投融资体系等，以期为读者提供更深入的理解和思考。

通过本章的学习，读者将深入了解全球与中国在碳中和领域的政策实践与探索，理解碳中和所涉及的关键制度与政策，为我国碳中和目标的实现提供理论与实践支撑。在应对气候变化的道路上，制度与政策的完善和落实至关重要，我们期待通过本章内容的学习，共同探索碳中和的未来发展之路。

8.1　国际碳减排政策实践

8.1.1　主要国家碳达峰与碳中和进程

1. 主要发达国家

大部分发达国家均已做出碳中和承诺。在承诺碳中和的发达国家中，除了加拿大和韩国，包括英国、德国、法国等在内的主要发达国家都已实现碳达峰。在 2000 年以前达峰的国家以欧洲发达国家为主，除了斯洛伐克和匈牙利，达峰年份的人均 GDP 均超过 2 万美元；2000—2010 年达峰的国家人均 GDP 几乎均超过 3 万美元，其中，澳大利亚、爱尔兰、冰岛、奥地利、意大利超过 4 万美元，美国、瑞士甚至超过 5 万美元；日本于 2013 年实现碳达峰，人均 GDP 近 4 万美元。主要发达国家碳达峰时间及当年人均 GDP

如图 8-1 所示。

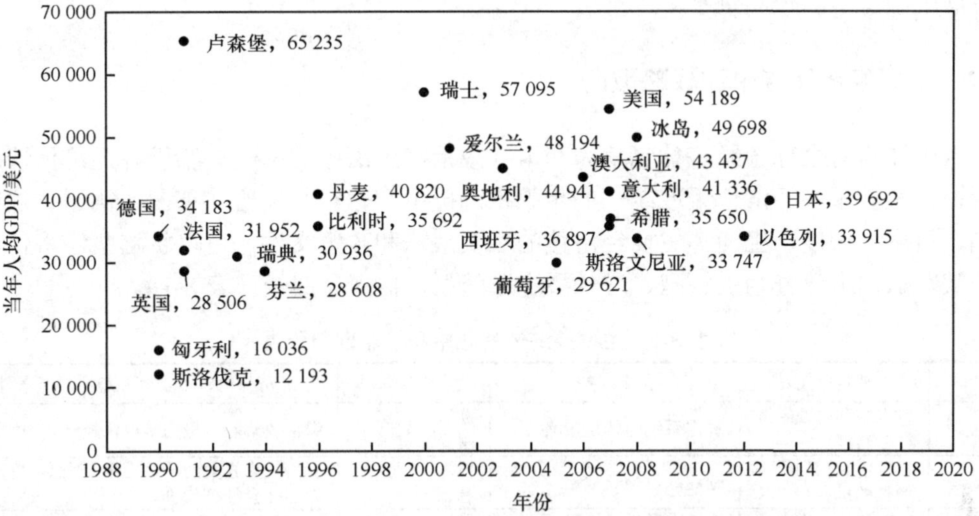

图 8-1　主要发达国家碳达峰时间及当年人均 GDP

各国碳排放数据来自世界资源研究所的气候监测工具 Climate Watch，人均 GDP 数据来自 OECD 统计数据库，数据采集时间为 2022 年 5 月；图中仅显示主要发达国家情况，其他发达国家如挪威、荷兰、捷克和波兰四国没有做出碳中和承诺，加拿大、韩国等尚未实现碳达峰，另有爱沙尼亚、拉脱维亚等国家碳达峰当年 GDP 数据不详，故未显示在图中

2. 主要发展中国家

从人均 GDP、人均碳排放量、单位 GDP 碳排放量来看（图 8-2），发展中国家之间的差异性较大。中国、南非、俄罗斯的人均碳排放量、单位 GDP 碳排放量均较高，中国和俄罗斯的人均 GDP 也处在发展中国家中的较高水平，南非人均 GDP 相对较低；印度、印度尼西亚的人均碳排放量较低，单位 GDP 碳排放量较高，同时人均 GDP 也较低；

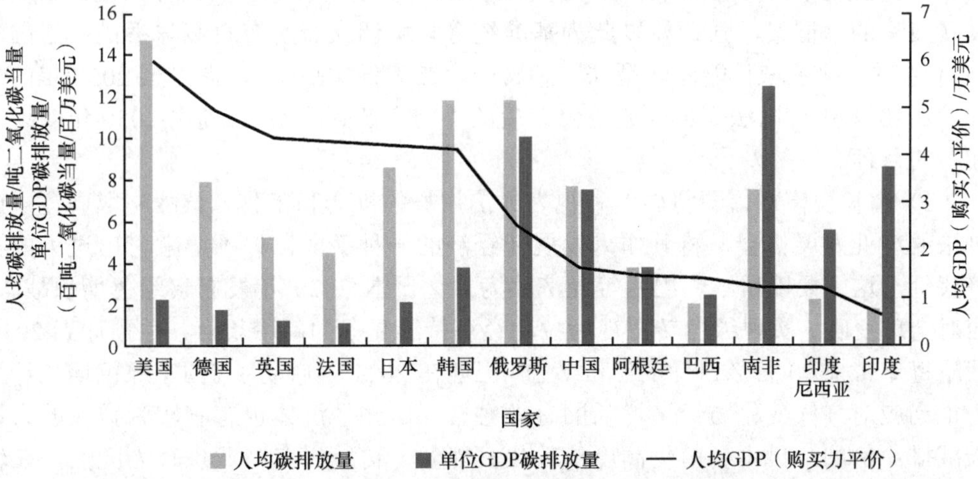

图 8-2　主要发达国家与发展中国家碳排放指标对比

人均 GDP 数据来自 OECD 统计数据库，为 2019 年数据；人均碳排放量和单位 GDP 碳排放量数据来自世界资源研究所的气候监测工具 Climate Watch，为 2019 年数据

阿根廷、巴西等南美国家的人均碳排放量、单位 GDP 碳排放量均较低，但人均 GDP 处在发展中国家中的较高水平。

8.1.2 主要经济体碳中和战略取向

碳中和将对全球各经济体竞争力和地缘政治产生深远的影响。鉴于各经济体情况差异性，很难要求各经济体采取统一的步骤推动碳中和。结合欧盟、英国、德国、法国、美国、日本、印度、巴西等主要经济体的主要战略和政策文件，可以将这些经济体碳中和的战略取向大致分为引领型、增长型、跟随型、摇摆型四类（表 8-1）。

表 8-1 主要经济体的碳中和战略取向分类

类型	战略取向	主要举措	代表性经济体	经济体内政治基础和社会经济条件
引领型	以碳中和引领经济社会转型	制定系统的转型策略	欧盟、德国、法国、英国	绿色政治基础极为雄厚，经济较为发达
增长型	将碳中和视为经济增长的机会和工具	制定绿色增长战略	日本、巴西、韩国	有着较为强大的反对力量，不愿意付出过大的社会经济代价
跟随型	慎重平稳推进碳达峰、碳中和	不追求激进的举措，以自身客观需求为出发点	印度、印度尼西亚	客观上仍处在碳排放不断增长阶段
摇摆型	政策取向受政治驱动而不断摇摆	以行政手段推动碳中和，稳定支持技术创新	美国	国内拥护碳中和势力与反气候变化势力同样强大，特定政治体制下碳中和政策举措摇摆不定，技术创新能力强大

（1）引领型模式，即追求以碳中和引领经济社会转型。该战略取向强调碳中和在经济社会转型中的核心地位，要求以碳中和引领新经济增长、生产生活方式变革、能源供应、生态保护等，实现整个经济社会绿色发展转型。这主要以欧盟以及德国、法国、英国等欧洲国家为主，其有着强大的绿色政治基础，并愿意承受一定的转型成本。这些经济体开展了系统的绿色发展转型战略设计并给予立法保障。例如，2019 年 12 月欧盟委员会发布的“欧洲绿色协议”提出 2050 年达到碳中和的目标，设计了欧洲绿色发展战略的总框架，强调要以此为基准统筹与协调欧盟所有政策与举措；法国政府 2015 年通过《绿色增长能源转型法》和首个“国家低碳战略”，提出至 2050 年的减排目标，2020 年 4 月以法令形式通过修订后的“国家低碳战略”，提出 2050 年实现“碳中和”的目标。

（2）增长型模式，即将碳中和视为经济增长的机会和工具。该战略取向注重碳中和带来的产业发展机会，将其作为发展新经济的一种手段，但不愿意付出过大的社会经济代价，这主要以日本、巴西等经济体为主。日本 2020 年发布《绿色增长战略》，将应对全球变暖、实现绿色转型视为拉动经济持续复苏的新增长点，并预计到 2030 年该战略每年带来 90 万亿日元的经济效益。巴西在 2021 年启动了《国家绿色增长计划》，着力推动应对气候变化与经济增长的有效融合。这些经济体也有着较为强大的力量反对碳减排。例如，日本目前仍高度依赖化石能源，传统汽车产业也较为庞大，在转型方面困难重重。

（3）跟随型模式，即慎重平稳推进碳达峰、碳中和。主要以尚未实现碳达峰的发展中国家如印度、印度尼西亚为代表。这些国家发展任务相对繁重，能源结构以煤炭为主，经济处在相对快速的增长阶段，总体上仍不得不依赖传统的工业化道路，尚无法支撑起全面的碳中和转型。印度尽管在 2021 年 11 月宣布到 2070 年实现碳中和，但还没有形成完整的脱碳计划，战略重点强调能源的安全和可负担供应，如煤炭清洁利用与发展可再生能源。

（4）摇摆型模式，即政策取向受政治驱动而不断摇摆。主要以美国为代表，其国内拥护碳中和势力与反气候变化势力同样强大，特定政治体制下碳中和政策举措摇摆不定。在拜登上任后，美国扭转了特朗普政府时期的气候政策，2021 年 2 月签署了“应对国内外气候危机的行政命令”，同年 11 月发布《迈向 2050 年净零排放的长期战略》。但由于特定的立法体制，美国应对气候变化立法没有实质性突破，拜登政府不得不以行政令为主推进碳减排，相关举措具有短期性。例如，被叫停的美加输油管道项目“拱心石 XL”完全有可能在共和党总统上任后重新启动。但美国对绿色清洁技术创新的支持是长期而较为坚定的。

8.1.3 主要经济体碳中和目标体系

目标引领对实现净零排放至关重要。从主要经济体的举措看，大都按照“目标路线图+关键领域目标”的框架来构建目标体系，并构建起目标完成情况的统计、核算和监督体系，但不同战略取向的经济体在目标体系设定方面有一定的差异。

（1）制定中长期碳中和目标路线图。按照《巴黎协定》的要求，主要经济体大都确立了碳中和时间表及阶段性目标。其中，欧盟、英国、法国、德国、日本等基本完成了碳中和目标立法，而美国、巴西和印度等尚未在法律中确立碳中和目标。除了印度，上述经济体从碳达峰到碳中和的时间尺度为 35—60 年，达峰时间越晚意味着实现碳中和的压力越大（图 8-3）。①英国、法国、德国的碳排放峰值年份为 1990 年左右，但这三国

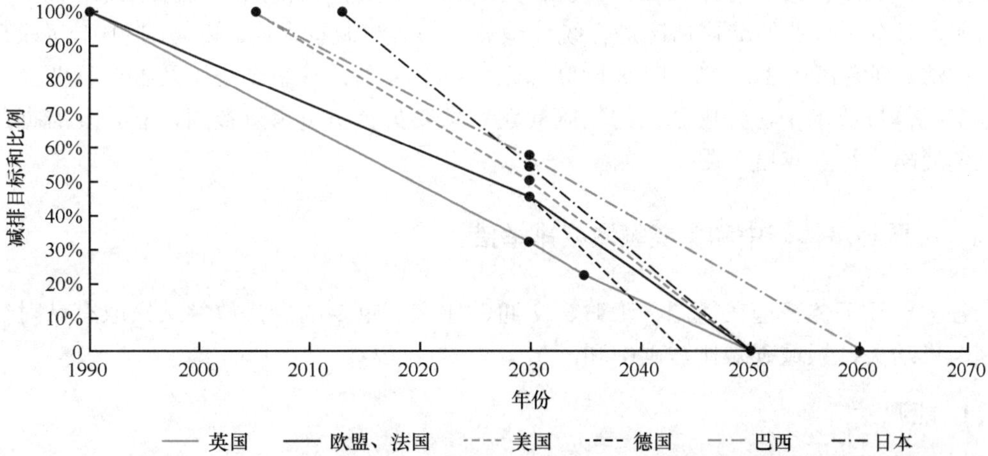

图 8-3　主要经济体的减排目标及阶段性目标设定简化示意图

设定各经济体减排基准年碳排放为 1，2030 年阶段性减排目标为基准年的比例（通常情况下，各经济体是把碳排放峰值年作为阶段性目标的基准年份）；欧盟、法国和德国的 2030 年减排目标一致，但实现碳达峰的年份有差异，故在图中德国以虚线来表示；因印度未达峰，没有设定绝对减排目标，故未在图中显示

在减排路径和目标设定上有较大的差异。英国的阶段性目标最为激进，其承诺 2030 年温室气体排放量比 1990 年至少降低 68%，2050 年实现碳中和；德国则是碳中和时间点最为激进，2030 年阶段性减排目标为减少 55%，但 2021 年《联邦气候保护法》修订案确立 2045 年实现碳中和，因此 2030 年后减排压力较大。②美国和巴西的碳达峰时间均为 2005 年，2030 年阶段性目标是分别比 2005 年下降 50%—52%、43%，碳中和时间分别为 2050 年和 2060 年。③日本的碳达峰时间为 2013 年，其从碳达峰到碳中和仅有 35 年左右的时间，减排压力相对较大。④印度碳中和目标年份为 2070 年，目前尚不明确达峰时间，阶段性减排目标是到 2030 年单位 GDP 碳排放量比 2005 年降低 45%。

（2）差异化设定关键领域减排目标。在分领域减排目标上，各主要经济体采取了不同的策略，但总体上与各自碳中和战略取向相匹配。①设定严格的领域减排目标，确立每年度的目标任务并对目标完成情况进行奖惩。这主要以德国、法国等强调以碳中和引领经济社会转型的经济体为代表。德国“气候保护计划 2030”明确建筑和住房、能源、工业、运输、农林等相关部门在 2020—2030 年的刚性年度减排目标，形成传导压力、落实责任、倒逼目标的强约束作用。法国 2015 年通过的首个“国家低碳战略”确立了碳预算制度，其设定了分阶段碳预算，并细分至交通、建筑、能源、农业、工业、垃圾处理等领域。②设立非约束性领域减排目标，该目标主要以政治宣示为主，缺乏严格的实施机制，主要以美国为代表。例如，美国将电力脱碳作为领域减排的重点，计划 2035 年实现 100%清洁电力目标。③回避领域的减排目标，将目标聚焦在可再生能源发展规模等方面。例如，日本从绿色增长角度，提出到 2040 年海上风电发电装机容量达到 4500 万千瓦；印度提出 2030 年 50%的电力将来自可再生能源。

（3）构建碳减排目标的调整优化机制。①经济体碳中和相关总体目标的调整。欧盟、英国、德国都曾经对 2030 年减排目标或碳中和目标进行调整。例如，欧盟早期的 2030 年减排目标为 40%，2020 年才调整至 55%。这反映了全球主要经济体通常不纠结于“一诺千金”，而是根据形势做相应调整优化。②在一经济体内部为确保碳减排过程中的公开透明，对有关行业的减排情况进行统计核算、评估和调整优化。以德国为例，《联邦气候保护法》规定每年 3 月 15 日，德国联邦政府都会分别计算整个德国及各个行业上一年的温室气体排放水平，并由独立的气候问题专家委员会负责审查数据，联邦政府据此更新长期战略与行业年度上限。

8.1.4 主要经济体碳中和关键领域减排举措

各主要经济体普遍在能源、工业、交通、建筑等重要的碳排放领域采取有针对性的措施，推动关键领域碳减排与碳中和。

1. 能源

能源转型是实现经济社会脱碳的关键途径，其中电力碳中和又是能源碳中和的基础。例如，日本《绿色增长战略》明确提出 2050 年碳中和的前提条件是电力部门实现无碳化。从各经济体举措看，其在能源转型方面既有共同点，也有较大差异。构建以可再生能源发电为主体的高可靠性电网成为基本共识。发展可再生能源的核心是支撑电力系统碳中和，基本趋势是构建高比例可再生能源的电力结构。例如，德国《可再生能源法》修正案草案明确了到 2030 年可再生能源发电占总电力消耗的 65%。为应对可再生能源的不稳定性、波动性，非化石能源、储能、智能电网“一体化”发展成为各方关注的重点。由于资源禀赋不同，各经济体重点发展的可再生能源有一定差异，如日本强调海上风电、巴西注重发展生物质能等。在退煤方面，南、北方国家有较大差异。除了东欧国家，欧洲国家大都就退煤达成了共识：德国 2020 年《煤炭逐步淘汰法案》提出到 2038 年实现完全退煤，并且新一届政府有可能会将退煤计划提前；英国宣布煤炭发电退出的时间提前到 2024 年；法国计划在 2027 年之前关停并改造最后两座燃煤发电厂。但一些煤炭依赖程度高的经济体仍然十分强调煤电的作用。例如，印度近年来采取多项举措推动煤炭的高效清洁利用，包括要求新建大型燃煤发电站使用超临界技术、分阶段改造现有旧电站等。

各经济体在核能和油气资源开发上存在一定反复。日本福岛核电站事故后，德国开始启动废核进程，并在 2021 年关闭了全部的核电站。在 2022 年，欧盟委员会为应对电价高涨的风险，将天然气和核能列为绿色能源，从而引起强烈的争议。日本也开始有限度重启核能发电。例如，2021 年 4 月日本同意关西电力公司美滨核电站 3 号机等重新启用。美国拜登政府上台后，颁布行政令限制化石燃料发展，包括停止对公共土地或近海水域新的油气租赁开发项目的许可、加强对新油气井的尾气排放监管等，但相关行政令完全可能在共和党总统上台后被撤销。

2. 工业

工业是能源消耗和二氧化碳排放的主要领域。2019 年 OECD 国家的工业部门二氧化碳排放量占其排放总量的 29%。

从主要经济体的举措看，工业减排举措大致集中在两个方面。①发展循环经济和提高能源效率。欧盟《我们对人人共享清洁地球的愿景：工业转型》强调通过发展循环经济和推动清洁生产实现工业脱碳，随后在 2020 年 3 月通过新版《循环经济行动计划》。②发展电能、氢能替代化石能源等技术，推广脱碳工艺和碳捕获、储存与回收。例如，法国计划投入 70 亿欧元发展绿色氢能技术，在炼油、化工、电子和食品等领域使用无碳氢能，逐步实现工业脱碳。

总体来看，工业部门碳锁定效应明显，减排难度大，单纯依靠循环经济和提高能效无法实现工业领域碳中和，电能、氢能替代的技术基础目前尚不牢固。以钢铁行业为例，在引入副产物利用和循环、精准控制等创新技术后，依旧存在较大规模的碳排放量；钢铁行业要走向碳中和仍需要引入 CCUS 技术或者电能、氢能替代技术，但目前这些技术仍不成熟。

3. 交通

交通运输是碳排放长期趋增的行业。近年来随着汽车领域电动化、智能化技术的发展，交通部门的碳中和路线逐步清晰。

从总体来看，各经济体的核心方向是推广碳中性交通工具，辅以出行结构调整。①大规模推广相对成熟的新能源乘用车和商用车，并建设、完善充电基础设施。但各经济体在转型方向上存在一定差异。例如，日本将混合动力车作为近期推广重点，并把燃料电池汽车作为长期方案；美国、欧盟重点推广纯电动车，美国命令将近 65 万辆政府用车全部换成美国自产电动汽车。②对于尚不成熟的航空、航海领域，在持续研发零碳燃料技术的同时，优先推动出行结构的调整优化。例如，德国自 2020 年 1 月起将长途火车票价增值税从 19%降低到 7%，同时调高欧洲境内航班增值税。

从挑战来看，交通领域碳中和主要面临配套基础设施体系（包括充电网络体系或者换电网络体系）的建设和关键技术突破，以及从制氢到输运再到加氢站的完整体系的建设。航空、航海领域的碳中和仍需突破零碳电力，氢、生物燃料零排放飞机，以及电动和氢燃料电池船舶等关键技术。

4. 建筑

减少建筑行业排放同样是各经济体关注的重点，其核心路径有两个。①加大绿色建材和绿色施工推广力度。各经济体建立了绿色建筑标准，如英国发布绿色建筑评估方法、美国采用“能源之星”、德国采用“建筑物能源合格证明”，以标记能源效率及耗材等级。②推行电气化替代和分布式能源供应。欧盟委员会 2020 年发布的“革新浪潮”倡议提出，到 2030 年所有建筑将实现近零能耗。德国于 2020 年 11 月 1 日生效的《建筑物能源法》明确了用基于可再生能源有效运行的新供暖系统代替旧供暖系统的要求，并通过设立联邦节能建筑基金为节能建筑和节能改造提供免税与信贷支持。

建筑节能减排的难点在于既有建筑物及供暖体系的改造，以及超低能耗建筑的普遍性适用技术研发。以英国为例，2000 万户家庭及数百万家英国企业主要依靠燃气供暖，要转向无碳供暖，英国需要巨额投入翻新基础设施。由此可见，无碳供暖是高纬度地区经济体实现净零排放的最大障碍之一。

8.1.5 主要经济体碳中和技术措施

尽管对待碳中和的态度取向有所差异，但各经济体在提出碳中和目标后，均制定了面向碳中和的科技战略或计划，加快布局绿色低碳技术创新，形成一场绿色技术和产业竞赛，力图在将来的国际竞争中取得优势（表 8-2）。

表 8-2 主要经济体的碳中和技术创新战略定位及重点领域

经济体	核心战略	顶层设计文件	重点领域
美国	成本优势+本土制造	“变革性清洁能源解决方案”	氢能、下一代建筑材料、电池储能、CCUS、可再生能源、先进核能
日本	技术优势+国际合作	《绿色增长战略》	海上风电、氨燃料、氢能、核能、下一代住宅、商业建筑和太阳能、汽车和蓄电池、船舶、碳循环产业等
欧盟	产品领先+本土制造+全球规则制定	“欧洲绿色协议”下协调欧盟“创新基金”、“地平线欧洲”	可再生能源发电技术、电网基础设施与输电技术、氢能技术、高能效建筑关键技术、超快速充电基础设施、锂离子或新型化学电池技术、低碳产品设计、CCUS

（1）在碳中和创新战略上，主要经济体都追求“技术领先”和“产业竞争”相结合，

但战略重点不同。①美国追求“成本优势+本土制造”。美国在制造业重返和供应链自主可控的战略下，强调要通过研发大幅度降低关键清洁能源相关成本，确保这些新技术产品在美国制造，并迅速推动商业化应用。例如，美国能源部 2021 年发起的“能源地球”计划强调在未来 10 年大幅降低关键清洁能源技术成本。②日本强调“技术优势+国际合作”。由于国内市场规模相对有限，日本注重通过引领国际规则和标准制定，促进自身新技术在世界范围内的使用。例如，提出将氨与煤炭混燃技术扩展至东南亚地区，形成日本主导的国际产业链。③欧盟追求“产品领先+本土制造+全球规则制定”。欧盟希望利用较大的本土市场规模和领先的技术优势，大规模鼓励技术在本地的商业化；同时，制定产品碳排放标准，并通过碳边境调节税和产品标准等影响全球供应链。以新能源汽车为例，欧盟 2020 年 12 月“新电池法草案”对电动汽车电池增加了回收效率和材料回收目标相关要求，规定只有满足要求的动力电池才能在欧盟市场销售，并计划到 2025 年将欧洲打造成全球第二大电动汽车电池供应地。

（2）在科技创新布局上，主要经济体大都制定碳中和科技创新的顶层设计及路线图。①欧盟以“欧洲绿色协议”为基础，协调其研发与创新框架计划“地平线欧洲”、欧盟“创新基金”等多个科学计划，以重点支持气候友好技术研发和商业示范，并投入 500 亿以上欧元支持清洁能源创新、工业转型及低碳建筑和智能交通等方面的关键技术突破和商业示范。②日本以《绿色增长战略》为核心，提出 14 个领域的技术创新计划，并建立基于技术发展阶段（研发—示范—推广—商业化）的行业支持政策体系，协同推动技术、经济社会体系和生活方式的创新。③美国发布“变革性清洁能源解决方案”。④英国以“绿色工业革命的十点计划”为基础推出“净零创新组合计划”等。

（3）从重点领域看，各经济体普遍把氢能、可再生能源、CCUS 等作为重点，但侧重点有一定差异。①氢能。氢能被视为 21 世纪最具发展潜力的清洁能源，欧盟委员会于 2020 年 7 月推出《欧洲气候中立氢能源战略》，德国、法国、印度都制定了国家氢能源战略或计划，但各经济体技术路线不同，如欧盟委员会和德国认为短期内可以利用 CCUS 技术发展“蓝氢”作为过渡，法国希望集中资源聚焦发展“绿氢”，印度支持生物质气化、生物技术路线和电解槽生产氢气的大型研发项目。②可再生能源。主要侧重新能源、新能源汽车与电池技术，包括新一代可再生发电技术、高可靠性电网技术、低成本高可靠性储能技术、先进核电技术等。③CCUS。日本强调发展碳循环产业，包括从空气中直接捕获二氧化碳技术等。

8.1.6　主要经济体碳中和市场激励措施

根据科斯产权和庇古税等理论，财税政策和市场机制能够有效降低实现碳中和的社会经济运行成本，因而成为各经济体的重要政策手段。

1. 碳定价机制

各经济体相继开始进行碳排放权交易。碳排放权交易以欧盟碳排放权交易体系为主要代表，于 2005 年正式实施；2018 年欧盟批准了碳排放权交易体系 2021—2030 年的改革方案，预计到2030年免费碳配额总量将相较2005年减少43%，欧盟碳排放权交易体系是欧盟主要的碳减排工具。欧洲国家也普遍建立自身的碳排放权交易体系。例如，2021年德国全面启动国家碳排放权交易系统，每吨二氧化碳的初始价格定为25欧元，此后将逐年提高碳定价；英国在脱欧后于2021年重新建立碳排放权交易系统，其涵盖能源密集型工业等行业。此外，日本也建立了多层次碳交易系统，包括中央设立的核证减排交易系统、地方层面（东京、埼玉和京都）的碳交易市场，同时把国际市场作为重要补充；美国尽管没有国家级碳排放权交易体系，但多个州政府自发建立了区域性碳减排行动，较为有代表性和影响力的包括区域温室气体倡议、西部气候组织和芝加哥气候交易所等。

碳关税正成为发达经济体碳中和目标的规则博弈焦点。碳关税是由采纳了碳定价制度的经济体，为了拉平进口产品与经济体内产品的生产成本而对进口产品实施的一种贸易措施，利用某经济体自身市场地位推动其他经济体生产者减少排放。它既包括本经济体实施碳税时对进口商品实施的边境税收调整措施，也包括当本经济体实施碳排放权交易制度时对进口商品实施的边境调整措施，还包括其他情形下的一些具体措施。最典型的碳关税政策是欧盟CBAM。2021年3月欧洲议会通过了“碳边境调节机制”议案，2023年开始对欧盟进口的部分商品征收碳关税。欧盟CBAM的实施一方面将对我国出口贸易产生负面影响，包括增加出口成本，集中于钢铁、铝行业，但是另一方面，也能倒逼产业转型升级，从传统产业向装备制造业、高新技术产业等资本、技术密集型产业升级。除了欧盟，英国也将从2027年起对部分产品征收新的碳进口税，美国提出了《清洁竞争法案》，G7国家提出了建立气候俱乐部。总体而言，碳关税传递出一个明确的信息：在气候变化时代，一个新的因素将影响贸易和国家的竞争力，这就是碳。

2. 财税措施

（1）建立激励碳减排的税收与补贴机制。①对企业实施税收优惠。2021年美国财政部和国税局发布针对CCUS企业的税收优惠政策，按照捕获与封存的碳氧化物数量计算税费抵免额；日本政府出台碳中和投资促进税收、亏损结转特别扣除限额、扩大研发税收减免等多项财税优惠措施，以更好地引导企业开发节能技术、使用节能设备。②激励消费者购买绿色产品。例如，德国从2019年11月起对购买电动汽车的消费者给予最高6000欧元的补贴，对2021年以后新购买的燃油车征收基于公里碳排放的车辆税。③注重构建公平税制。例如，德国为降低低收入者承担的转型成本，在政策设计中包含了为低收入者增加通勤津贴等。

（2）建立健全碳中和的投融资机制。①设立绿色创新基金。日本于2020年提出在未来10年内设立2万亿日元规模的绿色创新基金，对包括可再生能源业务、低油耗技术利用和下一代蓄电池业务在内的绿色企业提供风险资金支持；英国成立绿色投资银行。②推动银行大力支持碳中和。例如，欧洲投资银行启动了相应的新气候战略和能源贷款政策，到2025年将把与气候和可持续发展相关的投融资比例提升至50%；德国制定《复兴信贷银行促进法》，对碳减排企业给予融资激励和信息服务。

8.1.7 总结与启示

1. 主要经济体碳中和政策措施的特点

总体而言，主要经济体积极响应碳中和目标，在战略层面、目标体系、政策举措方面采取了系列措施，形成了相对系统的碳中和政策措施，并基于不同经济发展阶段、资源禀赋、技术基础等制定各有侧重的政策。各经济体碳中和主要特征有如下四点。

（1）结合自身发展基础确立碳中和战略取向，构建相对完整的目标体系并适时调整。由于社会经济基础和政治基础各不相同，各经济体对待碳中和的态度和战略取向不同，大致有引领型、增长型、跟随型、摇摆型四类。主要经济体的碳达峰时间有一定差异，达峰时间越晚意味着实现碳中和的时间窗口越短。与碳中和战略取向相匹配，各经济体差异化设定关键部门减排目标，如引领型经济体通常完成立法并制定严格的领域减排目标，其他经济体往往弱化领域减排目标而关注新兴行业增长目标等。与此同时，主要经济体都建立了碳排放统计核算体系，对总目标及分领域目标的完成情况进行跟踪评估，并根据形势调整优化相关目标。

（2）形成重点鲜明的关键领域减排路径，但不足以支撑碳中和。在能源、工业、建筑、交通等领域，各经济体都部署了重点鲜明的领域减排措施，能够有力地推动温室气体减排，但由于技术不成熟、各经济体利益诉求有差异，一些减排措施（如退煤、油气、核能、工业脱碳路径等）存在着争议，即便最为激进的欧盟也不得不在绿色能源认定上出现妥协。总体来看，现有措施尚不足以支撑起关键部门实现碳中和，走向全面碳中和仍有待技术突破。这种不确定性也是“非引领型”经济体不愿意设定严格的关键领域减排目标的重要原因。

（3）坚持碳中和科技创新与产业竞争力相结合的策略，有可能不利于降低成本。无论是引领型经济体，还是增长型、跟随型、摇摆型经济体，大都注意到碳中和的科技创新需求及庞大的产业发展机会，希望通过科技研发优势塑造产业竞争力。各经济体均加强研发投入，支持可再生能源发电、高可靠电网技术、绿氢、可持续交通、CCUS 技术等的研发；同时，注重从政策层面整合利用公共和私营部门资源，推动低碳、零碳、负碳技术的创新和商业化行动。美国和欧洲着重强调科技创新孵化产业的本土制造，可能不利于降低相关技术的成本。

（4）碳定价机制仍有待探索，但财税制度相对完善。各经济体碳排放权交易体系虽然已经运行多年，但要在交易中发现合理的碳价格，并在加大碳减排力度的同时最大限度地降低对行业发展的约束，该体系仍然需要持续完善。碳边境调节税有可能引发国际规则博弈。相较而言，各经济体的财税制度较为完善，也配套出台了相应的大规模投融资计划，有利于推动经济、社会与产业沿既定的方向发展。

2. 完善我国碳中和政策举措的建议

基于对全球主要经济体碳中和政策体系主要特点的分析，为了推动我国构建与完善碳中和政策体系，提出五点建议。

（1）坚持实施以抓住碳中和的新经济机遇为核心的增长型战略。从经济社会发展基础来看，我国目前并不适合以较高的社会经济代价推动碳中和引领经济社会全面转型。2021年一些地方的“运动式减碳”“一刀切减碳”就是典型的负面证明。正因为如此，国家提出碳达峰、碳中和需要做到“先立后破”。因此，要重点抓住碳中和的新经济机遇，实施绿色增长战略，同时把握好转型节奏、控制转型成本，确保能源安全供应与产业有序转型。

（2）适时完善碳中和目标体系，加快立法和制度保障、补齐碳排放统计核算短板。我国作为最大的发展中国家，也是碳排放大国，与世界主要碳排放国家相比，实现碳中和目标任务重、时间紧、压力大。因此，建议聚焦碳中和目标，尽快制定“碳中和促进法”，统筹推进碳中和领域相关法律的制修订工作，为强化碳排放控制、行动和政策提供稳定连贯的制度保障与行动指引。同时，要注重补齐我国碳排放统计核算短板，为有序推进碳达峰、碳中和提供坚实的数据基础。

（3）稳妥有序推动关键领域减排措施。鉴于我国作为全球最大的工业制造国，必须稳妥推进能源、工业、交通、建筑等重点领域减排。在能源领域，传统能源逐步退出要建立在新能源安全、可靠、低成本的替代基础上；在工业领域，近期优先推动循环经济和提高能效，广泛开展低碳化、无碳化工艺流程示范试验；在交通领域，要加快推动汽车的电气化进程，关注氢能和电能替代在航空、航海领域的应用；在建筑领域，采取差异化的建筑低碳化策略。

（4）坚持科技创新与产业化转化并行，力争国际创新制高点。在新一轮全球绿色竞赛中，我国要统筹谋划技术发展方向和路径，率先突破“从 0 到 1”的原始科技创新，主导推进“从 1 到 100”的科技成果转化，实施绿色技术和制造业立国战略。对于核聚变、碳循环利用等颠覆性技术，需要调动国家战略科技力量，持续加大研发支持。对于技术成熟度较高的零碳电力技术、储能技术、零碳工业流程再造技术、碳汇技术等，要发挥举国体制优势，扶持技术研发、试点与推广，赢取产业竞争优势。

（5）以强化成本有效性为导向发挥市场机制作用。近年来，我国在社会主义市场经济体制下逐步制定了低碳发展的市场激励措施，建立了用能权交易、碳市场交易等多种交易体系，并开展绿色金融试点，但从国际经验看，很少有经济体同时建立多套交易体系，建议我国应当在碳排放权交易框架下，尽快推进用能权交易、碳市场交易、绿证交易等的有效衔接。同时，要不断完善财税政策，加快构建符合低碳、零碳、负碳产业发展规律的税收减免和补贴体系，助力形成具有成本效益的碳中和路径。

8.2 中国迈向碳达峰碳中和的政策与行动

8.2.1 总体情况

2007—2021 年，中共中央、国务院及有关部门在低碳发展政策设计和制定方面进行了一系列实践和创新。中国已经拥有了门类齐全、覆盖广泛的气候政策，不仅有已经形成特色的行政指令性政策（如目标责任考核制度）和“由点及面”的试点示范优良实践，还有经济激励类（如价格政策、总量-交易政策、财税补贴政策，也包括补贴退坡）、直接规制类（如法律、法规和标准）、低碳研发科技政策等。与 IPCC 历次评估报告所划分的政策类型和实践相比，我国低碳发展政策已经形成了相对完整的体系，积累了众多经验做法。其主要特征包括以下方面。

（1）随时间推进，低碳发展相关政策数量不断增加，侧重点发生显著变化。2007—2021 年，我国围绕低碳发展的政策数量总计 168 项，形成了种类多元、覆盖全面的低碳政策体系。其中，“十二五”期间，我国出台了 32 项低碳发展政策；“十三五”期间，政策数量增长至 106 项，是之前五年的 3 倍多。从政策领域看，“十二五”期间侧重能效提高政策，占比约为 56%；“十三五”期间的重心是能源结构调整政策，比重为 59%。这与我国低碳发展的潜力变化和技术进步相关：“十二五”时期的节能潜力较大，但在“十三五”时期节能提高能效空间进一步压缩，新能源和新能源汽车技术日益成熟，也推动了相关政策的出台。

（2）从政策文本效力看，低碳政策多数以规划、政策文件、标准为主，顶层设计的法律相对欠缺。从政策类型看，我国低碳政策多数以国务院或者组成部门发布的规划、政策文件或标准为主。尽管我国分别于 2009 年 12 月、2016 年 7 月修改了《中华人民共和国可再生能源法》《中华人民共和国节约能源法》等低碳发展相关法律，但围绕应对气候变化、低碳发展的法律仍然欠缺，低碳发展和碳达峰、碳中和理念未充分融入相关的法律法规体系中。

（3）从政策手段看，低碳发展政策多数采用行政命令手段，同时市场化手段越来越成为重要方向。在相当长时间内，我国低碳发展依靠行政命令手段推进。“十一五”时期推行的节能目标责任制，是我国实现能源强度下降最主要的影响因素之一。随着时间的演进，我国越来越重视发挥市场机制的作用，充分发挥市场功能的政策越来越多。“十三五”以来，我国制定了国家绿色技术交易中心建设、完善抽水蓄能价格形成机制、加强金融力度来支持风光电发展等一系列政策措施，产生了良好的效果。

（4）低碳科技创新政策得到普遍关注，但缺乏专门的体系化设计。低碳科技创新的政策内容大多散布在不同的政策文本中，尚未形成较为系统的政策体系。一方面，几乎所有的低碳发展文件都就科技创新做出了安排，但相互之间缺乏联系；另一方面，科技创新文件尚未就低碳发展做出统筹安排。例如，《国家重大科技基础设施建设中长期规划（2012—2030 年）》仅提出核能、化石能源、可再生能源的重大科技基础设施布局，未关注储能、智能电网等领域。由于学科和管理的关注点不同，科技政策与低碳政策的融合形式还没形成。

8.2.2　碳达峰碳中和政策体系

目前，我国已建立碳达峰碳中和“1+N”政策体系，包括顶层设计文件与地方层面的实施方案，总体上已构建起目标明确、分工合理、措施有力、衔接有序的碳达峰碳中和政策体系。

1. 顶层设计

目前，顶层设计提出了碳达峰碳中和对社会发展的重要意义，包括：以经济社会发展全面绿色转型为引领，以能源绿色低碳发展为关键，加快形成节约资源和保护环境的产业结构、生产方式、生活方式、空间格局，确保如期实现碳达峰、碳中和，明确各地区、各领域、各行业的目标任务，加快实现生产生活方式绿色变革，推动经济社会发展建立在资源高效利用和绿色低碳发展的基础上等。

此外，设定了分阶段的不同目标，其中可以量化的指标包括：①到 2025 年，单位国内生产总值能耗比 2020 年下降 13.5%；单位国内生产总值二氧化碳排放比 2020 年下降 18%；非化石能源消费比重达到 20%左右。②到 2030 年，单位国内生产总值二氧化碳排放比 2005 年下降 65%以上；非化石能源消费比重达到 25%左右；风电、太阳能发电总装机容量达到 12 亿千瓦以上。③到 2060 年，非化石能源消费比重达到 80%以上。

2. 主要领域

根据碳达峰碳中和“1+N”政策体系提出的十大行动，将部分政策文件进行归类，见表 8-3。

表 8-3 根据十大行动分类的相关政策文件

N 系列	政策	机构
能源绿色低碳转型行动	“十四五”现代能源体系规划 氢能产业发展中长期规划（2021—2035 年）	国家发展改革委、国家能源局
节能降碳增效行动	“十四五”节能减排综合工作方案 高耗能行业重点领域节能降碳改造升级实施指南（2022 年版）	国务院、国家发展改革委、工业和信息化部、生态环境部、国家能源局
工业领域碳达峰行动	工业领域碳达峰实施方案 “十四五”工业绿色发展规划 关于促进钢铁工业高质量发展的指导意见 水泥行业节能降碳专项行动计划	工业和信息化部、国家发展改革委、生态环境部、国家市场监督管理总局、国家能源局
城乡建设碳达峰行动	城乡建设领域碳达峰实施方案 “十四五”建筑节能与绿色建筑发展规划 关于推动城乡建设绿色发展的意见 农业农村减排固碳实施方案	住房和城乡建设部、农业农村部、国家发展改革委、中共中央办公厅、国务院办公厅
交通运输绿色低碳行动	交通运输部 国家铁路局 中国民用航空局 国家邮政局贯彻落实《中共中央 国务院关于完整准确全面贯彻新发展理念做好碳达峰碳中和工作的意见》的实施意见	交通运输部、国家铁路局、中国民用航空局、国家邮政局
循环经济助力降碳行动	“十四五”循环经济发展规划	国家发展改革委
绿色低碳科技创新行动	“十四五”能源领域科技创新规划 科技支撑碳达峰碳中和实施方案（2022—2030 年）	科学技术部、国家能源局、国家发展改革委、工业和信息化部、生态环境部、住房和城乡建设部、交通运输部、中国科学院、中国工程院
碳汇能力巩固提升行动	海洋碳汇经济价值核算方法 林草产业发展规划（2021—2025 年） 温室气体自愿减排项目方法学 造林碳汇 温室气体自愿减排项目方法学 红树林营造	自然资源部、国家林业和草原局、生态环境部
绿色低碳全民行动	加强碳达峰碳中和高等教育人才培养体系建设工作方案 绿色低碳发展国民教育体系建设实施方案	教育部
各地区梯次有序碳达峰行动	各地区结合自身实际出台具体实施政策	
保障措施	关于加快建立统一规范的碳排放统计核算体系实施方案 财政支持做好碳达峰碳中和工作的意见 关于促进应对气候变化投融资的指导意见 关于推进中央企业高质量发展做好碳达峰碳中和工作的指导意见	国家发展改革委、国家统计局、生态环境部、中国人民银行、中国银行保险监督管理委员会、中国证券监督管理委员会、财政部、国务院国有资产监督管理委员会

8.2.3 最新进展

1. 新部署新要求

党的二十大报告提出“推动绿色发展，促进人与自然和谐共生”“协同推进降碳、减污、扩绿、增长，推进生态优先、节约集约、绿色低碳发展”“积极稳妥推进碳达峰碳中和”①。此外，新一届国家应对气候变化及节能减排工作领导小组开始运行，生态环境部印发《应对气候变化重点任务（2023—2025）》。

2. 积极减缓气候变化

（1）调整产业结构。2013—2023 年，中国能耗强度累计下降 26.1%，以年均 3.3%的能源消费增速支撑了 6.1%的经济增长，是全球能耗强度降低最快的国家之一。

（2）优化能源结构。2022 年，中国非化石能源消费比重达 17.5%，全年可再生能源新增装机 1.52 亿千瓦，可再生能源装机达到 12.13 亿千瓦。2022 年底，累计完成燃煤电力机组超低排放改造 10.6 亿千瓦，占煤电总装机容量的比重约 94%。2022 年新增装机中，压缩空气储能、液流电池储能技术占比分别达 3.4%、2.3%。此外，飞轮、重力、钠离子等多种储能技术也已进入工程化示范阶段。

（3）调整交通运输结构。具体表现在以下三个方面：第一，铁路、水路货运占比持续提升；第二，大宗货物绿色集疏运输比例不断增长；第三，中长距离运输“公转铁、公转水”持续推进。

（4）促进节能提效。2012—2022 年，规模以上工业单位增加值能耗累计下降幅度超过 36%，大宗工业固废资源综合利用率提高近 10 个百分点。2023 年上半年，新注册登记新能源汽车 312.8 万辆，同比增长 41.6%，占汽车新注册登记总量的 26.6%。

3. 主动适应气候变化

2022 年，生态环境部等 17 个部门联合印发《国家适应气候变化战略 2035》，明确加强气候变化监测预警和风险管理、提升自然生态系统适应气候变化能力、强化经济社会系统适应气候变化能力、构建适应气候变化区域格局等重点任务，对当前至 2035 年适应气候变化工作作出统筹谋划部署。生态环境部印发《省级适应气候变化行动方案编制指南》，强化省级行政区域适应气候变化行动力度。

4. 全国碳排放权交易市场建设

全国碳排放权交易市场第二个履约周期全面启动。全国碳排放权交易市场第一个履约周期共纳入发电行业重点排放单位 2162 家，履约完成率为 99.5%。市场运行健康有序，交易价格稳中有升。

完善碳排放数据质量管理。自 2022 年起，持续推动发电行业碳排放报告质量专项监督帮扶问题整改，重视技术服务机构弄虚作假典型问题，持续提升碳排放数据质量。

---

①《习近平：高举中国特色社会主义伟大旗帜 为全面建设社会主义现代化国家而团结奋斗——在中国共产党第二十次全国代表大会上的报告》，https://www.gov.cn/xinwen/2022-10/25/content_5721685.htm，2022 年 10 月 25 日。

加强管理和能力建设。实现碳排放数据报送、日常监管、第三方核查、配额分配、交易履约、分析决策等全业务线上操作，实现数据统一管理和集中调度，组织出版《全国碳市场百问百答》。

5. 持续完善政策体系和支撑保障

在立法与政策方面，具体措施包括统筹推进应对气候变化领域立法、完善和落实碳达峰碳中和“1+N”政策体系以及完善应对气候变化相关标准和技术规范。将气候变化相关内容写入《中华人民共和国青藏高原生态保护法》等法律。

在经济政策方面，推动碳排放权等要素市场化配置改革、完善财税支持政策、大力发展绿色金融、健全政府绿色采购政策，并深化电价政策和电力交易改革。推动多个气候投融资试点工作，组织报送气候投融资重点项目，印发气候投融资项目入库参考标准。推动开展绿证交易，2022 年绿证交易量为 969 万个，较 2021 年增长 15.8 倍。

在温室气体排放统计核算监测方面，初步完成 2015—2020 年国家温室气体清单，并启动《省级温室气体清单编制指南》的修订。实现重点行业、城市、区域三个试点层面全覆盖。

此外，还开展了科技创新、专业人才培养、深化低碳城市试点、绿色低碳全民行动等多方面工作，逐步把碳达峰、碳中和纳入经济社会发展全局。

8.3 中国碳达峰碳中和政策前沿

8.3.1 碳排放总量控制制度

1. 建立碳排放总量控制制度的国际背景

碳排放总量控制是我国引领全球气候治理的重要手段。在“双碳”目标下，中国需积极采取应对气候变化行动，占领全球治理的道义制高点。随着欧盟和日本等实施 2050 零碳社会行动，全球气候治理进入了多边治理的后巴黎时代。中国亟须采取应对气候变化行动，发挥全球气候治理的引领作用，提升国际话语权和影响力。主要发达国家制定长期低碳发展规划。欧盟国家在近、中、长期低碳战略行动上表现积极，旨在继续成为未来全球气候治理领导者。欧盟先后提出了 2020 年、2030 年、2050 年的近、中、长期低碳战略，其众多成员国也各自设立或考虑设立二氧化碳净零排放的目标，如法国（2050 年）、丹麦（2050 年）、德国（2050 年）等，未来培育出繁荣、现代、有竞争力和“气候中性”的经济环境。以加利福尼亚州为代表的 22 个州级政府成立了美国气候联盟。早在 2016 年奥巴马政府就向联合国提交《美国 2050 年深度脱碳战略》，提出 2050 年相比于 2005 年减排 80%的目标。低碳行动在美国内部有着较为良好的“群众基础”，2016 年底耶鲁大学组织的一项调查就表明 70%的美国选民支持《巴黎协定》。以日本、新西兰、加拿大等为代表的伞形国家也态度转变，以净零排放为目标，制定了长期低碳战略。2019 年 6 月，日本内阁批准一项旨在 21 世纪下半叶实现温室气体净零排放的计划。2019 年 5 月，新西兰政府提交“应对气候变化修正草案”，明确在 2050 年实现净零排放。此外，加拿大政府于 2016 年提出 2050 年温室气体排放相比于 2005 年下降 80%，结合未来碳捕集与封存技术加拿大也将实现净零排放。可见，积极应对气候变化已演变为占领道义高点与形成全球领导力的重要方式。

2. 建立碳排放总量控制制度的国内背景

碳排放总量控制是保障我国“双碳”目标的关键制度。2021 年《中共中央 国务院关于完整准确全面贯彻新发展理念做好碳达峰碳中和工作的意见》中提出要严格控制能耗和二氧化碳排放强度，合理控制能源消费总量，统筹建立二氧化碳排放总量控制制度。2021 年 12 月，中央经济工作会议首次提出“创造条件尽早实现能耗‘双控’向碳排放总量和强度‘双控’转变”①。2022 年 1 月习近平主持中共中央政治局第三十六次集体学习并发表重要讲话，强调“要进一步完善能耗‘双控’制度，新增可再生能源和原料用能不纳入能源消费总量控制。要健全‘双碳’标准，构建统一规范的碳排放统计核算体系，推动能源‘双控’向碳排放总量和强度‘双控’转变”②。2022 年党的二十大报告中指出要“积极稳妥推进碳达峰碳中和”“完善能源消耗总量和强度调控，重点控制化石能源消费，逐步转向碳排放总量和强度‘双控’制度”③。2023 年 7 月，中央全面深化改革委员会第二次会议审议通过了《关于推动能耗双控逐步转向碳排放双控的意见》，提出坚持先立后破，积极创造条件向碳排放双控转换；完善配套制度，加快健全统一规范的碳排放统计核算体系，建立健全相关管理制度；把握好工作节奏，统筹好发展和减排关系。从我国关于碳排放总量控制制度的各项顶层文件来看，“双碳”目标提出以来，我国加快完善顶层设计、谋划路径举措，正创造条件加快能耗“双控”向碳排放“双控”转变。其中，能耗“双控”政策近年来逐步完善，与碳排放“双控”制度的一致性逐步增强。“十四五”时期是我国开启全面建设社会主义现代化国家新征程、向第二个百年奋斗目标进军的第一个五年，是碳达峰的关键期、窗口期，需要对低碳发展进行更好的布局和擘画。“十四五”时期推进碳排放总量控制制度建设将为我国实现碳达峰目标奠定基础，也为我国“十五五”时期之后进入深度减排阶段奠定基础。

3. 我国碳排放总量控制制度建设进展

首先，其作为国家《生态文明体制改革总体方案》的制度设计。2015 年 9 月 21 日，中共中央、国务院印发的《生态文明体制改革总体方案》提出，“逐步建立全国碳排放总量控制制度和分解落实机制，建立增加森林、草原、湿地、海洋碳汇的有效机制，加强应对气候变化国际合作”。这次关于碳排放总量控制制度的定位和要求与之前截然不同，体现在以下几个方面：第一，碳排放总量控制并没有纳入“健全环境治理和生态保护市场体系”部分中，而是在“完善资源总量管理和全面节约制度”部分中，即不仅仅

① 《中央经济工作会议举行 习近平李克强作重要讲话》，https://www.gov.cn/xinwen/2021-12/10/content_5659796.htm，2021 年 12 月 10 日。

② 《习近平主持中共中央政治局第三十六次集体学习并发表重要讲话》，https://www.gov.cn/xinwen/2022-01/25/content_5670359.htm，2022 年 1 月 25 日。

③ 《习近平：高举中国特色社会主义伟大旗帜 为全面建设社会主义现代化国家而团结奋斗——在中国共产党第二十次全国代表大会上的报告》，https://www.gov.cn/xinwen/2022-10/25/content_5721685.htm，2022 年 10 月 25 日。

是一种支撑碳市场建设的制度安排，更重要的是作为一种管理和节约资源的机制；第二，碳排放总量控制不仅强调对碳排放绝对量的控制，还对排放总量如何分解落实的相关制度安排提出要求；第三，在国家层面明确提出了碳排放总量控制制度，过去更多是基于碳市场建设的角度来研究碳排放总量控制，现在更多的是从国家层面进行全面布局。可以说，《生态文明体制改革总体方案》是广义层面碳排放总量控制的理论和管理基础，为后续制度出台奠定了基础。《中华人民共和国国民经济和社会发展第十三个五年规划纲要》指出，“生产方式和生活方式绿色、低碳水平上升。能源资源开发利用效率大幅提高，能源和水资源消耗、建设用地、碳排放总量得到有效控制，主要污染物排放总量大幅减少”。可以看出，碳排放总量控制已经成为“十三五”时期的重要发展目标，且与能源、水资源、土地资源并重，作为一类资源管理的目标，这与《生态文明体制改革总体方案》是一脉相承的。从《生态文明体制改革总体方案》到《中华人民共和国国民经济和社会发展第十三个五年规划纲要》，碳排放总量控制也从机制设计变为经济社会发展的目标，是一个质的飞跃。由此可以看出，我国对碳排放总量控制起步于“十二五”时期末，并将其作为一种管理和节约资源的机制纳入《生态文明体制改革总体方案》，进一步将其作为《中华人民共和国国民经济和社会发展第十三个五年规划纲要》的一个发展目标，标志着我国碳排放总量控制已经从狭义的碳配额总量控制上升到一类更为广义的制度建设，拉开了我国探索总量控制制度的序幕。

其次，其是以控温方案为蓝本开展地方碳排放总量控制试点。为了逐步建立全国碳排放总量控制制度和分解落实机制，碳排放总量能够得到有效控制，2016 年 10 月 27 日，国务院印发的《“十三五”控制温室气体排放工作方案》提出，“支持优化开发区域在 2020 年前实现碳排放率先达峰。鼓励其他区域提出峰值目标，明确达峰路线图，在部分发达省市研究探索开展碳排放总量控制”。可以看出，“十三五”时期至今，我国已经在就如何制定碳排放总量控制制度进行探索，并采用地方试点的方式，找到适合全国范围的总量控制制度。同时，此次将碳排放总量控制与地区碳达峰紧密关联起来，为当前在“双碳”目标下思考碳总量控制制度提供支撑。《“十三五”控制温室气体排放工作方案》是为加快推进绿色低碳发展，确保完成“十三五”规划纲要确定的低碳发展目标任务，推动我国二氧化碳排放达到峰值制定。该控温方案给出了地方碳排放强度降低的目标分解方案，明确了重点任务，是地方应对气候变化的工作手册。例如，“十三五”期间，上海设定了 2020 年及每年碳排放总量控制目标，并分解到工业和交通运输业两个重要部门。由此可以看出，从“十三五”时期开始，我国就以控制温室气体排放工作方案为基础，以地方试点的形式来探索碳排放总量控制，并充分吸收试点过程中的经验和启示。

再次，其是基于碳排放权交易的碳排放总量控制。2011 年 10 月，国家发展改革委印发了《关于开展碳排放权交易试点工作的通知》，北京、天津、上海、重庆、湖北、广东、深圳等七个碳交易试点获批。同年 12 月，国务院印发了《“十二五”控制温室气体排放工作方案的通知》，提出到 2015 年全国单位 GDP 二氧化碳排放比 2010 年下降 17%，碳交易机制被作为未来重要的减排工具。2014 年 5 月，7 个试点省市碳排放权交易市场全部启动，同年 12 月国家发展改革委发布了《碳排放权交易管理暂行办法》，正式拉开了国家碳市场建设的序幕。2017年国家发展改革委与9省（市）政府签署了关于全国碳排放权注册登记系统和交易系统建设与运维工作的合作协议，确定湖北和上海分别作为全国碳排放权注册登记系统和交易系统建设的牵头省（市），北京、天津、江苏、福建、广东、重庆、深圳共同参与系统建设与运维。同年12月，国家发展改革委印发了《全国碳排放权交易市场建设方案（发电行业）》，明确了全国碳市场建设的基本原则、基本要素和基本框架，启动了全国碳市场建设。2018年我国应对气候变化工作由国家发展改革委转隶到生态环境部。2020年11月，《全国碳排放权交易管理办法（试行）》（征求意见稿）公开征求意见。我国碳排放权交易地方试点市场共覆盖电力、钢铁、水泥等20余个行业，近3000家重点排放单位，截至2020年12月31日，我国8个碳市场配额共成交4.55亿吨，成交金额105.5亿元，其中，线上成交1.88亿吨，成交金额48.52亿元。同年12月29日印发了《2019—2020年全国碳排放权交易配额总量设定与分配实施方案（发电行业）》和《纳入2019—2020年全国碳排放权交易配额管理的重点排放单位名单》，以年排放达2.6万吨二氧化碳当量的发电行业企业为突破口，率先在全国开展碳交易。2020年12月，生态环境部公布了《碳排放权交易管理办法（试行）》，并于2021年2月1日施行。2021年7月16日9时15分，全国碳市场启动仪式于北京、上海、武汉三地同时举办，全国碳市场正式开始上线交易。全国碳市场第一个履约周期为2021年全年，纳入发电行业重点排放单位2162家，覆盖约45亿吨二氧化碳排放量，是全球覆盖排放量规模最大的碳市场。全国碳市场运行平稳，开市一个月后，全国碳市场排放配额累计成交量达到了702万吨，累计成交额3.55亿元。未来将在发电行业碳市场稳定运行的基础上，逐步扩大市场覆盖行业范围。碳排放权交易是基于碳排放总量控制的交易。碳交易试点的建设为开展有限区域和边界内的碳排放总量控制积累了丰富的研究基础和实践经验。2014年12月，国家发展改革委印发《关于逐步建立全国碳排放总量控制制度和分解落实机制的通知》，旨在通过建立全国碳排放总量控制制度和分解落实机制的总体部署与要求来加快推进全国碳排放权交易市场建设。可以看出，“十二五”期间及之前，我国对碳排放总量控制制度主要是基于加快碳市场建设，用于确定省级行政区域配额总量和全国配额总量。

最后，其是“双碳”目标导向下的碳排放总量控制制度。随着碳达峰、碳中和目标愿景的提出，党中央、国务院密集部署碳达峰、碳中和工作，包括召开十九届五中全会、中央经济工作会议、中央财经委员会第九次会议等，其目标分解、发展路径设计和管理举措谋划等也不断被完善。实现碳达峰、碳中和是一场广泛而深刻的经济社会系统性变革，要把碳达峰、碳中和纳入生态文明建设整体布局。“十四五”期间及未来一段时间，我国碳排放总量控制制度已经进入实操阶段，总体来说是要做到统筹建立二氧化碳排放总量控制制度，这个统筹包括几个方面的含义：第一，碳排放强度与总量之间的统筹，即建立以碳排放“双控”为总抓手的碳减排制度；第二，不同制度之间的统筹，即碳排放“双控”与能耗“双控”制度间的协调和衔接；第三，内在过程的统筹，即要统筹碳排放总量目标制定、目标分解、目标考核等。基于这些判断基本把未来一段时间我国碳排放总量控制制度的要求和原则进行了界定，下一步就是在吸收试点经验的基础上，参考能源“双控”制度、污染物排放总量控制制度等，设计我国的碳排放总量控制制度。

8.3.2 气候投融资体系

气候变化是当今人类可持续发展面临的最严峻挑战，对经济社会发展造成的影响具有全局性、综合性和长期性的特点，应对气候变化已经成为国际社会共识。气候变化成为制约我国中长期可持续发展的重要因素。积极应对气候变化不仅能够减缓极端天气气候对中国的直接负面影响，而且能够促进中国经济向绿色低碳转型，对推进我国生态文明建设具有重大的现实与长远意义。实现“双碳”目标，需要在绿色转型、低碳产业和项目领域进行大量投资。在此背景下，加速动员资金流向具有气候效益的领域至关重要，气候投融资工作势在必行。

1. 中国气候投融资体系建设总体进展

作为负责任的发展中国家，中国历来高度重视应对气候变化工作，综合采取了调整产业结构、节能提高能效、优化能源结构、控制非能源活动温室气体排放、增加碳汇等多种举措，2019 年碳排放强度比 2005 年降低 48.1%，提前实现了 2020 年碳排放强度比 2005 年下降 40%—45%的目标。气候投融资是应对气候变化的焦点问题，近年来中国政府在绿色金融框架下大力推动气候投融资发展，从顶层设计、分类标准、统计制度、信息披露、评估认证、激励政策等方面逐步完善各项基础性制度安排。气候投融资市场规模不断扩大，产品服务创新不断涌现。截至 2021 年二季度末，中国本外币绿色贷款余额 13.92 万亿元，同比增长 26.5%，其中，投向具有直接和间接碳减排效益项目的贷款分别为 6.79 万亿元和 2.58 万亿元，合计占绿色贷款的 67.3%。2021 年前 8 个月，中国绿色债券发行规模超过 3500 亿元，同比增长 152%，已超过 2020 年全年发行额，其中碳中和债券累计发行 1800 多亿元。全国碳排放权交易体系正式上线运行，地方气候投融资试点实践持续推进，为实现碳减排和低碳转型发挥了积极作用。目前，中国气候投融资体系基本形成了“以实现国家自主贡献目标和低碳发展目标为导向、以政策标准体系为支撑、以模式创新和地方实践为路径”的工作格局。

2. 中国气候投融资体系主要工作

中国在气候投融资领域已开展的主要工作及成效有以下几个方面。

1）完善气候投融资体系的顶层设计

2016 年中国人民银行等七部委联合发布《关于构建绿色金融体系的指导意见》，成为全球首个国家层面的绿色金融顶层设计文件。2020 年生态环境部等五部委专门就气候投融资联合印发了首份顶层设计文件《关于促进应对气候变化投融资的指导意见》，指导和推动气候投融资工作。2018 年机构改革后，新组建的国家应对气候变化及节能减排工作领导小组成员单位中增加了中国人民银行，为金融政策与应对气候变化的结合创造了有利条件。2019 年 8 月，生态环境部同有关部门推动成立了中国环境科学学会气候投融资专业委员会，打造了促进产融对接的气候投融资学术交流平台。

2）制定气候投融资政策和标准

中国积极制定多样化的气候投融资政策，促进气候友好的气候投融资。一是强化环境经济政策引导。生态环境部正在重点推进国家自主贡献项目库建设，挖掘高质量的低碳项目，目前建设方案已经初步完成。二是强化金融政策支持。2020 年 7 月，财政部、生态环境部、上海市人民政府共同发起设立国家绿色发展基金，建立多元化资金支持渠道。中国人民银行推出碳减排支持工具，提供优惠利率融资，精准支持绿色发展。三是强化政策协同。气候变化因素越来越多地纳入宏观和行业部门产业政策制定中，如高质量发展、绿色金融、生态环境保护，以促进气候变化与经济、产业、能源、生态环境保护等的协同发展。

中国气候投融资监管部门非常重视标准制定工作，取得了显著成效。一是制定气候投融资项目分类法。《绿色产业指导目录（2019 年版）》和《绿色债券支持项目目录（2021 年版）》是目前中国绿色产业和绿色债券项目界定最为全面的指引，首个专门针对气候投融资的标准《气候投融资项目分类指南》也于 2021 年发布，为促进气候投融资的发展提供了方向。二是逐步建立气候投融资监测、报告、核证制度。2020 年，中国银行保险监督管理委员会在绿色信贷统计制度基础上发布了包括气候融资在内的绿色融资统计制度；财政部印发了《项目支出绩效评价管理办法》，纳入了生态效益和可持续影响指标。三是加强环境信息披露管理。2021 年以来中国人民银行、中国证券监督管理委员会、生态环境部等监管部门密集发布了针对金融机构、上市公司、重点企业的环境信息披露政策文件，提出了碳排放和气候投融资等气候信息的披露要求。

3）正式上线全国碳排放权交易体系

碳排放权交易体系是利用市场机制推动碳减排的重要政策工具，经过 10 年碳市场试点和前期准备，2021 年 7 月 16 日，全国碳排放权交易体系正式上线交易。首批纳入超 2000 家电力企业，覆盖的碳排放量超过 40 亿吨，标志着全球最大规模的碳市场诞生。在市场逐渐成熟的情况下，“十四五”期间还将逐步纳入钢铁、石化、化工、建材、有色、航空等高碳排放行业。此外，作为碳市场抵消机制的 CCER 交易重新启动，这将促进可再生能源、碳汇等减排项目开发，提高碳市场的流动性。

中国目前已形成了较为完整的全国碳排放权交易制度体系。一是出台了顶层设计文件《碳排放权交易管理办法（试行）》。二是制定了发电行业配额分配方法，温室气体排放监测、报告与核查制度，以及登记交易结算规则等配套制度。三是建设了注册登记系统和交易系统等支撑系统，正在推进全国温室气体自愿减排注册登记系统和交易系统建设。

4）开展地方试点和实践

2017 年 6 月开始，浙江、江西、广东、贵州、新疆、甘肃六省（区）九地建设了各有侧重、各具特色的绿色金融改革创新试验区，2020 年底绿色贷款余额达到 2368.3 亿元，占全部贷款余额的 15.1%，比全国平均水平高了 4.3 个百分点；绿色债券余额达到 1350 亿元，同比增长 66%。气候投融资地方试点工作是“十四五”期间应对气候变化工作的重要组成部分，生态环境部正在推进以投资政策指导、强化金融支持为重点的气候投融资地方试点，鼓励部分地区开展先行先试，在绿色低碳和高质量发展方面形成可推广、可复制的经验。此外，深圳、上海、浙江、陕西等地创新开展气候投融资实践，从体制机制、产品工具、激励政策等方面大胆探索，积累了先进经验。比如，深圳于 2020 年 11 月出台了中国首部地方绿色金融法规《深圳经济特区绿色金融条例》，形成了门类基本齐全的绿色金融产品和服务体系，先行先试推进气候投融资项目库建设，支持国家自主贡献目标。湖州市于 2021 年出台了绿色金融改革创新试验区、全国地市级首部绿色金融促进条例《湖州市绿色金融促进条例》，到 2021 年 11 月已累计取得 40 多项创新性实践成果。

8.3.3 其他政策协同

1. 与生物多样性协同

《生物多样性公约》与《联合国气候变化框架公约》是“里约三公约”的重要组成部分，二者相互影响、相互作用，具有紧密的耦合关系。各缔约方自签署之始就注意到了协作问题。

2019 年联合国发布的《生物多样性和生态系统服务全球评估报告》显示有 100 万种动植物物种面临灭绝的威胁，其中许多物种将在未来几十年内灭绝，比人类历史上任何时候都要多。全球 17 个生物多样性大国的物种数量加速下降趋势最为明显。其中，气候变化是全球生物多样性下降的直接驱动因素之一，且对生物多样性和人类福祉的影响正在不断加剧。该报告还发现，过去 50 年极端天气气候事件引发的火灾、洪水、干旱，以及全球气候变暖和海平面上升对全球物种分布、物候、种群动态、群落结构和生态系统功能等产生了广泛影响，且气候变化对海洋、陆地和淡水生态系统的影响直接关系到农业、水产养殖、渔业等自然对人类的惠益。此外，气候变化也给海洋珊瑚礁带来前所未有的挑战，《世界珊瑚礁现状：2020 年》报告显示，2009—2018 年，全球 14%的珊瑚礁因气候变化而遭到破坏，遭到破坏的珊瑚礁面积比澳大利亚珊瑚礁总面积还大，气候变化使珊瑚礁成为受威胁最严重的生态系统之一。

另外，生物多样性和生态系统也可发挥应对气候变化的作用。生物多样性可以通过吸收和储存碳来减缓气候变化影响，同时也可以通过维护生态系统完整性和稳定性来提高气候韧性。因此，保护生物多样性和应对气候变化呈现相辅相成的特征，需要采取综合性措施进行协同治理。2022 年 IPCC 发布第六次评估报告第二工作组报告《气候变化 2022：影响、适应和脆弱性》，指出多数物种易受气候变化的影响，生态系统越来越容易受到气候灾害冲击，且气候变化影响和风险正变得愈发复杂和难以管理。考虑到生物多样性和生态系统所受到的气候变化威胁，以及其在气候适应中可发挥的作用，保护生物多样性和生态系统是实现气候韧性发展的基础。

生物多样性保护和应对气候变化是全球环境治理的两大焦点、难点，如何强化二者的协同治理已成为目前最为关键的全球公共议题之一。从国内治理促进全球治理的视角来看，中国作为全球环境治理负责任大国，同时作为《联合国气候变化框架公约》和《生物多样性公约》的关键缔约方，可以生态文明建设为抓手，着力在保护生物多样性与应对气候变化重点战略、重要规划、重大工程等层面强化统筹协调和布局、优化本土政策与实践，为全球治理提供凝聚中国智慧的协同治理模式。

2. 与减污降碳协同

党的十八大以来，我国生态环境质量持续改善，应对气候变化工作取得积极进展。在碳达峰碳中和背景下，科学制定并实施协同治理政策对推动实现减污降碳协同增效、加速社会经济全面绿色转型、实现美丽中国目标及碳达峰碳中和目标愿景具有重要意义。

1）目标协同：以实现减污降碳协同增效为目标制定政策

短期来看，需以协同实现碳达峰与建设美丽中国为目标制定政策；中长期来看，需以协同实现碳中和与空气质量根本改善为目标制定政策。根据阶段性目标，合理谋划措施任务，部署减污降碳行动，推动我国空气质量根本改善并如期完成气候目标。

2）领域协同：强化高协同度部门的源头减排

随着我国大气污染防治工作的持续推进，针对主要大气污染物的末端治理措施效率已达高位，继续减排潜力有限。此外，目前尚无大规模成熟运用的针对 CO_2 排放的末端治理措施。因此，推动重点部门结构调整，开展源头减排，是实现减污降碳协同治理的关键途径。下面以协同度较高的交通和工业部门为例来阐述。

在交通部门，应积极推动交通运输的高效清洁发展，包括：深入进行运输结构调整，推进大宗货物运输“公转铁”“公转水”；大力推广新能源车船，提高新能源车船比例并推进配套基础设施建设；大力推动车船升级优化，加严排放标准，加快淘汰老旧车船。

在工业部门，应优先开展钢铁、水泥等重点行业的协同治理工作，包括：合理控制产业发展规模；积极推动生产工艺升级（如提高废钢利用率、推广短流程钢等）。

3）空间协同：基于大气环境质量改善目标强化重点地区协同治理

大气污染物与 CO_2 排放在空间分布上呈现高度聚集性和一致性（主要分布在重点城市群和省会等大、中城市），但二者的气候环境影响及作用机理差异显著，CO_2 的气候环境影响与何处排放无关，而大气污染物排放的影响与排放地区高度相关。数据显示，我国大气污染防治重点区域（京津冀及周边地区、长三角地区、汾渭平原）和广东省合计贡献全国 CO_2 排放总量的一半以上。因此，优先推进京津冀及周边地区、长三角地区、汾渭平原等大气污染防治重点区域和珠三角、成渝地区、长江中游城市群等人口稠密地区的协同治理工作，将有助于实现环境质量效益的最大化。

4）强化资源循环利用：协同推进“无废城市”建设和减污降碳

钢铁、水泥等重点行业的生产过程资源消耗巨大并产生大量大气污染物和 CO_2。强化再生资源循环利用既能够推动“无废城市”建设，也能实现大气污染治理、温室气体减排等多重目标。以钢铁为例，当前我国钢铁行业存在冶炼过程以长流程为主、粗钢产量较大、炼钢废钢比较低等特征，加大废钢回收利用、提高炼钢废钢比等措施可充分发挥废钢的原料替代作用，提高资源循环利用效率，助力实现减污降碳和资源节约，产生多重效益。

5）协同治理措施优选：以减污降碳协同度作为重要指标遴选协同措施

蓝天保卫战的实施对环境空气质量改善和温室气体减排均有贡献。中国工程院评估结果表明，蓝天保卫战一系列政策措施的落实有效降低了全国的 $PM_{2.5}$ 浓度及 CO_2 排放量。其中，落后产能淘汰和“散乱污”企业清理整治等结构性调整措施的协同治理效益最高。未来在遴选协同措施时，需重点考虑减污降碳协同度，尤其是在选择污染物末端治理措施时，需同时考虑其协同控碳效果，优化治污技术路线。

3. 与数字化协同

低碳转型是人类科学应对气候变化、实现可持续与绿色发展的必由之路。数字技术在助力实现低碳转型时往往有“乘数效应”，即通过引入成熟的数字技术，在减少人力、资金成本的前提下，给传统的低碳减排工作带来巨大的效率提升，进而活化行业的低碳减排生态，加速实现绿色可持续发展。

第一，数字技术助力能源与电力结构调整。一方面，数字技术能够支持化石能源行业转型。通过虚拟模拟、实时监测、云计算、大数据分析、深度学习等手段，提高化石能源在开发、储运和使用过程中的管理效率，实现云端可视化、量化碳排放强度、制定碳减排方案、减少产品全生命周期碳足迹，并且实现能源消耗全局优化，促进化石能源供给端和需求端的绿色化、低碳化。另一方面，数字技术能够支持电力系统智能升级。通过在电源侧、电网侧、负荷侧和储能侧应用智能监控、数字孪生、自动拟合等方法，实现电力生产、供应、使用的全链条精细化管理，最终达到更加高效、清洁、经济、安全和可持续的电力目标。

第二，数字技术助力重点行业用能管理及碳管理。具体包括三个方面：①生产力提升。例如，海量监测数据和机器学习算法的应用，进一步减少材料浪费、提升物资流通效率、优化生产调度，实现碳效率最大化。②优化行业用能管理及碳治理。数字技术能够帮助产品、机构、行业、地区实现碳排放数据的实时监测、溯源、分析和预测，为评价产品全生命周期碳足迹、降低生产流程碳排放、识别并改善碳减排薄弱环节和区域提供依据。③帮助重点行业开展全流程管理，推动碳交易便利化。监测、报告、核查是碳交易机制的“生命线”，全流程、全供应链、全地区碳排放数据基础设施的构建，可实现监测、报告、核查全流程的数字化管理。区块链技术又能分析过往交易数据和其他影响因素，帮助投资者优化投资组合，提高碳市场活跃度。

第三，数字技术助力个人消费端碳减排。在实现“双碳”目标过程中，消费端的碳减排极其重要，加快转变公众生活方式已成为减缓气候变化的重要组成部分，甚至成为必然选择。数字技术的应用，既可以为碳普惠机制提供基础设施，推动公众持续践行低碳行为，养成绿色生活习惯，又能直接或间接地促进绿色消费。比如，数字技术将家居家电的使用情况直观地呈现出来，为消费者提供节水、节电等绿色消费建议，提醒消费者在日常生活中节约能源。在推动消费端减排的同时，倒逼生产端进一步绿色化转型。

第 9 章　碳中和规划实践

为全面履行《联合国气候变化框架公约》和《巴黎协定》、实现净零排放目标，世界范围内的许多国家、地区、城市、企业都秉持低碳发展的理念，提出了以碳中和为目标的减排计划。碳中和规划一般囊括了实现碳中和过程中的所有流程和内容，根据碳中和规划，可明确低碳发展的根本目标、基本原则、重点任务和保障措施，从而有力地推动碳中和规划的各项工作落地实施。

在本章中，将通过展示国内外典型城市和地区碳中和规划的实践与相关案例，总结碳中和规划的实践经验，并结合本书前面章节介绍的理论方法和低碳转型路径与政策，进一步展示碳中和规划的具体方法和步骤。

9.1　国际低碳发展规划实践

9.1.1　国际低碳发展规划框架

1. 低碳发展规划的主要内容

国际低碳发展规划框架如图 9-1 所示，具体内容包括碳排放核算、设定减排目标和

图 9-1　国际低碳发展规划框架

城市愿景、确定关键政策和可选行动、确立实施政策、进行监督评估等方面。其中，碳排放核算、碳排放预测、碳减排政策分析等相关内容已在前文中详述，本章主要介绍碳中和规划的主要方法和步骤，以及国内外的碳中和规划实践进展。

2. 低碳发展规划的基本原则

国际低碳发展规划实践具备以下特点：一是因地制宜，采用适宜的低碳转型模式；二是具备完整的规划框架和具体的目标措施；三是拥有规范的方法学和良好的数据基础；四是具备利益相关方的广泛参与；五是具备科学支撑与政治决策相结合的过程。

不同类型的城市在低碳转型过程中采用的模式也不同。具备良好经济转型基础的工业化后期城市通常采用多领域、多层面的综合型低碳发展模式，即从城市发展的各个领域入手，包括新能源开发、绿色建筑等，代表性城市有英国伦敦和日本东京；能源密集型产业比重高的城市，通常采用以技术密集型、知识密集型等的行业逐步替代能源密集型的低碳产业的拉动模式，代表性城市为英国伯明翰；经济发展转型初期的城市，通常采用低碳示范发展模式，代表性城市为阿联酋马斯达尔生态低碳城。

9.1.2 国际低碳发展规划实践进展

1. 国际低碳发展规划进展

Net Zero Tracker（净零追踪器）平台在全球范围内收集汇总了所有加入《联合国气候变化框架公约》的国家、最大的 25 个排放国的每个地区、所有居民超过 500 000 人的城市以及全球收入最多的 2000 家上市公司，共计 4071 个实体的净零排放数据。如图 9-2 所示，截至 2024 年 2 月，在纳入分析的全球 198 个国家、709 个地区、1186 个城市和 1978 个企业中，已分别有 151 个国家、159 个地区、265 个城市和 1066 个企业做出了净零承诺，覆盖全球 88%的二氧化碳排放量、92%的 GDP 和 89%的人口。

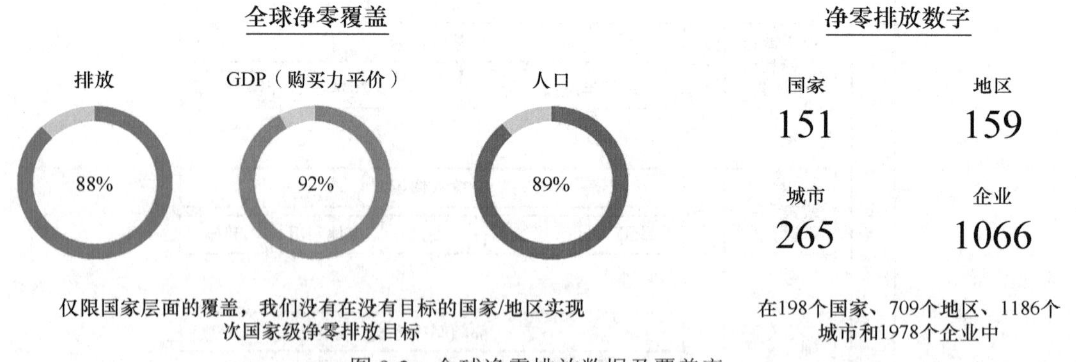

图 9-2　全球净零排放数据及覆盖率

资料来源：Net Zero Tracker

在以立法、法律提案或政策宣示等方式提出或承诺碳中和目标的国家（或组织）中，大部分计划在 2050 年左右实现碳中和，代表国家和组织有英国、法国、欧盟、加拿大、美国、日本等。

2. 国外典型城市/地区低碳发展实践

1）英国伦敦

英国是最早提出“低碳”概念并积极倡导低碳经济的国家，并设定了 2050 年碳中和目标。伦敦市前市长利文斯顿于 2007 年宣布到 2025 年将二氧化碳减排降至 1990 年的 60%。伦敦市低碳城市建设采用综合型低碳发展模式，在交通、建筑、能源等领域采取了一系列措施，同时结合行政管制和市场管制等手段。主要措施总结如下。

一是帮助企业减少碳排放。帮助企业提高减碳的意识，并提供改变措施的信息，鼓励所有企业的新投资都要向低碳一体化过渡。

二是推行绿色交通。通过引进碳价格制度、征收二氧化碳税、根据二氧化碳排放水平向进入市中心的车辆征收费用等激励机制，降低地面交通运输的碳排放，大力发展电动汽车，将伦敦打造成欧洲电动汽车的首都。

三是改造/新建绿色建筑。改善现有和新建建筑的能源效益；推行“绿色家居计划”，向伦敦市民提供家庭节能咨询服务；要求新发展计划优先采用可再生能源。

四是建设智能电网。推行智能电网，发展低碳及分散的能源供应。在伦敦市内发展热电冷联供系统、小型可再生能源装置（风能和太阳能）等，代替部分由国家电网集中供应的电力，从而减少因长距离输电导致的损耗。

五是政府绿色采购。市政府严格执行绿色政府采购政策，采用低碳技术和服务，改善市政府建筑物的能源效益，鼓励公务员养成节能习惯。

2）丹麦哥本哈根

丹麦从 20 世纪中期就开始进行可持续的城市规划，一直被视为零碳转型的先锋和学习对象，丹麦首都哥本哈根更是发展低碳经济的典范。哥本哈根市政府在 2009 年提出到 2025 年实现碳中和的目标，并在 2012 年发布了《哥本哈根 2025 气候规划》，详细规划了哥本哈根的减排方向、目标和路径，其中分阶段的具体目标是到 2015 年，将城市的碳排放量减少 20%（与 2005 年相比），并于 2025 年实现整个城市的碳中和。

根据其 2012 年的规划，哥本哈根的减排路径主要聚焦在能源消耗、能源生产、公共交通、行政管制四个角度，其中通过能源生产减排的体量最大，占 74%，其余三方面分别占比 7%、11%和 2%。

在能源消耗方面，哥本哈根主要希望从建筑上节能，尤其是广告和服务行业的建筑与家庭建筑。具体方法包括从运营上节能，如与地产商、建筑管理者等合作，提高建筑内的用电、供热、供冷效率；改进城市建筑的能源系统，如升级那些还在用燃油加热的老房子，在设计新建筑时将可持续意识考虑进去；大力推进太阳能发电。

在能源生产方面，哥本哈根大力发展风能、生物质能、多种能源发电和废弃物能源。规划中尤其强调，哥本哈根的能源结构需要更加丰富，互相支持，这样才能在意外发生、某种能源被切断后，城市还能持续运转。哥本哈根还进一步计划了如何将废弃物转化成能源，主要包括提高家庭、商业和工业垃圾的分类标准，将家庭有机废弃物转化成沼气，搭建更多材料回收工厂等。

此外，规划中也把公共交通视为城市减排的一大重点，希望能到 2025 年实现 75%的出行都由步行、自行车或公共交通完成，并且实现公共交通领域的碳中和。

在行政管制方面，哥本哈根市政府的实践主要聚焦于建筑、能源效率、新型能源技术发展、城市交通等方面。

3. 可供借鉴的低碳发展实践经验

欧美国家的低碳发展成熟经验可为我国碳中和实践提供有益参考。

1）进行科学的城市规划

规划形成用地集约、结构紧凑、功能混合的空间布局，高效低碳、循环再生的资源能源利用体系，行人优先、通畅便捷的绿色交通体系，布局均匀、互相连接的绿色基础设施，绿色环保、宜居舒适的绿色建筑与社区。改变基于单一功能的分区制，提倡混合用地，实现就业、居住相对平衡，在提升城市容量的同时充分利用已有基础设施和服务设施，进一步降低碳排放量。同时，在国土空间规划编制过程中，应严控城市开发边界，运用多种规划管制手段控制城市过度扩展，进一步提高节约集约用地的水平。

2）抓好重点领域，构建低碳型产业结构体系

建立低碳产业结构体系是建设低碳城市的重点，其核心是逐步改变以煤为主的能源结构体系，采用新能源或者清洁能源。同时，重点发展第三产业：①继续大力发展现代服务业和高新技术产业，这些产业都具有低能耗、低排放和就业带动能力强的特点；②大力发展新能源、可再生能源和节能环保等低碳产业；③大力发展生态农业和有机农业，增加森林蓄积量和碳汇能力。

3）用好市场手段和制度工具

使用市场化手段，可以深度挖掘企业的节能减碳潜力，助力碳中和目标的实现，如英国运用了多种市场化手段，特别是同时使用碳排放权交易和碳税两种制度工具，使两者的互补作用得以充分发挥，取得了明显的减排成效。在市场化手段完善方面，可以借鉴英国做法，将碳税作为碳排放权交易的必要补充，形成以“碳排放权交易+碳税”为主要工具的市场化减排机制，既做到推动重点领域的节能降碳，又可以普遍规范企业的减碳模式。

4）倡导低碳生活方式，加强公众参与

碳排放与企业生产和居民消费密切相关，为实现低碳发展，需要广泛的公众参与。应学习欧美发达国家经验，加强公众参与，组织行业专家深入地方和企业，开展国家低碳发展战略相关政策文件的宣贯，强化公众对碳中和的认识；发挥好行业协会、非政府组织、产业联盟、咨询公司、评价认证机构等的作用，为地方政府和企业的相关实践提供必要帮扶；对于主动开展信息公开、自愿减排等减碳实践且取得显著成效的企业和个人，应给予相关的表彰、奖励和宣传，树立典型，积极营造全民参与氛围。

9.2　国内低碳发展规划实践

9.2.1　我国低碳发展规划的实践进展

1. 我国低碳发展理念的提出

建设生态文明、推动绿色低碳循环发展对于推进美丽中国建设、实现中华民族永续发展、实现“两个一百年”奋斗目标、实现中华民族伟大复兴的中国梦具有重要意义。党的十八大以来，以习近平同志为核心的党中央把生态文明建设摆在全局工作的突出位置，全面加强生态文明建设。2015 年，习近平在气候变化巴黎大会开幕式上指出，“中国将把生态文明建设作为‘十三五’规划重要内容，落实创新、协调、绿色、开放、共享的新发展理念，通过科技创新和体制机制创新，实施优化产业结构、构建低碳能源体系、发展绿色建筑和低碳交通、建立全国碳排放交易市场等一系列政策措施，形成人和自然和谐发展现代化建设新格局”①。党的二十大报告提出，“必须牢固树立和践行绿水青山就是金山银山的理念，站在人与自然和谐共生的高度谋划发展”“坚持山水林田湖草沙一体化保护和系统治理，统筹产业结构调整、污染治理、生态保护、应对气候变化，协同推进降碳、减污、扩绿、增长，推进生态优先、节约集约、绿色低碳发展”②。

2. 我国低碳发展行动概览

1）低碳试点城市建设

我国积极应对气候变化。2009 年 11 月国务院提出我国到 2020 年控制温室气体排放的行动目标后，各地纷纷主动采取行动落实党中央决策部署。2010—2024 年，我国已陆续开展 3 批共 87 个低碳省区和城市的建设（表 9-1）。中国的城市低碳发展已经进入一

表 9-1　我国低碳试点省区和城市批次

项目	第一批	第二批	第三批
提出时间	2010 年	2012 年	2017 年
试点数量/个	13	29	45
试点省区和城市名单	广东省、辽宁省、湖北省、陕西省、云南省、天津市、重庆市、深圳市、厦门市、杭州市、南昌市、贵阳市、保定市	北京市、上海市、海南省、石家庄市、秦皇岛市、晋城市、呼伦贝尔市、吉林市、大兴安岭地区、苏州市、淮安市、镇江市、宁波市、温州市、池州市、南平市、景德镇市、赣州市、青岛市、济源市、武汉市、广州市、桂林市、广元市、遵义市、昆明市、延安市、金昌市、乌鲁木齐市	乌海市、沈阳市、大连市、朝阳市、逊克县、南京市、常州市、嘉兴市、金华市、衢州市、合肥市、淮北市、黄山市、六安市、宣城市、三明市、共青城市、吉安市、抚州市、济南市、烟台市、潍坊市、长阳土家族自治县、长沙市、株洲市、湘潭市、郴州市、中山市、柳州市、三亚市、琼中黎族苗族自治县、成都市、玉溪市、普洱市思茅区、拉萨市、安康市、兰州市、敦煌市、西宁市、银川市、吴忠市、昌吉市、伊宁市、和田市、新疆生产建设兵团第一师阿拉尔市

资料来源：国家发展改革委

①《习近平在气候变化巴黎大会开幕式上的讲话（全文）》，https://www.gov.cn/xinwen/2015-12/01/content_5018478.htm，2015 年 12 月 1 日。

②《习近平：高举中国特色社会主义伟大旗帜 为全面建设社会主义现代化国家而团结奋斗——在中国共产党第二十次全国代表大会上的报告》，https://www.gov.cn/xinwen/2022-10/25/content_5721685.htm，2022 年 10 月 25 日。

个新的发展阶段，低碳试点城市的数量、覆盖范围、代表性、低碳探索的深入程度、政策措施的创新性等方面取得了非常大的进展。

2）低碳城市发展重点任务

我国低碳城市发展的重点任务可归纳为以下四点。

第一，增长方式的低碳转型。通过改变产业发展方式，靠技术进步和创新驱动产业增长，促进传统产业的低碳转型，大力发展新型的绿色低碳经济，逐步实现经济增长和碳排放的脱钩。

第二，能源系统的低碳转型。通过实施能源生产和消费革命，构建以清洁、低碳为特征的能源供应体系，合理控制能源需求总量，大幅提升能源利用效率和管理水平，逐步实现能源增长和碳排放的脱钩。

第三，消费模式的低碳转型。通过转变市民生活和消费方式，在满足合理消费需求和提升生活品质的同时，通过广泛的宣传教育和积极的政策引导，形成绿色、低碳、节约的消费理念和生活消费方式，逐步实现消费增长和碳排放的脱钩。

第四，城市化模式的低碳转型。城市形态、城市设计和城市连通性是城市温室气体长期排放水平的重要影响因素，通过改变新、扩建城市的形态，加强低碳基础设施建设，改善对土地利用模式与公共交通体系的设计和规划，以实现低碳转型。

3）低碳城市减排行动进展

“十三五”期间，我国低碳发展规划实践取得了显著进展。大多数省级地区已基本实现国家下达的碳排放强度下降目标，其中，21 个省级地区超额完成了碳排放强度下降目标。我国 2020 年单位 GDP 二氧化碳排放较 2015 年下降 18.8%，超额完成“十三五”下降 18%的约束性目标，较 2005 年下降 48.4%，超额完成 40%—45%的控制温室气体排放目标。

4）《国家碳达峰试点建设方案》

2023 年 10 月，国家发展改革委印发了《国家碳达峰试点建设方案》，提出在全国范围内选择 100 个具有典型代表性的城市和园区开展碳达峰试点建设，在政策、资金、技术等方面对试点城市和园区给予支持，加快实现绿色低碳转型，为全国提供可操作、可复制、可推广的经验做法。《国家碳达峰试点建设方案》还提出了坚持积极稳妥、坚持因地制宜、坚持改革创新、坚持安全降碳等 4 条工作原则。

《国家碳达峰试点建设方案》的组织实施包括以下具体步骤。

一是确定试点名单。统筹考虑各地区碳排放总量及增长趋势、经济社会发展情况等因素，首批在 15 个省区开展碳达峰试点建设，由有关省区发展改革委根据分配名额提出建议名单。国家发展改革委根据首批试点推进情况，组织开展后续试点建设。

二是编制实施方案。有关省区发展改革委要指导试点城市和园区按照《碳达峰试点实施方案编制指南》的要求，结合自身实际科学编制试点实施方案，明确重点任务、改革举措、重大项目和工作进度安排等。

三是开展试点建设。各试点城市人民政府和试点园区管理机构承担主体责任，完善工作机制，按照实施方案扎实开展建设。有关省区发展改革委履行指导责任，督促试点城市和园区推进各项重点工作等。

四是加强总结评估。有关省区发展改革委组织试点城市和园区定期开展建设情况总结评估，系统梳理试点工作进展成效，深入分析试点建设中遇到的问题。国家发展改革委将会同有关方面加强对试点工作指导和督促检查等。

五是做好经验推广。试点城市和园区及时梳理总结有推广价值的经验模式、典型案例和成功做法，有关省区发展改革委将行之有效的经验做法在本地区率先推广，推动转化为地方法规、政策制度、标准规范等。

9.2.2 我国低碳发展规划与国外的差异

我国城市与发达国家城市之间存在以下几个方面的差异：一是管辖范围，我国城市的管辖范围包括城市建成区与周边农村地区，而发达国家城市的管辖区域仅以城市建成区为核心；二是发展阶段，我国大多数城市仍处于快速城市化进程阶段，还需要大规模基础设施建设，而发达国家城市大多已完成城市化进程和基础设施建设；三是产业结构，我国各城市处于不同的工业化阶段，工业在各城市的发展中仍然居主导地位，而发达城市已进入后工业化阶段，现代服务业已成为主导产业；四是能源结构，我国城市在能源消费方面仍高度依赖煤炭，而发达国家城市多以石油和天然气为主要能源；五是重点排放源，我国城市的二氧化碳排放主要来自工业，此外交通和建筑部门的排放也在迅速增长，而发达国家城市的主要排放源已不再是工业，而是交通和建筑部门。

基于以上差异，我国的低碳发展规划在减排目标、重点减排领域、能源统计体系、管理手段等方面与国外存在差异。例如，在减排目标上，如表 9-2 所示，我国设定了灵活的强度控排目标，如碳强度，与我国设定了相似减排目标的国家还有印度；《联合国气候变化框架公约》附件一国家多以严格的绝对量控排目标作为自己的减排目标；南非和巴西则设定了相对 BAU 的减排目标。在重点减排领域和能源统计体系方面，我国更侧重工业领域的减排和统计，交通和建筑部门的能源统计体系相对薄弱，而发达国家相反，更注重建筑和交通领域的减排。在管理手段方面，我国更偏向行使行政部门的权力进行管理，而国外则更倾向利用市场激励手段推进社会的低碳发展。

表 9-2 国际低碳发展规划的减排目标类型

目标类型	形式与特点	严格特点	应用
绝对量控排目标	未来某一目标年的排放总量相对历史某一年排放总量的变化量	严格	附件一国家
强度控排目标	以单位 GDP 的二氧化碳排放（即碳强度）为指标，规定到某一目标年碳强度相比基准年水平的变化幅度	严格	中国、印度
相对 BAU 的减排目标	基于情景研究，得到 BAU 下未来的排放总量，再设定未来目标年排放相对目标年 BAU 排放的下降程度	严格	南非、巴西
排放总量峰值目标	绝对量控排目标的一种特殊形式。要素包括到达峰值的时间点、峰值时的排放量、到达峰值前的排放路径和到达峰值后的排放下降路径	严格	

9.3 碳中和规划方法与步骤

9.3.1 低碳发展规划的整体思路

低碳发展规划的整体思路可按时间、空间和结构分为三个维度。

时间维度上，在短、中、长期时间尺度内建立发展进程与节能减碳目标的密切关联，合理选择战略路径，分阶段设定社会经济发展和节能减碳目标。

空间维度上，在城市群、城市、城区与小城镇社区尺度优化空间布局，塑造低碳城市形态，推动城市空间结构向多中心、多层次、组团式结构转变，实现职住平衡，降低因城市布局和基础设施设计不合理造成的碳排放。

结构维度上，以提升碳生产率为低碳发展的核心目标，以转变经济发展方式和调整经济结构为主线，优化城市产业、行业与产品结构，实现碳排放控制与提升经济和技术竞争力的双赢。

低碳发展规划研究、编制与实施的主要步骤如图 9-3 所示。

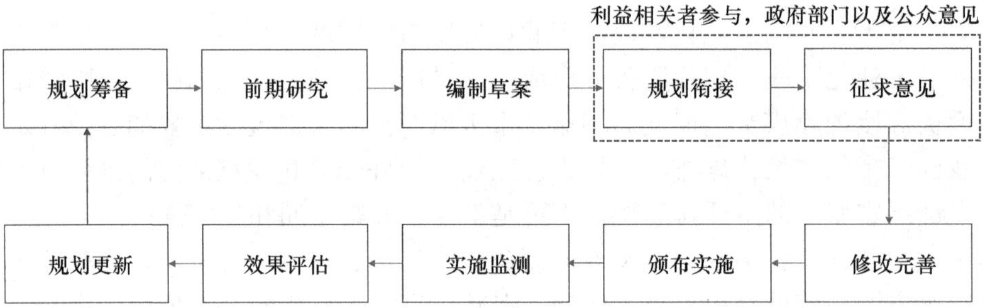

图 9-3 低碳发展规划研究、编制与实施的主要步骤

9.3.2 城市碳达峰方案的具体步骤

城市达峰行动方案的制订一般包括五个关键步骤：第一，明确达峰的宏观经济和政策背景；第二，温室气体清单编制；第三，减排潜力分析及达峰目标确定；第四，重点领域识别和政策措施优选；第五，制定达峰方案中的保障措施。

1. 步骤一：明确达峰的宏观经济和政策背景

只有明确城市经济、社会、环境发展现状、目标及相关政策，理解宏观形势背景，才能更好地统筹达峰目标和城市发展的其他发展目标。在这一步骤中，需要收集包括城市经济数据、能源结构（可参考能源平衡表）、环境状况、城镇化状况等在内的宏观信息，并协同城市达峰目标与国际、国家和所在地区的需求，以及统筹城市达峰目标与自身发展目标，打造竞争优势。通过分析梳理城市现状，最终得出对城市现状、发展目标和达峰前景的宏观理解。

2. 步骤二：温室气体清单编制

温室气体清单的编制需经历排放量估算、不确定性分析、质量控制与质量保证、清单报告、回算等五个关键步骤。其中，第一步排放量估算又包括五个具体步骤，分别为基于能源平衡表重新划分部门、确定适用的排放因子、核算能源活动直接排放 CO_2、核算外购电力间接排放 CO_2、编制城市排放清单等。

温室气体清单编制所需要的主要数据包括活动水平数据和排放因子数据两大类。如表 9-3 所示，活动水平数据主要来自国家统计部门和各行业掌握的与温室气体排放或吸收各类别相关的生产数据和信息；排放因子数据主要来自研究测试、企业生产监测以及国际或国家推荐数据。

表 9-3　温室气体清单编制数据来源总结

数据类别	数据来源
活动水平数据	• 主要来自国家统计部门和各行业掌握的与温室气体排放或吸收各类别相关的生产数据和信息 • 一般应以来自统计部门的数据为准，也可以采用电力部门、油气部门，以及工业、销售等行业部门的统计数据 • 主要聚焦在掌握本地与清单编制相关的活动水平数据 • 对于城市边界内拥有大型排放实体的，还应当特别关注这些排放实体的相关数据
排放因子数据	• 主要来自研究测试、企业生产监测以及国际或国家推荐数据 • 一般可以采用国家推荐数据，但如果本地的生产工艺、生产技术水平、能源品种与国家平均水平显著不同，则需要城市自行开展排放因子调查研究
当编制清单所必需的数据缺失时，一般可以采用国家提供的该类别缺省值，或者借鉴国内外可比城市、可比技术的其他地区数据，具体可参考《中国温室气体清单研究》《2005 中国温室气体清单研究》《中国 2008 年温室气体清单研究》等资料	

资料来源：中国达峰先锋城市联盟《城市达峰指导手册》

3. 步骤三：减排潜力分析及达峰目标确定

在完成温室气体清单的编制工作后，城市可进一步确定达峰目标。城市达峰目标看起来只是一组量化的数字，然而实际上这反映的是城市社会经济活动低碳转型的重要节点性成果，达峰战略、达峰路径和具体目标的设定，实际上是城市低碳发展战略的量化表征。在制定城市达峰目标时，需要应用科学决策方法。

现阶段中国城市确定达峰目标时，需要结合“自上而下”和“自下而上”两种思路与方法并统筹宏观发展现状进行综合分析。其中，“自上而下”分析主要基于城市国民经济和社会发展综合规划，以当前发展状况为基础，估计未来经济增长、能源消耗和能效水平，进而计算未来碳排放趋势，通常用于估计达峰目标年和峰值排放量的大致范围。“自下而上”分析方法是从城市碳排放现状出发，根据各部门和企业可选用的节能减排项目措施及其成本信息，确定城市减排的经济技术潜力，进而确定适合城市的达峰及减排目标，主要用于在大致范围确定的基础上具体测算峰值目标量及实现目标的方法和途径。

案例 9-1　　运用 EPS 模型研究中国未来低碳发展路径

世界资源研究所基于 EPS（energy policy simulator，能源政策模拟）模型，分析了中国未来实现减排的路径和重点行业的减排潜力。研究结果表明，如果维持现有政策及行动的发展，中国将可以于“十四五”中后期（2023 年左右）进入排放平台期，且在“十五五”中期（2027 年左右）达到不超过 109 亿吨二氧化碳排放的峰值。

在现有政策及行动的情景下，中国在排放达峰以后仍将有 5 年左右的平台期，直至 2032 年左右才出现明显的排放下降趋势。该研究运用 EPS 模型识别了中国实现深度减排的关键驱动力，并通过研究评估及敏感性分析筛选出了具有减排效果且成本相对较低的包含 23 项技术措施的政策组合，主要包括工业、能源生产、建筑、交通领域的直接控排手段以及碳去除手段与市场手段。在工业领域，减排潜力主要来自循环经济的大力发展与工业能效的有效提升；在能源生产领域，电力生产的低碳化主要依赖于电力生产结构的优化；在建筑领域，提升建筑电气化水平和建筑能效将带来较高的减排潜力；在交通领域，推广高效及清洁的交通将是中后期减排的重点。此外，实现深度减排也离不开碳去除手段的应用。

4. 步骤四：重点领域识别和政策措施优选

重点领域识别和政策措施优选是落实城市达峰目标的具体举措和关键环节。通过识别城市达峰的重点领域和行动，可以把目标分解到具体的部门、行业、企业、社区和项目层面，以及不同的时间和空间尺度，并在此基础上提出实现上述目标所需要的具体政策和措施。

如图 9-4 所示，重点领域识别和政策措施优选通常是一个定性和定量相结合的过程，包括利益相关方参与和论证、数据和技术分析两类活动。

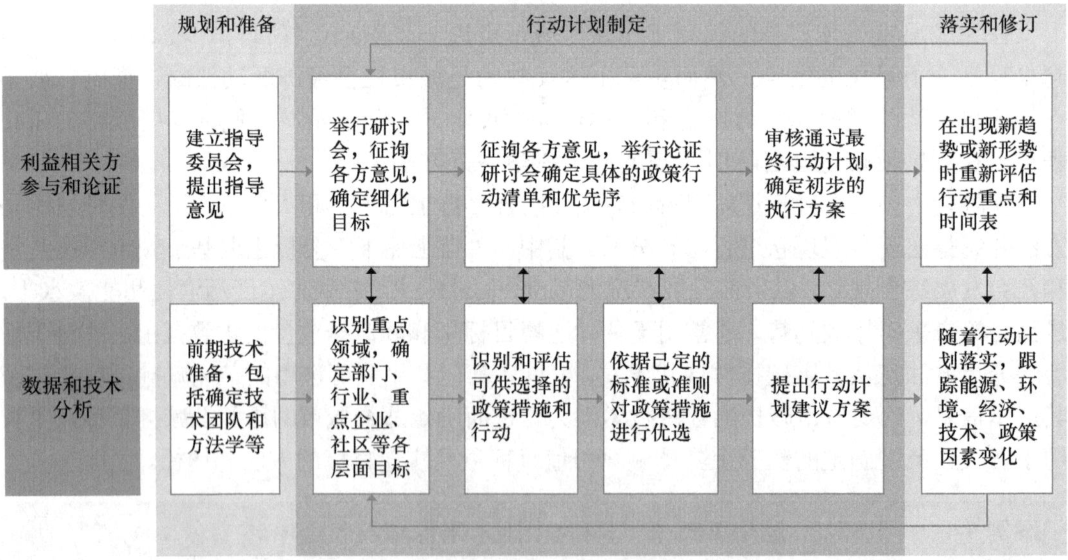

图 9-4　重点领域识别和政策措施优选的一般流程

资料来源：中国达峰先锋城市联盟《城市达峰指导手册》

从定性的角度，根据工业化进程、城市化进程、产业结构、能源结构和非化石潜力等因素，可初步判断城市的达峰重点领域（图 9-5）。从定量的角度，城市可根据自身能力、数据基础和时间/资源约束选取方法，可选的具体方法如图 9-6 所示。

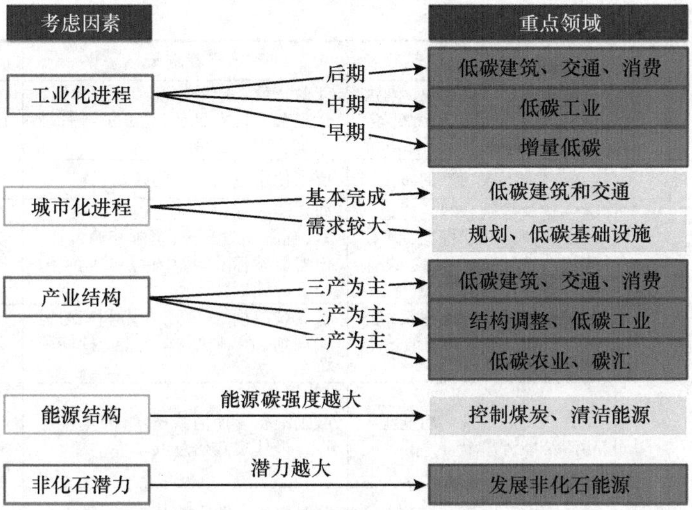

图 9-5　定性法重点领域识别

资料来源：中国达峰先锋城市联盟《城市达峰指导手册》

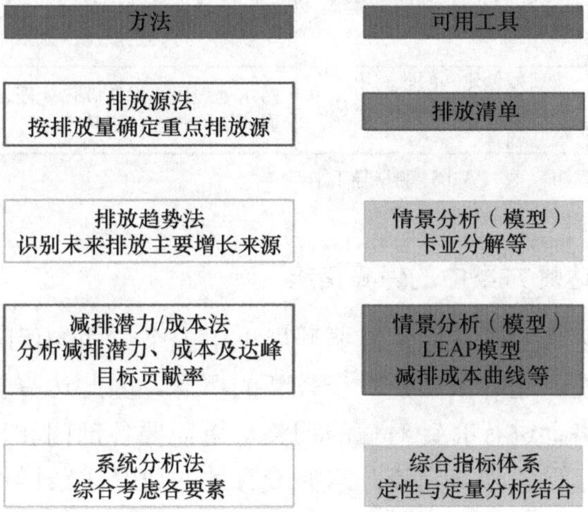

图 9-6　定量法重点领域识别

资料来源：中国达峰先锋城市联盟《城市达峰指导手册》

在确定达峰重点领域后，城市就应该识别各领域可供选择的政策措施清单。表 9-4 对分领域的代表性政策措施进行了概括，可作为城市识别政策措施的基础。

表 9-4　城市达峰政策措施清单

部门	领域	普遍推行的政策	推荐政策	潜力政策
规划产业	优化城市空间形态	以公共交通为导向的城市空间规划	紧凑型城市、土地混合利用、低碳城市规划	
	优化经济和产业结构	推动低碳工业园区建设	开发科技中心和创意园区、技能培训、实施项目碳排放影响评价	简化低碳第三产业审批、对低碳第三产业进行财政激励
工业	需求控制	发展循环经济、限制能源密集行业投资	强制性废物转移和回收、培养消费者节能意识	低碳基础设施

续表

部门	领域	普遍推行的政策	推荐政策	潜力政策
工业	提高能效	补贴和奖励、减免税、淘汰落后产能、对标、能源服务行业、能源审计、阶梯电价	能效贷款、能效标准和标识体系、重点节能技术目录、建立能源管理系统、差别电价	能源管理培训、碳税
建筑	需求控制	结束“大拆大建”的做法	要求使用更高质量的建筑材料	激励小型住宅
	提高能效	绿色建筑导则和绿色通道、设计和建设节能标准、既有建筑改造补贴、绿色建设补贴、节能产品补贴	建筑能效标识和信息披露、热计量、强制能效升级、强制能源审计、电器能效标准、集中供热管网维护与升级计划	运行能效标准（能效定额）、能效投资、基于绩效的激励
交通	需求控制	公共交通基础设施建设、公共自行车、信息与通信技术系统管理	低碳城市规划、智慧城市和交通运输规划、限制机动车牌照、拥堵和停车收费	公交通勤 App
	提高能效	在公共交通中推广新能源和清洁能源车辆	鼓励消费者使用新技术、充电桩建设、最佳实践信息共享	推广混合动力及纯电动卡车、减少卡车超载、无人驾驶汽车试点
能源	电力行业能源结构优化	可再生能源配额制度、煤炭总量控制、火电厂排放标准、可再生能源直接补贴	分时电价、净计量电价、灵活性负荷集成	企业可再生能源直购、电力公司集成服务商业模式
	终端分布式用能结构优化	开发区域分布式供热新系统、煤改气	鼓励连接到区域能源系统；技术优惠：地源热泵、工业余热回收、热电联产、可再生能源、太阳能热	强制连接到区域能源系统；技术优惠：生物质能、水源供热/制冷
废弃物和碳汇	废弃物和碳汇	垃圾减量化和回收利用、节水和污水处理、植树造林、公共教育	污水处理后污泥低碳化处理、综合固体废物管理、森林管理	

资料来源：中国达峰先锋城市联盟《城市达峰指导手册》

5. 步骤五：制定达峰方案中的保障措施

城市要顺利完成达峰工作，通常需要开展以下五个方面的保障工作。

对大多数城市来说，达峰依然是一个较新的概念，因此达峰目标的实现不仅需要城市在整体宏观发展战略上进行有针对性的调整，更需要各部门和行业在具体实践层面，通过多种形式的能力建设和学习交流，掌握最有效的达峰实践操作方法。

中国城市在低碳转型和达峰过程中，可在用好用足国家现有各项激励政策的前提下，在优选达峰政策和行动基础上，进一步结合自身实际情况，在法规标准、产业政策、经济激励、国际合作等方面，大胆开展实践试点和政策创新。

资金投入也是促进城市达峰行动方案顺利推进的重要动力。城市应根据达峰方案提出的目标和主要任务、重点行动等，构建多元化资金投入机制，保障城市低碳发展与碳排放达峰行动的资金供给。

市场机制通过推进市场参与者的自由决策、公平竞争、价格引导等作用，增强市场内企业的竞争力，以优胜劣汰的方式实现过剩产能化解、先进产能扩张、产业结构调整与低碳化发展。

评估是达峰方案的组成部分，是指以达峰目标和方案为基准，阶段性地对达峰进程中的行动、实施的项目以及达到的效果与目标进行对照，必要时对方案做出相应调整，从而保证城市按照达峰路径逐步落实达峰方案，实现既定达峰目标。

9.3.3　企业碳中和规划的具体步骤

气候变化带来的资源约束问题越发凸显，企业未来的发展空间将很大程度上受制于碳排放指标，投资方向和技术创新方向也将更多聚焦于提升企业自身低碳发展水平。因此，企业碳减排目标的确定与业务发展目标的设定息息相关。企业碳中和规划应当涵盖从定义到执行，再到循环迭代全过程，最终帮助企业推动内部创新，实现降本增效。

企业碳中和规划包括以下三个关键步骤：首先，对企业自身的碳排量获取全面了解，从而为企业减排行动提供方向；其次，基于企业的外部需求和内部能力，规划切实可行的、有助于实现碳中和的减排目标，可激励企业在自身能力范围内高效实现碳中和；最后，在目标的指导下，制定具体的减排措施，助力企业将可持续发展的理念贯彻落实到每一个生产环节。

1. 第一步：开展碳基线盘查

开展碳基线盘查这一步骤又可划分为以下五小步。

一是确定碳排放边界。确定方法有三种：股权比例方法、财务控制方法和运营控制方法。

二是明确排放范围和排放源。《温室气体核算体系》将温室气体排放范围分为范围一、范围二和范围三，具体见本书 3.1 节。

三是选择量化方法。碳核算最主要的形式可以被分为基于测量和基于计算两种方式，具体从现有的温室气体排放量核算方法来看，主要可以概括为三种，即排放因子法、质量平衡法、实测法。

四是开展碳核算。收集活动数据，然后确定排放因子，最后计算并汇总温室气体排放量，并根据国际公认的标准将不同温室气体的排放数据转化为统一的指标——二氧化碳当量。

五是创建清单报告及核查。核查又分为内部核查和外部核查。内部核查是由公司内部组织碳盘查的核查工作，对数据收集、计算方法、计算过程以及报告文档等进行核查；外部核查是由第三方机构进行核查。

2. 第二步：设定碳减排目标

设定碳减排目标是企业碳中和规划的重要一步。它帮助企业识别运营和价值链中的碳排放来源，同时辨识碳排放在运营和价值链中的比重，以科学的方式制订减碳计划，从而帮助企业减缓气候变化的不良影响。

企业制定出切实可行的减排目标，通常需要考量以下四个维度：一是确定投入决心，即根据当前排放水平、投资意愿、所处行业对企业的期望或要求，确定减排目标的雄心；二是选择目标类型，即设置与全球“升温情景”挂钩的碳减排绝对目标或相对目标；三是设置目标范围，即确定减排目标涵盖的范围（范围一、范围二、范围三），以及需纳入的地区和业务部门；四是设立目标时间线，为保证目标切实可行，企业需设立短、中、长期目标。

为企业制定了一个或多个宏观目标后，需要制定能够达成这些减排目标的路线图。路线图需要包括能够维持减排动力的减排里程碑和关键绩效指标。

案例 9-2　　科学碳目标倡议

科学碳目标倡议（science-based targets initiative，SBTi）是基于气候科学，旨在减少碳排放和符合《巴黎协定》限制全球温升幅度要求的全球倡议。目前设定科学碳目标有三种公开可用的方法，包括绝对减排法、行业减排法和经济强度/物理强度收敛法。无论是何种方法，其步骤通常都包括碳预算、排放情境、分配方式等三部分（图 9-7）。

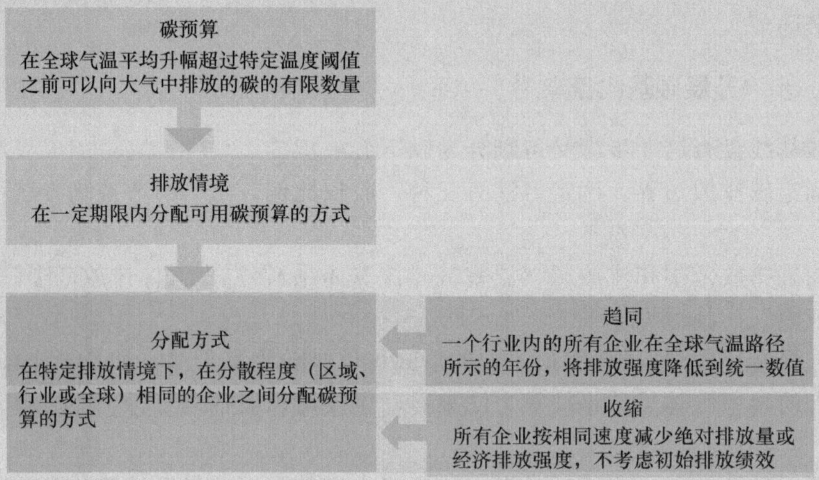

图 9-7　科学碳目标设定方法的主要元素

资料来源：世界自然基金会《科学碳目标设定手册》

SBTi 建议企业同时建立短期减排目标和长期减排目标（图 9-8）。短期目标为截至 2030 年的目标，长期目标为 2030—2050 年的目标，需与 2015 年《巴黎协定》减排目标规定保持一致。

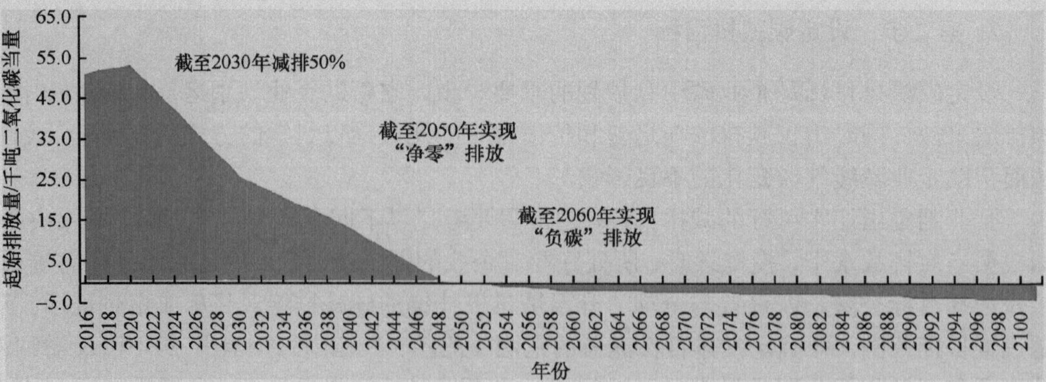

图 9-8　企业科学碳目标

3. 第三步：设计减排举措

碳中和路径图为企业自身设定的目标固然是重要的纲领，但最终的实现仍需要具体措施来落地执行，因为具体的减排措施不仅可以反映行业自身特点，聚焦行业前沿领域，也是企业自身技术储备和供应链优化的切实体现。

企业在设计减排举措时，可以从以下几个角度开展关键减排行动。一是在目标规划方面，盘查并设定碳中和目标；二是在内部运营方面，优化运营能效、增加业务运营中可再生能源的使用、打造绿色建筑、倡导绿色工作方式等；三是在价值链合作方面，助力供应链脱碳、设计可持续产品、采用下游绿物流服务、推出助力其他行业脱碳的产品及服务等。

案例 9-3　　以伊利集团碳中和规划实践为例

伊利集团是全球乳业五强、亚洲第一大乳业公司。2012 年，伊利集团实现碳达峰，并表示将在 2050 年前实现全产业链碳中和，并制定了 2030 年、2040 年、2050 年三个阶段的具体任务。

2019 年，伊利集团开展产业链碳盘查，报告了包括范围一和范围二的 190 万吨温室气体排放（图 9-9）。碳盘查结果表明，伊利集团自身生产过程的直接与间接排放（即“范围 1”和“范围 2”）占碳排放总量的不到 10%，绝大多数的温室气体排放（>90%）来自产业链活动（“范围 3”）。

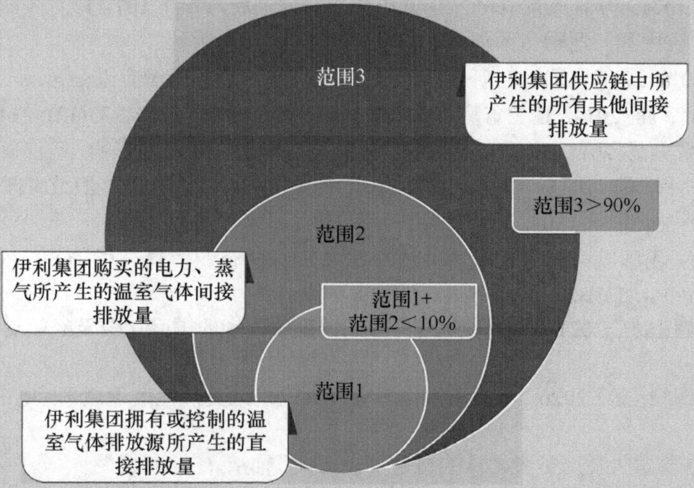

图 9-9　伊利集团碳盘查结果

资料来源：伊利集团《零碳未来报告》

为实现 2050 年全产业链碳中和，伊利集团设计了全产业链减碳行动生态图，带动从饲草种植、奶牛养殖、原奶运输、加工灌装到储运销售等众多环节的全产业链共同迈向碳中和。实施的具体行动包括建立奶牛营养评估体系、创新培育“低碳”奶牛、推进“种养一体化”循环发展模式、建立全链减碳合作平台、建设清洁“零碳工厂”、建设光伏发电设备、提高清洁用电占比、研发低碳环保包装等。

参 考 文 献

奥兰·扬. 2014. 直面环境挑战：治理的作用. 赵小凡, 邬亮, 译. 北京：经济科学出版社.

北京交通大学中国综合交通研究中心. 2009. 不同交通方式能耗与排放因子及其可比性研究. https://www.efchina.org/Attachments/Report/reports-efchina-20110317-1-zh[2024-08-01].

北京理工大学能源与环境政策研究中心. 2022. 中国碳市场回顾与展望（2022）. https://ceep.bit.edu.cn/docs//2022-01/eb3a1bf65b6e499281122c9d55ef2f7d. pdf[2024-02-23].

薄燕, 高翔. 2017. 中国与全球气候治理机制的变迁. 上海：上海人民出版社.

陈荣. 1995. 城市土地利用效率论. 城市规划汇刊, (4): 28-33, 63.

陈书雪, 王雪成, 凤振华. 2023. 部分发达国家和地区交通运输低碳发展经验及对我国的启示. 交通运输研究, 9(2): 100-108.

陈伟强, 汪鹏, 钟维琼. 2022. 支撑“双碳”目标的关键金属供应挑战与保障对策. 中国科学院院刊, 37(11): 1577-1585.

陈向阳. 2021. 人口、消费的规模与结构对碳排放的影响：理论机制与实证分析. 环境经济研究, 6(3): 8-24.

陈振林, 王昌林. 2023. 气候变化绿皮书：应对气候变化报告（2023）积极稳妥推进碳达峰碳中和. 北京：社会科学文献出版社.

崔和瑞, 魏朋邦. 2016. 钢铁行业节能减排政策情景研究：基于 LEAP 模型. 北京理工大学学报（社会科学版）, 18(6): 1-9.

邓旭, 谢俊, 滕飞. 2021. 何谓“碳中和”?. 气候变化研究进展, 17(1): 107-113.

丁仲礼, 等. 2022. 碳中和：逻辑体系与技术需求. 北京：科学出版社.

傅志寰, 孙永福. 2019. 交通强国战略研究. 北京：人民交通出版社股份有限公司.

盖美, 连冬, 田成诗, 等. 2014. 辽宁省环境效率及其时空分异. 地理研究, 33(12): 2345-2357.

干春晖, 郑若谷, 余典范. 2011. 中国产业结构变迁对经济增长和波动的影响. 经济研究, 46(5): 4-16, 31.

宫大鹏, 赵涛, 慈兆程, 等. 2015. 基于超效率 SBM 的中国省际工业化石能源效率评价及影响因素分析. 环境科学学报, 35(2): 585-595.

观研报告网. 2021. 我国风力发电行业产业链现状及上下游企业优势分析. https://market.chinabaogao.com/nengyuan/0R45523B2021.html[2024-01-29].

郭士伊, 刘文强, 赵卫东. 2021. 调整产业结构降低碳排放强度的国际比较及经验启示. 中国工程科学, 23(6): 22-32.

郭通, 李永刚, 徐姗姗, 等. 2020. 考虑多主体博弈的火电机组灵活性改造规划. 电工技术学报, 35(11): 2448-2459.

何加群. 2022. 论我国重大技术装备轴承的自主安全可控. 轴承, (1): 1-17.

湖南省交通运输厅. 2018. 交通运输部解读《关于全面深入推进绿色交通发展的意见》. https://jtt.hunan.gov.cn/hnsy/sygg/201801/t20180130_5245954.html[2024-08-01].

黄莹, 郭洪旭, 廖翠萍, 等. 2019. 基于 LEAP 模型的城市交通低碳发展路径研究：以广州市为例. 气候变化研究进展, 15(6): 670-683.

姜霞, 黄祖辉. 2016. 经济新常态下中国林业碳汇潜力分析. 中国农村经济, (11): 57-67.

交通运输部规划研究院. 2022. 中国交通运输行业气候目标及行动建议. https://transition-china.org/wp-content/uploads/2022/08/CLIMAT3.pdf[2024-08-01].

李鹏, 吴文昊, 郭伟. 2021. 连续监测方法在全国碳市场应用的挑战与对策. 环境经济研究, 6(1): 77-92.

李晓易, 谭晓雨, 吴睿, 等. 2021. 交通运输领域碳达峰、碳中和路径研究. 中国工程科学, 23(6): 15-21.

联合国. 2015. 巴黎协定. https://unfccc.int/sites/default/files/chinese_paris_agreement.pdf[2024-02-26].
刘胜强. 2022. 推动公转铁公转水，助力碳达峰碳中和. http://epaper.cenews.com.cn/html/2022-01/18/content_73302.htm[2024-08-01].
吕翠, 王金阵, 朱伟平, 等. 2019. 氢液化技术研究进展及能耗分析. 低温与超导, 47(7): 11-18.
马翠梅, 徐华清, 苏明山. 2013. 温室气体清单编制方法研究进展. 地理科学进展, 32(3): 400-407.
毛涛. 2023. 碳中和视角下英国低碳发展实践研究. 中国国情国力, (1): 75-78.
内蒙古伊利实业集团股份有限公司. 2022. 伊利集团零碳未来报告. https://www.yili.com/uploads/2023-01-08/e49260a8-c9c7-4dc0-8a21-38e3b184f7a81673190585825.pdf[2024-08-01].
欧国立, 宁静. 2022. 促进我国公路运输绿色低碳发展的政策与路径. 可持续发展经济导刊, (7): 39-42.
清华大学建筑节能研究中心. 2023. 中国建筑节能年度发展研究报告 2023（城市能源系统专题）. 北京: 中国建筑工业出版社.
渠慎宁. 2019. 碳排放分解：理论基础、路径剖析与选择评判. 城市与环境研究, 6(3): 98-112.
《全球能源基础设施排放数据库》工作组. 2021. 全球能源基础设施碳排放及锁定效应 2021. 北京: 清华大学碳中和研究院.
搜狐汽车. 2022. 全球及中国汽车保有量及未来发展趋势预测报告. https://www.sohu.com/a/579072205_121025301[2024-08-01].
王灿, 蔡闻佳. 2020. 气候变化经济学. 北京: 清华大学出版社.
王灿, 蔡闻佳, 郑馨竺, 等. 2022. 碳中和目标下气候政策研究的前沿问题. 北京理工大学学报（社会科学版）, 24(4): 74-80.
王火根, 肖丽香, 廖冰. 2022. 基于系统动力学的中国碳减排路径模拟. 自然资源学报, 37(5): 1352-1369.
王克, 刘俊伶, 王艳华, 等. 2022. 中国煤电转型成本分析与风险评估. 北京: 中国人民大学.
吴得文, 毛汉英, 张小雷, 等. 2011. 中国城市土地利用效率评价. 地理学报, 66(8): 1111-1121.
西蒙 · 库兹涅茨. 1989. 现代经济增长. 戴睿, 易诚, 译. 北京: 北京经济学院出版社.
徐洪磊, 高美真, 刘胜强, 等. 2020. 绿色交通在新基建中大有可为. 中国公路, (9): 45-46.
徐硕, 余碧莹. 2021. 中国氢能技术发展现状与未来展望. 北京理工大学学报（社会科学版）, 23(6): 1-12.
徐天昊, 胡姗, 杨子艺, 等. 2023. 中国瑞典建筑碳排放对比及对中国建筑碳中和路径的启示. 气候变化研究进展, 19(3): 305-319.
许旭, 金凤君, 刘鹤. 2010. 产业发展的资源环境效率研究进展. 地理科学进展, 29(12): 1509-1517.
薛露露, 刘岱宗. 2022a. 精准施策：中国省级交通领域二氧化碳排放核算方法研究. https://wri.org.cn/sites/ default/files/2023-01/Pub_Transport%20Emission%20accounting_fin_CN_0.pdf[2024-08-01].
薛露露, 刘岱宗. 2022b. 迈向碳中和目标：中国道路交通领域中长期减排战略. https://wri.org.cn/sites/default/files/2022-06/%E9%81%93%E8%B7%AF%E4%BA%A4%E9%80%9A%E6%88%98%E7%95%A5_CN_fin_0.pdf[2024-08-01].
杨涵洧, 陈奇, 孙兰东, 等. 2023. 碳达峰和碳中和行动方案：国内外“双碳”实现路径的典型案例与启示. 气象科技进展, 13(2): 73-79.
杨卫东, 曾联波, 李想. 2023. 碳汇效应及其影响因素研究进展. 地球科学进展, 38(2): 151-167.
杨子艺, 胡姗, 徐天昊, 等. 2023. 面向碳中和的各国建筑运行能耗与碳排放对比研究方法及应用. 气候变化研究进展, 19(6): 749-760.
尹传斌, 朱方明, 邓玲. 2017. 西部大开发十五年环境效率评价及其影响因素分析. 中国人口 · 资源与环境, 27(3): 82-89.
尹科, 王如松, 周传斌, 等. 2012. 国内外生态效率核算方法及其应用研究述评. 生态学报, 32(11): 3595-3605.
原嫄, 孙欣彤. 2020. 城市化、产业结构、能源消费、经济增长与碳排放的关联性分析：基于中国省际收入水平异质性的实证研究. 气候变化研究进展, 16(6): 738-747.

翟盘茂，周佰铨，陈阳，等. 2021. 气候变化科学方面的几个最新认知. 气候变化研究进展，17(6): 629-635.
张海滨. 2022. 全球气候治理的历程与可持续发展的路径. 当代世界，(6): 15-20.
张海滨，等. 2021. 全球气候治理的中国方案. 北京：五洲传播出版社.
张金平，周强，王定美，等. 2023. 太阳能光热发电技术及其发展综述. 综合智慧能源，45(2): 44-52.
张军，陈诗一，Jefferson G H. 2009. 结构改革与中国工业增长. 经济研究，44(7): 4-20.
张蕾. 2021. 谭显春：碳减排，关键期的胜负手. 光明日报，2021-01-30(9).
张锁江，张香平，葛蔚，等. 2022. 工业过程绿色低碳技术. 中国科学院院刊，37(4): 511-521.
张贤，杨晓亮，鲁玺，等. 2023. 中国二氧化碳捕集利用与封存（CCUS）年度报告（2023）. https://file.vogel.com.cn/124/upload/resources/file/421008.pdf[2024-08-01].
张小全，谢茜，曾楠. 2020. 基于自然的气候变化解决方案. 气候变化研究进展，16(3): 336-344.
赵良仕，孙才志，郑德凤. 2014. 中国省际水资源利用效率与空间溢出效应测度. 地理学报，69(1): 121-133.
赵延兴，公茂琼，周远. 2019. 气相低温高压储氢密度和能耗的理论分析及比较. 科学通报，64(25): 2654-2660.
中国长期低碳发展战略与转型路径研究课题组，清华大学气候变化与可持续发展研究院. 2021. 读懂碳中和. 北京：中信出版社.
中国机械工程学会. 2022.【科普】光热发电与传统光伏发电的区别. https://www.thepaper.cn/newsDetail_forward_18010132[2024-01-29].
中国科学院科技战略咨询研究院. 2022. 美国 ARPA-E 资助 1.75 亿美元支持变革性清洁能源技术研发. http://www.casisd.cn/zkcg/ydkb/kjqykb/2022/202204/202207/t20220711_6474092.html[2024-01-29].
中国科学院可持续发展战略研究组. 2021. 2020 中国可持续发展报告：探索迈向碳中和之路. 北京：科学出版社.
中华人民共和国国家发展和改革委员会. 2021. “十四五”循环经济发展规划. https://www.ndrc.gov.cn/xxgk/zcfb/ghwb/202107/P020210707324072693362.pdf[2024-08-01].
中华人民共和国国家质量监督检验检疫总局，中国国家标准化管理委员会. 2015. 工业企业温室气体排放核算和报告通则. https://openstd.samr.gov.cn/bzgk/gb/newGbInfo?hcno=29DE620206A268D0E27B8739E332D70E[2024-08-02].
中华人民共和国生态环境部. 2023. 中国应对气候变化的政策与行动 2023 年度报告. https://www.mee.gov.cn/ywgz/ydqhbh/wsqtkz/202310/W020231027674250657087.pdf[2024-08-01].
钟若愚. 2009. 基于物质流分析的中国资源生产率研究. 北京：中国经济出版社.
周晨昊，毛覃愉，徐晓，等. 2016. 中国海岸带蓝碳生态系统碳汇潜力的初步分析. 中国科学：生命科学，46(4): 475-486.
Barthelemy H, Weber M, Barbier F. 2017. Hydrogen storage: recent improvements and industrial perspectives. International Journal of Hydrogen Energy, 42(11): 7254-7262.
Bataille C G F. 2020. Physical and policy pathways to net-zero emissions industry. WIREs Climate Change, 11(2): e633.
Brown P, Cardenas L, Choudrie S, et al. 2021. UK greenhouse gas inventory, 1990 to 2019: annual report for submission under the framework convention on climate change. http://uk-air.defra.gov.uk/assets/documents/reports/cat09/2105061125_ukghgi-90-19_Main_Issue_1.pdf[2021-08-01].
Chen W L, Yang S Y, Zhang X Z, et al. 2022. Embodied energy and carbon emissions of building materials in China. Building and Environment, 207: 108434.
Coase R H. 2013. The problem of social cost. The Journal of Law & Economics, 56(4): 837-877.
Falkner R. 2016. The Paris Agreement and the new logic of international climate politics. International Affairs, 92(5): 1107-1125.
Gillingham K, Newell R G, Pizer W A. 2008. Modeling endogenous technological change for climate policy analysis. Energy Economics, 30(6): 2734-2753.

Griscom B W, Adams J, Ellis P W, et al. 2017. Natural climate solutions. Proceedings of the National Academy of Sciences, 114(44): 11645-11650.

Grubler A, Hogan C M. 2008. Energy transitions. https://editors.eol.org/eoearth/wiki/Energy_transitions [2024-06-07].

IEA. 2020. The challenge of reaching zero emissions in heavy industry: heavy industries both facilitate and complicate the transition to a net-zero emissions energy system. https://www.iea.org/articles/the- challenge-of-reaching-zero-emissions-in-heavy-industry#[2024-08-01].

IEA. 2021. The role of critical minerals in clean energy transitions. https://iea.blob.core.windows.net/assets/ffd2a83b-8c30-4e9d-980a-52b6d9a86fdc/TheRoleofCriticalMineralsinCleanEnergyTransitions.pdf[2024-08-01].

IEA. 2023a. Energy system: industry. https://www.iea.org/energy-system/industry[2024-02-21].

IEA. 2023b. Global EV Outlook 2023: catching up with climate ambitions. https://iea.blob.core.windows.net/assets/dacf14d2-eabc-498a-8263-9f97fd5dc327/GEVO2023.pdf[2024-08-01].

IPCC. 2006. 2006 IPCC Guidelines for National Greenhouse Gas Inventories. Kanagawa: The Institute for Global Environmental Strategies.

IPCC. 2007. IPCC Fourth Assessment Report: Climate Change 2007(AR4). Cambridge: Cambridge University Press.

IPCC. 2019. 2019 Refinement to the 2006 IPCC guidelines for national greenhouse gas inventories. https://www.ipcc-nggip.iges.or.jp/public/2019rf/pdf/0_Overview/19R_V0_00_Cover_Foreword_Preface_Dedication.pdf[2024-08-01].

IPCC. 2021. Climate change 2021: the physical science basis. https://www.ipcc.ch/report/ar6/wg1/ [2021-11-15].

IPCC. 2022. Emissions trends and drivers. https://www.ipcc.ch/report/ar6/wg3/downloads/report/IPCC_AR6_WGIII_Chapter02.pdf[2024-08-01].

IPCC. 2023. Climate change 2023: synthesis report. https://www.ipcc.ch/report/ar6/syr/downloads/report/IPCC_AR6_SYR_LongerReport.pdf[2024-08-01].

IRENA. 2022. Renewable Power Generation Costs in 2021. https://www.irena.org/-/media/Files/IRENA/Agency/Publication/2022/Jul/IRENA_Power_Generation_Costs_2021.pdf?rev=34c22a4b244d434da0accde7de7c73d8[2024-08-01].

Kesicki F, Strachan N. 2011. Marginal abatement cost (MAC) curves: confronting theory and practice. Environmental Science & Policy, 14(8): 1195-1204.

Lucon O, Ürge-Vorsatz D, Ahmed A Z, et al. 2014. Buildings//IPCC. Climate Change 2014: Mitigation of Climate Change. Contribution of Working Group Ⅲ to the Fifth Assessment Report of the Intergovernmental Panel on Climate Change. Cambridge: Cambridge University Press.

McDowall J A. 2004. High power batteries for utilities: the world's most powerful battery and other developments. IEEE Power Engineering Society General Meeting.

Mitchel S. 2023. The global green economy: understanding and capturing the opportunity. https://www.oxfordeconomics.com/resource/the-global-green-economy-understanding-and-capturing-the-opportunity/[2024-02-21].

Nguyen H, Stuchtey M, Zils M. 2024. Remaking the industrial economy. https://www.mckinsey.com/capabilities/sustainability/our-insights/remaking-the-industrial-economy[2024-02-21].

Nordhaus W. 2007. The Challenge of Global Warming: Economic Models and Environmental Policy. https://grist.org/wp-content/uploads/2007/12/dice_mss_091107_public.pdf[2024-08-01].

Peters G P, Hertwich E G. 2008. Post-Kyoto greenhouse gas inventories: production versus consumption. Climatic Change, 86: 51-66.

Ruffing K. 2007. Indicators to measure decoupling of environmental pressure from economic growth//Hák T, Moldan B, Dahl A. Sustainability Indicators: A Scientific Assessment. Wisconsin: Island Press: 211.

Smil V. 2010. Energy Transitions: History, Requirements, Prospects. London: Bloomsbury Publishing.

Sun L L, Cui H J, Ge Q S. 2022. Will China achieve its 2060 carbon neutral commitment from the provincial perspective?. Advances in Climate Change Research, 13(2): 169-178.

Tumminia G, Guarino F, Longo S, et al. 2018. Life cycle energy performances and environmental impacts of a

prefabricated building module. Renewable and Sustainable Energy Reviews, 92: 272-283.
UN Environment, International Resourse Poul. 2019. Global resources outlook 2019: natural resources for the future we want. https://wedocs.unep.org/handle/20.500.11822/27517[2024-08-01].
Wei Y M, Chen K Y, Kang J N, et al. 2022. Policy and management of carbon peaking and carbon neutrality: a literature review. Engineering, 14: 52-63.
Weyant J, Davidson O, Dowlatabadi H, et al. 1996. Integrated assessment of climate change: an overview and comparison of approaches and results//IPCC. SAR Climate Change 1995: Economic and Social Dimensions of Climate Change: Contribution of Working Group Ⅲ to the Second Assessment Report of the Intergovernmental Panel on Climate Change. Cambridge: Cambridge University Press: 367-396.